创新管理实践论丛

王 瑞 主编

（十七）
创新管理
实践论丛

U0308302

中国农业科学技术出版社

图书在版编目(CIP)数据

创新管理实践论丛.17 / 王瑞主编.—北京:中国农业科学技术
出版社,2015.9
ISBN 978 – 7 – 5116 – 2246 – 4

Ⅰ.①创… Ⅱ.①王… Ⅲ.①企业管理 – 文集 Ⅳ.①F270 – 53

中国版本图书馆 CIP 数据核字(2015)第 205010 号

责任编辑	徐 毅
责任校对	马广洋

出 版 者	中国农业科学技术出版社
	北京市中关村南大街 12 号 邮编:100081
电 话	(010)82106631(编辑室) (010)82109702(发行部)
	(010)82109709(读者服务部)
传 真	(010)82106631
网 址	http://www.castp.cn
经 销 者	各地新华书店
印 刷 者	北京华忠兴业印刷有限公司
开 本	880 mm×1 230 mm 1/16
印 张	21.75
字 数	550 千字
版 次	2015 年 9 月第 1 版 2015 年 9 月第 1 次印刷
定 价	65.00 元

前　言

随着网络化的日新月异,旧的经济模式已不再合理,网络时代显现出传统管理方式的弊端。本书的出版在时间上顺应了时代发展的潮流,它力图找到新的管理方式和实践方法去适应这种变化,并把新的管理理论转化为实际的商业行为,促使读者掌握管理背后的机制并最终成为一名成功的创业者。

即使在最有利的情况下,创新也是一种结果难料的投入,灵感总是不会在你需要的时候到来。更关键的问题在于,许多公司往往会使发动变革变得比变革本身还要困难,公司内部形式多样的管理体系在危机到来的时候不起丝毫作用。旧的管理体制经常减缓创新的速度,甚至妨碍创新,有时则完全扼杀创新。这种过错并不是由某个人引起的,而是由于这些公司仍然沿袭那些已运行多年的常规管理方法所致。这些管理体系和方法在40年、60年甚至100年之前就已经出现,它们已经不适应当今变化多端的社会需求和竞争多样化的年代,也不是为变革和创新设计的,仅仅是为了管理那些曾经一成不变的常规事务。即使经营公司的经理人真诚地希望不要发生类似的事情,但还是会经常发生。他们想要他们的公司创新,但是,他们所使用的管理公司的方法减缓了创新的速度,或是完全妨碍了创新而不是鼓励创新。很多学者已经谈到,我们需要新型的管理和新型的管理体系才能有效地管理创新(高沙尔和巴特利特,1988年;迈耶,1998年)。那么,公司为什么不那么做?是因为它并不容易做!有太多老套的实践和根深蒂固的习俗。普遍来说,公司都会避免创新。或者他们在面对竞争对手的压力下必须作出反应时才会考虑创新。竞争者们都惯于"和谐"竞争。许多行业由几个寡头分割,大家都小心翼翼,唯恐推翻了人人有利可分的"苹果车",没有人会过于积极地推进竞争。那些正式或非正式组织的卡特尔(同业联盟)则在一些行业内挣扎生存,而这种死气沉沉、缺乏创新的行业已经变得越来越少。创新已经席卷了电力、软件、半导体、化学和生物行业,并带来了巨大余波,触动了地球上的每一个行业。

过去的规则是:直到万不得已时才进行创新。竞争、技术创新、热情高涨的改革和知识社会正走向白热化。那些可以看到并且把握机会创新的梦想者都将走向成功,而那些向挫折屈服的人将被淘汰。因此,更好地了解管理创新的本质是很必要的,同样,如何在管理中有效地利用这种创新能力也很重要。

本书讨论了管理创新的能力,提供了管理创新的模式和提高管理创新能力的实用工具和技术,描述了怎样把落后的企业结构转变为具有动力和创新意识的结构,阐述了如何创新以及需要怎样的管理,管理者如何充实自己来实现目标。对于那些急于在工作中获取灵感的管理者来说,本书在解决公司核心问题方面充满了启发性,为公司的变革和发展指出了最有价值的前进方向。

编　者

2015 年 8 月

目　　录

平衡记分卡使战略赢在执行

● 励 京

（南京大学商学院）

摘 要 本文通过对目前企业在战略管理中存在的目标不清晰、战略目标与战略执行脱节等问题，引入平衡计分卡的战略管理工具。并通过 XY 公司的对平衡计分卡的实际运用，说明该管理工具对企业战略管理的重要性。

关键词 战略 平衡计分卡 战略执行

为什么在采用了平衡计分卡的公司里，员工们总能说出自己公司的战略目标或自己在战略实施中的作用？为什么许多公司高喊转型却长期方向不明？为什么一些公司的高层管理者无法清晰地表达出公司的远景目标和战略方向呢？为什么有些公司有明确的战略目标，可是执行起来却遇到很大的偏差呢？为什么公司战略在执行上总会遇到许多困难呢？其中，一个问题在于，战略的执行。战略是组织赖以实现价值的独特、持续的方式，是不断变化的。因此，战略是需要管理的，而对战略的管理不能仅凭个人意志，而是需要有一个科学、完善的管理体系。近些年，随着平衡计分卡在中国企业战略管理中不断被应用，采用平衡计分卡对企业战略进行管理成为战略制定科学化、战略执行有效化、战略调整灵活化的有效保证。它为现代企业的战略管理提出了新的发展方向。

1 战略制定

战略制定是指确定企业任务，认定企业的外部机会与威胁，认定企业内部优势与弱点，建立长期目标，制定可供选择战略，以及选择特定的实施战略。是战略计划的形成过程。战略制定是企业基础管理的一个组成部分，是科学化加艺术化的产物，需要不断完善。在战略制定过程中必须考虑技术因素所带来的机会与威胁。技术的进步可以极大地影响到企业的产品、服务、市场、供应商、竞争者和竞争地位。通常企业在战略制定中常用工具有 PEST、五力模型、价值链、SWOT 分析等。而这些工具在某些方面具有局限性，包括时效性、操作性、相关性。

2 战略执行

2.1 战略执行的重要性

相对于战略的制定而言，战略的执行（表现为公司的执行方案）才是企业胜负的关键。美国《财富》杂志在调查中发现："多数情况下，估计为 70%，企业问题并不是因为战略本身不好，而是因为战略执行得不好。"当前我国就有不少企业热衷于谈战略、讲改革，对具体的实施方案却闭口不谈，皮之不存，毛将焉附，不付诸实践，何来成果？

2.2 战略执行的障碍

企业在执行战略方面存在着四大障碍：愿景障碍：只有 5% 的员工了解公司愿景。管理障碍：85% 的执行管理团队成员每年在战略讨论的时间不超过 1 小时。资源障碍：60% 的组织没有把预算和战略挂钩。人员障碍：只有 25% 的管理者把激励机制和战略挂钩。

企业领导者面临的最直接的现实挑战是战略沟通的障碍。他们没有太多时间思考战略，所以也很难有效地与员工沟通公司的战略是什么以及为什么对公司很重要。如果员工对公司的愿景和战略都不理解的话，就谈不上执行公司的战略。公司领导者每天必须处理内部的一些基本问题，而且这些问题总是重复出现，难以得到根本解决，因而不得不四处救火、亡羊补牢。因此，领导者就没有时间考虑战略以及战略达成问题。绩效管理体系经常与战略脱节多数是财务指标，没有对过程管理，因此，公司关注的只是短期财务结果，而不是长期成功。有些公司制定了比较明确的战略，但是却没有为战略配备相应的资源，因而在战略落实的过程中遇到障碍，这样战略也失去了执行的保障。员工缺乏动力，也不清楚哪些工作是支持公司的，自己应该作出什么改变。更重要的是公司缺少一个战略执行的工具来有效地考察表现，调整战略，协调组织适应变革。

3 平衡计分卡

3.1 定义

平衡计分卡是从财务、客户、内部运营、学习与成长4个角度，将组织的战略落实为可操作的衡量指标和目标值的一种新型绩效管理体系。设计平衡计分卡的目的就是要建立战略导向的绩效管理系统，从而保证企业战略得到有效的执行。因此，人们通常称平衡计分卡是加强企业战略执行力的最有效的战略管理工具。

3.2 演变过程

1992年，哈佛商学院罗伯特·卡普兰教授和诺兰诺顿的总裁戴维。诺顿发表了关于平衡计分卡作为纯净管理系统的论文，指出组织不应该仅仅关注短期的财务指标，还要关注长期的、可持续性的非财务指标。这时的平衡计分卡提出了4个角度的框架，即财务角度、客户角度、内部流程角度和员工的学习与成长角度，强调既要看结果，更要注重过程，设置均衡的指标体系。这时平衡计分卡是作为绩效评估的改进工具来使用的。以后的10多年里，两位学者不断发展平衡计分卡的管理理念和体系，强调指标应该反映企业特有的战略意图，企业应设置具有战略意义的指标体系。战略使体系有了灵魂和方向，而战略地图是一个能够帮助企业明晰战略、沟通战略的有效工具。如今，第三代的平衡计分卡已经上升为战略管理系统，作为战略执行的工具来使用，强调企业应建立基于平衡计分卡的战略管理体系，调动企业所有的人力、财力和物力等资源，集中起来协调一致地去达成企业的战略目标。

4 平衡计分卡在战略管理中的应用

4.1 平衡计分卡特点

帮助企业解决有效的企业绩效评价和战略实施的问题。平衡积分卡是一种战略管理与执行的核心工具；是一种先进的绩效衡量的工具；是各级管理者与管理对象进行有效沟通的重要方式；是一种规范化的管理工具；是一种先进理念的游戏规则。

4.2 平衡计分卡的作用

一是外部衡量和内部衡量的平衡；二是所要求的成果与成果执行动因之间的平衡；三是强调定性衡量和定量衡量之间的平衡；四是短期目标和长期目标之间的平衡。

4.3 平衡计分卡维度

平衡计分卡从四个维度：财务、客户、内部运营、学习与成长衡量企业业绩。一是财务维度，解决"股东如何看待我们"的问题；二是客户维度，回答的是"客户如何看待我们"的问题；三是内部运作流程维度，解决的是"我们的优势是什么"的问题；四是学习成长维度，解决的是"我们如何继续提高并创造价值"。

5 XY 公司平衡计分卡的管理实践

XY 公司是国一家通用设备制造国有企业,于 1996 年成立,注册资本 3 000 万元,年销售规模 2 亿元,利润 – 100 万元。下属 3 个事业部(A 事业部、B 事业部、C 事业部)和 2 个投资子公司(D 公司、E 公司)。公司人员约 500 人。A 事业部负责传统产品的研发、生产、销售,年销售规模 1 亿元,利润 800 万元。目前,市场需求大,但市场竞争激烈且管理成本较高,利润开始下滑。B、C 事业部负责不同类型新产品的研发、生产、销售,目前两单位销售规模合计 2 000 万元,利润合计 – 500 万元。D 公司从事非主营产品销售,其中代理销售 A 事业部部分产品,销售规模 3 000 万元,利润 – 100 万元。E 公司从事非主营产品销售,销售规模 5 000 万元,利润 – 400 万元。

近年来,XY 公司面临市场竞争激烈,销售规模增长较慢,生产成本较高、高端人才流失、内部事业部与子公司之间存在市场竞争等情况。经营情况与年度预算偏差较大。

面对这些困境,该公司管理层决定引入平衡计分卡的战略管理模式。具体操作步骤如下。

5.1 明确企业战略

在经营范围上,各事业部与子公司明确划分产品边界,以创新、高品质的产品和服务满足市场的需要。在资源配置上,资源向主导产业和新兴产业配置,减少对非主业的资源配置。在竞争优势上,传统事业部产品采取低成本战略,获取竞争优势;新产品事业部则采取差异化战略,扩大市场影响力。非主业产品通过合作、改制等方法逐步退出。在协同作战方面,以市场为核心资源,力争各业务单元在市场资源上的协同。

5.2 确定成功关键因素

以 XY 公司的现状而言,扩大主营产业的市场销售规模是第一步。所以目前阶段成功的关键因素应是能导致扭亏为盈的因素。包括扩大主业的市场销售能力,保持现有市场,扩大新客户;要使企业具备学习与成长的能力,能够持续快速推出令顾客满意的新款式;提高产量及产品质量;加强费用管理,降低产品成本。减少业务单元,资源优化整合。

5.3 确定平衡计分卡的框架

公司为提高业绩应该做好以下几项工作:增加收入,降低成本,提高投资报酬率;保持现有的客户,并吸引新的客户;提高产量;持续的款式创新;A、D 进行业务整合,D 公司中传统业务剥离至 A 公司;出售 E 公司部分股权;加强售后服务;提高领导能力,完善奖惩制度;要使雇员满意,激发他们的积极性;对雇员进行必要的培训等。以上 8 项工作可以汇总成财务、客户、内部经营、学习与成长 4 个方面,其中,第(1)项归入财务方面,第(2)项归入客户方面,第(3)～(7)项归入内部经营方面,第(6)～(8)项归入学习与成长方面。这就构成了公司的平衡计分卡框架。

5.4 确立财务、客户、内部经营、学习与成长 4 个方面的目标

为了使企业的战略具体化,明确企业的工作重点,也为了提供评价业绩的准则,我们从财务、客户、内部经营、学习与成长四个方面确立了企业今后一段时期内的目标。

企业财务方面的目标有提高投资报酬率,实现扭亏为盈;优级化生产管理,降低生产成本;增加收入。客户方面的目标有是让客户满意。具体是确立公司的目标客户群,了解其需要,通过前后一致连贯的快速、有效的服务实现我们对客户的承诺,消除客户服务中的错误。业务部经过分析以后,将公司的客户区分为三类:行业客户、配套企业、系统集成商。业务部在对 3 种类型客户群做出分析后,决定将公司的目标客户群确定为行业客户。把销售力量集中到对行业客户中,其次,做好配套企业销售。至于第三个客户群则不去刻意吸引它。公司内部生产经营方面的目标是:提高资源的整合能力。通过组织架构的调整使资源向主导和新兴产业集中;提高创新能力。确定市场目标客户群的需要,理解如何赢得这些客户;提高生产。优化组织生产,提升生产能力,提高毛利;提高售后服务能力,快速

解决产品售后出现的质量问题，建立售后团队和市场支持团队，快速满足售后顾客提出的改换款式等要求。学习与成长方面的目标是：提高信息处理能力，包括获取和使用的信息的能力是竞争中获胜的一个重要方面。要及时搜索获取有用的信息，要及时发布产平的现有信息；加强培训包括要通过培训增强公司设计、生产、销售和客户服务的能力。首先，专业人员要有熟练的专业技术，其次，每个员工要掌握产品的全面知识来支持产品的推销活动及客户的服务活动；完善奖惩制度。通过奖励和惩罚相联系的手段对员工进行激励。要把平衡计分卡与奖惩措施结合起来，进行业绩管理，促进长远目标的实现；提高雇员的满意程度，通过广泛的信息沟通、培训、创造公平内部环境等来提高雇员的满意程度；提高领导能力，通过培训、雇员批评监督等手段来提高领导能力。

5.5 制定评价指标及权重

制定评价指标及权重，见下表。

表 评价指标及权重

方　　面	权重（%）	指　　标	权重（%）
财　　务	21	投资报酬率（从 −5‰↑3%）	4.54
		利润（600 万元）	6.17
		营业收入（22 000 万）	5.84
		管理费用（↓300 万）	1.32
		单位生产成本（↓3%）	3.13
客　　户	28.1	客户保持率（>70%）	6.6
		客户增长率（>30%）	12.25
		客户满意度（>96%）	9.25
内部经营	41.1	推出每一新款产品所需平均时间（<35 天）	6.12
		合格品率（>99.4%）	6.78
		新客户收入占总收入比率（>30%）	6.21
		A、D 进行业务整合	10.49
		出售 E 公司 50% 股权	11.5
学习与成长	9.8	信息处理满意度调查得分（>96）	1.22
		培训次数（2.1 次/人/年）	0.7
		奖惩制度合理性调查得分（>90）	2.57
		领导能力调查得分（>90）	2.1
		雇员满意度调查得分（>92）	3.21
总　　计	100	—	100

根据上述调整，XY 公司的战略分解为可执行的各项行动目标，同时分配了考核评价指标，战略目标层层分解，并最终实现。

从以上分析看出平衡计分卡可以使战略目标与战略执行有机结合，并能实现有效地评价考核，从而实现战略管理的 PDCA 循环。它使战略管理具有了科学性。

随着市场竞争的加剧，"运筹帷幄而决胜于千里之外"已经成为中国企业在管理方面所追求的重要目标之一。而众多中国企业却一直沿袭着通过管理者个人的感觉来管理自身战略。由于传统的长篇大论式的战略规划晦涩难懂而最终被束之高阁,公司经营计划、财务预算与战略之间缺乏必要的互相支持的逻辑,组织绩效评价与企业战略相脱节,公司战略执行成为"无源之水、无本之木"。为此,在战略导向型的企业管理中,需要对战略本身加以管理,而平衡计分卡以其明确的目标性和逻辑性,成为目前最佳的企业战略管理工具,必将被更多企业所应运。

参考文献

[1] Robert S. Kaplan, David P. Norton. 战略中心型组织. 中国人民大学出版社, 2008.

[2] Robert S. Kaplan, David P. Norton. 平衡计分卡战略实践. 中国人民大学出版社, 2009.

[3] Robert S. Kaplan, David P. Norton. 平衡计分卡化战略为行动. 广东经济出版社, 2012.

[4] 秦杨勇. 平衡计分卡与战略管理经典安全解析. 中国经济出版社, 2012.

[5] Irv Beiman, Yong – Ling Sun. 平衡计分卡中国战略实践(第二版). 2012.

浅谈我国医疗保险制度的公平与效率问题

● 吕凌云

（首都儿科研究所）

摘　要　以公平和效率为基础,分析我国医疗保险制度存在的问题,提出个人对中国基本医疗保险制度改革的思考及建议。

关键词　医疗保险制度　公平与效率　重塑基本医疗服务　强化政府责任

公平与效率的关系问题,从外在层面上看是相互矛盾、相互抵制的,为了实现公平,势必要牺牲效率,而提高效率必须要牺牲公平;但从内在实质上看是对立统一的辩证关系。公平是效率实现的前提,而效率又是公平实现的保障。一种效率的实现往往靠多个领域的公平为支撑,一种公平的获得要以多方面的效率为保证。

医疗保险体制改革过程中的公平和效率问题,一直是各国政府关注的焦点。本文以公平和效率为基础,分析中国医疗保险体制的现状、问题,提出个人对中国基本医疗保险制度改革的思考及建议。

1　我国医疗体制改革前后医疗保险制度的公平与效率问题

改革前中国医疗体制实质上是福利性质的医疗模式,以"低水平"、"广覆盖"为主要特征的医疗保障制度,覆盖了城乡大部分人口。在城市,有公费医疗和劳保医疗两种制度,这两种医疗保障制度覆盖90%以上的城市人口。在农村有合作医疗制度,鼎盛时期覆盖了85%左右的农村人口,基本实现了"全民医疗"的局面,这种医疗模式的费用大部分由国家和企业负担,完全偏重了公平,强有力地保证了各个群体的医疗需求。但是由此带来的弊端是医疗资源的浪费现象很严重,医疗费用的上涨幅度逐年上升,远远超过了经济增长幅度,医疗保险制度在注重公平的同时忽略了医疗资源的利用效率。

在社会主义市场经济体制确立之后,为了改变医疗制度中缺乏效率的问题,中国的医疗保险体制开始了市场化进程的改革。在城市中,目前已建立了职工社会统筹医疗保险、商业保险和自费医疗等市场化的医疗保障形式。而在农村,从前的合作医疗体制的破产,导致90%的农民自费医疗。市场化目标的进程形成了政府、单位、社会及个人共同参与并分担责任的体制,这一体制有其积极作用,个人的参与机制也是控制医疗费用上涨的有效措施。但是,在构建新制度的同时,偏重了市场效率而忽略了医疗保障制度中的公平问题,个人在应对疾病风险的责任加大,居民个人为医疗体制的改革承担过多的成本。

2　我国现有医疗保险制度存在的问题

2.1　医疗服务的公平性下降

在市场经济条件下,各种医疗服务机构之间逐步走向全面竞争,出现了商业化、市场化倾向。由于政府缺乏有效的监管机制,医疗卫生服务体系的布局及服务目标产生偏离,医疗保障制度也显失公平,主要表现在以下几个方面:第一、医疗保障的覆盖面较窄,可及性低,多数社会成员缺乏基本的医疗保障,我国44.8%的城镇人口和79.1%的农村人口——亦即全国近3/4的人口尚未参加各类医疗保险,没有任何医疗保障,绝大多数居民靠自费看病,承受着生理、心理和经济三重负担。第二、城镇不同人群享受的医疗保障待遇差距较大。第三、城乡分割的二元体制导致城乡资源分布严重不均和城乡居民享受的医疗保障待遇严重不公。占全国人口2/3的农村居民只拥有不到1/4的卫生费用,而占人口1/3的城镇居民享有3/4以上的卫生费用,东部地区的人均卫生费用明显高于中西部地区。

2.2 医疗服务的效率低下

由于医疗服务具有公益性,医疗服务的效率不仅仅是指医疗机构获得尽量多的经济收益,更是指医疗资源低投入高产出,能最大限度地满足广大群众的医疗服务需要。医疗服务的效率低下,典型地表现为"看病难、看病贵"问题日益严重。医疗资源地域分布不均,配置不合理,造成了看病难。全国80%的医疗资源集中在大城市,其中30%又集中在大医院。与此同时,市县以下公共卫生机构特别是一些农村的医疗卫生机构却缺乏一些基本的医疗设备和条件,不少群众异地就医,增加了就医困难,也加大了经济负担。医疗保障制度不健全,群众大多靠自费就医,公立医疗机构公益性质淡化,医疗费用上涨速度常年来大大超过了居民收入增长速度,看病贵从而成为重要的社会问题。

3 对我国医疗保险体制改革的建议

由此可见,中国基本医疗保险制度面对社会经济环境的变化而不断做出的调控不仅失去其公正性,而且也缺乏效率,我们称之为医疗保险制度改革的"低效率应变"。医疗保险制度改革与完善仅仅依赖自身是不行的,还必须在重塑基本医疗服务体系的基础上,强化制度设计与政府责任机制改革。

3.1 重塑基本医疗服务的理论基础

中国是一个发展中国家,社会所能提供的医疗卫生资源是有限的,但社会成员对医疗卫生的需求几乎是无止境的。要解决这一矛盾,必须确立合理的医疗卫生的基本目标。重新定义的基本医疗服务应具有以下3个特点:一是广泛性,即基本医疗服务的覆盖面应当包括每一个居民。这种医疗服务是居民能够普遍和广泛使用的,并且很少存在竞争性和排他性。二是公平性,即居民所享受基本医疗服务的水平是公平的。无论何时何地,无论其身份和地位,居民都能享受到同等的医疗服务,不同疾病或疾病的不同程度都能得到其对应的医疗服务。三是必需性,首先在服务需求性上,应针对严重影响居民健康水平的疾病提供医疗服务;其次在服务供给上,这种医疗服务不仅具有成熟的医疗技术,而且这种医疗技术是有效的、可靠的和经济的;再者,在服务承担能力上,这种服务供给是社会公众能够承受得起的,并且能够充足供应。

根据当前卫生政策、医疗机构的布局和功能、医疗服务及其市场的特点,可以通过医疗服务的场所来界定基本医疗服务,如由社区卫生服务中心提供的医疗卫生服务,以及经社区卫生服务中心审核转诊到高级别医疗机构的医疗服务。医疗服务体系建立后,要建立相应的严格的首诊及转诊制度,实现不同层级医院之间的转诊制度,促进病人合理分流,形成小病进社区,大病进医院,康复回社区的就医局面。

3.2 改革、发展和完善社区医疗服务体系

尽快改革现有的社区医疗服务机构,建立以政府为主导、社区自治组织参与管理、卫生行政部门实施行业管理的社区卫生服务中心主任负责制,形成由政府购买公共卫生和预防保健服务,医疗保险机构购买基本医疗服务以及社会购买延伸服务的新体系。通过户籍制管理模式,以家庭健康档案为抓手,建立以"全科团队服务组"为核心的新型社区卫生服务模式,为居民提供基本医疗服务和预防、康复、保健、宣教、计划生育等"六位一体"的卫生服务。

3.3 完善制度设计,促使各方激励相容

改变过去由政府财政投入和经营收入相结合的补偿机制,克服过度用药和过度检查的弊端。对社区卫生服务中心各类人员实施分类补偿,并逐步由后付制向预付制过渡。通过"药品费和检查费的剥离、以劳务补劳务"的原则改革补偿机制,在现行条件下使社区卫生服务中心、社区居民和医疗保险三方形成良好的运行和补偿机制。药品收益和医技收益单独核算,并与医生的收入完全脱钩,从机制上杜绝医生通过过度用药和过度检查获得利益的可能性。这样,医护人员获得的经济利益将依赖于其为社区居民患者提供的医疗卫生服务量(包括数量和质量)。

3.4 强化政府责任机制改革

政府的角色应主要定位于财政支持、行业监管和信息披露等方面。首先,应重新定位公共财政在医疗保险方面的功能。在当前公立非盈利性医院仍然占据主导地位的背景下,公共财政在医疗服务市场中的功能应定位在重点保障基本医疗服务需求上。在此基础上,还应当支持社区卫生服务中心的建设,促进医疗卫生机构转制和加强人才培养和科学研究。其次,打破行政性垄断之后,政府要加强对医疗服务机构、药品流通及价格方面的监管,尤其是建立医药专营制度和医药信息披露制度。实行医药专营制度的目的在于打破医药不分的垄断体制,促使医、药经营分开,以实现"医院出方、药店售药、参保人员直接购药"的国际通行模式。最后,强化医疗信息披露制度则有助于减少或消除医疗保险相关主体(如医保中心、医院、药品企业以及患者等)之间的信息不对称问题,并进而遏制由此产生的道德风险和费用上升问题。

综上所述,社会医疗保险制度中,公平与效率的关系是相互渗透、相互融合的内在统一,应明晰与强化个人责任,建立由国家、用人单位和个人共担风险的社会医疗保险运作机制。必须在重塑社区医疗服务体系的基础上,强化制度设计与政府责任机制改革。应强化缴费与待遇挂钩的激励约束机制,注重个人责任的适度回归,市场机制的适度引入,在社会医疗保险制度中建立一种公平与效率兼得的良性运行机制,以促进我国医疗保险事业的可持续发展。

参考文献

[1] 马强. 建设"公平与效率相统一的资源节约型医疗卫生事业的措施和方法. 中国卫生资源,2009(3):54-58.

[2] 班晓娜. 公平与效率:对中国医疗保险体制改革可持续发展问题的思考. 辽宁师范大学学报,2009(6):116-117.

[3] 李玉荣. 我国医疗卫生体制改革的主要问题及其对策. 理论前沿,2008(23):20-21.

[4] 高强. 认清形势,坚定信心,全力推进医药卫生体制改革——在2009年全国卫生工作会议上的讲话. 中华医院管理杂志,2009(5):289-295.

[5] 罗娟. 我国医疗卫生服务体制改革问题分析——基于公平与效率视域的分析. 劳动保障世界,2008(11):67-69.

[6] 吴炜. 社会医疗保险公平与效率的内在统一. 中国卫生事业管理,2006(5):282-283.

[7] 周健. 对我国医疗卫生体制改革的思考. 中国卫生事业管理. 2008(4):225-227.

"中国特色"区域经济分析

● 郝　超

（中国人民大学经济学院）

摘　要　随着我国经济社会发展,我国逐步形成了具有"中国特色"的区域经济现状,对其分析,有助于推动加快改革进程、优化资源配置、协调地区经济的发展、促进和谐社会的构建。在介绍"中国特色"区域经济的现状后,重点分析"中国特色"区域经济的发展难题与基本形式、发展趋势,提出加快建设"中国特色"区域经济的策略。

关键词　区域　区域经济　中国特色　区域经济走势　政策效应

1　相关概念界定

1.1　区域

"区域"一词是指用特定的划分指标在某一范围内划出的连续并且不可分割的单位。地理学界定义"区域"为地球表面的某个独立的单元,某一特定范围内连续的一段地理位置,以自己独有的标志语区分其他地区;政治学界定义"区域"为实行行政管理的独立单元,比如省、市、县等,统一受国家管理,但是自己行政划分相对独立;社会学界定义"区域"为具有相同社会特性的人群的聚居的地方,有着类似的文化、语言、宗教信仰的特征;经济学界定义"区域"为在经济上相对稳定的完整的单元体。但是,理论意义上来讲,"区域"有着其广义和狭义的两方面概念,广义上来讲是在国家法律允许的范围内,不单单只一个行政单元,是指有两个或以上的行政单元的接壤部分组成的一个范围;狭义上来讲就是指省、市、县这样的行政单元。

1.2　区域经济发展

区域经济是在一种社会劳动和分工的基础之上形成的具有自己独特特点的经济综合体。区域经济发展也同样具有广义和狭义之分,广义的区域经济发展可以指一个地区或者是一个国家的渐进的经济发展或者变革,从经济较为落后到经济发达的阶段的转化的过程。地区或者国家的区域经济发展会经历不同阶段的变化,在不同阶段,要根据实际情况制定出一定的发展政策理论,提出相应的战略和规划,并且选择适合自身发展的政策性路径,以期达到最好的状态。狭义的区域经济发展是指特定区域中不断发展的,经济具体结构不断优化的,产业布局不断完善的,社会所有财富不断增加的一个积极发展的过程。在我国,主要的表现即为建立一个具有中国特色的区域经济发展模式,具体体现在要根据中国的实际国情,从而借鉴国外优秀的先进经验,与中国的当前情况实际融合,进行区域积极发展变革,要根据实际情况制定相关的理论政策,具体问题具体分析。

2　我国区域经济发展现状

2.1　基本格局

当前我国新的区域经济发展的划分已经逐渐成形,对于四大板块的划分进一步的细化,现阶段,针对相关的地理位置、区域划分、经济发展等多种因素不同划分出"八大经济圈":珠三角经济圈,以深圳地区、珠三角城市群发展为主，范围覆盖到广东省、港澳、海南省等地；海峡经济圈，以福建、江浙、台湾等省地经济发展为主；长三角经济圈，以上海市和长三角城市群经济发展为主；环渤海经济圈，以北京、天津、河北、山东等省市经济发展为主；中原经济圈，以武汉城市发展为主，另外，带动两湖等省份发展；西南经济圈，以重庆市经济发展为主；西北经济圈，以宁夏回族自治区经济发展为主；东北经济圈，以黑吉辽3省的发展为主。此八大经济地理区域的划分，地理位置为主要因素，沿海城市的发展现在已经进入了一个新的阶段。

我国的经济发展离不开沿海经济的持续发展，在改革开放30多年的过程中，沿海地区的经济发展是我国区域经济发展的重中之重。在我国经济发展过程中，东部地区仍然是主流。

2.2　区域经济走势呈现明显分化格局

从2014年第一季度起的各地经济增长情况看，全国31个省、市、自治区经济增幅与上年同期相比，仅河南省略高0.3个百分点，湖南省、青海省持平，其余均呈下降态势。

去年以来，我国区域经济走势出现明显分化。

一是从全国格局看，东、中、西部三大地区依然呈现"西部领先，中部紧随，东部垫底"的发展态势，西部地区GDP同比增长持续高于中东部。但从经济增速变化看，西部地区GDP同比增速下降较快，与其他两地区差距明显缩小。中部地区表现出相对较强的抗跌性。

二是从东部格局看，长三角、珠三角两大经济圈表现好于京津冀经济圈，不仅绝对增幅普遍高于京津冀经济圈省市，而且同比降幅也明显低于京津冀经济圈省市。

三是在中部地区，南方省市经济增长形势明显好于北方省市。

四是在西部地区，呈现了"大省（市）跌幅大，小省（市）跌幅小"的变化态势。

2.3　两大成因

今年以来，我国外需没有大的起色，国内经济的内生力量也依然薄弱，影响我国区域经济变化的主要成因有以下两个：国家宏观调控政策和区域内部产业结构。

2.3.1　在宏观政策引导下，中西部经济持续快于东部，区域间发展更趋协调。2014年以来，中央政府对大气污染治理高度重视，东部是我国大气污染的重灾区，各省市纷纷加快了传统产业向中西部迁移和部分产能的关停并转进程，从而区域格局上形成了一定的"此消彼长"效应。另外，我国的投资重点是铁路建设和棚户区改造，而全国铁路建设投资中国家投资近80%将投向中西部地区，目前尚未改造的棚户区大多位于中西部地区的独立工矿区、资源枯竭型城市和三线企业较集中的城市。这些就使得中西部投资速度明显快于东部地区。与产业迁移相伴相随的是，部分出口也从东部迁移到了中西部，从而使得在全国出口形势不太景气的情况下，中西部（尤其是西部）出口出现了较快增长。与此同时，各地区的消费增长水平则大体相同，没有太大差别。

长江经济带是继丝绸之路经济带和海上丝绸之路之后，我国又一重点发展的战略区域，涉及上海、重庆、江苏、湖北、浙江、四川、云南、贵州、湖南、江西和安徽11个省市。2014年，全国有大部分省市GDP下跌幅度超过了2个百分点，而长江经济带11个省市中，只有个别省市存在此情况。

2.3.2　产业结构的差别在很大程度上决定了各省市经济的不同走势。如果说国家宏观政策是影响东中西地区大局结构变化的主要因素，产业结构的差异则是影响各省市（尤其是中西部省市）经济走势的主要成因。

东部地区产业"断层化"与经济"房地产化"迹象并存，是导致该地区经济走弱的重要成因。多年来，受成本上升与环保压力加大因素影响，东部地区一方面大量将传统产业不断向外迁移；另一方面加大新兴产业培育与发展，即实施所谓的"腾笼换鸟"战略。但从现实情况看，传统产业转移工作成绩显著，而新的产业和经济增长点并未大规模出现。换句话说，"笼子"腾出来了，却没有新的"鸟"进来，导致了实体经济出现了产业"断层化"迹象。与实体产业"断层化"相伴的是，东部地区出现了经济"房地产化"迹象。2014 年以来,东部地区 GDP 和固定资产投资增速同比在全国为最低,但房地产投资增速却为最快。

实体产业"断层化"对当前经济发展的负面影响不言而喻,而经济"房地产化"对经济发展的负面影响则主要体现未来。从房地产投资和销售情况看,东部地区投资同比增速最快,面积销售增幅却是下降最快,两者之间存在的"剪刀差"(即投资增速减去面积销售增速)最高,而中部、西部地区房地产投资和销售增速的"剪刀差"相对较小。

产业结构单一的省市经济增速下跌较快,产业结构优化省市经济走势相对稳健。经济走势分化是各地区的共同特征,而产业结构单一则是经济走势最弱的那些省市的共同特征。2014 年,黑龙江、河北和山西等省的 GDP 增幅分列全国倒数,这些省份产业结构比较单一,高耗能、高污染的基础原材料工业占比比较大,在环境治理、市场需求不足的情况下,替代产业没有及时跟上,经济容易突然失速。西部地区之所以在较大程度上呈现了"大省(市)跌幅大,小省(市)跌幅小"的变化格局,一个重要原因就是在西部排名靠前、产业结构比较单一的内蒙古、云南等省份下跌过速所导致。

2.4 区域经济发现新机遇

近些年来,我国已经与周边国家或地区建立了良好的经济往来关系,合作全方位展开。例如,与中亚地区的油气合作关系、与东南亚地区的泛亚铁路建设、与东盟国家的经贸合作关系的进一步增强、丝路计划出台在极大影响了亚欧大陆的同时更为区域经济提供了广阔的发展机会。区域间的合作方式不断完善,区域合作不断增长,且增长加快,彼此之间吸收对方的优点,协调自身经济、地理位置、气候环境、交通路线等问题,实现各个区域甚至各国之间的区域经济合作,现相继陆续开工的有与中亚连接的天然气管道工程、与俄罗斯合伙经营的输油管道、由新加坡到昆明的重大项目。

当然,我国的经济区域发展也不是十全十美的,存在着一些亟待解决的问题。一是区域方面立法尚不完善,步伐相对滞后,区域管理不完善;二是区域经济管理无有效的准确秩序,区域间的恶性竞争频出,由于政府等组织相对比较注重绩效或者考核水平,可能会运用自己的手段进行竞争;三是在全国范围内西部、中部地区的社会公共设施的服务水平远低于东部地区。

3 中国特色区域经济发展的建议

3.1 完善法律法规

首先,中央政府会对经济方面进行宏观调控,在范围、权限、具体方面的重大问题上通过法律途径进行确定是比较困难的,区域经济方面管理由于缺乏法律方面依据可能会导致机构不健全,履行的步调不一致;其次,各个地区的区域经济发展过程可能会由于缺乏基本的法律法规而导致无秩序进行,所以,要把区域经济立法提到重要的工作议程上来,努力加快制定法律法规的步伐。

3.2 出台针对性措施化解区域发展深层次矛盾

当前,我国区域经济分化格局在很大程度上是宏观政策与区域战略共同引导的结果,各地区经济以不同速度增长恰恰将推进我国区域均衡发展。但是,针对各地区经济发展中存在的深层次矛盾,我们还必须出台针对性措施给予化解。

3.2.1 出台积极扶持政策,推动东部地区率先完成由要素投入型向创新驱动型经济发展模式转变。对于东部地区经济增速的放缓,我们需要有正确的认识。由于东部地区城镇化水平已经很高,工业化也已经到了中后期,投资速度的下降是正常的,东部属于我国结构转型特征最明显地区,也是我国经济换挡特征最突出的地区。因此,东部经济发展放缓具有客观必然性,对此不必过于担心。

但是,对于东部地区产业结构带来的问题,我们却必须给予高度重视。东部地区在传统产业大量迁出的情况下,新兴产业成长迟迟不能变成主导产业,以至于实体产业出现断层化现象,在外需难以根本好转的背景下,经济增长下降具有一定长期性。再加上,东部地区产业转移出去后,出现了明显经济房地产化现象,未来房地产泡沫一旦破裂,可能对东部地区造成较大冲击。

为此,未来东部地区必须从两方面同时入手:一是积极落实国家相关调控政策,控制过多供给,刺激刚需,引导房地产价格理性回归,以时间换空间,逐步化解房地产市场泡沫;二是比照先行国家成功经验,积极推动制度创新,建立与完善有利于社会创新发展各类机制,加速推进由要素投入型向创新驱动型经济发展模式的转变,从而摆脱经济下行通道,成为我国创新经济增长极。

3.2.2 中西部地区需要加速实现经济结构多元化,成为推动中国新型工业化与新型城镇化发展的主力军。中西部地区各省市经济分化明显,但总体上经济增长对能源原材料行业与传统重化工业依赖性较大,这不仅不利于环境保护和可持续发展,而且在当前产能严重过剩背景下经济调整周期会拉长。为此,中西部地区必须加速过剩产能的淘汰进程,加快传统产业改造与升级,重点在于资源性省市的产业结构调整,加快培育产业结构的多元化,在短期经济失速的情况下,可以考虑给予一定的支持,特别是在公共服务方面的财政支持,促进当地居民就业,并帮助这些地区居民提高职业转换能力,以推动经济结构多元化进程。

3.3 深化合作

深化合作推动区域发展在当今社会,经济全球化进程不断加快,国际间经济合作范围不断发展、深度不断加深、层次不断增长。

在这样的大环境之下,深化彼此之间的合作,能够推动区域之间的互动和发展,打破现有的体制障碍,积极地探索经济资源共享的机制,这样才能继续打造区域经济的合作平台,逐步形成区域合作的协调机制,健全中介服务体系,加快实现国内的区域经济一体化进程。

3.4 产业升级

经济结构调整要进行国家的产业升级和总体战略的经济结构调整,要充分完善区域经济的产业布局,弥补相对环境、布局条件等,这样才能有效地进行经济秩序转移,才能继续进行我国的东部地区和中西部地区的经济转移。东部沿海实行走出去,向着更高端的领域进行发展,主要归功于其优秀的地理位置,便捷的海上运输。中西部实行引进来战略,弥补自身的不足。要加强自身的经济产权,努力创新,利用高新技术发展区域经济。

参考文献

[1]吴晓路.中国特色区域经济新发展.中外企业家,2013(6).

[2]苏东斌.中国经济特区的时代使命.深圳大学学报,2011(3).

[3]黄世贤.我国区域性经济规划确立战略背景与战略选择.井冈山干部学院学报.2010(6).

[4]戚常庆,李健.新区域主义与我国新一轮区域规划的发展趋势.上海城市管理,2010(5).

[5]逄锦聚.新中国60年经济学的发展和启示.政治经济学评论.2010(1).

表达自由的涵义及对我国表达自由的现状思考

● 陆小雨

（北京市东城区房屋土地经营管理一中心北新桥分中心）

摘　要　本文从表达自由的定义出发，了解了表达自由的内涵及类型。在此基础上，根据时下的热点问题，分析表达自由的现状，并得出了为保证公民表达自由得以实现的保障与限制方向。

关键词　表达自由　宪法　现状　保障　限制

引言

2004 年我国将人权纳入宪法，使中国人权发展取得标志性进步。而表达自由作为基本人权之一，其涵义、内容及扎根于我国的现状如何，是本文了解和分析的主要目的。

我国宪法第 35 条规定："中华人民共和国公民有言论、出版、集会、结社、游行、示威的自由。"这被统称为表达自由。

1　表达自由的定义

表达自由是指公民通过各种形式发表自己思想、意见、观点而不受他人非法干涉的自由。表达自由的形式包括口头表达、书面表达和行为表达；其内容涉及社会、经济、政治、文化等各方面。在我国，由于表达自由在宪法中的位置与选举权和被选举权相邻，刑法规定的剥夺政治权利中也包括表达自由，因而我国学者把表达自由纳入了政治自由的范围。

2　表达自由的内涵及类型

表达自由的涵义，可谓林林总总，繁杂多样。著名的《布莱克法律辞典》认为表达自由是指由美国宪法第一条修正案保护的权利：包括宗教、言论和出版自由。英国《牛津法律大辞典》认为言论和表述自由是指公民在任何问题上均有以口头、书面、出版、广播或其他方法发表意见或看法的自由。这一自由权受到了尊重他人利益之要求的限制，而他人利益在某种程度上是由诽谤法等法规加以保证的。我国学者王世杰、钱端升认为，所谓意见自由，只是表示意见的自由。

本文笔者认为的公民表达自由，具体指公民在法律规定或认可的情况下，使用各种媒体或方式表明、显示或公开传递思想、意见、观点、主张、情感、信息、知识等内容而不受他人干涉、约束或惩罚的自主性状态。这一概念从表达自由的主体、法律地位、表达的内容、表达方式来解析了表达自由的内涵。

表达自由拥有一个宽泛的内涵，其具体包含的类型如下。

2.1　言论自由

言论自由指公民通过口头表达方式发表自己见解的自由。言论自由包括以下含义：第一，每个公民都有平等的发言权；第二，公民有权自由发表自己的意见，不受非法干涉；第三，公民的言论如果违反法律，应实行事后惩罚。言论自由首先是发表不同政治见解的自由，其次是公民发表一般意见的自由，因而它既是公民精神活动的基础，又是国家民主政治的体现。

2.2 出版自由

美国国父杰斐逊就表达了"宁愿生活在有报纸而没有政府的社会而不愿意生活在有政府而没有报纸的社会"的愿望。此即强调出版自由的重要性。所谓出版自由指公民通过公开发行的出版物表达自己意见的自由。出版物主要包括书籍、期刊、音像制品、电子出版物等，一般较为系统，以固体形态存在。出版自由既可以是指制作出版物的行为自由，也可以是指出版物的内容不受非法干预。出版自由是言论自由的延伸，是广义的言论自由。出版自由与言论自由的差别主要在于形式上不同。宪法将言论自由与出版自由分开规定，是为了更好地保障其实现。

2.3 结社自由

结社自由是指公民为了一定宗旨组织或参加具有持续性的社会组织的自由。结社自由包括两项内容：第一，公民有结成团体、加入团体和退出团体的自由，任何国家不得非法干涉；第二，社团有确立其宗旨并予以实现的自由，任何国家权力不得非法干涉。结社因目的不同可以分为两种：一种是营利性结社，多由民商法调整；另一种是非营利性结社，又分为政治性结社和非政治性结社。结社是由特定的多数人组成的有目的的有组织机构的活动，因而与国家安全和社会秩序关系密切。

2.4 集会、游行、示威自由

集会自由是指公民为某种目的聚集在一定场所发表意见表达意愿的自由。集会自由是言论自由的必然要求，是扩大言论影响的重要手段。集会自由是消极权利和积极权利的结合，因而要求国家既不得干涉公民集会自由，又要排除对公民集会自由的妨害。

游行自由是指公民在公共场所采取列队行进的方式表达意愿的自由。示威自由是指公民在公共场所以集会、游行、静坐等方式表达意愿的自由。严格地说，示威并非是一种独立的表达行为，它总是与集会或游行结合在一起。

3 我国表达自由的现状及面临的新问题

我国是一个历史悠久的国家，从历史上看，中国社会有关表达自由保护的传统观念相当落后，而且在中国的传统文化中，历来把国家安全、荣誉和利益看得比个人的权利和自由更重要。同时，中国是一个正面临社会转型的发展中国家，社会矛盾和纠纷比较突出。但是，中国在保护表达自由方面仍然做出了巨大努力，不仅从宪法、法律方面逐步完善制度，还在积极推行政务公开、加强新闻舆论监督、扩大公民政治参与、实行基层民主自治、建立信访制度等方面取得了可喜的成就。值得一提的是，2004年中国修改宪法确立了"国家尊重和保障人权"的原则，为保障公民在政治生活中的表达自由，并为进一步完善有关保证表达自由的立法，奠定了基础。

如今，中国的表达自由状况与过去相比，有着巨大的进步，但也应看到，中国在表达自由保护方面也面临新的问题，主要表现如下。

第一，虽然宪法规定了言论自由等权利，但有关保障表达自由的立法滞后，有关表达自由的《出版法》《新闻法》等迟迟未见出台，尽管很早就开始立法准备，但始终没有被纳入到立法机关的新视野。

第二，已有的有关表达自由的法规层次低或权威性不够，有的法规内容偏于对相对人的管理，对其表达自由的保障体现不够。

第三，没有建立完善的对侵犯包括表达自由在内权利的行为和规范性文件的违宪审查机制，个别不符合宪法精神的行为和规范性文件未得到纠正，也没有健全完善的保障表达自由在内权利的宪法诉讼制度。

第四，信息技术与表达自由保护之间存在矛盾，随着卫星通讯、计算机网络等技术的普及和推广，言论自由与信息社会之间产生的紧张关系及其应对和合理处理，给政府工作带来了挑战。

4 公民表达自由的保障与限制

表达自由的保障与限制,是一对矛盾的统一体。两者既对立又一致,相辅相成,是一种辩证的关系。具体来说,过分、非法地限制表达自由,就无法保障表达自由;保障表达自由内含着限制表达自由的滥用。表达自由并非一种绝对的权利,为防止其被滥用。合理的限制表达自由存在一定的现实意义。虽然表达自由作为公民的一项基本权利,但并非绝对的权利。故公民在行使该权利时要受到一定的限制。目前,我国对表达自由的限制主要表现在以下几方面。

4.1 不得损害公共利益

人类是以群体生活方式生存、繁衍的,群体生活总有一些共同的利益。人们活动与其利益就不能不受社会公共利益的适当、合理限制。否则,各行其是,为所欲为,社会将丧失其存在的基础,最终任何人的权益也无法得到保障。隐私权是一种个人权利,它并不是绝对的,当其与公共利益发生冲突时,就不得不有所适当的退让。正所谓绝对的自由就相当于不自由。绝对的权利相当于处于无权利状态。故公民个人在行使自己的权利时,不得损害国家利益、社会安宁以及公序良俗。

4.2 遵守法律规定

法律作为规范公民行为的准则。公民在行使其自身的权利之时,也应遵守法律法规。即如出现违法的行为或内容,要承担相应的法律责任。《中华人民共和国民法通则》第101条规定:公民、法人享有名誉权,公民的人格尊严受法律保护,禁止用侮辱、诽谤等方式损害公民、法人的名誉。《民通意见》第140条规定:以书面、口头等形式宣扬他人的隐私,或者捏造事实公然丑化他人人格以及用侮辱、诽谤等方式损害他人名誉,造成一定影响的,应当认定为侵害公民名誉权的行为。以书面、口头等形式诋毁、诽谤法人名誉,给法人造成损害的,应当认定为侵害法人名誉权的行为。同时,刑法第246条还规定了侮辱罪、诽谤罪。对违反法律规定的给予严厉的惩罚。

4.3 对时间、地点、方式的限制

当自治的人们要求言论自由时,他们并不是说,每一个人都有一贯不可剥夺的权利,可以在他所选择的任何时间、任何场所和以任何方式表达言论。他们并不认为,任何人都可以想说就说,想在什么时候说就在什么时候说,想说什么就说什么,想说谁就说谁,想对谁说就对谁说。任何一个理性的社会都会基于常识否认这种绝对权利的存在。表达自由因其行使的时间、地点和方式受到不同的限制。有些国家对从事特定职业的人行使表达自由有特殊限制。

结语

表达自由是公民的一项基本权利,是公民行使其他权利的重要前提和保障,也是民主政治的构成要素和基础。本文从表达自由的定义出发,了解了表达自由的内涵及类型。在此基础上,根据时下的热点问题,分析表达自由的现状,并得出了为保证公民表达自由得以实现的保障与限制方向。

参考文献

[1]陈欣新. 表达自由的法律保障[M].北京:中国社会科学出版社,2003.

[2]甄树青. 论表达自由[D].北京:社会科学文献出版社,2000.

[3]王四新. 中国法律对表达自由的保护[J].法治天地.2009.5.

[4]杜承铭. 论表达自由[J].中国法学,2001(3).

[5]许崇德. 中国宪法[M].北京:中国人民大学出版社,2010.

浅谈基于忠诚度－价值模型的银行公司客户细分及应用

● 张 晓

（中央财经大学 2011 级金融学专业）

摘 要 本文针对银行的公司客户,基于客户忠诚度、客户价值两个分析维度,利用数据挖掘中 K－means 聚类算法进行客户细分。根据忠诚度－价值模型细分的客户群体,可以帮助银行对公业务经营管理层去实现基于细分群体差别化的客户政策制定,有针对性地实施营销策略,从而达到银行强化营销支持能力及提升管理层决策水平的目的。

关键词 客户细分 忠诚度－价值模型 K－Means 算法

随着金融市场化改革的推进,国内银行同业间的竞争日趋激烈,客户资源成为各家银行的稀缺资源,尤其是中高端客户越来越成为国内外金融机构首选的市场目标。各银行都在尽快地从"以产品为中心"转向"以客户为中心"的经营模式,迅速提升核心竞争力,如何全面地了解客户,洞察客户,从而保持优质客户、发展新客户是国内各家银行急需解决的问题。客户细分从深层次真正了解客户,是"以客户为中心"战略的起点和关键核心元素。因银行是以盈利为目的的金融机构,公司业务作为银行业务发展的重要组成部分,严重影响着银行本身的经营与收益,本文重点讨论公司客户的细分。

1 客户细分理论及意义

1.1 客户细分定义

客户细分是指根据客户属性划分的客户集合,它是客户关系管理(customer relationship management, CRM)的重要理论组成部分,又是其重要管理工具。通俗地讲,客户细分是按客户的特征或共性,把一个整体的客户群以相应的变量划分为不同的等级或子群体,以便从中寻找共同的要素,进行有效的客户评估,从而合理分配服务资源,成功实施客户策略。

1.2 客户细分算法

本文客户细分的算法采用 K－means 聚类算法。其基本原理是:通过多次的迭代,各个类内的均值,中心点不再发生变化,即当最终的聚类结果使目标函数取得极小值时,算法停止。

K－Means 算法主要的优点有以下几个方面。

1.2.1 目前,聚类技术已经比较成熟,算法也比较可靠,而且长期的商业实践应用已经证明它是一个不错的数据群体细分的工具和方法。

1.2.2 聚类技术不仅本身是一种模型技术,可以直接响应业务需求,提出细分的具体方案来指导实践;同时,聚类技术还经常作为数据分析前期的数据摸底和数据清洗的有效思想和工具。这种多样性的特点使得聚类技术的应用场景更加丰富,其价值也因此更加明显。

1.2.3 如果聚类技术应用得好,其聚类的结果比较容易用商业和业务的逻辑来理解和解释。可理解、可解释在数据化运营实践中非常重要,它决定了业务应用方是否可以理解模型的结论,在此基础上才谈得上业务方是否真心支持、全力配合、共同推进数据分析的有效落地应用。

1.2.4 K – Means 算法具有简洁、高效的特点。是一个不依赖顺序的算法。不管算法的顺序是什么样的,聚类过程结束后的数据分区结果都保持一致。

1.3 客户细分意义

良好的客户关系是企业生存与发展的重要资源,能否维系并提升客户价值,是检验企业是否成熟的重要标志,这项工作的意义是使企业能够以更低成本,更高效率寻找和保持客户。通过更深层次的、前瞻性的研究客户期望,开发、调整和改进产品和服务,满足其未来的需求。客户细分的具体作用,有以下几方面。

1.3.1 对客户进行细分,设定相应的客户级别,进行差异化竞争。选出最有价值的细分客户,针对这部分有价值的客户开展特别的促销活动,提供更个性化的服务,经营资源集中向优质客户倾斜,从而确保产品和服务的高命中率和高满意度。差异化竞争,可以使银行以最少的投入获得最多的回报。

1.3.2 有助于银行发现新的市场机会和客户需求,不断改善客户结构,占领新的盈利制高点,保障银行的长足发展。

1.3.3 有助于银行确定有针对性的金融产品营销组合,满足不同类型的金融需求,使客户获得最大的满意度。

1.3.4 有助于银行有针对性地开发优质客户,加大对优质客户的争夺力度,提高客户服务效率。

2 客户细分模型

2.1 忠诚度 – 价值模型

忠诚度 – 价值模型:基于选定的某一类客户,按照忠诚度 – 价值量大组合维度进行细分,精确识别客户价值和需求。忠诚度 – 价值模型客户群划分为:A – 高忠诚度、高价值、B – 低忠诚度、高价值、C – 高忠诚度、低价值、D – 低忠诚度、低价值、E – 非活跃/休眠客户五类。

2.2 模型细分变量

模型细分变量包括客户忠诚度、客户价值两类。

客户忠诚度选取反映客户对银行忠诚与依赖的特征构建组合维度,主要的细分变量有:在我行开户年限、客户持有产品数量、客户在银行交易频率、客户在银行交易金额、客户活跃账户数量、成功推荐上下游生意伙伴数量、客户是否在我行持有基本账户。

客户价值选取反映客户对我行的利润贡献指标,主要的细分变量有:毛收入(针对在银行没有贷款户)、风险调节后的风险资产回报(RAROC)(针对在银行有贷款户)、存款年日均余额、贷款年日均余额。

2.3 模型建立步骤

忠诚度 – 价值模型建立的步骤如下。

2.3.1 客户数据的整理,包括客户的基本信息、账务信息、盈利信息、交易信息等。

2.3.2 选择模型细分变量,如客户忠诚度细分变量、客户价值细分变量。

2.3.3 选择 K – means 聚类算法,进行客户细分。

2.3.4 根据客户所在的细分群体,确定每个客户所属群体。

3 模型实证分析

本研究实证数据抽取某商业银行北京分行小额无贷户 62 522 个客户作为研究对象,跟踪该62 522 个客户 2013 年 1 ~ 5 月的交易数据。其中,小额无贷户是指:客户规模为非大中小类企业,客户在银行资产(存款 + 投资理财)小于等于 50 万。

从结果上来看，一共出现了 5 种类型的客户，即 A – 高忠诚度、高价值，B – 低忠诚度、高价值，C – 高忠诚度、低价值，D – 低忠诚度、低价值，E – 非活跃/休眠客户。

A – 高忠诚度、高价值:户数为 490 户，占比为 0.8%，此类客户属于我行高端客户，应该密切关注，重点维护，提供高附加值的产品和服务，保持良好的银企关系;

B – 低忠诚度、高价值:户数为 9 412 户，占比为 15.1%，此类客户属于我行的优质客户，是值得向更上一级进行提升/交叉销售的客户群体，应该高度关注，在防止客户流失的同时，积极进行交叉销售，满足客户潜在需求，使其转入 A 类;

C – 高忠诚度、低价值:户数为 715 户，占比为 1.1%，此类客户属于银行的潜力客户，虽然给我行带来的价值较低，但是忠诚较高。应该适时关注，挖掘客户潜在需求，加强交叉销售，使其转入 A 类;

D – 低忠诚度、低价值:户数为 43 978 户，占比为 70.3%，此类客户属于银行的一般客户，在资源有限的情况下，提供标准化的产品或服务;

E – 非活跃/休眠客户:户数为 7 927 户，占比为 12.9%，此类客户，在银行一定时期内没有发生交易行为且价值低，甚至为负，在资源有限的情况下，建议退出，并作为潜在客户挖掘其可能的需求。

4 模型应用

忠诚度 – 价值客户细分模型是客户细分的基础模型，可以针对其初分的客户子群，进一步从客户综合价值三大维度（现有价值贡献、忠诚度、关联群体对银行价值）分析客户细分群体特征并进行二次群体细分，识别出高价值目标客户子群，支持决策层制定目标客户战略。该模型应用方向主要如下。

4.1 提供高价值战略客户细分地图

能为决策层提供高价值细分群体分布情况概览，包括总人数、年度户均价值贡献、按企业规模客户分布情况等。

4.2 为后续的模型分析提供基础数据

为客户细分群体产品分布特征分析、高价值细分群体趋势特征分析、客户现金流分析提供基础数据。

4.3 提供高价值战略客户细分群体策略建议

提供给决策层高价值细分群体策略建议，主要内容如。

4.3.1 目标客户群战略:总体战略、可行性分析、与我行总体客户战略与热点领域一致行分析（如调结构、走出去等）。

4.3.2 客户群综合价值分析:当前利润贡献/关联群体价值分析、直接价值分析、衍生连带价值分析（如公私联动拓展价值）。

4.3.3 产品包配置建议:银行产品、集团客户其他成员产品等。

4.3.4 渠道销售/服务资源优化配置建议:客户经理配置规则及其他联动渠道配置建议。

5 结论

本文依据银行公司客户的特点，构建了忠诚度 – 价值客户细分模型，可以帮助决策管理层识别高价值目标客户群，制定科学的客户战略。在模型建立的过程中，还需要注意以下几点。

5.1 客户信息的完整性

客户的基本属性（如行业、规模等）、客户忠诚度细分变量、客户价值细分变量不能有太多的缺省值，否则，会影响客户细分的效果。

5.2 异常值的处理

K – means 聚类算法对数据噪声和异常值比较敏感,在客户细分过程中,异常值会严重干扰正常的聚类中心的计算,造成聚类失真,必须对客户细分变量中的异常值妥善处理。

5.3 客户细分结果的有效性

判断客户细分结果是否有效,应该通过以下规则来检验:与业务目标相关的程度;可理解性和是否容易特征化;基数是否足够大等。

参考文献

[1]吴晓云,张童:基于利益内涵与维度的银行客户细分研究 [J].管理管理科学,2010(11).

[2]JiaweiHan,MichelineKamber;范明,孟小峰译. 数据挖掘:概念与技术(原书第3版)[M].北京:机械工业出版,2012.

[3]吕昀卿. 商业银行客户细分及应用研究 [D].对外经济贸易大学,2006.

[4]梁文宾,卢丽. 城商行市场定位与客户细分问题 [J].银行家,2012(12).

我国创业板上市公司股利分配现状及原因分析

● 陈雪平　　陈常枝

（华南理工大学）

摘　要　创业板自 2009 年 10 月成立以来，经历了 5 年多的时间，为高科技、高增长、小规模的企业提供了融资平台，也为广大投资者提供了投资的渠道。本文以 2009—2014 年创业板上市公司分红情况为研究对象，分析我国创业板上市公司股利分配的现状，并分析其动因。

关键词　创业板　股利分配特征　原因分析

2009 年 10 月 23 日，中国的资本市场经过 10 多年的辛苦筹备，终于迎来了里程碑的一天，创业板正式登陆深圳证券交易所，当天有 28 家创业板新股在交易所挂牌上市交易，至今已经过了 5 年多的时间。创业板市场上市的门槛比主板市场还要低，但对其成长性要求比较高，其主要是为高科技含量的中小企业提供一个融资平台，其投资风险也相对主板市场要高，投资回报也理应较高。创业板上市公司的特点为公司规模小、科技含量高、公司成长性好，同时，公司发展对资金的需求更加强烈。创业板市场的股利分配表现出与主板市场不同的特征，为了更好地了解我国创业板市场上市公司的股利分配现状及特征，本文以 2009—2014 年连续 6 年在创业板市场成功上市的 409 家上市公司（数据缺失公司 3 家不统计在内）历年的分红情况为研究对象（数据统计截至 2015 年 5 月 31 日），经过统计分析，得出创业板上市公司股利分配的现状和基本特征，文中所有数据来自国泰安数据库，使用 EX-CEL2010 版手工整理得来。

我国创业板上市公司股利分配现状及基本特征如下。

1　进行股利分配的公司数量占比大，但该比例在 2014 年存在明显下降趋势

本文界定上市公司发放现金股利或者股票股利中的任何一种，都视为发放股利。对于一个完整会计年度中有年度分配和中期分配的，年度分配和中期分配合并视为一次股利分配，同时年度分配和中期分配金额合并计算。

经过统计 2009—2014 年成功上市的创业板公司中每年分配股利的公司数量以及不分配股利的公司数量及其所占比例发现，2009 年 10 月 30 日创业板正式上市，同年有 36 家公司成功登陆创业板，其中，有 34 家上市公司在当年实施了股利分配方案，占比达到 97%；2010 年，当年成功上市的创业板公司有 118 家，创业板上市公司增加到 154 家，数据缺失 1 家，实际样本数为 153 家，其中，分配股利的上市公司达到 142 家，占比达到 93%；2011 年当年成功上市的创业板公司有 128 家，创业板上市公司累计增加到 282 家，扣除数据缺失的 1 家，实际样本数为 281 家，其中，分配股利的上市公司有 265 家，占比达到 94%；2012 年当年成功上市的创业板公司有 74 家，创业板上市公司累计均为 356 家，扣除数据缺失的 1 家，实际样本数为 355 家，其中，12 年分配股利的上市公司有 324 家，占比达到 91%；2013 年因创业板市场 IPO 暂停，没有新增加创业板上市公司，实际样本数为 355 家，其中，2013 年分配股利的上市公司有 321 家，占比达到 90%；2014 年当年成功上市的创业板公司有 56 家，创业板上市公司增加到 412 家，数据缺失的 3 家，实际样本数为 409 家，其中，分配股利的上市公司有 235 家，

占比57%,达到历史最低水平,下降趋势明显。随着创业板上市公司数量的增加,分配股利的公司数量占比呈下降趋势,由2009年的占比97%一度下降为2014年的占比57%。不分配股利公司由2009年的占比3%,一度上升到2014年的占比43%。

总体来看,创业板上市公司连续6年中分配股利的上市公司数量占比较高,2009年到2013年5年间占比平均在90%以上,不分配股利的公司数量占比很少,平均占比不到10%。分析原因:主要在于我国创业板上市公司上市时间较短,处于成长期,更希望通过股利的分配来赢得投资者的青睐。但2014年分配股利的上市公司数量占比急剧下降到57%,没有进行股利分配的上市公司数量占比达到了43%,接近50%。主要原因是2014年我国整个经济增长处于缓慢增长阶段,上市公司业绩受到了整个经济环境的影响,对于股利的分配上市公司采取了较为谨慎的态度,不分配股利的策略,可以为公司留下更多的资源来应对目前的经济危机。

2 股利支付方式以派现和转增为主

在对409家创业板上市公司进行股利分配方式统计时,重点关注派现、转增和送股的
股利分配形式。很多创业板上市公司在进行股利分配时,不只是单一的使用一种分配形式,而是将多种分配形式(派现、转增、送股)混合在一起使用。因此,本文将创业板上市公司的股利分配形式划分为:仅派现、仅转增、仅送股、混合股利4种情况,分析各创业板上市公司更加倾向的股利分配方式。

通过对数据的统计分析发现,从2009—2012年进行单一股利分配形式的创业板上市公司的数量在逐渐增多,由最初的只有8家公司增加到2012年的179家,之后的2013年和2014年逐年下降,2014年降为94家,且主要的单一股利分配方式以现金股利为主,转增股本为辅。从2011—2014年单一采用现金股利分配形式的创业板上市公司平均占比达到20%以上,而单独使用转增股本分配形式的创业板上市公司占比基本维持在2%~7%。没有单独使用送股分配方式进行股利分配的创业板上市公司。在创业板市场最初的两年中,公司更倾向于使用混合股利分配方式,在2009年、2010两年中使用混合股利分配方式的创业板上市公司数量占比超过74%,远远大于使用单一股利分配政策的上市公司。而从2011—2013年使用混合股利分配方式与单一股利分配方式的上市公司数量占比基本持平。从2014年开始,使用混合股利分配方式的创业板上市公司数量占比大幅增加,远超过使用单一股利政策的上市公司。而在使用混合股利的股利分配政策中,创业板上市公司更倾向于使用现金股利和转增股本相结合的分配方式。

创业板上市公司的混合股利分配方式中仍然以现金股利和转增股本两种分配方式为主,占比平均达到95%,只有极少数公司选择送股分配形式,并且没有创业板上市公司采用单独送股形式进行股利分配,现金股利和转增股本是我过创业板上市公司最主要采取的股利分配形式。综合分析创业板上市公司的股利分配政策,公司更注重现金股利政策以及现金股利政策和转增股本相结合的股利分配政策。

经过统计分析,使用现金股利作为股利分配方式的创业板上市公司数量占比较大,6年平均占比在84%以上,仅有少数上市公司会选择送股方式,并且通常是作为混合股利分配方式中依附于现金股利分配方式的一种辅助分配方式。

3 股利分配水平较高

在进行创业板上市公司股利支付率的统计分析中,本文分别以派现率、转增率、送股率为指标进行各年度的股利支付率比较。派现率为上市公司每一股股本所收到的现金股利金额;转增率为上市公司每一股股本收到的转增股本数量;送股率为每一股股本所得到的送股数量。在计算这3种比率

时,先分别汇总这 3 种股利分配的比率之和再除以相应的分配此种股利的上市公司数量,最终得到这 3 种股利各自的平均股利支付率。

经数据统计分析发现,创业板上市公司自 2009—2014 年平均每股现金股利为 0.20 元,并且每年都维持在较高的水平,说明我国创业板上市公司现金股利发放水平较高。股票转增比率平均为 75%,并维持在较高水平,说明创业板上市公司股票转增水平较高。送股比率自 2009 年开始呈逐年增加趋势,平均在 0.33 的水平,并且每年都维持在 0.20 以上,说明创业板上市公司送股水平较高。总的来说,我国创业板上市公司股利分配水平较高。

分析原因在于我国创业板上市公司多为高成长性的中小企业,在上市初期利用较高的现金股利吸引投资者的关注,以保证后续更有利的发展。创业板上市公司在初次融资后取得了相对较为宽裕的现金流,为支付较高的现金股利提供了资金保证。而高成长性公司的快速增长也为股利支付提供了后续保障。而 2011—2014 年全国经济发展增速减慢,受整体经济大环境影响及高成长性对公司未来发展资金的需求影响,我国创业板上市公司现金股利支付率呈现出不断下降趋势。平均 75%的转增率,主要是因为创业板上市公司 IPO 时市盈率普遍较高,积累了大量的资本公积,初期有较高的股本溢价,通过转增用资本公积转增股本,不用付出公司实实在在的现金,为公司最大限度地节省融资成本,为公司的未来投资提供最大的资金保障,另外,对公司的管理层来说,送股方式要减少公司的留存收益水平,因此,转增方式更受创业板上市公司管理层的青睐。

4 股利连续性好

要分析我国创业板上市公司股利分配的连续性情况,要先统计创业板上市公司连续进行股利分配的公司数量及其占比情况。统计 2009—2014 年首次 ipo 的创业板上市公司在未来的第一年、第二年、第三年、第四年、第五年、第六年中的股利分配连续情况,从而分析创业板上市公司的股利连续性。

经过数据的统计分析发现,2009 年首次通过创业板 IPO 的上市公司有 36 家,其中,连续 6 年每年都实施股利分配方案的公司有 12 家,占比达到 33%,累计分配股利 5 次的上市公司为 15 家,占比达到 42%;2010 年当年首次 IPO 的创业板上市公司为 118 家,扣除数据缺失的 1 家,样本数为 117 家,其中,上市后连续 5 年每年都分配股利的上市公司有 49 家,占比达到 42%,只有一年没有分配股利的上市公司有 40 家,占比达到 34%;2011 年当年首次 IPO 的创业板上市公司有 128 家,其中,上市后连续 4 年每年都分配股利的上市公司有 61 家,占比达到 48%,上市后只有一年没有实施股利分配方案的上市公司有 57 家,占比达到 45%;2012 年当年成功 IPO 的创业板上市公司有 74 家,其中,上市后连续 3 年每年都实施股利分配方案的上市公司有 42 家,占比达到 57%;2013 年暂停创业板 IPO,当年无成功上市的创业板上市公司;2014 年当年成功 IPO 的创业板上市公司有 56 家,其中,数据缺失的有 2 家,样本数为 54 家,当年分配股利的上市公司占比达到 78%。

从以上数据可以看出,我国创业板上市公司上市后连续每年都实施股利分配方案的公司数量占比在逐年提高,且每年都保持在 33%以上。说明我国创业板上市公司股利分配的连续性较好。

5 现金股利支付水平随上市时间的推移呈下降趋势

研究我国创业板上市公司现金股利随上市时间推移的变化趋势,以每股股本收到的现金股利作为衡量现金股利支付水平高低的依据。先统计 2009—2014 年当年首次 IPO 的企业,在上市后的第一年、第二年、第三年、第四年、第五年、第六年分配现金股利的股利支付率情况。继而分析现金股利支付水平随上市时间的推移的变化趋势。

经过数据的统计分析发现,2009 年当年创业板市场成功上市的有 36 家公司,从上市后第一年每股分配现金股利 0.25 元逐步下降到上市后第六年每股分配现金股利 0.09 元;2010 年当年成功上市的118家创业板上市公司,扣除数据缺失1家,实际样本数117家,其分配的现金股利从上市后第一年的每股0.34元下降到上市后第五年的每股0.11元;2011年当年成功上市的128家创业板上市公司,由上市后第一年的每股现金股利0.30元下降到上市后第四年的每股现金股利0.10元;2012年当年成功上市的74家创业板上市公司,由上市后第一年每股现金股利0.33元下降上市后第三年每股现金股利0.14元;2013年当年暂停创业板IPO,当年无IPO成功企业。2014年当年成功上市的56家创业板公司,扣除数据缺失的2家,实际样本数为54家,当年分配现金股利为每股0.26元。

总体来看,从2009—2013年上市的创业板上市公司,在其上市后的第一年现金股利支付水平最高,随着上市时间的推移,每年现金股利的支付水平逐年持续下降。分析其主要原因:第一,我国创业板上市公司在上市的初期,为了向市场传递积极的信号,同时,为了吸引广大投资者的目光,因而选择了较高的现金股利支付水平;第二,招股说明书中要求上市公司必须对其上市后的分红情况进行详细说明,上市初期的高分红水平,也是对股东承诺的兑现;第三,公司上市之初,筹集到的资金比较多,为初期支付高现金股利创造了资金的条件。但是随着时间的推移,上市公司在投资者方面的顾虑逐渐减少,也由于公司的高成长性对资金量的需求,加上公司的规模不大,考虑到资金成本增加的因素,逐渐减少了现金股利的支付水平,转而选择送股或者转赠等其他股利支付方式。

6 存在异常派现行为

我国创业板上市公司的股利支付水平较高,但通过对2009—2014年股利分配情况进行统计分析发现,依然存在异常派现的情况。一方面,当上市公司分配当年的每股现金股利超过其每股收益时,公司需要动用其以前年度所获得的未分配利润进行当年的现金股利的支付,这会对上市公司未来的持续经营形成一定的影响,还有些上市公司会利用超额现金股利的支付来降低公司的每股净资产,从而达到满足其配股或其他需求,这对投资者也是一种伤害;另一方面,也存在部分上市公司因宏观经济环境及外部政策因素要求而象征性地进行股利分配的可能性。本文将每股现金股利大于每股收益的上市公司定为异常高派现公司;将每股现金股利小于0.1元且股利支付率小于50%的上市公司定为异常低派现公司。

经过数据统计分析发现,创业板上市公司确实存在异常高派现行为,从2009—2013年随着上市公司数量的不断增加,高派现的上市公司数量也不断增加,高派现上市公司的数量占比由09年的占比0%,上升到2012年的占比4%,呈现出不断上升趋势,且在2013年该比例维持在4%的较高水平,2014年异常高派现上市公司数量有所下降,占比下降到2%。2011年上市公司异常高派现现象最为严重,股利分配比率平均值达到2.13,即上市公司平均的每股股利为平均的每股收益的2.13倍。从2009—2014年6年间最大值的公司为300086康芝药业,其2011年股利支付率为850%,即每股股利为每股收益的8.50倍。第二大公司为300327中颖电子,其2012年股利支付率为315%,即每股股利为每股收益的3.15倍。异常低派现上市公司由2009年的1家公司上升到2013年的122家公司,数量占比由最低的2%上升到34%,增长的速度较快,2014年异常现象有所缓解,异常低派现公司数量下降到86家,占比下降到21%。主要原因可能是:一方面,公司上市初期筹集到的资金较多,但随着公司的不断发展,高成长性企业需要充足的后续发展资金,公司为了保证正常经营,降低了现金股利的派发。另一方面,随着2014年整个经济环境的变化,经济整体增速减缓,上市公司的异常高派现情况得到了缓解,上市公司的派现行为更加趋于理性。

我国创业板上市公司表现出来了不同于主板市场的股利分配现状和特征,其股利支付意愿和支付水平的影响因素,有待通过实证研究进一步分析确认。

试论行政首长的权力界限

● 于　淼①

（中共北京市纪委研究室）

摘　要　通过对行政管理有关研究的回顾,结合行政管理实际,针对当前我国行政首长权力界限不清的问题,提出当前我国行政首长的权力应包括组织决策权、最终决定权和最高监督权,并提出监督其权力行使的行权留痕、行权公开和行权负责机制。

关键词　行政首长　决策权　决定权　监督权

厘清行政首长的权力界限,是政府部门进行行政管理的基础和对行政首长权力实现科学有效制约监督的前提。目前,多数研究以行政首长负责制与行政首长问责制对行政首长应具有的权力进行了描述。本文主要通过对我国行政管理实际及其对行政首长权力制约和监督情况的考察,结合管理理论,提出行政首长的权力边界及其监督制约机制。

黄贤宏认为行政首长"在本机关依法行使行政职权时享有最高决定权,并对该职权行使后果向代表机关负个人责任的行政领导制度。"肖萍和黎晓武提出,"行政首长的职权应当包括两类权力:一是人事任免权。既包括人事提议权,即人事方面的提名权及建议权,也包括'组阁权',即任免包括副职在内的行政官员,减少副职对行政首长的牵制。二是行政决策权。即行政首长对本机关的具体行政事务拥有最后决定权。"夏书章认为行政首长应有 7 项权力,即对行政机关的目标及实现途径等重大问题的决策权;对行政机关各种活动的指挥权和协调权;对直接下级人员的任免权和奖惩权;对人力、财力和物力的支配权;对上级机关的建议权和提案权;对下级人员的授权;对外工作的代表权。更早的学者,如胡建森提出行政首长 3 项权力是:具有最高的决策权,即行政首长对本机关的行政事务有最后的决定权;具有监督本行政机关各部分与公务员执行决策的权力;具有裁判权,即当行政机关各部门或公务员之间出现意见分歧或争议悬而未决时,有权加以变更或撤销。王成栋总结世界范围内行政首长权力提出了有任免所属行政机关或部门长官之权,人事任免权是行政首长最重要的权力;有统率或指挥本行政机关一切行政活动之权;有连接立法机关(代表机关)与行政机关交通之权;有统一向立法机关(代表机关)报告或汇报之权(责);有编制预算草案之权(责)。

部分学者反思行政首长权力时,也指出"行政机关的创设、存在依据和活动范围,均应当源于法律规定,法无明文规定不可为"。并兼顾"效率与效益之悖论,责任明确与责任模糊之悖论,权力集中与反腐保廉之悖论"三项悖论。认为对行政首长的权力应当有所限制。

1　我国行政首长的权力来源

1.1　法律授权

宪法和法律规定是行政首长权力的首要来源。宪法规定"国务院实行总理负责制。各部、各委员会实行部长、主任负责制","总理领导国务院的工作","召集和主持国务院常务会议和国务院全体

---

① 本文仅代表作者本人观点,与所供职的机构无关

会议"。《国务院组织法》规定,各部门首长有"签署上报国务院的重要请示、报告和下达的命令、指示"的权力。《地方各级人民代表大会和地方各级人民政府组织法》也对行政首长负责制予以明确,赋予地方首长召集本级政府常务会研究有关事项的权力。法律对行政首长赋予组织召集本机关进行决策的权力;代表本机关向相关部门制发公文、下达命令的权力。

1.2 上级行政机关赋权

《地方各级人民代表大会和地方各级人民政府组织法》规定,"地方各级人民政府对上一级国家行政机关负责并报告工作"。同时,各级人民政府的"各工作部门受(本级)人民政府统一领导,并且依照法律或者行政法规的规定受上级人民政府主管部门的业务指导或者领导。"因此,上级行政机关得以通过文件、会议等形式赋予或剥夺下级行政机关及其首长在本机关内部的权力以及协调组织其他行政机关开展工作的权力。

2 现行行政体制下影响行政首长行使权力的因素

2.1 上级党政机关的因素

除前文所说上级行政机关的影响,还有上级党组织的影响。部分省市党委推行的"一把手"不直接分管人事、财务和重大工程项目的有关制度,分散并制约了行政首长的权力。本机关副职领导的提名权和任命权属于上级党委,一些地区的党委组织部门和政府人事部门还享有对下级机关任命机关内设机构负责人的考察权和审核备案权。一些地区推行重大决策部署、重要人事任免、重要项目安排、大额资金使用("三重一大")必须经集体研究的制度,削弱行政首长的决策权。

2.2 同级党组织的因素

李宜春已经注意到了政府部门党组制度与行政首长负责制密不可分的关系,党委(党组)可以对本机关工作进行领导,行政首长的权力还要受到本机关党组织约束。本机关的党委(党组)负责组织人事工作,享有对本机关内设机构负责人和工作人员晋级的提名考察权。人事任免一般要经由党委(党组)会议确定。同时在处分机关工作人员时,由本机关纪委(纪检组)负责,导致行政首长的监督权下降。此外,"三重一大"制度的实施使得党组织对决策权也有较强的干预。

2.3 本单位副职领导因素

各级行政机关一般设立若干副职领导,并要求每位副职都要负责本机关具体工作。副职领导成为横亘于部门与行政首长之间的决策层级,其履职能力和方式也影响行政首长权力。副职对业务工作有实际上的建议权和初始决策权,工作的开展须经其同意才能进入决策程序;副职是具体工作的具体领导者和组织协调者,在执行决策上有较高的权力,可以绕过行政首长,开展具体工作;由于副职的任免权与奖惩权不在行政首长手中,使得行政首长对其监督和督促能力受到影响,进而可能影响到具体工作的决策和执行。

3 现行体制下行政首长的权力

通过分析,实践中行政首长的权力与学者的设想之间有较大的差距。本文不讨论两者之间孰是孰非,只试着回答当前体制下行政首长应具有何种权力。笔者认为,赋予行政首长权力的原则是:在行政首长负责制的前提下,既要给予行政首长拥有负责的权力,也要通过权力的行使给予其负责的能力。应包括以下3个方面。

3.1 组织决策权

前文提到学者与法律都要求赋予行政首长组织对本机关各类重大事项的进行决策的权力。这种权力应当具体化,即本机关无论包括"三重一大"事项,还是重要业务工作事项在进行决策之前,都要提交行政首长进行审核,行政首长认为可行后,提交本机关决策程序,开展决策讨论。同时,行政首长认为有必要进行决策的事项也可以随时提交本机关决策。任何副职或部门不能擅自作出进入决策程序的决定,不能脱离行政首长进行决策。但是,对决策的事项也要有要求。既不能把决策讨论的事项泛化,也不能大而无当。决策事项和程序不能与现行规定相冲突,对更改上位法规规定、赋予自身法定权力以外的权力以及赋予某个人或某个群体能够不通过决策程序进行各项活动的权力等事项,即使行政首长认为必要,也不能进入决策程序。明显有悖于社会公德的事项不能进入决策程序。

3.2　最终决定权

学者一般认为,行政首长应有最高决定权,然而这个权力在法律法规却闪烁其词。因为,如不给予行政首长最终决定权,那么法律规定的"签署重要请示、报告和下达的命令、指示"的权力也是空话。且单纯强调集体决策或集体负责,其最终将导致参与集体决策中的每个个人都不负责的局面。因此,给予行政首长在重大问题上一票通过或否决的权力也很必要。拥有最终决定权,行政首长即具有对本机关行政决策负责的能力,也就规定了其对行政决策负责的义务,发生行政决策失误时,就能追究行政首长不履行或不正确履行最终决定的责任。最终决定权并不否认集体决策,不允许最终决定权与集体决策制度相冲突。赋予行政首长最终决定权,必须有权力保障措施,可通过行政首长末位表态与副职领导分别表态相结合的制度,并赋予副职领导向上级机关就决策提出抗辩权等方式,保证决策科学民主。

3.3　最高监督权

保证本机关决定事项得以有效执行是行政首长的义务。行政首长只有具备监督和督促决策落实的能力,才能保证决策在执行中不发生异化,才能对决策执行负责。因此,必须赋予行政首长在本机关的最高监督权。最高监督权包括,协调指挥本机关各部门及其工作人员的权力、撤换负责执行具体事务人员的权力、根据公务执行情况进行奖惩的权力、根据权限提出对工作人员进行处分的权力。最高监督权的行使必须进入决策程序,不能由行政首长独自作出,由于最终决定权的存在,行政首长可以有效行使最高监督权。

通过这三项权力,行政首长已经具备了对本机关行政活动负责能力,故行政首长不应具有如下权力:一是人事、财务、公共资源的直接支配权,行政首长对上述事务的影响,都应通过决策程序加以体现,直接支配人财物会加大不公正决策发生几率。二是直接分管部门的权力,因为,无论分管哪个部门都会直接插手到具体事务中去,影响该项工作的决策和执行。

为确保权力不被滥用,还要完善权力行使机制。一是行权留痕。行政首长行使权力,必须留下可查阅的记录。对组织决策权要有历次会议议程。对最终决定权,要明确记述参会人员每个人的表态,对行政首长最后表态要详尽记录。对没有进入议程而进行决策的或者没有明确记录参会人员表态的决策事项,应作为有瑕疵的决策予以撤销或废止,要求进行重新决策,追究相关人员责任。对最高监督权的行使,要按照决策事项予以记录,并记录该决策的执行情况。二是行权公开。对通过决策程序的事项必须全部在机关内部公开,并按要求向全社会公开。决策事项必须对参会人员公开,会议材料必须提前下发到参会人员手中,有关背景材料必须清晰明确,对于材料不清晰的,参会人员有权要求不予表决。事关国家秘密的决策应当按照保密法规予以解密,不能擅自设立保密事项。三是行权负责。行政首长必须对本机关的一切行政活动负责,必须承担与之相关的一切责任。行政机关在发生了违法违规行为并造成不良影响之后,应当严格追究行政首长相关责任,使其慎重对待手中权力。

参考文献

[1]黄贤宏.论完善行政首长负责制[J].中国法学,1999(3):98.

[2]肖萍,黎晓武.行政首长负责制的更新与发展[J].南昌大学学报(人社版),2004,33(4):49.

论新型城镇化进程与户籍制度

● 王清峰

（对外经济贸易大学国际贸易学院）

摘　要　城乡户籍制度是中国特有的制度,是中国正在进行的城镇化建设的主要影响因素,如何解除户籍制度的束缚,顺利完成新型城镇化建设,是中国社会不得不面对的挑战,值得我们去思考。

关键词　户籍制度　二元结构　农民市民化　以人为本　新型城镇化

城乡户籍制度是在我国被普遍批评的一种具有福利身份区隔和歧视性的制度,这一制度制定并形成于我国的计划经济时期,同时,也被认定为是"二元经济结构"的最显著标志之一。

户籍制度削弱了经济要素的自由流动,阻碍了经济的可持续发展,不利于形成全国统一的劳动力及人才市场,"城市关门"现象出现,抑制了劳动力、人才的自由流动。阻碍了城市化进程,对农业现代化及农村人口的转移形成体制性障碍,不利于我国农业人口城市化顺利进行。我国城市发展步伐缓慢,城市在户口管理制度保障下通过人口控制实现社会需求,使城市自我调节控制的功能弱化,市政及城市管理难以满足市场需求。遏制了消费市场的进一步发展。目前,有数千万农村人口在城市打工,处于流动状态。然而,由于他们不具备城市永久居民身份,工作预期不稳定,其消费行为并没有城市化。户籍制度加剧了城乡割裂,阻碍了城乡统筹,加剧了社会分化。与住房、医疗、教育、社会保障等利益直接挂钩,不同的户籍有不同待遇,不仅人为地把本应平等的身份划分为三六九等,而且加大了贫富差距。不能对中国的人口流动进行有效的管理。中西部地区农村相当一部分人有籍无户,农村"空壳"现象较为突出。很多住在城市郊区或者"城中村"的居民,完全不从事农业,却仍然是农业户口;同时也有很多来自农村的居民在城市工作,却无法获得非农业户口。户口管理使中国公民具有不同身份。如果某人生活在非本人户口所在地,那么他将被视为外来人口,享受不到该地的各种福利以及充足的就学和就业机会,这也是当前户口管理所受非议最多的方面。

由于我国旧社会农村土地制度极不合理,城乡二元结构长期分治以及社会经济城乡发展的不平衡性等历史原因,造成城镇化水平严重滞后于工业化水平,从而制约着社会经济的快速持续健康发展,妨碍着"三农问题"的彻底解决,阻碍着全面建设小康社会的进程。

按照户籍人口计算,当前我国城镇化率仅为35%左右,与发达国家平均80%的水平相比仍有很大差距。与此同时,我国城镇化快速发展过程中也出现了人口城镇化不彻底、土地城镇化高于人口城镇化、发展方式粗放、区域发展不协调等一系列问题。可见,我国城镇化无论是"量"上还是"质"上都有很大提升空间。

最优社会流动,需要解放户籍桎梏,然而以户籍制度为桎梏的中国式流动,往往成为一种令人尴尬的身份迷失:从最初的"盲流"到"外来工"、"农民工",在工不工、农不农之间,始终连最基本的身份融入都无法做到,犹如成为一片无根的浮萍,改革开放30多年以来,我们已经亲身感受了社会流动带给我们的种种好处,但是具体到个体层面,这些流动的人员,却一直默默忍受着不合理户籍制度的束缚,而且也限制着社会流动的最优化。

人口流动是社会发展的必然结果,有利于人才交流和劳动力资源配置和社会均衡发展。快速的经济发展必然产生大量的人口流动,美国、澳大利亚以及我国香港等地都是世界上人口流动量大,人员迁徙最频繁的国家和地区,同时,也是经济高速发展之地。而再从社会学角度看,人口流动分为向上流动和向下流动,一个社会如果缺少这样可上可下的流动,变成僵化的社会结构,那么其危害性就是轻微的冲击,都随时可能导致这个社会结构崩盘。顺畅的人口流动能促进社会结构的不断地新陈代谢。

取消农业户口,取消二元户籍制已经被提上议事日程,2014年6月30日,中共中央政治局召开会议,审议通过了《关于进一步推进户籍制度改革的意见》。会议指出,加快户籍制改革不搞指标分配,不搞层层加码。优先解决好进城时间长、就业能力强、可以适应城镇和市场竞争环境的人,使他们及其家庭在城镇扎根落户,有序引导人口流向。

会议指出,加快户籍制度改革是涉及亿万农业转移人口的一项重大措施。要坚持积极稳妥、规范有序,尊重群众意愿,不搞指标分配,不搞层层加码。要优先解决好进城时间长、就业能力强、可以适应城镇和市场竞争环境的人,使他们及其家庭在城镇扎根落户,有序引导人口流向。

会议强调,户籍制度改革是一项十分复杂的系统工程,要坚持统筹谋划,协同推进相关领域配套政策制度改革。要完善农村产权制度,维护好农民的土地承包经营权、宅基地使用权、集体收益分配权。要区别情况、分类指导,由各地根据中央的总体要求和政策安排,因地制宜地实行差别化落户政策。要促进大中小城市和小城镇合理布局、功能互补,增强中小城市和小城镇经济集聚能力,为农业转移人口落户城镇创造有利条件。

我国是世界上人口最多的国家,而且是农村人口占比例最大的国家。我们过去采取的户籍政策,对防止农业人口盲目流入城市,因而防止大城市病的发生起到了关键作用,同时,也产生了我国城市化滞后的问题。现在全国加速推进城镇化,户籍制度正在改革,农民进城的门槛正在降低,进城落户的条件正在放宽,这是加速推进城镇化所必要的。但同时必须坚决防止在城市基础设施跟不上的情况下,城市人口机械性的过快增加,造成道路不畅,交通堵塞;学校不足,学位短缺;供水、供电、供气紧张;垃圾处理不了,浊水横流,河流污染,环境破坏;社会治安恶化等大城市病的发生。印度的孟买,巴西的圣保罗就是前车之鉴。

城市管理者,一定要作好规划,加强基础设施建设,完善城市功能,扩大城市容量,积极开辟就业渠道,给农民进城就业创造条件;做好宏观调控,使城市人口的机械增加与城市公用设施、教育、服务、生产和环境相协调,实现可持续发展。

城镇化本质上是农民市民化,在城镇化过程中,使农村富余劳动力一部分转移到镇,这是必然趋势。但是,全国1.9万个建制镇不可能全面扩容,不能一哄而起,必须在充分论证的基础上,做好统筹规划,选择少数有发展条件的镇有重点地扩建和发展。切不可形成扩镇、建镇热潮。

新型城镇化的核心价值是以人为本,2013年12月3日,中共中央政治局召开会议分析研究2014年经济工作。会议指出,要继续坚持"稳中求进"工作总基调,把改革贯穿于经济社会发展的各个领域、各个环节,保持政策连续性和稳定性,出台实施新型城镇化规划。

新型城镇化是本届政府力推的重点改革,"城镇化建设"已经写入党的"十八大"报告,和新型工业化、信息化、农业现代化一起成为未来中国发展的方向。

相较于决策层的审慎持重,在民间以及学界和媒体上,城镇化早就是炙手可热的关键词。党的十八届三中全会提出健全城乡发展一体化体制,其中,多个具体细则引起广泛讨论,就是因为其中涉及的土地制度改革以及城乡公共服务均等化等议题,关系到未来城镇化的发展方向。

在改革措施上,要达到新型城镇化所需的配套改革太多了。例如,城乡公共服务均等化,户籍制度改革,城镇智能化和管理智能化建设,生态文明建设等。这些措施都将在改革中推动城镇化发展,在发展中继续改革。在理念上,新型城镇化目前遇到的最重要问题就是很多人将城镇化误认为只是高楼大厦或者造城运动。实际上,新型城镇化之所以称为新型,就是要破除关于城镇化的成见。习近平总书记在调研考察时指出,城镇化不是土地城镇化,而是人口城镇化,不要拔苗助长,而要水到渠成,不要急于求成,而要积极稳妥。

习近平总书记点中了人们对新型城镇化的最主要误解。城镇化当然要建新城,但绝不能用建新城来取代城镇化。如果兴建起一座又一座的城市、城镇,可农民群体却仍然难以在其中找到安身立命之所,那么这样的城镇化极有可能导致社会阶层进一步分化。因此,新时期的城镇化不能以简单思维、传统思维对之,而必须以人为核心。一言以蔽之,新型城镇化的核心价值就是"以人为本"的、追求人的自由全面发展的城市化。

从低城镇化率到高城镇化率,从传统城镇化到新型城镇化,中国经济面临着前所未有的机会,中国社会也面临前所未有的变革。这场变革是立体式、渐进式的,需要多项配套改革同时推进,也需要所有人改变理念。经济学家斯蒂格利茨曾预言,中国的城镇化与美国的高科技发展将是深刻影响21世纪人类发展的两大课题。能否答好这道题,考验我们的智慧。

参考文献

栾瑾崇. 农业剩余劳动力转移的国际比较及启示[J]. 理论探讨,2004.

北京和睦家医院抗菌药物使用的管理

● 贾月明

（北京和睦家医院）

摘　要　抗生素在临床中的应用非常广,在防病治病的过程中发挥着很大作用。但滥用抗生素已经威胁到人类健康和生态环境,如抗生素的毒性反应、过敏性反应、二重感染、细菌产生抗药性等。为了防止和减少上述不良情况的发生,如何安全、有效、经济地合理用药,已引起临床高度重视。近几年来,北京和睦家医院开展了大量有关抗生素使用的调查研究,获得了许多有关抗生素使用的信息,为制定抗生素管理政策和指导医生、病人合理用药提供了科学依据。此文对北京和睦家医院开展抗生素使用管理的方法,内容以及人员管理进行了评述。

关键词　抗菌药物　使用　管理

1　目的

　　严格遵守相关法律法规,认真贯彻实施抗菌药物临床应用管理制度。规范医师的处方习惯,合理选用抗菌药物,并明确规定医师使用抗菌药物的处方权限。明确抗菌药物管理工作组各成员的工作职责(目的是为了使用"特殊使用"级抗菌药物)。制定抗感染疾病专家对特殊使用级别抗菌药物的使用职责(为使用"特殊使用"级抗菌药物)。优化抗菌药物治疗方案,避免抗菌药物滥用和细菌耐药性的产生。

2　抗生素管理方法

　　根据抗菌药物的安全性、疗效、细菌耐药性、价格等因素,将抗菌药物分为三级管理:非限制使用级、限制使用级与特殊使用级。

2.1　抗菌药物处方权限

2.1.1　本院内所有具有医师资格的医生,都可以开具非限制使用级和限制使用级抗菌药物。

2.1.2　只有具有高级专业技术职务任职资格的主管医师,可以开具特殊使用级的抗菌药物,并应同时具有抗感染专家的会诊同意。

2.1.3　由抗菌药物管理工作组任命抗感染专家。任命标准:具有抗菌药物临床应用经验的:感染性疾病科、呼吸科、重症医学科、微生物检验科、药学部门等具有高级专业技术职务任职资格的医师、药师担任。

2.1.4　因抢救生命垂危的患者等紧急情况,医师可以越级使用抗菌药物。越级使用抗菌药物应当详细记录用药指证,并应当于 24 小时内补办越级使用抗菌药物的必要手续。

2.2　抗菌药物选用的基本原则

2.2.1　抗菌药物临床应用应当遵循安全、有效、经济的原则。新引进抗菌药物品种,应当由临床科室填写提交申请表,经药剂科提出意见后,报抗菌药物管理工作组审议,抗菌药物管理工作组 2/3 以上成员审议同意后,提交药事管理与药物治疗学委员会审核,经药事管理与药物治疗学委员会 2/3 以上委员审核同意后方可列入采购供应目录。对存在安全隐患、疗效不确定、耐药严重、性价比差或者违规促销使用等情况的抗菌药物品种,临床科室、药学部门、抗菌药物管理工作组和药事管理与药物治疗学委员会可以提出清退或者更换意见。清退或者更换获得抗菌药物管理工作组 1/2 以上成员同意后执行,并报药事管理与药物治疗学委员会备案。清退或者更换的抗菌药物品种原则上 12 个月内不得进入本院药物采购供应目录。严格控制抗菌药物购用品种、品规数量,保障抗菌药物购用品种、品规结构合理。抗菌药物品种原则上不超过 40 种;同一通用名称注射剂型和口服剂型各不超过 2 种,具有相似或者相同药理学特征的抗菌药物不得重复采购;深部抗真菌类抗菌药物不超过 3 个品种;头孢霉素类抗菌药物不超过 2 个品规;三代及四代头孢菌素(含复方制剂)类抗菌药物口服剂型不超过 3 个品规,注射剂型不超过 8 个品规;碳青霉烯类抗菌药物注射剂型不超过 3 个品规;氟喹诺酮类抗菌药物口服剂型和注射剂型各不超过 4 个品规。

2.2.2 应当根据临床微生物标本检测结果合理选用抗菌药物。无论住院感染患者还是门诊感染患者,在选择抗生素之前,鼓励医生开实验室细菌敏感度检测,根据微生物检测结果来决定抗生素的选择。

2.2.3 抗菌药物经验使用必须符合循证医学。

2.2.3.1 预防感染、治疗轻度或者局部感染,应当首选非限制使用级抗菌药物。如一代头孢菌素,如遇青霉素过敏者可选择克林霉素。

2.2.3.2 严重感染、免疫功能低下合并感染或者病原菌只对限制使用级抗菌药物敏感时,方可选用限制使用级抗菌药物。医生与药师应综合考量病人情况,合理选择抗生素,避免产生不良的药物相互作用,严格注意配伍禁忌。

2.2.3.3 严格控制特殊使用级抗菌药物使用。特殊使用级抗菌药物不得在门诊使用,除非取得抗感染专家同意,譬如口服利奈唑胺。对于需要使用特殊使用级抗菌药物的住院病人,应严格观察病人肝肾功能,必要时要做药物血药浓度检测,及时调整药物剂量,以避免发生不良反应。

2.3 抗菌药物目录

2.3.1 本院严格按照本市卫生行政部门制定的抗菌药物分级管理目录,制定本院的抗菌药物供应目录,并向本市卫生行政部门备案。

2.3.2 使用本院抗菌药物供应目录以外抗菌药物的,需经抗菌药物管理工作组(或药物管理委员会)审核同意。

2.3.3 临时采购抗菌药物供应目录以外的抗菌药物,原则上每年不得超过 5 例次,并应当每半年将抗菌药物临时采购情况向本市卫生行政部门备案。

2.3.4 同一通用名称抗菌药物品种,注射剂型和口服剂型各不得超过 2 种。

2.4 外科手术预防用药

2.4.1 Ⅰ类切口手术一般不预防使用抗菌药物,确需使用时,要严格掌握适应症、药物选择、用药起始与持续时间。

2.4.2 术前 1 小时内给予首次剂量;手术时间超过 4 小时,可给予第二剂;总预防用药时间一般不超过 24 小时,个别情况可延长至 48 小时。

2.5 抗菌药物管理工作组

2.5.1 抗菌药物管理工作组由医务、药学、护理、临床微生物、医院感染控制,质量安全等部门代表和具有相关专业高级技术职务任职资格的人员组成。

2.5.2 抗菌药物管理小组应制订并审议本院抗菌药物供应目录。

2.5.3 临床药师应协助医师合理选用抗菌药物,并严格监测抗菌药物的使用(包括掌握和评估药物血浓度监测)。

2.5.4 抗菌药物管理工作组负责本院细菌耐药监测工作。

3 严格控制抗菌药物临床应用相关指标

一是医院住院患者抗菌药物使用率不超过 60%，门诊患者抗菌药物处方比例不超过 20%，急诊患者抗菌药物处方比例不超过 40%，抗菌药物使用强度力争控制在每百人天 40DDDs 以下。

二是住院患者手术预防使用抗菌药物时间控制在术前 30 分钟至 2 小时（剖宫产手术除外），抗菌药物品种选择和使用疗程合理。

三是 I 类切口手术患者预防使用抗菌药物比例不超过 30%，原则上不联合预防使用抗菌药物。其中，腹股沟疝修补术（包括补片修补术）、甲状腺疾病手术、乳腺疾病手术患者原则上不预防使用抗菌药物；I 类切口手术患者预防使用抗菌药物时间原则上不超过 24 小时。

四是根据临床微生物标本检测结果合理选用抗菌药物，接受抗菌药物治疗的住院患者抗菌药物使用前微生物检验样本送检率不低于 30%；接受限制使用级抗菌药物治疗的住院患者抗菌药物使用前微生物检验样本送检率不低于 40%；接受特殊使用抗菌药物治疗的住院患者抗菌药物使用前微生物送检率不低于 70%。

4 加强临床微生物标本检测和细菌耐药监测

院内要采取综合措施，努力提高微生物标本质量，提高血液及其他无菌部位标本送检比例，保障检测结果的准确性。根据临床微生物标本检测结果合理选用抗菌药物，接受抗菌药物治疗的住院患者抗菌药物使用前微生物检验样本送检率不低于 30%；接受限制使用级抗菌药物治疗的住院患者抗菌药物使用前微生物检验样本送检率不低于 50%；接受特殊使用级抗菌药物治疗的住院患者抗菌药物使用前微生物送检率不低于 80%。开展细菌耐药监测工作，定期发布细菌耐药信息，建立细菌耐药预警机制，针对不同的细菌耐药水平采取相应应对措施；医疗机构按照要求向北京市抗菌药物临床应用监测网报送抗菌药物临床应用相关数据信息，向北京市细菌耐药监测网报送耐药菌分布和耐药情况等相关信息。

5 严格医师和药师资质管理

医院每年度对医师和药师开展抗菌药物临床应用知识和规范化管理培训、考核工作，医师经培训并考核合格后，授予相应级别的抗菌药物处方权；药师经培训并考核合格后，授予抗菌药物调剂资格。

对医师和药师进行抗菌药物临床应用知识和规范化管理培训和考核，包括如下内容。

（1）《药品管理法》《执业医师法》《抗菌药物临床应用管理办法》《处方管理办法》《医疗机构药事管理规定》《抗菌药物临床应用指导原则》《国家基本药物处方集》《国家处方集》和《医院处方点评管理规范（试行）》等相关法律、法规、规章和规范性文件。

（2）抗菌药物临床应用及管理制度。

（3）常用抗菌药物的药理学特点与注意事项。

（4）常见细菌的耐药趋势与控制方法。

（5）抗菌药物不良反应的防治。

关于县级居民区物业管理企业
收费难的原因及对策

● 喻　娟

（长沙顺达物业管理有限公司）

摘　要　随着我国城镇化进程的加快,县级物业管理企业也得到迅速发展。然而普遍存在的收费难的问题,将使物业管理企业面临巨大的生存挑战。

关键词　物业管理企业　收费难　原因　对策

物业管理,是指业主通过选聘物业服务企业,由业主和物业服务企业按照物业服务合同约定,对房屋及配套的设施设备和相关场地进行维修、养护、管理,维护物业管理区域内的环境卫生和相关秩序的活动[1]。物业管理企业是指专门从事物业管理的具有独立法人资格的经济实体。近年来,随着我国市场经济的发展,城镇化进程的加快,物业服务的需求加大,县城的物业管理行业如雨后春笋般得到了迅猛的发展,同时,物业管理行业相对于城市管理的作用也愈发凸显出来,其逐渐成为构建和谐社会,营造安居城市不可或缺的力量,然而物业行业是一个微利行业,随着用工成本的增加,材料费的高涨,给物业行业的发展带来了强大的阻碍,而物业费收缴难的问题,更将使物业行业面临巨大的生存挑战。本文就县级居民区物业公司收费难的问题进行分析,并提出改善建议。

1　县级居民区物业公司收费难的原因

1.1　居民观念落后,媒体负面报道多

随着我国城镇化进程的大力推进,县城的房地产业也在近几年发展的如火如荼。许多农民选择到城里来安居乐业,然而他们在乡下生活了几十年的传统观念和生活习惯,一时间不会随着空间的转移,立即改变,他们需要时间并随着周围环境的影响慢慢发生转变。以前人们习惯了不用交物业费、停车费、水费,垃圾可以随意扔,痰可以随意吐,花可以随意摘,草可以随意踩。然而他们进城后,发现要交物业费,停车费,水费,不仅花钱买了房子,生活成本也一下增加了许多,生活习惯也受到了很大的限制[2]。许多业主对于物业管理的商品属性不理解,总以各种理由拒交物业费,即使交也要推迟几个月甚至一两年。

随着信息技术的高速发展,只要哪里有一丝的风吹草动,新闻媒体就会第一时间跟进。不管是业主之间发生的矛盾纠纷,还是业主的违法违规行为,社会舆论往往都会将苗头对准物业管理企业。业主经常在电视上看到物业行业的负面信息,而好人好事的报道则少之又少,因此,在业主心中,物业公司只会收钱,不作为。这些情况都给物业管理企业的运作带来很多的麻烦。

1.2　物业前期介入不受重视,开发商遗留问题多

根据对以往文献的分析来看,各位专家学者普遍认识到县级城市居住区物业管理的重要作用和意义,但目前住宅小区的物业管理主要是在我国大中城市广泛推广,对于县级居住区还是一个新鲜事物[3]。许多的开发商都是到了房子建设即将完工交付使用时,才考虑组建自己的物业服务企业,很

难意识到物业前期介入的重要性。因此,小区的投资建设与物业管理脱节,没有从物业的生产、流通、消费的全过程来通盘设计和全方位运作,配套设施运作不理想,物业管理滞后于住房消费使用[4]。物业公司接管物业后,发现开发建设单位的房子不仅存在工程质量问题:上水管道设置不合理,窗户渗水等,还有配套设施不够完善问题:停车位不足,绿地少等以及开发商对业主做出不切合实际的承诺问题。而此时,这些已经成为了客观事实,物业公司也只能去和开发商协商,无力独自解决。但业主就认为是物业公司故意拖延,逃避责任,将一切怨气撒向物业管理公司头上,引起了很多的矛盾和纠纷。据北京市建委物业管理有关报告指处,物业纠纷 80% 以上与开发商遗留问题有关[5]。许多物业公司对此感到无奈和委屈,不堪重负。

1.3 物业人员业务水平普遍不高

物业管理行业是好动密集型产业,需要依照大量的劳动力,但其工作又脏又累且收入不高,社会对该行业的地位不认可,长期当"受气包"。年轻人对这些行业看不上眼,有一定文化素养或工作能力的人,一般也不会选择这个行业,以致在用人上屡屡出现招工难,青黄不接的局面。因此,很多未接触过物业的员工,不经过培训就直接上岗,行业知识在以后的实际工作中,自己慢慢摸索。县级物业绝大部分的从业人员都没有机会系统的学习和培训物业知识和业务能力,因此,服务意识差,业务水平不高。行业的微利特征吸引不住中高级人才,而缺少人才的行业发展自然缓慢,盈利自然上不去,形成了现在这种吸纳社会闲散人员,勉强度日的状况。有的地方物业管理员工的收入甚至达不到社会平均工资水平,这种情况把高素质人才阻挡在物业管理行业之外,加剧了行业人才的供需矛盾[6]。吸纳的社会闲散人员大都年龄偏大,文化层次不高,因此,公司制定的管理制度和措施难以落实,实施效果不佳,甚至悬而不用。这些,导致物业管理企业的工作很难开展,又导致物业服务态度差,服务不规范,环境脏乱差,门卫形同虚设,治安持秩序混乱,维修不到位等一系列问题。业主对物业公司不专业不规范的管理意见很大,常以拒交物业费相要挟。

2 县级居民区物业管理企业收费难的对策

2.1 政府部门应加大物业管理宣传,改变居民陈旧观念

物业管理行业协助公安系统维护社区秩序的稳定、配合市容维护社区环境的管理,协助水、电、气等相关部门维护好社区公共设施的养护以及无条件向社会提供大量的就业岗位等,逐渐成为构建和谐社会,营造安居城市不可或缺的重要力量。然而物业管理企业在管理中体现的是市场化、专业化、社会化的管理行为,这种市场化的运作是以有价值的服务来实现的,因此,在物业管理市场中必然的要求是"谁受益,谁交费"。政府具有公信力,可以借助媒体,向人们普及基本的物业管理常识,转变人们的陈旧观念。逢年过节,政府部门一般会通过亲切看望餐饮、环卫、快递等等行业坚守岗位的员工,以表达对相关行业从业人员的关心和鼓励,同样,也可以多关注坚守岗位,在凛冽寒风中站岗巡逻、维修设备设施、清洁环境、服务业主而不能回家过年的物业员工。新闻媒体也可以多关注下暴雪天,不仅有为群众排忧解难冲锋在第一线的子弟兵和人民警察,还有为了确保业主安全出行,顶风冒雪,连夜奋战的那些物业员工。多传递点物业行业的正能量,消除点居民对物业行业的偏见,让物业行业的员工也能受到大家的尊重,让他们更好地服务社会,服务社区。

2.2 制定相关政策,为物业管理企业前期入住创造条件

物业前期介入包括对物业的规划、设计、建造、装修等各环节的参与,充分反映住户要求和物业自身要求,力求使用户入住之前的各种前期工作与用户使用的实际需要及日后物业管理工作相适应。由于设计单位的初始设计具有较强的预测性和不确定性以及建筑物本身及周边环境的复杂多样性,建筑物表现在设计图纸上的使用功能不可避免地会与用户的实际要求存在差距。如果物业管理企业在总结用户要求和自身管理经验的基础上,协助开发商和设计单位对规划设计进行必要的调整,不仅

可以有效地避免开发商与用户发生冲突,而且还可以节省重新改造的资金,减少因改造而带来的工程质量问题,也为自己将来更好地开展物业管理工作打下坚实的基础。物业管理单位作为开发商与用户之间的衔接组织,可以综合各方面的意见和要求,对双方之间的质量纠纷进行调解,帮助开发商制定解决质量问题的方案,使质量纠纷能得到及时有效的解决。这样,可以在最大限度上缓和双方矛盾,避免开发商与用户不得不对簿公堂的尴尬局面。因此政府部门制定相关的政策,将物业公司的前期介入与住房建设结合起来,不仅可以使物业人员对接管后的物业有较为全面的了解,而且也将杜绝和避免很多的物业矛盾纠纷,从而为物业企业后序管理打下基础。

2.3 加强物业从业人员的培训,提高从业人员的业务水平

县级的物业管理人员绝大部分都是临时招聘的,没有专业技术背景,也没有进行专业培训。对物业管理的认识、知识和技能的掌握都相当的匮乏。在市场经济体制下,一切都要以市场为导向,物业行业的本质是向业主提供服务,只有增强服务意识,提高从业人员的服务技能和沟通技巧,有效履行职责范围内的服务内容,提升物业公司整体形象,赢得业主的认可和满意度,增强物业企业的市场知名度和认可度,才能在这个竞争激烈的市场中,生存下来。因此,县级的物业管理人员需要借助多种渠道、多种形式提高自身物业管理服务水平,特别是要对物业管理法规、相关政策、服务标准、岗位技能等进行全面学习和提高,以满足县级物业管理工作需求。

物业收费难是物业公司普遍存在的问题。但是随着县级城市的快速发展,各级政府部门对物业行业的不断重视,人们对小区环境、配套设施和物业管理水平的要求不断提高,优秀物业管理企业的入驻,将使县级物业行业更加规范化、专业化,收费难问题将会迎刃而解。

参考文献

[1]中华人民共和国国务院令.物业管理条例.国务院关于修改〈物业管理条例〉的决定,2007.

[2]董春玲.农民上楼后的农村物业管理现状、问题与对策.农村经济,2013(6).

[3]穆勇.从大同市物业管理现状看中小城市物业管理发展趋势.科学导报,2009(12).

[4]匙静,王伟.当前住宅小区物业管理中存在的问题及解决对策.科技咨询导报,2007(10).

[5]彭杏芳.对我国住宅小区物业管理现状的剖析.法制与社会,2007(2).

[6]熊燕,王荣杰.对现代物业管理行业发展的思考.探索,2007(2).

浅论优化我国中小企业筹资环境

● 鲁杲翔

（中国人民大学）

摘　要　中小企业是我国经济的重要组成部分,在经济发展中具有大企业无法替代的战略地位。中小企业作为活跃市场的基本力量,在促进经济增长及解决就业过程中,发挥着重要作用。中小企业的发展需要强力的金融支持,但由于企业自身和经济体制等原因,致使中小企业的筹资环境存在诸多问题,因此优化我国中小企业的筹资环境有重大的意义。

本文在吸收、借鉴前人研究成果基础之上,通过总结和整理有关中小企业筹资环境问题的资料,并对我国中小企业筹资环境的现状和问题及其原因的分析,提出了优化我国中小企业筹资环境的对策。

关键词　中小企业　筹资环境　筹资方式　筹资渠道

实践已经证明,中小企业是各国经济的基础和国民经济中最为活跃的因素,推动了经济的增长、提供了大量的就业,可以说中小企业是国民经济得以持续发展和社会稳定的基础。但是在我国作为个体的中小企业在社会经济中与大型的国有企业相比,显然是弱者,在中小企业的成长过程中,由于抗风险能力相对较弱、规模不大,使其在融资方面难以得到足够的支持。为扩大内需、刺激经济增长,我国政府采取了一系列改善中小企业的筹资环境的措施。但是,产生的效果并不明显,中小企业筹资环境依然存在问题,并制约着我国中小企业的发展。

中小企业要保持进一步的发展,优化筹资环境首当其冲。资金是现代经济体系的血液,是企业赖以生存和发展的关键因素。因此,优化我国中小企业筹资环境就显得尤为重要。

1　我国中小企业筹资环境现状及存在的问题

1.1　我国中小企业筹资环境现状

随着我国社会主义市场经济体制的逐步建立,中小企业已经成为国民经济的重要组成部分。但是,在中小企业为我国经济发展作出巨大贡献的同时,近年来由于原材料价格上涨、劳动力成本加大、银行紧缩信贷,市场竞争加剧等因素,中小企业发展面临诸多困难。影响和制约中小企业进一步发展的诸多原因中,最主要的就是筹资问题。

1.2　中小企业内部环境问题

我国中小企业筹资的内部环境主要存在以下问题:中小企业布局分散,总体规模较小,产业层次偏低,品牌意识淡薄,大部分是低水平重复建设;产业结构趋同,企业技术进步迟缓,调整乏力;中小企业的从业人员知识结构不合理,整体素质不高,观念陈旧,管理落后;不顾自己的能力,盲目投资,四面出击,扩张无度。

1.3　中小企业外部环境问题

目前,大多数地方尚未形成一个超越界限、按社会内在分工要求,对中小企业发展进行合理规划、扶持的专门管理机构,社会对中小企业的生存环境很少关注。这些都导致政府对中小企业的状况和发展趋势缺乏全面掌握;我国缺乏足够为中小企业贷款的金融机构,加之商业银行体制改革后权力上收,原来以中小企业为放贷对象的基层银行,有责无权,有心无力。

2 我国中小企业筹资环境问题的原因分析

2.1 我国中小企业自身的缺陷

由于中小企业规模小,管理不够科学,致使其抗风险能力较差;中小企业自有资金不足,自我积累有限;大多数中小企业为了减少管理成本,财务管理水平低,信息无法做到透明化,使金融机构对中小企业的贷款风险难以把握,增加了银行和投资方的投资风险;中小企业在技术创新方面缺乏竞争力,市场风险高;部分中小企业的短期行为倾向严重,信用观念较差,恶意逃废银行债务的很多。

2.2 国有商业银行对中小企业融资的限制较高

银行对中小企业的筹资成本相对较高;利率结构不合理;我国金融体系过于僵硬,缺少直接面对中小企业的机构。我国的银行业主力军成立之初主要设计是为国有的大型企业服务,而缺少专门针对中小企业的业务,并且没有采取针对大中小型企业的差异化策略,使得所有信贷的发放标准相同,这就间接提高了中小企业信贷的门槛。

2.3 政府对国有企业的政策扶持惯性

从历来财政政策分析,受历史经济体制影响,我国的大部分大额度、大规模的工程项目大部分都交给了国有大型企业,而且那些银行的配套贷款,也主要用在了这些承担项目的国有大型企业。

2.4 缺乏有效的担保机制和其他融资方式

融资方式渠道狭窄,致使多数中小企业只能苦守银行贷款;缺乏有效地融资担保机制和风险投资机制,致使中小企业融资更为困难。

3 优化我国中小企业筹资环境的对策

3.1 完善以银行为主体的间接融资体系

在金融领域方面,政府应适当降低市场准入限制和利率管制,并且允许成立多种形式的民营金融机构,例如,投资公司、民营性质的银行、信用合作社、股份制银行等,加快建立中小企业融资机构,政府还要适当利用利率杠杆来优化资源配置,使民营金融机构逐步与中小企业的发展相协调、相适应;鼓励各类银行加强对中小企业的信贷支持。通过一些优惠政策,诸如扩大利率浮动幅度以及再贷款、再贴现方式,税收支持,鼓励国有银行以及股份制银行提高对中小企业的贷款比例,并且明确中小企业合理的贷款期限和额度,切实发挥银行内设中小企业信贷部门的作用,重点依托地方商业银行和担保机构,开展针对中小企业的担保贷款、转贷款业务。

3.2 强化政府的作为

政府在中小企业筹集资金的活动中应履行一定的职责,根据国际以往经验表明,政府必须对中小企业实施金融扶持措施和政策。具体来说,政府的具体部门,例如,产业政策部门应认真调研我国中小企业产业未来的发展趋势及其分布状况,制定出具有指导性和一定可操作性的政策针,使中小企业产业结构和产业组织更加合理化。同时,相应的产业政策管理部门也应为金融机构确定中小企业贷款战略和审贷操作提供监督和支持。中央银行可依据产业政策,相应制定对商业银行中小企业贷款业务数量和质量的考核体系以鼓励其对中小企业发放贷款,对于向中小企业贷款工作做得好的银行,特别是地方银行,可在批准其扩展其他业务范围时给予适当的政策优惠,如允许业务数量、质量好的银行发行金融债券,用以调整负债与资产结构;开办债券柜台交易业务,以吸引客户,办理投资基金托管业务,以较低成本获取存款等。另外,通过税收等各种优惠政策鼓励大部分风险投资机构增加对中小企业投资和关注。

3.3 信誉工程及自身建设

加强中小企业自身素质,树立诚信的观念,坚决杜绝商业等各种欺诈行为,将有助于吸引银行贷款及其他类型的投资,因为投资者更乐于投资那些经营状况良好和信用状况较好的中小企业;规范企业的公司治理结构。公司治理结构规范与否不仅影响投资决策和资金筹措,而且也影响公司的管理效率和内部凝聚力。因此,公司治理结构决定着企业的融资能力,中小企业一定要规范公司治理结构;完善中小企业财务信息披露平台的建设。中小企业筹资困境的很大原因在于信息不对称,中小企业需要建立规范的财务报告制度和财务信息披露通道,提高财务报表的质量,尤其是要充分利用如今发达的网络信息技术来加强信息的披露。

3.4 完善各种融资渠道,真正实现多渠道融资

完善中小企业融资担保,从而为多渠道融资提供条件,由于中小企业在借贷时普遍存在缺乏担保,应建立专门的针对中小企业贷款的担保机构:一是一些带有政策性的政府参与或出资的担保机构,这些机构不是以盈利为目的,并且不涉及除担保以外的业务。二是发展中小企业互助性质的会员制担保机构。这类机构是一种合作制机构,由中小企业自愿组成,这些出资的企业为会员,以这些会员企业为服务对象。三是发展商业性担保机构;另外,发展我国中小企业风险投资,在我国,风险投资的资金来源渠道很狭窄,而在国外,中小企业发展的主要资金来源就是风险投资;最后把有条件的证券公司发展为实力壮大的投资银行,参与风险投资;出台相应的政策和措施,吸收外资和鼓励外国机构参与我国风险投资。

结语

优化中小企业筹资环境问题是一个庞大复杂的系统工程,这个工程可以分为 3 个部分:中小企业自身,金融机制,政府。核心部分在于中小企业自身能力提升,基础部分则在于金融机制的改进配合相适应和政府积极且恰当的引导和支持。而信用问题始终贯穿于这 3 个方面,是它们的交集。解决这一课题,不仅仅是资金量上的支持,更要提高企业自身融资能力和信誉度;注重金融机制改革;改善政府调控宏观经济的职能,加强制度供给和金融扶持,培育良好的社会信用体系,发挥市场机制在资源配置方面的基础性作用。以上这些,都是优化中小企业筹资环境的现实选择。

参考文献

[1]梁国安.依法规范,缓解中小企业筹资难[J].西部大开发,2009(1).

[2]郎艳平.我国中小企业筹资问题探究[J].现代商业,2009(2).

[3]彭定新.建立信用担保体系化解中小企业筹资难题[J].决策与信息,2009(2).

[4]范惠玲.金融危机下我国中小企业筹资机遇[J].中国乡镇企业会计,2009(2).

[5]姜宝山.高科技中小企业筹资实务[M].中国经济出版社,2007(2).

[6]陈晓红.中小企业筹资与成长[M].经济科学出版社,2007(3).

[7]王宏,杨卫东.中小企业股权筹资攻略[M].复旦大学出版社,2009(8).

[8]史建平.中小企业融资对策[J].山西财经大学学报,2009(1).

浅谈小微电商的供应链管理与优化

● 任秋楠

（对外经济贸易大学国际经济贸易学院）

摘　要　随着市场竞争结构的变化,企业所售产品的多样性与时效性逐渐成为决胜之门,供应链的经营与管理被越来越多的人熟识与重视。现如今,供应链不再是企业的后勤部门,而是与销售、计划部门并肩而战,站到市场竞争的前线。轻管理,重资产型的企业必须加快借力、借势、整合资源的步伐,参与到新型市场竞争中去。在下文中,笔者谨以一家刚刚开拓电商业务的公司为对象,探讨其供应链管理的现状与问题,并提出调整意见。

关键词　供应链管理　合作　信息共享　电商

1　引言

　　企业间,尤其是电商期间之间的竞争模式,已经从基于价格的竞争,转向到基于产品质量、时效与服务的竞争。这并非传统意义上的一体化模式竞争,而是各种资源力量的整合方式竞争,是一个企业的供应链与对手供应链之间的竞争。传统意义上的供应链,已经不能满足生产周期越来越短的产品更替、对订单响应速度越来越高的客户,以及对产品种类越来越细化的市场需求。这便需要企业重视并调整供应链管理模式,以适应现代企业的业务发展。

2　小微电商企业供应链管理现状

2.1　采购与供应商管理现状

2.1.1　公司供应商的上游工厂在欧洲,所以,生产信息不对等、供货周期长等问题致使公司供应链在做产品需求预估时,会偏离真实需求。多级信息的不对等传递导致长鞭效应（Bullwhip effect）,形成供应链下游节点的库存积累。其次,欧洲工厂只承接量产订单,不支持小额补订,公司的采购是以工厂的生产计划为驱动,以补充消耗库存为目的的单纯买卖活动。

2.1.2　公司与供应商没有共同建立采购平台,依旧采用传统纸质合同进行订购。供应商对我司实施款到发货政策,支付频率高。并且,双方仅以邮件方式相互同步库存,数据准确性差。以上3个因素拉长了采购流程,延长了供货周期,增加产品到货的不确定因素。由此可见,公司与供应商依旧是单纯的买卖关系,而非战略合作关系。

2.2　库存管理现状

2.2.1　因供货、物流周期较长、产品结构不确定、季节需求性较大等因素,公司的库存量一直维持在较高水平:总库存金额150万中,包含滞销库存60万（若季度内不能完成当季产品75%的产品出库,则可将其定义为滞销库存）,占据总库存量的40%。滞销库存看似只是物流的堆积,但本质上,是信息流传递和管理无效的表现。

2.2.2　仓储管理上依旧以人工作业为主,采用原始的产品堆放方式,没有扫码系统和自动化存取分拣系统支持,产品清盘账实误差大,库存产品布局混乱,尺码混杂。同时,对各仓未制定统一管理、考核制度,总仓、分仓、门店存在随意调拨的情况,产品进、出库操作不规范。以上现象产生的本质在于,没有清晰的管理制度和业绩指标支持,任何部门都无法继续建设上层管理体系。

2.3 物流管理现状

2.3.1 供应商目前不支持产品直发客户,造成非我司库存产品的订单发货延迟。从我司向供应商下单补货,到客户收到产品,至少需要 3 天的时间,大大降低了终端用户的满意度,甚至导致丢单。电商企业比拼的重点是产品物流,没有畅通而敏捷的物流系统,企业就无法在竞争中站稳脚跟。

2.3.2 随着企业规模的扩大,总公司引入了 ERP 系统。但现阶段无法将所有的仓库与物流网点纳入系统管理,致使多方信息传递不畅。总公司不能及时掌握各仓库存的变动,极易出现产品积压和缺货情况,人为地提高了不确定因素。

2.3.3 针对物流部门的管理,没有响应的奖惩或考核机制,导致相关人员的责任心不强。误发,错发,漏发的订单,形成庞大的物流成本。

以上陈述的采购、库存、物流 3 个方面的问题说明,随着公司规模的发展,供应链的管理工作不能只局限于基础采购、运营和配送的最基本执行层面。应抬起头来着眼于信息流、物流、资金流的规划,即重视统筹管理。

3 小微企业的供应链构建与优化

3.1 采购与供应商管理优化

3.1.1 同品牌产品只维护一个或少量供应商。甄选供应商时,应将产品最小订购量、残次品率、订单响应度、产品价格等因素综合考虑,选择综合优势最大的供应商。盲目追求采购价格最低、频繁更换供应商等行为,均会大大提升产品到货风险、道德因素风险,增加供应链中的不可控因素。同时,也不利于与供应商建立相互信任的关系。

3.1.2 实现数据实时对接。在供求双方长期合作和相互信任的基础上,与供应商共享线上货品浏览量、客户需求意向、销售数据、双方库存量等数据。并要求供应商共享欧洲订货信息,季节性产品更迭意向。数据互通有助于缩短到货提前期,弱化长鞭效应,有充足的时间先于产品到货前调整销售策略。

3.1.3 与供应商建立战略同盟,简化采购流程。采取将双方采购数据系统对接、无纸化同步采购订单、向供应商支付采购保证金、签订战略契约等方式,将供应商利益与自身利益结合在一起。甚至让供应商参与到产品销售决策的制定中,使产品供应节奏更加贴合企业需求。

3.1.4 向欧洲工厂定制专供套装,用于产品线上主推,形成品种单一并且销量大的产品流。此举旨在使产品进货量达到欧洲工厂的最小生产线,可以随时补货。同时,借助供应商的政策与经验,为分公司合理安排产品结构,最小化库存占用。

3.2 库存控制管理优化

3.2.1 建立仓库管理制度。将库存产品出、入库以及复核、盘点流程规范化,系统化。同时,量化库存管理指标完成情况,用产品周转率、出货量、设备利用率、仓容利用率,拣货误差率,盘点误差率等数据说话,考评库存管理的效果,及时修正偏颇。

3.2.2 仓存代管代发。在符合企业发展的前提下,缩减仓存资金占用率,外包劳动密集型环节,都是提高库存管理水平的良策。其中,以与供应商代销分账机制为最优。供应商有充足的库存,对自身产品熟识度高,会以最快的速度满足客户订单或退换货需求,尽力维护其品牌形象。其次,再考虑第三方仓库代管代发机制,与仓库签订合作协议前,要对其资质进行详细的考核。

3.3 物流管理优化

3.3.1 企业需要根据自身的发展,确立相应的物流发展战略,建立面向下游分销商或客户的独立的物流配送部门,集中负责产品需求预测、配送控制、客户满意度回馈、服务质量监督等工作,实现一体化管理。同时,将 JIT 管理思想(Just In Time,JIT)运用在物流管理中,即通过配货计划和控制,达到随用随送,精准配送的无库存理想状态。再次,建立物流管理考核制度。对通过对物流服务质量、商品完好率、物流成本等指标评估,体现并修正物流管理的成效。

3.3.2 实现所有物流节点的信息联动。即实施联合物流管理,统一调度,形成高效的信息传递系统,让信息流贯穿于整个供应链条之中。无论在公司内部还是外部,信息流都是物流的驱动力,驱动产品及时、精准的到达各个环节或目的地。物流节点之间信息的高效互通,可以大大缩短物流周期,节约物流成本,减少站点库存量,提升整个供应链的效率。

4 供应链的协调管理

4.1 轻前端、轻资产、重计划

企业不能把供应链战线拉长,战线越长,各节点投入的成本就越大,信息传递周期越长,管理难度越大,整个链条的可控性就要降低。所以,轻前端,源头供应商在精不在多。轻资产,对于任何企业而言,所有环节都靠自身的力量去经营,是极其不明智的。供应链中的每个部门应专注于自己擅长的核心业务,将非核心业务交给合作伙伴,通过管理这些资源,形成强有力的竞争力。重计划,供应链是个庞大的需要极速响应的运作体系。一个企业的电商业务建立起来后,留给供应链部门成长磨合的时间很少,不能将其浪费在一次次地修正错误上。计划就是供应链前进的眼睛。

4.2 使公司认识到供应链管理的重要性

在我国大部分公司和行业里,供应链管理部门的地位依旧不尽如人意,依旧被定义为执行部门,疲于应付各种突发状况。但事实上,供应链的管理应是独立的,不为任何部门驱使与左右的,又是肩负着统筹协调职能的。所以,供应链管理部门需要被赋予相应职权。否则,即使供应链管理者有心将部门转型,参与到公司业务决策中去,也实际无话语权,处于尴尬的境地。所以,自公司管理层就需意识到供应链管理的重要性。管理者必须专职专人,享有话语权和决策权,以更高的视角统筹整个链条,最大限度节省修正错误的时间。

4.3 制定供应链管理的运营指标

供应链管理的运营指标不是对部门的约束,而是衡量。不同于销售部门的业绩可以一目了然,供应链管理的业绩分散在链条中的不同节点:采购、到货、库存占用与周转率、调配精准性,物流周期等。若对每个节点均无指标考核,则无依据判断供应链管理工作是否有效,也无法掌握或修正管理工作的方向。无论以上哪种指标,实质上反映的是管理的精细度以及整个供应链的运营水平。没有指标,企业就不能知道自己是否已经把工作做好,就更谈不上改进工作了,原始粗放的管理模式无法管理现代化供应链。

5 结束语

现代供应链管理所强调的快速响应市场需求,降低运作成本与风险,建立自身绩效目标等管理优势,是使得企业适应多元化市场竞争的一种有效途径。现如今的企业竞争中,各方比拼的不再是一体化的硬实力,而是对各自供应链管理效率的软实力。谁能及时准确地满足客户多元化的需求,同时,最小化自身成本,谁就能赢得更广阔的市场。所以,企业供应链的优化与转型,势在必行的。

参考文献

[1]刘宝红．采购与供应链管理

[2]马士华．供应链管理

EPC 国际工程承包项目采购管理中的问题研究

● 王雅薇

（对外经贸大学国际贸易学院）

摘　要　自我国加入 WTO 以后，工程承包企业承接的境外项目越来越多，其中，以 EPC 项目占比最多，采购管理在总承包项目中起着关键作用，影响着项目的成本、工期、质量，但是由于过去对采购管理的不重视，造成了项目实施过程中出现的问题比比皆是，本文主要从作者的观点对这些问题作出解析。

关键词　EPC　国际工程承包项目　采购管理

EPC 项目或称为交钥匙工程，以其高效性，业主承担的风险较低和具有价格优势等特点成为近些年国际工程市场的主力军，越来越受到各国政府和业主的推崇。随着我国制造业的大力发展，我国的工程承包企业在世界建筑市场上已占有一席之地。然而根据过去的项目总结，我们在做国际工程承包项目时只注重设备的出口，忽略了采购方面的管理，结果导致了项目的大量亏损。合理的采购管理不仅能够降低成本、减少现金流，更重要的是它影响着最初的设计理念能否顺利实现，从而最终决定了项目的成败。

1　国际 EPC 项目采购管理中的现存问题

1.1　采购规划的不合理

第一，EPC 项目以设计为核心，统筹安排采购、施工，采购规划的制定在很大程度上依赖于设计进度和施工需求，这就导致了采购部门处于被动地位。项目前期设计滞后严重影响采购进度，施工高峰期设备需求量大使得采购周期被不合理的压缩，项目后期设备清点时发现重复订单的情况经常会出现。

第二，采购流程往往过于复杂，不必要的流程过多。它一般包括填写请购文件、询价、比较价格、进行商务谈判和合同最终签订这些步骤，有时还要包括招标等一系列的工作，这其中的每项步骤都需要经过领导审批，而且每次采购均需各部门认可，如此冗长的流程会延误采购，最终影响工期。

第三，采购地点的确定，总承包商所在国采购、项目所在国采购或从第三方国家采购是采购的 3 种途径，采购地点的确定关系到采购预算和后期的成本控制。进口技术设备、材料所需支付的货币、汇率问题会使总承包商面临较大的外汇风险。一般国际项目合同中会有进口设备免税或征税的条款，非免税设备进口需要承担一定的关税风险。

1.2　采购部与其他各方沟通不畅

采购部作为一个承上启下的部门与各方工作均有交集，若与他们的交流不畅则会导致工作延误。

1.2.1　与业主方。由于语言、习惯等方面的差异，国际项目中与业主方的沟通通常较为困难，超出业主推荐范围以外采购的设备和材料，经常会因为资料不全而很难被业主接受。

1.2.2　与设计方。有些生产周期长的设备采购部门会提前根据过程设计文件中的技术要求来订货，但在最终业主批复后，如果没有与设计部门进行及时的沟通，有可能会导致规格型号的不符而重新返厂。

1.2.3 与现场项目部。在国际项目中若采取在总承包商所在国内采购并运送到项目所在国来进行施工的方式,会有大量的运输费用,而且与施工现场沟通不及时、正确会造成物资的重复采购与资金的浪费。

1.2.4 与试运方。设备试运需要设备厂家派出相关技术人员来现场进行调试,有些厂家规定有严格的设备调试时间,超过时间将另外支付技术人员费用,缺乏沟通会造成技术人员提前或贻误进场时间,从而造成额外支出或进度计划的延长。

1.3 供应商管理方面的问题

基于以往的项目管理经验,供应商管理是项目采购管理的核心,它包含供应商选择、与供应商的合作形式这两方面的问题。

1.3.1 供应商的选择。根据EPC项目模式,总承包商决定供应商,业主可以提供供应商名录,但总承包商并非必须接受,造成了业主与总承包商之间的矛盾。这主要是由于各国采用的技术标准和规范不同,各方均倾向于选择本国的供应商,如果沟通不好不但会造成工程的延误,还会增加索赔的风险。并且选择进口技术、设备需进行相关资质认证,若资料不全无法通过认证,则无法被应用到项目中去。

1.3.2 与供应商的合作形式。《招投标法》中对必须进行招标采购的设备进行了规定,大型EPC项目中的大部分设备、物资均需进行招标采购。这种采购方式虽然可以降低采购成本,但采购期过长、设备质量无法保证、后期服务跟不上等缺点不利于项目的发展,最终损害的是总承包商的利益。而总承包商选择与一家供应商长期合作的形式,会造成垄断局面的滋生,继而产生腐败,对于总承包商和项目本身都不一个明智的选择。

1.3.3 运输及仓储管理不够专业。EPC国际承包项目中运输部分大多包给专业的运输公司来完成,海运以其费用低廉而成为总承包商的首选。但是,由于运输周期较长,导致途中发生事故的概率高于其他几种运输模式,例如,设备包装破损导致设备生锈、故障,运至现场无法使用的事情时有发生。另外在装卸过程中不按要求方式装卸致使设备损坏也经常发生。通常,设备到达现场以后不会马上进行安装,从到达现场直到安装这段时间有长有段,有时会由于保管不当造成遗失、故障等问题。

2 针对以上问题的对策

以上问题之所以存在有的是因为企业工程管理经验不足,有的是由于技术方面的限制,还有的是由外因所造成的。因此,要提升采购管理工作的效率必须对现有的采购体系进行梳理和规范,将采购过程中的一个个"结"整理"通顺",建立流畅的采购管理体系,并保持时刻的警觉,才能保证采购的高效。

2.1 完善采购前工作

项目前期准备工作决定着采购的内容、地点等一系列重要问题,所以采购部应积极参与各项前期会议,尤其是关键路线制定和概算审核会议,它们对于采购部制定合理的采购预算和采购周期有很大的制约性。由于设计与采购、供应商之间是一种承前启后的关系,采购部应在项目前期加强与设计方的沟通,紧抓设计进度,争取第一时间将设计图纸交到供应商手中或开展采购工作。施工高峰期需要压缩采购周期时需及时提出这中间的矛盾,有时质量和周期很难两全其美,以得到各方的理解,并协调相关方来调整自己的计划。采用标准化流程来管理采购,对于设备和材料的用途、数量等都应做好登记,在领用时做到一一对应来避免重复采购。

采用先进的项目管理软件来简化采购流程,现在最常用的如P3系统、SAP系统、MS系统等可以优化整个工作流程,这些软件可以简化审批流程,缩短采购前准备时间。之后所有的采购步骤都可以通过电子平台来完成,使用人能清晰地看到各项工作已进行到了哪一步,并及时进行下一步工作,不仅节省了办公纸张,还提高了办公速度。除此之外,母公司应放手让项目部来完成采购工作的规划,从原来的主导地位转为对项目部工作的监督支持,项目部的自主性提高了,就能更加积极的完成工作。

改善分类采购管理办法,首先分析采购设备各自所占的金额和比重,分析当地市场采购数据;然后分清主次,分别采购;最后抓住重点,区别管理。例如,一些急需的、临时的物资所占品种数很少,但约占采购总额的70%以上,可以在项目当地采购,以减少运输和关税方面的风险。另外,有些机械设备也可以选择在当地租赁,这样可以获得业主和当地政府的帮助以保障及时供货。

用金融的思路去避免外汇风险。根据采购国的政治经济形势,来预测和评估汇率的波动,并运用一些金融工具来降低风险。

2.2 加强与其他各方的有效沟通

项目部是由利益或目标不同的各方组合而成的,要想改善各方间的沟通,首先要明确各方职责,改善合作关系。建立项目管理小组,统一各方的利益目标到项目上去,使各方合作更加紧密,愿意积极共享最新的信息和交流意见。

在EPC项目中总总承包商是连接各方的关键,应利用现代信息技术构建各方间的信息共享平台。信息共享平台的建立不仅有利于采购部制定或变更采购计划,还能使供应商及时了解项目动态从而调整设备制造周期,此外,物流公司也能通过这平台来制定相应的物流计划。

与各方面的沟通应该是双向的,因此,应定期举行各种形式的会议(电话会议、视频会议等)以加强各方间的互动,争取在采购前发现问题,使采购计划更合理。

2.3 用电子采购平台来选择供应商

采购信息化的程度会提高采购的效率,基于ERP系统的电子采购平台、互联网采购平台的建立,使得采购方与供应商之间的信息流转及时、准确,缩短采购过程和时间,设备的质量和服务也比单独的招标采购有了很大程度的提升。可以选择熟悉的具有国际资质的供应商,以增加业主的认可程度,这样能减少很多不必要的麻烦。但不管选择何种采购方式,价格、技术、质量是最重要的。从这三点入手可以衡量一个供应商的水平和其在市场上的竞争力,因此,在采购过程中应综合考虑这三方面的因素。

2.4 和供应商一起建立基于长期合作的伙伴关系及考核机制

建立供应链管理理念,将与供应商之间的一次性交易转为战略合作关系,提升了供应商对于该项目的关注程度,服务和质量得到了保证。适时并合理的对供应商进行考核、对供应商评级、及奖惩机制的建立、增加新进供应商等方法能使供应商保持供货品质,总承包商从此摆脱供应商一家独大的局面。

2.5 全面提高采购人员能力并强化运输、库房监管

对于设备运输及仓储方面的问题,预防胜于补救,应对采购人员就相关专业问题及应对措施进行培训,提高采购人员素质。并派驻采购人员到包装现场、码头、库房等地进行监督,以避免类似事情的发生。仓库按设备说明书上的要求码放,所有设备、材料、备件、专用工具登记造册或电子记录,做好设备保养定期检查,设备损坏及时上报,及时维修。

参考文献

[1]许文凯.国际工程承包.对外经济贸易大学出版社.

[2]池仁勇.项目管理.清华大学出版社.

[3]杨世东.境外EPC项目中的采购过程控制.

普惠金融下中小微企业融资难问题研究

● 朱　成

（中国人民大学）

摘　要　21世纪是一个高度开放和市场竞争日益激烈的时代,我国的中小微型企业由于发展的历史较短往往没有形成较大的财富积累,在激烈的生产竞争中要想获得企业的持续发展就必须借助于金融结构的贷款支持。研究发现,在我国当前的普惠金融体系下中小企业还存在融资渠道单一、融资成本高、融资结构不合理等问题。为了促进我国中小型企业的发展,解决其融资难的现状;本文最后提出可以通过政府发展普惠金融、银行发展普惠金融、中小微企业利用普惠金融等方式来进一步解决我国中小企业的融资问题。

关键词　中小企业　普惠金融　融资　对策

目前,我国正处于经济转型的关键期,实体经济领域和金融领域的改革不断深化,中小型企业异军突起,利率市场化步伐明显加快,移动金融、网络金融等新的经营业态不断涌现,这无疑对普惠金融对中小微企业的融资促进功能提出了新的要求,需要从更长远的高度对普惠金融体系进行构建。

1　普惠金融的定义与存在的必要性

1.1　普惠金融体系定义

普惠金融体系的概念是联合国在2005年提出的,主要是为了解决地区经济发展过程中由于资金短缺所造成的恶性循环。经济发展滞后往往是因为缺乏资金,而资金的缺乏使得本来发展滞后的地区或企业更加无力发展,因此,造成发展困难的恶性循环。普惠金融就是要在健全的政策、法律和监管框架下,在每一个发展中国家都建立起一整套完整的金融机构体系,为所有层面的人口提供金融产品和服务,是所有地区和企业都能得到金融资助。

1.2　普惠金融体系存在的必要性

建立普惠体系无论是对于有急切融资需求的中小型企业还是对金融机构而言都是十分有必须要的,具体表现为以下几个方面。

第一,通过普惠金融体系的建设可以进一步的发挥政府的调节作用,政府可以利用行政约束来促使中小企业完善信用保证制度建设,从而提高中小型企业的信誉,降低中小企业的贷款难度。通过信用信息平台已经现有的金融体系,中小微企业与银行之间信息不对称将大大减少,降低信用风险,有助于解决中小微企业融资难的问题。

第二,通过建立普惠金融体系,在建立中小企业信用保证制度的基础上,将信用贷款与抵押贷款相结合,以抵押率超过抵押物价值的方式进行抵押贷款,有助于解决中小微企业抵押品不足的难题,同时,不会增加银行信贷风险。

第三,建立普通金融体系后,中小企业的经济要素信息可以更真实和完整的反映在统一的管理平台上,而金融机构在向这些中小企业发放贷款是可以有效地利用这些信息来获得企业的财务、产品等信息,并以此判断中小微企业的还款能力、产品发展潜力、抗风险能力等,在政府提供信用担保的情况下加大放贷力度,帮助有潜力的中小微企业解决资金短缺问题,淘汰竞争力弱、产品较差的企业,从而优化产业结构,有利于中小微企业的长足发展。

2 普惠金融下我国中小微企业的主要融资方式及融资难问题

2.1 普惠金融下我国中小微企业的主要融资方式

普惠金融下我国中小微企业的主要融资方式有以下两个方面。

2.1.1 外部融资。小微企业取得外源性债权融资主要可以分为两大途径:一是从以银行、信用社等为主的正式金融机构获得短期或长期贷款;二是从其他企业、民间金融机构或亲朋好友等处获得拆借或其他形式的非正式债务融资。

2.1.2 内部融资。我国小微企业融资的显著特点之一,就是对内源融资的依赖。在当前普惠金融体系还不完善,相关优惠的金融政策落实不到位的情况下,国内大多数中小微企业考虑到内源融资的机会成本低于外源性融资,因此,企业在融资方式选择问题上会首先考虑内源性融资。其日常资金周转以及规模扩大和追加性投资,对于自身融资的依赖性极大。但是,由于业主自身资本的有限性以及运营能力的限制,其盈利能力往往有限,企业自身盈利留存不足,通过自身的筹措到的资金并不能完全的满足中小微企业的发展和基本规模扩大。

2.2 普惠金融下我国中小微企业的融资难问题

由于普惠金融在制度设计和底层设施中存在的问题,使得中小微企业并不能完全以正常、合理而又满足需要的方式完成企业发展所需要的融资行为。在当前普惠金融制度下,我国中小微企业在融资上还存在以下一些问题。

2.2.1 融资渠道单一。当前我国中小微企业特别是小微企业其融资的渠道十分单一,主要依靠企业投资人的资金投入以及企业的留存利润来进行融资。具体来看中小微企业的融资渠道有以下几类:企业自身发展的积累以及投资人的投资、政府的金融支持以及相关金融机构的贷款融资。但是,就融资额度来看后两种融资方式通常只占到了企业融资的很小比例;企业的市场融资行为受到严格的限制,往往难以满足企业的发展要求。能够在市场中进行直接社会融资的只有大型的企业,中小微企业无力在市场上进行直接融资。同时,由于我国对于大中型的国有企业有着"传统"的偏爱,其政府性质的资助资金对于国有的大中型企业有所倾斜,对于中小型企业倾斜度不够。

2.2.2 融资成本高。与大企业相比,我国中小微企业由于自身实力不够,盈利能力较差,商业银行在针对中小微企业贷款时往往设置附加条件或其他条件,一方面以规避风险;另一方面提高风险报酬率,这对于中小微企业而言增加了企业的财务成本。同时由于商业银行的差别性对待,中小微企业贷款手续复杂,额外条件多,大批中小微企业不得已转向民间信贷。民间信贷简化了贷款手续喝准贷条件,但是同期贷款利率往往高于同期银行利率,这是造成融资成本高的另一因素。

2.2.3 融资结构不合理。根据上述一系列原因,中小微企业无法发行股票、债券进行社会融资,也无法通过商业银行贷款获得充足的资金来源。在此背景下中小微企业为了获得发展所需要的资金就不得不转向审批要求较低的民间借贷结构,而民间借贷往往会给中小微企业带来沉重的财务负担。此外,由于中小微企业的信誉建设不完善,使得其在担保是往往不能使用信誉来担保而是必须有实物相抵押;而且,获得贷款的时间一般不长,多为短期借款。

3 普惠金融体系下解决中小微企业融资难的对策

3.1 提供政策支持

政府应该向中小微企业进行政策倾斜,鼓励中小微企业发展,为中小微企业提供财政补助和贷款援助。通过政策性支持,为中小微企业营造良好环境。同时,对于拥有一定信用度的中小微企业提供信用担保,从而取得商业贷款,缓解资金困境,促进中小微企业的发展。在税收方面,政府可以给予中小微企业一定程度的优惠政策,这种政策可以直接降低中小微企业的运营成本,降低对于流动资金的需求度,从而降低资金缺口,间接的为解决融资困境提供支持。

3.2 中小微企业间建立互助金融组织

企业间的互助行为,是解决融资困境的一个创新性建议。由于资金周转周期不同以及不同企业间投资额度不同,可以通过建立中小微企业间的互助性金融组织,缓解短期的资金困境。同时,组织起来的中小微企业群体,对于资本市场的信息了解程度将会加深,可以通过数据库链接,加大对于资本市场的利用度。并且,组织起来后的中小微企业群体对于风险承担的能力也将大大增强。

3.3 扩宽融资渠道,多元化融资

目前,我国中小微企业的融资渠道较为单一,必须建立起多元化的融资渠道,降低融资风险。中小微企业的发展,说到底,并不能只靠政府的扶持,要建立其属于自己的融资渠道体系。通过企业改制重组,建立起符合现代市场经济需求的企业组织形式,满足信贷的条件。进而满足相关的投资方条件,取得新的融资渠道。最终形成自身融资、外部直接融资、外部间接融资、政府支持多元化融资模式,从而确保企业资金的安全性。

3.4 中小微企业改善自身的融资条件

普惠金融体系下中小微企业企业出现融资能问题,一方面是金融机构的金融支持服务不完善;另一方面则是中小微企业自身的融资环境欠佳,从而使得自身贷款条件难以符合金融机构的要求。为此中小微企业需要出以下几个方面来改善自身的融资条件:第一,规范企业内部的财务管理制度,保障财务信息的真实性;财务信息是银行审核和确定中小微企业是否具有还款能力的重要依据,中小微企业混乱不清的财务管理使得银行难以认可企业的财务信息;改善企业的财务管理则成为中小微企业必须进行的工作。第二,加强企业的诚信行为;中小微企业的诚信建设还存在一定的问题,为此必须加强企业在市场经济活动中的诚信行为。

4 结论

本文对当前中小微企业在现行的普惠金融体系下存在的融资难问题,进行了研究。研究表明,目前中小微企业融资现状以自身融资为主、外部融资为辅。其中,融资难具体表现在融资渠道单一、融资成本高、融资结构不合理上。要解决解决中小微企业融资难的问题可以从以下几个方面入手:政府要提供政策支持、引导完善资本体系,中小微企业要提升主观条件,创造条件来融资、积极改善自身的融资条件、中小微企业间建立互助金融组织、扩宽融资渠道,进行多元化融资。

参考文献

[1]于洋. 中国小微企业融资问题研究[D].吉林大学,2013.

[2]张雪梅. 中国中小企业融资难的制度性缺陷研究[D].辽宁大学,2014.

[3]张丽. 普惠金融下中小微企业融资难问题研究[J].商业经济,2012(15):68-69,97.

[4]张立纳,王金利. 政府视角下中小微企业融资难问题的成因分析及对策建议[J].柴达木开发研究,2013(06):20-24.

[5]邢乐成,王延江. 中小企业融资难问题研究:基于普惠金融的视角[J].理论学刊,2013(08):48-51.

[6]黄志华. 发展小额信贷构建普惠金融体系的研究[D].福建农林大学,2012.

[7]张东强. 我国农村普惠金融研究[D].天津财经大学,2012.

让讲究文化成为国际化营销战略的加速器

● 吴英俊

(西南财经大学)

摘　要　当前国际民航市场的发展重点,正快速向二三线城市转移。结合南航贵州公司的企业文化发展战略,论述了与公司发展战略相一致的服务品牌国际化战略。在论述服务品牌国际化战略时,先是论述了实施服务品牌国际化的背景,需要实现的目标以及实现这一目标的意义,然后详细论述了实施这个战略的过程。实施过程是重点,在这一部分先是讲述了国际化的进程,接着提出了实施的思路,最后论述了实施服务品牌国际化的一些策略。

关键词　讲究文化　国际化　品牌

引言

近年来,贵州地区国际航空市场竞争激烈。从2009年南航贵州航空有限公司(以下简称贵航),开通第一条贵阳出发的国际直航航线以来,越来越多的航空公司进入贵州市场。目前,贵州市场的国际、地区直航航班已有中国台湾、中国香港、韩国、日本、越南、泰国、柬埔寨等多条航线。激烈的市场竞争要求国际航线管理人员的关注力,不能仅仅集中在票价和服务上。在实际操作过程中,我们发现,航空公司企业文化和品牌宣传也间接影响到旅客的选择,成为参与市场竞争的辅助手段。例如,贵航在贵州的口碑是"安全",所以,贵航国际直航航班上的散客比其他公司高50%以上;而以柬埔寨航空、易思达航空为代表的廉价航空,意味着"便宜",因此他们的客源以低价团队为主。因此,贵航需要在更高层次归纳企业文化,形成独有的品牌形象。

品牌形象是航空公司的显著特点,2015年伊始,贵航高层提出,全体人员在工作和生活中,要"讲究"不能"将就"。通过在国际航线管理层面应用"讲究"文化,从业务层面了解贵航的企业文化特点和企业市场战略定位。通过宣传"讲究"文化,形成贵航国际营销战略的动力。

1　航空业的特性与顾客的需求,决定了品牌需要企业文化

1.1　实施服务品牌国际化

实施服务品牌国际化的目标是把企业打造成国际知名服务品牌。市场竞争从根本上来说就是品牌之间的竞争。知名品牌的号召力和凝聚力,可以为企业占领和维系较大的市场份额并从中获利。成就国际知名品牌对企业来说非常重要,主要体现在以下几个方面。

1.1.1　扩散作用。知名品牌通过各种传播渠道迅速扩大其影响力,销售量快速增长到较高水平,使得越来越多的消费者成为它的忠诚者。如果南航成长为国际知名服务品牌,那么国际销售渠道将得到极大的拓展,客运量和两舱客座率将大幅提高,旅客忠诚度也会大大提高。这样就能创造出更高的经济价值和社会价值,为社会的发展及和谐贡献力量,实现"创造价值回报社会"的经营理念。

1.1.2　持续作用。知名品牌形象一旦建立起来,会在较长的时间内为企业带来可观的经济效益。消费者都会有一定的品牌忠诚,知名品牌消费者尤其突出。品牌忠诚有利于企业缓解竞争对手的威胁。

当发生不利于企业名声的突发事件时,品牌忠诚会使消费者等待企业给予他们合理的解析。

1.1.3 放大作用。企业可以利用知名品牌这一无形资产辐射到其他产品上去,使知名品牌的经济效用发生放大的杠杆作用。假如南航股份公司成长为国际航空知名服务品牌,那么这种名牌效用可以辐射到集团公司旗下的酒店、食品、旅游等各个行业,创造不菲的经济价值。

1.1.4 资产增值作用。知名品牌作为重要的无形资产,可以通过资产运营,最大限度地发挥名牌资产的增值功能。资产增值会使股价上涨,为股东创造利润,从而实现"创造利润回报股东"的经营理念。

1.2 航空服务的特性

无形性、生产与消费同一性、不可贮存性、差异性、顾客参与性、缺乏所有权、整体性。

1.3 顾客让渡价值

菲利普·科特勒在《营销管理》一书中提出,"顾客让渡价值"是指顾客总价值与顾客总成本之间的差额。结合航空服务的特性,我们在成本无法大幅下降时,必须"讲究"的提高服务、人员与形象,从而提高产品的总价值,吸引旅客。

2 成功国际性航空公司具有"讲究"的共同点

国泰航空"讲究"品牌宣传,用系统性的宣传方案有效的提高知名度。他们围绕"拥有科技上领先的产品和专业能力,同时,兼具亚洲的形象并提供亲切有效率的服务"这一明确的品牌内涵开展宣传活动。例如,与香港知名食府携手开展"中华美食篇"活动,联合"寰宇一家"联盟伙伴和其他企业的"亚洲万里航"常旅客项目,"国泰航空非洲野外体验"活动、赞助雅士谷香港日赛马等等。每期推广活动主题鲜明,而且常常是电视广告揭开序幕,印刷广告、网络广告、户外广告齐头并进,立体进攻。

全日空在餐食上极其"讲究",全日空(ANA)的航空餐有"最优秀机上便餐"的称号,以日式的服务和精致的料理为众多人喜爱。不论是名厨主刀的头等舱,还是商务舱,餐品的制作和摆放都很讲究,并由著名的日本美食家进行监制。

新加坡航空"讲究"服务文化,新加坡航空的创新服务从你遇见身着纱笼卡巴雅制服的新航空姐开始,无论是 A380 头等舱套房全球首创的独立睡床和铺床服务,还是每月更新的餐食菜单和"银刃世界"娱乐系统,都让每次乘坐新航航班成为一次新鲜体验。

"优质产品 + 全面服务 + 成功推广"这正是这些世界著名国际性航空公司的成功之道,同时,也是其他成功的国际性航空公司共同特点。

3 目前的国际化品牌宣传不够"讲究"

3.1 缺乏国际化品牌宣传经验和人才

贵航经营国际航班尚处起步阶段,不仅要积极大量储备国际营销人才,更要积极培养一批适应国际化营销战略的宣传人才队伍,并且借鉴学习跨国企业成功的品牌宣传经验。

3.2 品牌宣传缺乏系统性

品牌宣传不是简单的在媒体上发点新闻报道,投放一些广告。它是一个系统管理的过程。目前的品牌宣传工作零星而分散,随意性较强,在宣传时缺乏品牌内涵,仅立足于产品特性,不能很好地为贵航整体营销战略服务。

3.3 现有的宣传机构难以适应国际化发展

以市场为导向的竞争,要求企业的宣传工作应围绕顾客的需求展开。而国企的特殊性又把宣传工作划归党委管理。要使"讲究"文化这个贵航品牌,形成产品品牌,形成生产力,需要建立相应的组织机构。

4 让"讲究"文化成为国际化营销发展的加速器

4.1 以"讲究"文化为企业理念,建立竞争优势

战略管理的资源基础模型(R/B 模型)认为,企业独特的资源和能力是企业利润的主要来源。强调组织内部的"讲究"文化,是人力资源和组织资源在更高层次上的结合运用。

4.2 以"讲究"品牌为外显,明确国际化品牌目标

营销就是为了让产品好卖,在宣传之前,必须确立一个明确的战略定位和品牌内涵,有了明确的目标和方向才能考虑下一步的品牌包装宣传。

4.3 建立相应的"讲究"品牌宣传组织机构

宣传工作不仅仅是要为思想政治服务,同时,也要为企业的战略、为市场营销服务。如果只是为了销售产品,未免定位过低,宣传部门不仅要维护顾客关系,还要维护政府、新闻媒体等公众形象。因此,宣传部门不仅要围绕营销开展宣传工作,还要能调动资源,平衡内外部关系。宣传还事关公司战略,所以,宣传部门要能参与公司高层决策。

虽然思想政治与市场影响之间有其关联性,但仍然有必要将两种不同类型的宣传进行划分,设置成两个不同的部门进行管理。拟参考的机构设置模式如下:

4.3.1 部门隶属型。将品牌宣传机构隶属于市场销售部门(名称暂定为"公关宣传部"),其模式如图 1 所示。

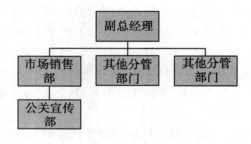

图 1 部门隶属型

优点:能贴近市场,把公关和宣传工作看做一种协助销售的促销策略,强调它的促销功能。

缺点:品牌宣传并不局限在一般产品的促销宣传上,还包括顾客关系和其他关系的公众对象(例如:政府、新闻媒体等),这并不是市场销售部门所能控制的范围。

4.3.2 部门并列型。即公关宣传部门与组织的其他职能部门平行并列,处于同一层次,其模式如图 2 所示。

图 2 部门并列型

与上种类型相比较而言,此类型的公关宣传机构在组织中的地位和权利比较高,反应公关宣传职能在组织中的独立性和重要性。公关宣传部门可直接参与最高层决策,有足够的权利去调动资源,协调企业的内、外部关系。

4.3.3 高层领导直属型。即公关宣传部门不隶属于哪一个二级机构,而是直属于组织的最高层领导,直接向最高决策层和管理层负责,其模式如图3所示。

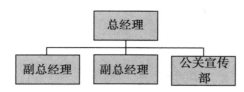

图3 高层领导直属型

这种类型有很多特点,首先公关宣传部在组织中有着很高的行政权力,具有较大的沟通权限,可以直接和最高管理者进行沟通,并代表最高管理者与其他部门进行沟通,直接介入决策,同时,有着相当的独立性和自主权。

公关宣传机构不仅仅是个执行部门,更多的是要参与决策,制定政策,为组织设定一系列的形象宣传计划。这就要求公关宣传要上升到企业战略的高度,负责人要介入高层,参与高层决策。

当然,南航及其下属各分子公司在设置公关宣传机构的时候,必须根据自身的性质、特点、需要及规模等实际情况来具体考虑。

4.4 "讲究"文化的本地化,是开启国际市场的钥匙

贵航在推进国际化营销战略中,要认识到地域文化特色在国际市场竞争中的重要作用,需要实施有贵州特色的"讲究"品牌战略,打造特色文化,在本地化上下功夫。

在本地化上,各著名航空公司都有自己的做法,例如,国泰航空通过推销香港来推销自己,在策略上即以定位香港也定位国泰航空。全日空航空公司将飞机与日本的动漫人物图案相结合,受到了世界各地动漫迷的喜爱,其动漫图案飞机模型甚至成为爱好者竞相收藏的藏品之一。新加坡航空以"新加坡女郎"代表新加坡形象确保搭乘新航可以享受到最佳服务。

4.5 使用平衡计分卡,评估"讲究"文化的实施效果

围绕"讲究"文化的企业战略,从财务角度、顾客角度、内部经营流程、学习和成长4个角度设立平衡记分卡,使得领导者拥有全面统筹战略、人员、流程、执行4个关键因素的管理工具。阐述平衡计分卡如何运用的文章很多,在此,不再累述。同时表明,平衡记分卡是公司运用"讲究"文化的重要评估工具。

结束语

贵航国际化之路,是公司走向强盛的必经之路,也是南航发展的内在要求。实施"讲究"品牌的国际化战略,能大幅提高公司的服务营销水平,增强我们的国际竞争力。我们相信在领导的正确指引下,在全体员工的共同努力下,跨入国际化时代的贵航明天,将会更加辉煌!

宁夏六盘山民族连片特困地区普惠金融体系构建研究

● 王 晴

（中国人民大学）

摘 要 宁夏回族自治区六盘山地区是我国现有的十四大"连片特困地区"之一,经济社会发展落后,是摆在我国经济社会发展前进道路上的一大难题。在此背景下,本文研究了六盘山地区的农村金融市场发展现状,并提出了完善当地普惠金融体系的构建对策。

关键词 普惠金融体系 六盘山 连片特困地区 金融扶贫

随着世界经济的发展,世界金融体系也在向着运行方式更加灵活多样的方向发展,以适应复杂多变的世界金融形势。在金融体系不断发展的大环境下,普惠金融概念应运而生。普惠金融体系的概念是联合国在 2005 年提出的,主要是为了解决地区经济发展过程中由于资金短缺所造成的恶性循环。经济发展滞后往往是因为缺乏资金,而资金的缺乏使得本来发展滞后的地区或企业更加无力发展,因此造成发展上的恶性循环。由于历史原因以及农业生产固有的弱点,单靠农民的资本积累来实现扩大再生产或者举办乡镇企业是难以实现的,农村经济的快速发展离不开金融支持。而像宁夏六盘山区这样贫困的地区,要想实现农村经济的快速发展,更需要有健全的金融支持体系。

1 普惠金融的特点与服务体系框架

1.1 普惠金融的特点

普惠金融是经济发展到一定阶段后的产物,它是在发展中国家根据一定的国家政策、法规的监督管理下运行的一套金融机构体系;其建立的目的在于为社会各个层面的个人或者是企业组织提供金融服务,从而使其得到发展。普惠金融具有以下特点。①强调公平合理的金融权。普惠金融的人为所有的人都应获得平等的金融支持权力以促进他们更好地参与社会经济活动。②强调"普惠"所有人群。普惠金融体系人为无论贫富、无论身处什么样的地区都应得到普惠金融的支持,它的对象包括所有的群体,并非只有穷人也并非只有富人。③强调提供全面的金融服务。普惠金融认为它的金融支持并不只是提供贷款,它还可以提供投资、保险等业务。④强调金融机构广泛参与。普惠金融体系人为只有不同的金融主体共同参与其中才能真正发挥普惠金融的作用,它并不是某一单一的金融机构。⑤强调可持续发展。普惠金融认为提高长久的金融支持才能真正促进贫困地区的发展,那种昙花一现式的金融体系并不是普惠金融所需要的,它不是单纯的"输血",他需要有合理稳定的自我"造血"功能,这样才能保证普惠金融能够持续发挥作用。

1.2 普惠金融的服务体系框架

普惠金融强调其服务的对象包括所有需要金融支持的群体或者个人,而不以贫富来区分,它分为微观金融服务体系、中观的金融服务体系以及宏观的金融服务体系,这种多层次的金融服务体系可以将更多的发展中国家的人口纳入其中,并向其开发金融市场。

2 六盘山民族连片特困区金融服务现状分析

到目前为止,为六盘山特困区(宁夏区)提供金融服务的机构有商业银行、政策银行、农村信用社以及邮政储蓄和微型小额信贷机构。但由于自然风险、违约风险以及商业化经营的要求,金融机构大量撤并、营业网点缩减,服务功能单一,服务缺位现象严重。

2.1 政策性银行仅县域设网点、金融服务业务单一

目前,政策性银行提供的金融服务主要为农业龙头企业、农业商贸企业等提供粮棉油收购贷款,随着市场化的推进,份额进一步萎缩,与农户联系不紧密,没有充分发挥其政策作用。

2.2 农业银行趋利避险,"吸"多"贷"少

在六盘山特困区的多数县域内农业银行网点数量稀少且业务单一。它们大量吸收居民存款。根据相关机构的调查显示它们吸纳的农户存款占比20%左右,而给予的贷款不足5%;已基本退出农村的贷款市场。农业银行没有充分发挥作为县域金融体系的支柱作用;也没有充分发挥其在新农村建设中对"三农"建设的支持作用。

2.3 农村信用社不能有效满足农户信贷需求

在国有商业银行纷纷退出农村金融市场的同时,农村信用社成了农村金融的垄断者,可谓"责任重大"。利率市场化的改革,致使前进道路上步履维艰,为了自身的发展,农村信用社追随商业银行的步伐,向扁平化与集约化发展,大量撤并营业网点,撤销代办网点。将人力财力投入到非农业务中。

2.4 邮政储蓄银行涉农金融业务范围窄

中国邮政储蓄银行目前是农村地区营业网点最多的银行,网点布局从省会至各个乡镇均有,业务范围从小额信贷、消费信贷、投资理财、企业结算均有涉猎。邮政储蓄在县域内吸收的存款资金较多,但涉及"三农"的金融服务领域少,更多的存款通过非农信贷流到城镇。

2.5 微型信贷机构地位尴尬,资金匮乏

微型信贷机构由于不能吸收存款,致使资金缺乏无法进行大额信贷业务,服务对象主要为无法纳入银行信贷支持范围的企业和农户。

3 促进六盘山连片特困地区普惠金融体系构建的对策

3.1 建立功能完善的政策性金融体系

在六盘山地区单靠社会力量来实现金融体系的建设是难以办到的,或者说需要经历较长的时间。为了加快六盘山地区普惠金融体系的建设,政府就必须建立起有利于促进当地金融市场发展的政策性金融体系。政府一方面应当增加政策性银行的服务范围和支持力度;另一方面要发挥农业银行、邮政储蓄银行在农村金融体系中的支柱作用,进一步提高服务"三农"的能力。

3.2 推进农村金融市场化

推进农村金融市场化是促进宁夏六盘山贫困地区金融发展的必要途径;为此,可以从以下几个方面来进行完善。第一,进一步开放宁夏六盘山贫困地区的农村金融市场。进一步开放宁夏六盘山贫困地区的农村金融市场,鼓励小额公司、村镇银行、贷款互助机构、社区银行等在农村设立网点。第二,推进宁夏六盘山贫困地区农村金融领域利率市场化。目前,宁夏回族自治区六盘山地区的农村信贷市场是一个分散性、成本高、风险高、利率低的市场。利率市场化有助于金融组织从收益覆盖成本的原则出发,制定合理的利率来补偿农村信贷的管理费用、资金成本和贷款损失。第三,放宽微型金融服务机构准入管制。微型金融机构因其具有手续简单,服务网点多等特点,而较为适应农村的金融市场需求;放宽微型金融服务机构准入管制,有利于促进贫困地区的普惠金融发展。

3.3 加强农村信贷担保体系建设与民间融资活动的管理

在目前通行的信贷政策中，农户个人或者是小微企业能否从银行或者是相关金融机构取得贷款主要的依据是借款方是否有足够的抵押物品。而农户个人或者是小微企业往往缺乏有效的抵押资产因而难以获得贷款。针对这种情况政府应该积极推动信用担保体系的建设，通过"信用"这一无形资产来作为贷款发放的重要依据。进一步建立健全信用担保体系可以从以下几个方面着手：第一，政府应当在行政法规上制定相关的"信用"违规处罚条例，督促个人或者是集团遵守信用，对于违反"信用"的行为给予处罚。第二，政府宣传部门应当在社会媒体上大量宣传"信用"体系建设的重要性，形成一种崇尚信用的社会氛围。第三，政府应当联合金融机构共同建立一个信息化的公民或者是组织的信用等级体系。

与此同时，对于六盘山民族连片特困地区的民间融资活动也要加强管理，防止民间的融资活动走向非法牟利的方向。规范管理该地区民间融资活动需要做到从以下几点：第一，查处未经审批的私人贷款机构，规范民间贷款的市场秩序；第二，制定合理的贷款利率浮动标准，防止民间贷款机构将贷款利率设置过高；第三，对民间贷款机构进行定期的检查，对于发现问题的要进行相应的处罚。

4 结论

本文首先通过阅读国内外关于普惠金融研究的文献，同时，结合我国贫困地区农村金融市场的发展现状，明确了在我国发展普惠金融的重要性。通过本文的研究得出以下结论：第一，普惠金融具有强调公平合理的金融权、强调"普惠"所有人群；第二，宁夏六盘山特困地区目前的金融市场发展还不够完善，农户存在较大的金融支持需求但是难以被满足；第三，宁夏六盘山地区的金融市场还存在农业贷款规模的增长不能满足农村金融需求、大量资金回流至城市、信贷渠道不畅，服务单一、缺乏良好金融生态环境等问题。因此，为了促进该地区普惠金融的发展，可以从以下方面进行努力：建立功能完善的政策性金融、落实推进农村金融领域市场化、加强民间融资活动的监测与研究、建立健全农村信贷担保体系。

参考文献

[1]马明霞.集中连片特困地区金融深化与经济发展的实证研究——基于普惠金融视角的宁夏现状考察[J].北方金融,2014(11):27-30.

[2]王国庆、杨玉锋.宁夏六盘山集中连片特困地区绿色发展路径研究[J].农业科学研究,2014(04):67-70.

[3]李文瑞.构建普惠金融扶贫体系的路径探析[J].甘肃金融,2015(02):19-22.

[4]刘峰.宁夏六盘山片区扶贫开发路径与对策研究[D].宁夏大学,2013.

[5]贾金荣.六盘山连片特困地区自我发展能力研究[D].兰州大学,2013.

[6]李芸霞.宁夏六盘山连片特困地区农户发展能力影响因素研究[D].宁夏大学,2014.

[7]王秀琴.六盘山集中连片特困地区转变经济发展方式路径初探——以宁夏固原市为例[J].宁夏农林科技,2013(12):93-97.

浅析"全面放开二胎"

● 梁 益

（中国人民大学）

摘 要 计划生育于1982年3月13日成为中国的一项基本国策,在经历了30多年的人口结构变化之后,人口的主要矛盾也已经从增长速度过快变成了人口红利消失,人口老龄化问题以及出生性别比例失调等等。为很好地解决人口与资源环境以及经济发展之间的矛盾,我们也到了是否开放"全面二胎政策"的抉择期。

关键词 全面放开二胎 计划生育 老龄化 人口红利

人口的数量和结构是影响经济社会发展的重要因素。合理的人口数量和健康的人口结构关乎一个国家的命脉。我国的计划生育于1982年3月13日成为中国的一项基本国策,在过去的30多年间,有效地控制了我国人口的过快增长,对经济发展和人民生活的改善做出了积极的贡献。但不可否认,由于我国人口结构的重大调整,一些问题也逐渐显现和突出。

第一,老龄化问题严重。根据联合国制定的标准,一个社会如果60岁以上人口超过总人口比重10%,或者65岁以上人口占总人口比重超7%,那么这样的社会就叫做"老龄化社会"。2000年第五次全国人口普查结果显示,我国60岁及以上人口的比重达到总人口的10.45%,65岁及以上的人口比重已达到7.09%。2010年第六次人口普查显示,60岁及以上的人口达到1.77亿多,占总人口的13.26%[1]。专家估计,60岁以上人口到2030年将占总人口的25%左右,到了2050年这个数值将达33%[2]。我国社会老龄化和高龄化现象日益突出,随之而来的就是养老问题,社会将不得不投入更多的人力,物力和财力,这样就严重地制约了社会的可持续发展。

第二,生育水平低下。中国的总和生育率转变历程大致可以划分为3个阶段。第一个阶段是从1970年的5.81下降到1979年的2.75,总和生育率急剧下降。第二个阶段是在1980年代,生育率在2.5左右徘徊,中断了下降趋势。第三个阶段是从1990年代初并直到现在,生育率下降到更替水平以下,中国进入了低生育水平时期[3]。从人口增长对经济增长的正效益来看,人口增长会有效地促进劳动力资源的增长和技术水平的提高,从而满足经济增长的所需的条件。近年来,随着中国社会经济的持续发展,在紧缩计划生育政策多年实施的影响下,加之当前巨大的生活压力与经济负担,中国妇女的生育水平也降至历史低位,更是低于更替水平。中国步入了低生育水平国家行列,生育平均水平已经达到了发达国家的平均水平,人口出生率和自然增长持续下降,每年的净增人口数逐步减少,人口增长速度慢,长此以往,将会影响社会经济的稳定发展。生育率持续走低还会进一步加剧人口老龄化趋势,加剧人口结构失衡问题。

第三,性别比例失调。实行计划生育以来,我国的性别比例开始呈爬高趋势,超出了正常值。出生性别比持续升高所导致的性别比失衡,有着诸多方面的社会经济原因和潜在危害,不仅影响到未来婚姻市场的平衡和家庭关系的稳定,严重干扰着人口与计划生育工作的正常秩序,而且势必产生严重的社会后果,影响到人口与经济、社会、资源和环境的协调发展和可持续发展,关系到民族的繁荣和国家的长治久安。以邻国印度为例,由于"重男轻女"思想在印度社会盛行,由于常年人为的干预出生婴儿的性别比例,造成印度社会男女比例失调,给印度社会和经济稳定都已经造成了一定的冲击,并且在国际社会上也饱受指责[4]。

第四,"失独"群体日益增多,养老问题严重。实行计划生育以来,我国的大部分家庭都是"独生子女家庭",而独生子女家庭由于其特殊的"三角形结构",其本质是风险型家庭,最大的风险在于由于独生子女的死亡而造成家庭结构的瓦解和破裂。有研究称,我国的"失独"家庭在2010年已经超过100万[5]。孩子是家庭稳定的根基,由于独生子女的死亡,意味着父母失去了希望和前途,家庭失去了稳定的根基,正常、健康幸福的家庭从此"残缺"。而且由于这部分群里产生的消极情感和负面心理,都有可能影响社会的和谐和稳定。而随着"失独"父母的年龄增长,"失独"家庭的养老问题也随着凸现出来,尽管随着社会的发展,我国的养老模式已由传统的"家庭养老模式"逐渐转向"社会养老与家庭养老相结合"的新型模式,但是,不可否认的是传统的家庭养老模式在未来很长的时间内都会占据主导地位。可以说"失独"家庭的养老问题,从某种程度上讲,它不再是个人和家庭的问题,而成为一个社会性的问题。

由于我国经济发展的不平衡,失独群体在经济方面的城乡差异表现显著,虽然城乡失独群体内部的经济状况也不尽相同,但总的来说,城市失独群体的经济状况好于农村失独群体。从农村的失独群体来看,他们的经济状况不容乐观,有相当一部分人几乎没有经济来源,而那些由于疾病导致的失独家庭,他们的经济情况更加贫困。加上失独老人个人缺乏劳动能力和必要的生活来源,他们的养老问题是对整个社会的极大挑战。在我国"老龄化"的进程中,养老资源本来就严重不足,养老压力极大,"失独"群体的养老问题成了一个迫切需要解决的社会问题。

目前,我国的人口结构面临一系列问题,所以,我国的生育政策急需调整。国家在根据各项统计数据,在科学严谨的分析下,做出了"单独开放二胎"生育政策的调整决定。这项政策将会对我国的人口结构进行调整,同时,也会对于社会经济产生积极的影响。但是我们也看到"单独二胎"开放以来,并没有出现人们所期望的"婴儿潮"和"生育高峰",截至2014年底,全国共有106.9万对单独夫妇申请再生育,远低于人们的预计。由此可见,开放"全面二胎"政策到了抉择期。

一是,开放"全面二胎"可以继续产生"人口红利",应对"用工荒",实现经济可持续发展。人口红利期后,初级工人薪资水平和劳动成本会成倍提高,中国吸引外资优势会逐渐减弱,消费人口比例提升,生产人口比例下降,严重影响经济发展,削弱了经济可持续发展活力。"全面二胎"政策放开将大大缓解我国未来劳动力的供需失衡,可以弥补经济持续发展的劳动力需求不足的现状,长远看来,可以解决用工荒问题。人力资源是国家发展和进步的源泉,充足的劳动力供给,有利于保持合理的劳动力规模,延缓人口老龄化速度,促进经济持续健康发展,为实现中华民族伟大复兴的"中国梦"创造良好的人口环境。

二是,维护社会可持续发展。进入新世纪以来,全国妇女总和生育率稳中有降,目前为1.5~1.6[6]。随着经济社会发展、国民收入增长、医疗卫生和社会保障制度趋于健全,特别是城镇化水平不断提高,妇女总和生育率还可能进一步下降。实行"全面二胎"政策,符合人口发展规律,有利于稳定适度低生育水平,减缓人口总量在达到峰值后过快下降的势头,有利于人口长期均衡发展和中华民族长远发展。

三是,推行"全面二胎"政策有利于缓解未来人口老龄化程速度,优化人口年龄结构。老龄化是指老龄人口占总人口中的比例,是一个结构比例问题,而不是老年人数量问题,所以鼓励生育,增加少儿人口比例,可以降低老龄人口在总人口中的比重,从而缓解当前和未来人口老化的严重程度。如果生育政策可以放一些,普遍允许一对夫妇可以生育两个孩子,适时调整现行的生育政策,将优化现有的人口结构。

计划生育政策的调整,是在我国人口结构变化的基础上,特定时期经济社会发展的需要。人口数量的增减及其变化频率会对相关领域产生巨大的影响，"全面二胎政策"的放开是当前人口形势下的重要决策，会对中国人口结构调整和持续发展上起到重要的作用。但当前的人口总量、教育、资源、服务机制的现实情况以及近年的变化趋势来看，"全面二胎"生育势必会对以上各个方面带来新的挑战与压力，有效地解决好政策实施后带来各个问题，平衡好各方关系才能保证政策实施达到预期目的。

首先，在人口数量与人口质量保证上，各地根据自身的人口现状出台实施细则，明确二胎生育事的生育间隔期限，防止扎堆生育，避免人口数量短期大幅度剧增。加强对育龄产妇的孕检工作，特别是一些高龄产妇，降低生育风险，保证新生儿质量。此外，增加幼儿教学实施。完善教学体制，提高教学质量，平等教育机会，保证教育的公平性。

其次，要提高人们对社会资源节约的意识，严厉杜绝铺张浪费的行为。加大经济发展的同时，要注意可持续发展。居民意识的提高，直接影响到我们下一代子孙后代的幸福。国家要加大新型能源和创新科技的研究，让中国既是人口大国也是科技创新大国，资源节约大国。

最后，加大公共配套设置的建设，解决生育家庭的后顾之忧。计划生育政策涉及国家经济、社会的发展，二胎政策的放开，应出台和调整相关配套政策，对现行的医疗保障、住房保障、生育保障、教育体制、就业等相关政策进行调整和完善。加大社保投入，降低生育成本，保障妇女的就业机会与生育权利，解决一些家庭对于二胎生育的后顾之忧。

综上所述，在我国全面建设小康社会的关键时期，开放"全面二胎"政策，将是对计划生育政策的进一步完善，是妥善改变我国人口问题，促进我国人口可持续发展的一项重要举措，将有效地推动我国人口结构性的改变，促进人口比例的均衡，延缓人口老龄化问题，提高人口的综合素质，从根本上改善我国人口结构与人口质量，促进我国人口的长期均衡发展。可以说，开放"全面二胎"政策将会是历史的必然。

参考文献

[1]张淇．我国老龄化社会的人口安全问题．科技进步与对策,2006,23(4)．

[2]郭志刚等．从政策生育率看中国生育政策的多样性．人口研究,2003,27(5)．

[3]王阳．我国人口结构变化对经济社会发展的影响研究综述．西北人口,2012,33(5)．

[4]吴兆礼．"印度特色"的人口失衡．世界知识,2011,(14)．

[5]侯秀丽,王保庆．我国失独现状的分析与思考．湖南师范大学社会科学学报,2014,43(3)．

[6]王增文．人口迁移、生育率及人口稳定状态的老龄化问题研究．中国人口·资源与环境,2014,24(10)．

浅析信用卡业务风险及防范策略

● 金 肖

（财政部财政科学研究所）

摘 要 信用卡已经成为消费者日常消费最重要的支付工具之一。据《中国信用卡产业发展蓝皮书》报告,2013 年我国信用卡交易总额达 13.1 万亿元人民币,交易笔数达 46.4 亿笔,日均 1271 万笔。发卡量累计达 3.9 亿张,激活卡量达 2.3 亿张,人均持卡量 0.29 张,人们的日常生活基本上与信用卡息息相关。为保障信用卡行业的良性发展,有效防范信用卡业务风险尤为重要。

关键词 风险种类 特征 成因 防范 策略

1 信用卡业务风险种类

1.1 信用卡申办及信用卡审批环节存在的风险

信用卡行业发卡跑马圈地的时期已经结束,信用卡发卡机构现在在有限的市场中激烈的抢夺市场占有量。为了扩大信用卡发卡量,发卡机构不断扩大营销规模,而营销人员素质良莠不齐,为了销售业绩,拿到更多发卡佣金,在发卡申请环节并不去仔细认真地考察客户的资质,往往还在采用"扫楼"、"扫巷"的方式去拓展自己的营销范围。并未做到发卡第一环节把关防范的功效。

在竞争愈加激烈的市场环境下,信用卡使用额度成为能否成功留住客户的重要标准。信用卡发卡机构为了扩大发卡量,可能会放松对客户还款能力的审批标准。潜在中造成了客户无力偿还的结局,加大了信用卡业务的资金风险。

1.2 来源于持卡人的风险

信用卡具有支付和信贷两种功能。在支付环节,持卡人为了满足消费的欲望,恶意透支。典型案例中不乏持卡人持有多家银行的信用卡,采用"拆东墙补西墙"的办法,最终使自己债台高筑,无力偿还。待东窗事发后,造成各个银行的资金损失。

银行为了吸引更多的持卡人,不断使信用卡业务丰富化、多样化。现多家银行信用卡业务推出了信用贷款,具有无抵押,放款速度快,可分期偿还等特征。持卡人为了短期高额利率,比如投资股票、基金、期货甚至高利贷等不惜铤而走险,大量使用银行信贷额度。持卡人在二次放贷或投资期间,投资市场一旦出现不可控变化,持卡人将面临着血本无归的巨大风险。从而导致银行资本的巨大损失。

1.3 来源于商家的风险

2013 年我国境内受理信用卡的 POS 机终端当年新增 351.4 万台,累计达 1 063.2 万台。商家能接触到持卡人的信息,一些不良欺诈商家可能持卡离开客户的视线,进行非法消费或支付,使持卡人受到损失。

一些商家怀着不良目的申办 POS 机终端,从事信用卡套现等非法活动,从而获取巨额利润。由于 POS 机终端基数多,相关监管机构难免疏于防范,给不法分子留下可乘之机。

现在互联金融业务日渐壮大,信用卡支付风险尤为突出。不法商家通过与知名商户相似的域名引导消费者登录自己的网址。消费者难以识别互联网商家的真伪,因此,会轻易提交支付信息。特约商户伪造客户购货合同及发票,然后拿假票据向银行索取款项。更甚者,持卡人在正常网站进行消费支付,往往支付界面存在钓鱼、木马等恶意软件来获取持卡人信息,或者直接将款项支付给不法分子。

1.4 来源于第三方的风险

主要造成持卡人信用卡资金损失的途径有:①身份冒用。犯罪分子通过盗取等手段获取持卡人资料,并提交给办卡机构,由于犯罪分子熟知被盗者信息,成功冒用身份进行办卡。②伪造。由于现代科技的发展,犯罪分子使用测录装置测录持卡人磁条信息后,制作伪卡。③盗窃。犯罪分子通过盗窃手段获取持卡人卡片并在短时间内非法进行大额消费。

2 信用卡业务风险的特征

信用卡业务与银行其他业务相比较,具有独立的特征。信用卡是对持卡人的一种信用授信,是为持卡人提供贷款服务。信用卡使用对象主要是个人,每个持卡人用卡的方式及习惯各不相同,因此,信用卡业务风险呈现出了与银行其他业务不同的特征。

2.1 信用卡业务风险的复杂性

信用卡业务风险产生的原因多样化,仅因欺诈引致的风险就包括伪冒申请、伪卡骗、盗用账户、卡片遗失、未达卡、网上黑客等多种类型,而形成这些欺诈风险的原因也不相同,风险的构成复杂,形成原因各异。

2.2 信用卡业务风险的潜在性

目前,持卡人申办信用卡需提交信用卡申请表及身份证复印件即可办理,发卡机构对持卡人自身的具体状况了解十分有限。但发卡机构为了增大信用卡市场份额,往往忽视了持卡人还款能力及个人素质问题,加大了我国目前主要依赖持卡人的个人信用来保证信用卡业务的安全的不确定性。由于我国尚未建立起完善的个人征信系统,持卡人失信现象普遍存在。目前,我国对失信的惩处力度与失信行为不匹配,失使得信成本低于失信收益。一个人的信用状况也并非一成不变,也可能会随着个人经济状况以及环境等因素的变化而发生改变,因此,信用卡风险的潜在性不容忽视。

2.3 信用卡业务风险的滞后性

信用卡"先消费,后还款"的特征,决定了信用卡持卡人无存款亦可刷卡交易。同时,根据信用卡业务规则,持卡人享有一定期限的还款免息期。在免息期内,发卡机构无法实时监控持卡人的还款能力和还款意愿,只有在贷款逾期后,银行才能确定风险损失的程度。因此,信用卡业务风险具有一定的滞后性,需要一定时间以后才能暴露出来。

根据各银行纰漏的年报,可以看出各银行信用卡业务的坏账率逐年上升,也正体现了信用卡业务风险的特征。

3 信用卡业务风险成因

3.1 员工风险意识淡薄

目前,我国信用卡发卡人员多为与第三方签订合同的派遣制员工,由于发卡人员与本行正式员工享有的薪酬体制不同,薪资水平只与发卡量挂钩,银行营销人员并无归属感,为了短期获得更多的回佣或奖金,往往忽略了对信用卡申请者的信用或者财产状况的考察,导致第一关把关失败。大大增加信用卡业务风险。

3.2 银行过度追求发卡量,从而放松发卡及审批条件

由于信用卡业务的特殊性,银行信用卡业务的收入来源主要有两部分构成,分别为中间业务收入和回佣收入。信用卡前期发卡的人力成本及制卡成本较高,只有发卡量达到一定规模,形成规模效应

才会使发卡银行实现收支平衡或者盈利。一些商业银行为了收回成本,实现盈利从而过度发卡,并放松了发卡审批条件。

3.3 信用资源不能共享

我国目前尚未建立起完备的个人信用体系。调查持卡人资信的手段缺乏力度,难以对持卡人收入、财产等资信状况做出判断。持卡人的信用信息分散在各银行,难以实现资源共享。对个人的信用审批完全依赖于办卡人的自报及其从业单位的相关证明,对其资产负债状况、有无不良记录,有无失信情况等难以全面了解。

3.4 犯罪成本较低且犯罪特征具有隐蔽性

我国现有法律对恶意透支、信用卡套现、伪卡冒用等犯罪行为打击力度较小,使得犯罪分子存在侥幸心理,这种较低成本的犯罪加大了信用卡业务方面的风险。犯罪特征的隐蔽性,使得持卡人难以防范卡被盗或被伪造的发生。

4 防范信用卡业务风险策略

4.1 建立个人信用体系

计算机技术日渐发达,我们应利用现代化管理手段,整合各家银行的个人信用信息,建立一套完整的个人信用体系。并通过网络信息平台查询办卡申请人的资信情况及信用记录。从而能够及时的确定是否发卡及发卡授信额度,降低信用卡恶意透支风险。

4.2 提高银行员工素质并严格信用卡管理

"打铁还需自身硬",银行建立更合理的绩效考核制度,并严格执行。对在把关环节的员工加大监督力度,发现一起事故严肃处理一起,做到以儆效尤。同时,要对员工做到一视同仁,剔除为了节省成本将员工划分三六九等的不公平行为。加大对员工的培训力度,通过不断学习增强员工的道德标准意识,让员工有了主人翁的心态才能让员工从整体和长远的角度看待银行的发展。

严格信用卡管理一是严格发卡制度。商业银行应认真审核持卡人资料,核实持卡人财务状况,进行相关资信评估、区别授信。谨慎发卡,把好"准入关"。二是严格规章制度,强化内部控制。应建立健全岗位责任制度。建立一种相互制约又相互协调、配合的管理机制,有效地遏制违章乱纪案件的发生。

4.3 对持卡人用卡情况时时监测

持卡人使用信用卡消费或者取现才会给银行带来利润,但是银行为了追求最大利益而忽视持卡人用卡的情况,一旦发生持卡人恶意透支或资金使用用途不当,将给银行带来巨大的损失。

银行开发的信用贷款业务如华夏银行的易达金业务、光大银行的乐惠金业务,为了资金的使用安全,银行应该核实资金使用用途,如持卡人提交发票或者将资金委托给持卡人将要使用于购物的公司等。

4.4 建立商户信用体制

商户信用体制建设要面向市场,加强商户信用管理,提高商户的信用等级。不同银行之间形成商户信用评价共享机制,创建商户信息库,并对商户诚信信息定期公开。

4.5 完善相关法律法规

众所周知,在我国经济犯罪成本较低,且犯罪方式比较简单技术性并不强,一些不法分子为了非法获利不惜铤而走险。针对不同的犯罪情况,我国应修订或出台更加详尽并有针对性的法律法规,对犯罪分子形成巨大的震慑力,并给银行账务的后续处理提供依据。

总而言之,随着现代科技的飞速发展,信用卡犯罪技术和方式也是日新月异,这对信用卡风险的防范,也提出了更高的要求。我们要不断地去了解信用卡风险点,从而探索出风险防范的新方法和新举措,从而保证信用卡业务健康、持续的发展。

互联网金融对传统金融行业的影响

● 李晓寒

（对外经济贸易大学）

摘　要　随着社会的发展和信息技术的日益成熟，互联网金融逐渐成为人们关注的焦点，它的出现和发展严重影响了传统金融行业的秩序。本文从互联网金融的概念入手，深入分析互联网金融对传统金融行业的影响，提出了传统金融行业应对互联网金融影响的措施。

关键词　互联网金融　传统金融行业　影响　措施

随着互联网技术的迅速发展，作为一种新的金融融资模式的互联网金融，对我国传统的商业银行造成了较大的冲击和影响。它的出现提高了金融交易的效率，降低了交易成本，为金融参与者提供了较大的便捷。传统的银行业务应该及时调整战略，采取必要的措施，积极应对互联网金融带来的影响，并与互联网金融形成互补，更好地提高我国金融服务的水平。

1　互联网金融概述

相比于传统的金融，互联网金融的诞生和发展起源于网络技术，是一种结合互联网和传统金融的新形式。长期以来，人们对于互联网金融的具体界定没有形成统一的认识，总体来说，它主要包括以下两个方面：第一，互联网金融首先是一种涉及货币流通化支付的金融行为，其主要依托的是金融科技技术；第二，互联网金融除了具有网上在线支付、在线理财等功能，还包括互联网技术的发展对市场利率和金融制度带来的改革等方面。总而言之，互联网金融是指利用互联网技术，结合和发展传统金融的一种新兴金融类型[1]。

互联网金融之所以取得迅猛发展的原因有：首先，成本低。随着互联网技术的发展，人们通过网络平台就可以实现对金融的一系列交易，相比传统的银行金融，在时间和空间上较为自由，而且还可以省去在传统金融中相关的服务费用，在为人们提供便捷的同时，还大大降低了成本；其次，普及快。互联网技术的普及增加了人们获取信息的渠道，许多中小企业能够在互联网上较为快速地找到相关的金融资源，为企业的发展提供及时有力的保障。就企业贷款而言，传统的银行贷款会对企业进行严格的审核，许多企业由于不满足银行贷款的条件造成资金的短缺，严重影响了企业的运营，互联网金融可以有效解决这种问题；最后，风险大。截至目前，互联网金融还没有对应的法律规定，缺乏相应的行业准入规范，这就使得互联网金融行业存在诸多的法规和政策的风险。与此同时，互联网金融依靠的是互联网技术，互联网中的信息漏洞，使得消费者的资金存在较大的安全隐患。

2　互联网金融对传统金融行业的冲击和影响

2.1　传统商业银行重新制定金融战略，适应时代发展的需求

互联网金融模式对传统的金融市场形成了较大的冲击，同时，也是机遇和挑战。中小银行如果能够把握住互联网金融的特点进行不断创新，进行业务上的不断拓展，就可能在一些新兴业务上赶超大银行。互联网金融模式的出现在一定程度上影响了传统金融的经营秩序。早期的互联网金融企业只

是作为一种第三方的网络支付平台,随着市场的发展,它们也逐渐开始向数据信息积累和挖掘方面进行不断拓展,在供应链和小微企业信贷等领域取得了较快的发展,将来可能会冲击到传统金融的核心业务,对银行的传统经营模式和盈利方式,造成较大的冲击。

2.2 有效拓展传统金融业务的客户资源

客户是传统金融机构各项业务的基础,增加客户资源可以有效提升金融机构各项业务的绩效。据有关数据统计,截至到2012年,全球的互联网用户达到了24亿人,我国的互联网用户为5.65亿人,其中,网购人数就达到了1.93亿[2]。随着互联网金融模式的逐渐发展,传统的金融行业应该根据形势调整战略目标,吸引更多的新客户群体,增进和消费客户之间的交流和沟通,在金融业务上和客户进行更广泛的合作。在互联网金融模式的影响下,许多商业银行客户群会选择互联网金融交易模式,客户的群体发生较大的改变。互联网金融交易模式更容易吸引中小企业和个人客户,传统的商业银行在业务处理上面临巨大的挑战,为了适应市场需求,传统的商业银行应该做出调整,将工作的重心转移到快捷和低成本的服务方面,这样,可以有效吸引客户资源。

2.3 优化资源配置,为中小企业的融资提供巨大帮助

互联网金融模式依靠的是互联网技术,拥有大数据和云计算。通过其先进的网络技术,可以使金融企业全面了解中小企业和个体客户所具有的信用等级,建立完善的信用数据体系,方便金融企业对其进行有效管理。在进行信贷的审核时,将客户的信用记录作为交易的参考和分析指标,帮助投资者进行正确的决断。如果贷款的对象出现违约的现象,金融企业可以利用先进的网络平台及时发布相关的信用信息,提高客户的违约成本,有效降低投资者的风险。相比于传统的金融模式,互联网金融模式的优势主要体现在个人贷款和中小企业融资方面。总而言之,互联网金融模式可以优化资源配置,有效降低交易成本,为中小企业的融资提供巨大的帮助,对实体经济的发展具有较大的推动作用。

2.4 拓展金融业务,优化利率标准

随着互联网金融模式的逐渐推广,利率市场化将逐渐成为金融市场的发展方向。资金的借方和贷方根据各自的需求选择合适的交易对象,在互联网金融模式的平台下,交易双方可以根据市场风险、流动性等因素做出准确的判断,实现市场化的交易。传统的金融机构应该根据市场的变化及时寻找合适的利率基准,不能完全依靠央行的基准利率。在互联网模式的影响下,金融企业可以参考互联网金融市场的利率趋势,及时调整策略,准确判断出客户群体的利率水平。在互联网金融模式和传统银行服务模式的影响下,不断完善贷款的定价基础。

3 传统金融行业的应对措施

3.1 发展自身优势,提升银行的服务水平

以账户为中心是传统银行金融服务的主要内容,随着时代的发展,这种模式已经不能满足客户日益多样化和个性化的需求。因此,银行应该结合自身的特点,制定切实可行的策略,顺应时代的发展潮流,进行快速转型。传统银行可以依靠先进的互联网技术优化银行的日常经营管理,提高资源优化配置效率。不断收集和分析客户多样化的市场需求,提升对客户的金融服务水品。传统金融模式仍然具有较大的优势,商业银行在消费客户群体中具有较高诚信度、拥有雄厚的资金实力,而且物理网点分布较为广泛。传统的商业银行不仅能够提供存贷业务和支付结算功能,还能为社会提供相应的保险业务,在需要相关专业经验的业务方面,互联网技术不能起到很好的作用,这些都是传统金融行业的优势所在,要保持这种优势的存在,并发挥出它应有的作用。

3.2 借鉴互联网金融的优势

互联网金融具有互联网大数据和云计算的技术背景,相比于传统金融具有独特的优势。传统金融行业应该顺应时代发展,借鉴互联网金融的优势,加大与互联网金融企业的交流与合作,利用先进

的互联网技术全面了解消费客户信用情况。根据互联网平台提供的信息,对客户的信用等级进行精确评定,建立自己的客户数据库[3]。加大与互联网金融的合作不仅可以有效降低市场信息不对称的情况,还可以有效提升对客户的服务质量、拓宽服务渠道、降低风险分担的成本,虽然在互联网金融模式的影响下,传统金融的发展受到一定的阻碍,但与此同时,互联网金融也为传统金融的指明了发展方向,传统金融和互联网金融的结合,可以有效提高我国整个金融行业的国际竞争力。

3.3 结合自身特点,积极进行战略转型

面对互联网金融带来的巨大冲击,传统金融行业应该结合自身的特点和优势,积极进行金融产品的创新,满足金融消费客户多样化的需求。完善网上银行、手机银行等支付工具的功能,为公众提供便捷和高效的金融服务,提升客户对传统金融的信心。在转型发展的同时,还应该全面了解互联网金融的发展方向,不断进行战略调整。

4 总结

总而言之,互联网金融与传统金融业相比较,具有里程碑式的意义。互联网金融的出现给客户带来极大地便捷,有效满足了客户的各种金融需求,对传统的金融行业造成较大的影响。本文从互联网金融的概念入手,深入分析互联网金融对传统金融行业的影响,提出了传统金融行业应对互联网金融影响的措施。实践证明,传统金融行业应该发展自身优势,提高银行的服务水平,借鉴互联网金融的优势,结合自身特点,积极进行战略调整,以应对互联网金融对其造成的影响。

参考文献

[1]许艺琼. 浅谈互联网金融对传统金融业的影响[J]. 淮海工学院学报(人文社会科学版),2014(7):76-79.

[2]袁晓健. 互联网金融对传统金融行业的影响分析与对策研究[J]. 商场现代化,2014(21):164-165.

[3]宫晓林. 互联网金融模式及对传统银行业的影响[J]. 南方金融,2013(5):86-88.

雾霾成因及治理政策

● 王 雪

（中国人民大学）

摘 要 最近一两年,雾霾天气在我国时常发生,特别是前几日,北京,天津等地雾霾连续数日,导致了人们的生活质量逐渐下降,不仅仅带来了很多生活出行的不方便,也危害着人们的身体健康。而霾的组成成分非常复杂,包括数百种大气化学颗粒物质。其中,有害健康的主要是直径小于10微米的气溶胶粒子,如矿物颗粒物、海盐、硫酸盐、硝酸盐、有机气溶胶粒子、燃料和汽车废气等,对人体和生态环境都有很严重的影响。对此,对雾霾成因和其成分分析及防治问题的研究,就变得至关重要。

关键词 雾霾 成因 危害 治理

雾霾的成因是什么？对环境和人体有何影响？应如何防治？政府及相关环保部门应如何应对？这些都是人们关心的问题。

1 雾霾天气的成因

1.1 气象原因

秋冬季节是雾霾天气出现的主要季节,秋冬季的气候条件是造成雾霾天气频发的主要原因。进入9月以来,出现在我国中东部地区的冷空气较少,且强度不大,地面风速较小,有助于水汽在大气地层积累,给雾霾天气的形成创造了有利的环境条件。

众多城市高层建筑物不断涌现,引起了风流在经过市区时被强有力的阻碍下来并出现了摩擦从而降低了风力,往往产生微风或者静风,从而不能促进悬浮颗粒的分解和消失,只能长期积累在城市中或者郊区附近。

1.2 人为原因

雾霾天气除了由气象因素导致的,化学工厂、汽车尾气增多、农作物燃烧和烧煤等人为行为引起了大气中颗粒物含量的增大,这是雾霾天气出现的重要原因。当前,许多城市的污染物排放已濒临界限,对气象条件十分敏锐,空气在比较好的气象环境下能达到标准,但是,只要出现了不利的气象环境,空气质量和能见度会立刻下降。

同时,随着我国经济的快速发展,城市人口迅速增加,人均消费水平不断提升,越来越多的人在享受着汽车给我们带来的便利,却不知产生了大量的污染气体和悬浮颗粒物,从而大大降低了空气的能见度。

2 雾霾天气的危害

2.1 危害人体健康

雾霾的组成成分非常复杂,包括数百种大气颗粒物。其中,危害人类健康的主要是直径小于10微米的气溶胶粒子,它能直接进入并黏附在人体上下呼吸道和肺叶中,引起鼻炎、支气管炎等病症,长期处于这种环境还会诱发肺癌。除了诱发癌症,雾霾天还是心脏杀手。有研究表明,空气中污染物加重时,心血管病人的死亡率会增高。阴霾天中的颗粒污染物不仅会引发心肌梗死,还会造成心肌缺血或损伤。老慢支、肺气肿、哮喘、支气管炎、鼻炎、上下呼吸道感染等常见的呼吸道系统疾病,也可能被雾霾天急性触发。霾在吸入人的呼吸道后对人体有害,长期吸入严重者会导致死亡。毋庸讳言,大气污染状况正严重地影响人类的身体健康。

2.2 影响交通畅通

雾霾天气对交通最为显著的影响是车速的降低,班机延误、火车晚点,为出行人群带来出行时间和行程延误的增加。特别是在交通流量较大的道路,公路设施实际通行能力的下降,可能会导致较为严重的交通拥堵,且这种拥堵在部分路网发达、交通出行强度大的地区,会造成区域路网的运行阻塞、甚至瘫痪。根据交通运输部的有关统计,我国每年地方上报的公路阻断事件中,有 1/4～1/3 是由大雾天气所致。大雾天气也是道路交通事故的主要诱因之一。根据公安部道路交通事故统计报告,我国每年有 10% 左右的交通事故直接与雨雪雾等恶劣天气有关。高速公路由于技术等级高、设施完善、控制出入等特点,车辆行驶速度高,因此,大雾诱发的高速公路交通事故往往是灾难性的,造成重大人员伤亡。这也是当前高速公路一旦出现雾,必须采取限速等交通管制措施,甚至是封闭道路的原因。

2.3 影响农业和养殖业的发展

雾霾对农业的影响是多方面的,污染颗粒悬浮于空中,吸收、反射了太阳辐射达到地面的热量,使绿色植物失去了所需要的光照,使光合作用减少从而影响其生长发育。持续的阴雾天气,会造成日照不足,容易诱发各种病害。因受天气污染的影响,养殖业也会受到影响,雾霾天气期间,畜禽多出现食欲缺乏、呼吸道疾病发生率明显提高等现象,究其原因主要是"静稳天气"造成的不利扩散条件加剧舍内环境恶化,静稳天气下不利舍内有害气体扩散和户外新鲜空气交换,造成舍内氨气、恶臭、二氧化碳等迅速聚集,形成了浮尘矿物质和水分组成的混合体,为微生物附着其提供了良好的生长繁殖,创造了条件。

2.4 导致气温的变化无常

持续的雾霾天气,会造成日照不足,气温下降,短时间内会影响气温的上升,推次气温变暖,使天气更加的变化无常。

3 雾霾天气的治理政策

虽然在当前我国治理雾霾天气取得了一定的成绩,但是雾霾天气的治理仍然是一项艰巨的任务,还需要进一步加大治理力度,努力实现空气质量长期达标的目标。结合北京市的实际,积极贯彻落实 2012 年 2 月 29 日发布的《环境空气质量标准》(GB 3095—2012),治理北京市的雾霾天气可从以下几方面入手。

3.1 继续开展科学研究,制定达标规划

在抓紧开展监测与公开透明信息发布的基础上,组织力量尽快开展相关科研,摸清规律,明确排放清单和控制对策。针对北京市空气质量改善途径和阶段目标以及相应的控制工程技术,投入资金进行科学、系统、深入地研究 PM2.5。在北京市实施更加严格的大气污染物排放特别限值,强化 PM2.5 治理,落实到具体法人,实施一票否决制。

3.2 在京津冀地区开展大气污染联防联控

在此区域,建立国家考核指标,实施大气污染联防联控,提高环境准入门槛。严把北京市新建项目准入关,加强北京市产业发展规划环境影响评价。实施大气污染防治规划,加大产业调整力度,加快淘汰落后产能。积极推广清洁能源,开展煤炭消费总量控制试点。制定并实施更加严格的火电、钢铁、石化等重点行业大气污染物排放限值,大力削减二氧化硫、氮氧化物、颗粒物和挥发性有机物排放

总量。实施多污染物协同控制,防止二次污染形成。

3.3 切实加强机动车污染防治

在北京市采取激励与约束并举的经济调节手段,加快推进车用燃油品质与机动车排放标准实施进度同步,提升车用燃油清洁化水平。在北京市提前实施第五阶段排放标准。加强机动车环保监管能力建设,强化在用车环保检验机构监管,全面提高机动车排放控制水平。

3.4 探索建立北京市辖区大气雾霾预报系统

健全极端不利气象条件下大气污染监测报告和预警体系,逐步形成风险信息研判和预警能力,进一步增强大气污染防治科技支撑。研究制定大气污染防治预警应急预案、构建京津冀地区应急体系,出现重污染天气时及时启动应急机制,实行重点排放源限产限排、建筑工地停止土方作业、机动车限行等应急措施,积极向公众提出防护措施建议。

3.5 调动城市政府改善空气质量的积极性

与酸雨不同,城市空气污染基本没有外部性,因此,控制的主体是城市政府。地方政府应当在城市规划中体现保护和改善城市空气质量的思想。在城市空气质量改善的过程中,除了要考虑城市的产业结构、能源结构外,城市的基础交通建设、绿化和建筑节能也都需要综合考虑。这就需要政府的有关部门积极协调配合,环境保护部门在其中承担主要责任和协调职责,建设部门、经济管理部门、交通部门互相合作,从改善城市拥堵交通,促使企业使用清洁能源,增加城市绿化,减少城市裸露地面,集中供热,大理发展节能建筑等方面入手。

建立城市空气质量的指标体系和评估体系。环保部门应该根据自然地理状况,根据城市不同区域和时段的污染情况,科学地布设空气质量监测点和合理设立监测频率。委托第三方对城市空气污染工作绩效进行评估的,可以在评估中引入公众满意度调查等社会学的方式。

4 雾霾天气的防治发展方向

我国要建设宜人、宜居、宜游、宜商的国际大都市,城市布局、工业结构、管理水平都必修进行全面调整。

因此,未来防治的发展方向是:必须尽快在顶层设计层面提出大气污染"治本之策"。一方面,随着未来十年城镇化率的持续提高,环境基础设施建设和污染物排放源防治的水平,一定要跟得上城镇化建设进度;另一方面,环保部门不能只当生态修复和事故处置的"消防队",也不能只当严防死守环境风险而疲于奔命的"守门员",环境保护必须充分介入到工程审批、发展规划、经济政策之中,贯穿于经济社会发展的全过程,这样既节约了财政资金,才能建设好绿色、环保和美丽的中国。

5 结论

治理雾霾,根治大气污染,让城市充满清新的空气,才能让百姓更加健康幸福地生活。建设生态文明,呵护生态环境,建设美丽家园,已刻不容缓。虽然防治大气污染是一个复杂的综合课题,虽然我们面对的是一场艰苦卓绝的战役,但有政府的有效应对,企业的积极参与,社会各界的共同担当,一个清新秀美的生态文明城市,必将向我们款款走来。

参考文献

[1]宋国军.环境政策分析.北京:化学工业出版社,2008:148 – 149.

[2]周涛,汝小龙.北京市雾霾天气成因及治理措施研究.华北电力大学学报(社会科学版),2012(4).

[3]渠雪.浅谈雾霾天气成因及治理措施.科技资讯,2013(11):144.

探索小区域范围内土地开发管理模式

● 李文杰

（中国人民大学公共管理学院）

摘　要　随着我国城市化进程加快，面临着发展新的社会经济形势，区域土地开发管理模式也应因时而变。土地开发管理模式的调整，应该体现政府引导、多方参与、市场主导，建立"公私合作、区域协调"的创新机制，探索一条区域联合决策的管理模式，打通部门和部门之间的无形界限，协调各利益相关方，推动区域快速发展。

关键词　土地开发管理模式　联合决策　公私合作　区域协调

1　三个主要研究背景

背景一：政府是土地管理的主体

国家把土地管理权授予政府及其土地行政主管部门。因此，土地管理是政府及其土地行政主管部门依据法律和运用法定职权，对社会组织、单位和个人占有、使用、利用土地的过程或者行为所进行的组织和管理活动。

背景二：新型城镇化突出以人为本

我国的城市化主要开始于20世纪70年代后期，2012年城镇化率突破50%，随着我国城镇化进程不断加快，城乡结构发生根本性转变的同时，也出现了一系列亟待解决的现象和问题，如交通堵塞、污染加重等"城市病"蔓延，现实经验表明新型城镇化可以有多种路径探索，但核心都应当是"人"的城镇化。

背景三：公私合作模式符合国家最新政策的精神和发展方向

十八届三中全会通过的《中共中央关于全面深化改革若干重大问题的决定》，决定中已明确"允许社会资本通过特许经营等方式参与城市基础设施投资和运营"。可见，在社会资源分配中要充分发挥市场的作用。

区域开发是一项复杂的工程，既要协调各个主体间的利益关系，又要处理好经济发展与生态保护的关系，同时，又要平衡专业性与可操作性等诸多问题，因此，随着社会经济形势不断发展变化，土地开发管理模式也应因时而变。

2　小区域土地开发管理模式及选择

当前的管理模式是自上而下的政府主导型，由政府全盘负责区域政策制定、规划编制、土地整理、基础设施和公共服务设施的建设运营。这种由政府主导的区域土地开发管理模式，管控力度强，决策效率高。在这种模式下，区域开发的成功，势必要求政府部门必须具备极高的专业知识来制定区域的规划及政策，同时，要有极为雄厚的资金来承担区域建设运营的资金。这种由政府统一主导开发模式，弱化了市场的作用，对经济规律的敏感度不高，而最终区域开发的成果，也未见得是符合广大人民所期望的。

与政府主导型相对应的另一种区域土地开发管理模式，是自下而上的民间推动型管理模式，由商业、金融、文化、等多领域领袖组成，由民间底层发起，纯粹是由自身需求出发，与市场需求结合相当紧密。但这种模式也存在相应的弊端，例如，过分重视近期经济利益诉求，而忽视了长远发展，同时，对于区域的发展方向仅仅从自身需求出发，缺乏相应的专业知识，更主要的是，由于这是民间组织，没有行政权力，对于区域开发中的核心问题，如交通的规划，重大项目的建设实施，土地利用等方面，只能是以建议为主，推动力十分有限。

为了适应新常态下的发展需求，应当建立一种新型的区域土地开发管理模式。这种模式既要有政府主导的权威性，保证效率，又要充分体现人民对于区域发展的诉求，同时，还要保证区域开发中的科学性与可操作性。可以将政府主导与民间推动的管理模式相结合，实现政府简政放权、体制开放、区域协同、公私合作，构建一个多方合作的联合决策型管理模式。在联合决策型管理模式中，需要建立一个协作组织，既有政府相关人员体现组织的权威性，又有高校、专家学者、NGO 组织等实现了科学规划，同时，有企业及参与其中，由企业或是公私合营的方式来主导落地，可执行性强，实现了政府引导、多方参与、市场主导。以这种创新制度为引领，推动区域快速发展。

3　区域联合决策管理模式的案例

区域联合决策管理模式在美国、欧洲已有很多成功先例，例如，美国南加州政府协会。南加州政府协会覆盖了南加州凡图拉郡、圣贝纳迪诺县、洛杉矶县、河滨县、桔县、帝国郡 6 个郡县。

南加州政府协会是由政府资助的半官方组织，资金来源包括州政府、联邦运输管理局、联邦公路管理局、联邦其他部门以及第三方基金、会费等，其讨论议题主要集中于交通规划、居民规划、环保等方面，如南加州交通走廊规划案，区域住房需求评估分配规划，南加州气候与经济发展专项。

南加州政府协会由各地代表投票决定关键议题，并和其他组织紧密合作。其中，区域理事会作为决策机构，按照各地人数均分成员指标配额，小城市共享名额，由各地民选推荐 86 名成员，共同投票决定区域的规划、政策发展方向。同时，还有多方机构作为协作方，包括由南加州大学、加州大学、加州理工为代表的高校，包括环境保护局、交通部、住房和城市发展部、财政部、联邦航空管理局等各级政府部门，包括大卫博内特基金会、自行车联盟、安全上学线路规划组织等 NGO，同时，南加州政府协会还与中科院科技政策与管理研究所、中国住房和城乡建设部、韩国大都市交通局，进行经验交流。

4　区域联合决策管理模式的应用

区域土地开发管理的联合决策管理模式，在具体的应用中，可以参考美国南加州政府协会的案例经验，但同时，必须要结合区域当地发展的实际情况，而这种管理模式最好的切入点就是区域规划。

可以优先建立一个区域规划委员会，实行"公私合作、区域协同"的创新机制，协调各利益相关方，针对区域中的交通、教育、人才、产业等诸多议题，实现整体规划。

委员会可以成员包括区域内的主要政府成员代表，企业代表，商业服务机构，行业协会，高校等，并且可以针对不同的议题来成立专项的研讨组。关于具体的决策议题，委员会可以从两个维度出发来进行讨论，一个是重要性，决策通过的议题能否直接推动区域经济发展，一个是可行性，政府能否决定实施以及如何以市场的方式推动实施。

以区域内交通专项议题的规划实施为例，由委员会组织成立交通专项讨论组，讨论组成员可以由政府交通部门，规划专家，商业投资机构，地方居民代表来构成。交通组重点决策区域内的轨道交通建设、区域间交通布局、交通枢纽周边组团开发，由交通组形成专项方案，经委员会讨论通过后，上报政府审批形成决议。而在项目实施阶段，可以对大型交通基建、城市基础设施等本应由政府承担的项目，开展公私合作。而公私合作则有总包、众包、联合项目组等模式。总包模式，政府将某些项目或职能外包给一家总包商,再由总包商执行或分包给专业服务商。众包模式,以公共平台发动大量民间个体和小团体的力量,共同解决一个重要的问题。联合项目组模式,包括建设－运营－移交(BOT)、建设－拥有－运营(BOO)等合作模式。

以土地开发为例,亦可以应用区域联合决策管理模式。在现有的土地开发中,传统征地模式和土地流转机制,原住地农民只能享有最基本的征地补偿和保险。而如果将本地居民引入到区域委员会之中,则可以将农民与商业开发企业相结合,政府加以引导,使原住居民与商业开发公司共同分享利益。农民或村集体以土地承包权入股成立农村土地股份合作企业,合作企业以土地使用权作为投资与专业的商业开发公司开发。这种联合决策管理的方法,在土地流转过程中引入了市场化机制,确保市场化主体在公平、公正、合法合规的情况下操作,同时,考虑到土地未来的增值,更好地保证了农民的利益,减少了土地开发中的冲突甚至违法行为。

但也应该要注意到,区域联合决策管理模式尽管是创新模式,也不能政策的真空地脱离政府的监管,需要建立系统严控的决策制度,过程严管的管理制度和后果严惩的追溯制度。

系统决策制度,包括科学编制土地利用计划、土地供应计划和土地储备开发计划,保证系统决策和区域协调,建立土地综合承载力评价体系,并纳入政府考核体系,健全耕地保护机制,划定永久基本农田,完善耕地占补平衡制度和保护补偿机制,加强高标准基本农田建设和耕地质量管理。

过程管理制度,包括完善土地规划动态维护巡查网络和责任制,严格执行土地规划和决策,严防违法违规用地现象。土地开发项目综合跟踪管理,运用遥感影像、地籍数据库等信息技术手段。土壤污染防控体系,加强对工业点源、农业面源、移动污染源等土地污染源进行统一监管,开展农产品产地土壤污染评估,对粮食蔬菜基地等敏感区进行土壤环境重点监测。

追溯制度,包括完善土地保护考核体系,如耕地保护责任考核体系、土地利用总体规划执行评价体系等,强化土地保护监督执法,推进联合执法、区域执法、交叉执法等执法机制创新,建设土地环境损害责任制,如土壤污染、耕地破坏等土地环境损害的鉴定评估机制,合理鉴定、测算土地环境损害范围和程度,建设落实到责任人的补偿制度。

5 结语

区域联合决策管理模式,最大的优势在于打通部门和部门之间的无形界限,并且以"公私合作、区域协调"的创新机制,协调各利益相关方,实现了政府引导、多方参与、市场主导。以这种创新制度为引领,推动区域快速发展。

浅析我国民营企业的融资困局

● 王德才

（中央财经大学）

摘　要　由于国内金融体系的不完善,大量的金融资源被效率低下的国有企业占据,而高效促进经济与就业增长的民营企业却禁锢于融资问题。本文通过分析民营企业融资问题产生的原因以及实际经营中遇到的融资困局,结合国内经济形势及金融政策浅析解决对策。

关键词　民营企业　融资问题

1　民营企业的重要性

私有民营企业,即民营企业,又称民企,是相对于国有企业而言,其所有权归个人所有。

改革开放以来,民营经济对拉动中国经济的增长起到至关重要的作用,主要包括以下几个方面:第一、公有制经济的补充。公有制经济主要为国有企业,表现为资产规模庞大以及历史任务沉重等,虽然可以有效拉动经济增长,但是面对瞬息万变的市场经济的时候却表现得有些反应迟钝。民营企业以其灵活、创新等特点,对国有企业未能涉及的领域进行合理的补充;第二,充分调动劳动力市场。中国具有丰富且较为便宜的劳动力市场,民营企业存在于各个产业中,并且进入门槛相对较低,充分解决了我国的就业问题,尤其是农村剩余劳动力,促进了我国的城镇化进程,随着民营经济的高速发展,据不完全统计,目前,已经解决了我国80%以上的就业问题。

根据国家统计局网站记载,截至2013年年底,全国私营企业户数为1 254万户,解决就业人数为12 522万人;截至2014年年底,私营工业企业的资产总计为206 439亿元,占全国工业企业资产总计925 245的22%,私营工业企业利润总额为22 323亿元,占全国工业企业利润总额64 715的34%。

2　民营企业的融资难问题

经济靠资金拉动,企业靠资本推进。长久以来,民营企业融资难的问题一直是社会各界关注和探讨。究其问题的根源,不仅包括非理性的市场选择,也包括民营企业自身的管理缺失。民营企业想要快速发展,必然有着巨大的资金需求,可是据统计,截至2014年年底,民营企业从银行所得到的贷款并不足银行贷款总量的2%,通过发行股票融资的民营企业在资本市场中约只占9%。所以,民营企业的资金可谓捉襟见肘,近些年来,也经常看见诸如长江三角、广东等地的大批民营企业破产。

2.1　非理性的市场选择

国有企业在国民经济中的比重较大,背后都是由国家或者地方政府出资设立,不仅具有一定的政治色彩,而且在市场经济中也多处于垄断地位,这些企业无论在资金实力上,还是技术能力上都有较强的竞争力。民营企业多为个人出资设立,它的特点往往是具有某种专项技术、较低廉的劳动力或者背靠某个财团。企业拥有的很多资产并不具有活跃市场,其公允价值也很难可靠计量。

根据中国特色社会主义经济形成的投资思维,根据国有企业自身的特点,往往是有政府的潜在信用在里面,所以,投资方宁可选择效益低下且没有任何抵质押的国有企业,也不会选择未来发展潜力巨大的民营企业。据很多从事银行工作的专业人士介绍,在出现贷款逾期的时候,如果贷款对象是国有企业,银行工作人员可以不承担或少承担责任,如果是民营企业就可能被问责,所以,出于责任的考虑,不少银行都会少贷或不贷给民营企业。

2.2 民营企业自身的问题

第一,民营企业的成立多为个人或者家庭,在企业成立初期,内部管理较为随意,一切都是以挣钱为目的。伴随企业的不断发展壮大,管理者的经营理念并没有及时跟进,依旧是小作坊的思维;第二、由于国内的信用体系并未完善,企业的性质也多为有限责任,所以民营企业的违约概率较高,也给投资者带来较大疑惑;第三、民营企业的资产规模相对较小,有价值且可变现的资产数量有限,往往一家公司有很好的收入和利润,但是并没有较好的资产作为抵押,也很难轻易拿到资金。

3 民营企业经营中的融资问题

我国目前主要的融资方式是间接融资,金融市场以银行为主导,虽然在《金融业发展和改革"十二五"规划》中提出了 2015 年年底我国的直接融资比重将达到 15% 以上,但这个数字距离美国的 80% 仍然存在较大差距。

以间接融资方式为主导的金融体系中主要是由 3 个要素构成,即资金、通道以及项目。首先是资金,主要指资金来源,目前,我国的主要资金来源于银行,包括存款以及政府的专项投放;其次是通道,资金的流通总是有一定的路径,有的以银行为直接出口,有的以信托、租赁、基金等方式,或者是通过资产管理计划、委托贷款等影子银行为出口;最后是项目,资金的借贷总是有一定的用途,有的为日常经营使用、有的为固定资产购置、有的为项目开发,不论是何种用途,都必须符合监管部门的要求。根据 3 种要素内容的不同搭配,下面将简要介绍几种民营企业较为常用的融资手段以及在现实中遇到的问题:

3.1 流动资金贷款

流动资金贷款是为满足生产经营者在生产经营过程中短期资金需求,保证生产经营活动正常进行而发放的贷款。按贷款期限可分为一年期以内的短期流动资金贷款和 1~3 年期的中期流动资金贷款。此种贷款在民营企业生产过程中使用最为频繁,可是过程却并不容易。

流动资金贷款在办理前需要由银行风险部门审批一定的信贷额度,不仅要对财务报表进行详细分析,还要对企业法人的个人信用状况以及企业资产情况进行全面评估,流动资金贷款一般包括信用和保证两种形式,民营企业几乎是以保证形式为主,如果有房产抵押则是最为容易申请的。可是许多民企并没有优质的房产,所以,在申请流动资金贷款的过程中,也是极其困难而且额度相对较低,与此同时,还会要求搭配存款支持。

3.2 项目融资

项目融资是指贷款人向特定的工程项目提供贷款协议融资,对于该项目所产生的现金流量享有偿债请求权,并以该项目资产作为附属担保的融资类型。它是一种以项目的未来收益和资产作为偿还贷款的资金来源和安全保障的融资方式。

民营企业在扩大生产、增加项目投放的时候,首先会想到利用项目进行融资。项目融资的核心是要看该项目未来产生的现金流、盈利能力以及项目本身所具有的资产情况,对于大多数资产实力较弱的民营企业来说,很少符合银行要求的项目。民营企业为了获得项目资金,经常需要选择国家近期重点扶持的领域,银行也是为了满足指标要求去投放,可这些项目的潜在风险很大。另外,投资者为了满足风控要求,往往会向民营企业索取一些较难完成的证明材料,例如,地方人大常务委员会出具的预算清单以及还款承诺,或者某大型国有企业的订购意向书,对于民营企业来说,这些证明材料很难得到。

3.3 应收账款保理

应收账款保理是企业将赊销形成的未到期应收账款,在满足一定条件的情况下,转让给商业银行,以获得银行的流动资金支持,加快资金周转。民营企业在经营过程中往往处于买方市场中,赊销会形成较大的应收账款,导致企业资金周转困难,为了加速资金周转,企业往往会将一部分应收账款转移给银行。

在实际办理过程中,银行对应收账款的选择极为苛刻,往往是那些应收国有大型企业的款项才可以办理,不仅需要打一定的折扣,并且,利率水平也较高。

3.4 票据融资

票据融资又称融资性票据,指票据持有人通过非贸易的方式取得商业汇票,并以该票据向银行申请贴现套取资金,实现融资目的,主要包括银行承兑汇票和商业承兑汇票。由于民营企业在市场中的信用,并不被大多数投资者认可,所以,主要是以银行承兑汇票为主。

银行承兑汇票是在一定贸易背景下开立使用,银行给予开票企业一定的授信额度,开票企业按照比例缴存保证金,开票后背书给供应商。民营企业在使用票据融资中往往存在以下问题:首先,较为强势的供应商会因为影响现金流而拒绝接受票据付款或者提高商品价格,所以,很多民营企业并不愿意使用;其次,开票单位存在虚假贸易背景,通过中介公司将票据融资提前贴现,以获得流动资金,但是,这种方式属于违法行为,并且贴现的综合成本经常达到13%以上。

4 民营企业融资难问题的解决措施

4.1 鼓励坏账银行业务拓展,适度放宽银行坏账率水平

以收购银行不良资产为主营的国内四大资产管理公司,随着历史任务的逐渐完成,面对经济下行的压力,国家应该更加鼓励其业务发展,像成立之初一样给予专项资金支持,从而平滑经济下滑带来的金融冲击。另外,国家应该出台相应政策,放宽银行的坏账率水平,给予银行支持民营企业形成的坏账准备率进行单独计量,资产管理公司在接盘时候给予一定的政策倾斜,让时间换取空间,渐渐引导银行向民营企业信贷投放。

4.2 推进直接融资市场的发展,降低民营企业融资成本

国家应该在现有资本市场的基础上进行不断完善,形成分级资本市场,将现有的新三板、非上市公司股份转让系统(E板)、中小企业股权报价系统(Q板)进行整合,逐渐形成针对民营企业的股权交易系统。另外,也应对债券市场进行分级,目前的民营企业很难在评级中获得较高级别,债券市场也很难获得资金。因此,国家可以进一步完善公募债与私募债,并鼓励设立专业服务于民营企业的担保机构,国家在规模上、坏账处理上给予政策支持。

4.3 加强信用体系建设,将个人信用与企业信用相结合

国家应加强对民营企业自身管理能力的提升,使其逐步适应企业发展的各个阶段,降低内控风险以及投资方的顾虑。因此,国家应该建立民营企业信用系统,并将其与法人相关联,无论企业出现违约事项还是法人征信出现污点,都会有所记载,投资方以此作为风险控制的主要参考依据。

4.4 成立国家级民营企业培训机构,服务民营企业发展

民营企业的管理者素质参差不齐,对于自己企业的发展方向也缺乏正确认识,更加不熟悉金融市场的规则。国家应该成立专门的培训机构,从企业成立之初,开展第一笔融资之前等发展的不同阶段给予专业指导,让其更加符合金融市场的要求,从而更加容易地从金融市场中,获得资金。

5 结束语

我国经济正处于降速提质的关键时期,也是经济可持续发展的阵痛期,与其说是经济的倒退,不如说是经济结构的优化。国家应做好修渠引水的作用,巩固并完善现有的各项制度,提高市场在资源配置过程的作用,给民营企业更加公平、更加透明的发展环境,使其得到更大的发展空间。

浅议行政财务管理

● 黄 岱

（对外经济贸易大学公共管理学院）

摘 要 在行政单位财务管理中，要依托财务的行政准则，按照财务披露和财务细化的具体要求，实现对财务的有效管理。本论文针对行政单位目前制定的相关财务管理制度，分析了财务管理工作中出现的一些问题及现状，提出了行政财务管理应注重的方面以及对行政单位财务管理的探讨。

关键词 行政单位 财务管理 作用

行政单位财务管理制度的基本原则：执行国家有关法律、法规和财务规章制度有关管理规定；厉行节约、制止奢侈浪费；量入为出，保证重点，兼顾一般；注重资金使用效益。

行政单位财务管理制度涉及了单位财务预算管理、收入管理、支出管理、结余及其分配、资产管理、应缴款项和暂存款项的管理、行政单位划转撤并的财务处理、财务报告和财务分析、财务监督这些方面的制定。各个领域的行政单位根据自身的行业性质及特点，对财务管理制度进行了一些改动，但总体上行政财务管理的任务：合理编制单位预算，统筹安排、节约使用各项资金，保证行政单位正常运转的资金需要；定期编制财务报告，如实反映行政单位预算；加强行政单位国有资产管理，防止国有资产流失。行政单位行政管理在把握制度原则和任务的运行过程中，仍然存在一些问题。

1 目前行政单位财务管理中存在的问题

第一，部分行政单位项目预算编制不规范，项目预算采取前几年项目累加，而不是按当年方针政策及党委政府确定的工作重点进行预算编制。

第二，部分行政单位及二级单位会计核算不规范，往来账明细账不清楚，货币资金日记账不健全，货币资金的余额情况只能看会计报表或查账才知道。

第三，部分行政单位专项资金项目管理不规范，专项资金预算方案较粗，或者未按有关专项资金管理办法编制。

第四，部分行政单位财务管理基础信息不完全，未建立固定资产和债权债务等明细台账，内控制度不健全。

行政单位实行会计集中核算后，普遍存在单位重资金使用不重财务管理，会计核算中心注重核算而缺少监督的状况。随着公共财政、国库支付等改革措施的推进，部门预算资金的增加，对行政单位的财务管理要求大大提高。因此，当前行政事业单位在会计核算具体事务减轻的情况下，要将财会工作的重点放在内部财务管理方面。

2 针对目前行政单位财务管理的现状及出现的一些问题，提出行政单位财务管理须把握的原则和重点

行政单位加强内部财务管理工作，首先要根据《中华人民共和国会计法》等法规制度，制定出符

合本单位业务开展的管理制度。同时，在制度中体现以下两项原则

2.1 适应性、可操作性原则

适应性是一项制度的生命。制度的制定必须结合单位实际，不能照搬硬抄《中华人民共和国会计法》《行政事业单位会计制度》，或其他单位的管理方法和管理模式，要与单位其他管理制度相衔接。内部财务制度的条文在表述上应尽量通俗易懂，操作方便，并与日常会计核算的实务紧密联系；要按单位实际对有关内容、程序、权限等作出明确规定，使单位会计流程中的各个环节都有章可循、规范有序。

2.2 监督性原则

首先，对每项重要经济业务都要安排事前、事中、事后的控制方式，便于及时掌握和归集所需要的信息。对会计账目列示方式、财务报告的披露方式要进行具体详尽地规定，如单位财产盘亏或盘盈、重大资产处置、对外投资等事项财务处理前，必须履行的审批手续，需要的支持文件等。必要时，可设置固定资产、在建工程等资本性支出项目内部科目，与下属单位建立起对应关系，使下属单位的资本性支出项目支出始终受到有效监督。

其次，要严格执行制度，在制度的约束下，有明确的工作重点和工作程序。

2.2.1 重视部门预算管理，强化资金使用的计划性。部门预算编制在有关科室的配合下，应着重对行政事业单位收费、房产租赁等非税收入、单位专项工作支出等进行详尽、细化的预算，编制年度预算方案，提交单位领导同意后，作为资金管理的依据。

2.2.2 在坚持"一支笔"审批的基础上，重大支出实行集体决策程序。应着重明确有关接待费、差旅费、会议费等控制标准以及超支审批程序。对各种设备、资产的修理维护及其他大额支出事前应有预算，领导审批后财务作控制依据。

2.2.3 按规定进行政府采购的基础上，着重对较大用量办公用品、福利物品及其他物资等明确采购程序，选择供应商需进行询价竞标，并实行入库验收管理、出库领用登记制度。

2.2.4 固定资产管理着重要对单位价值、购置签批、处置报批、年度清查等环节明确标准或操作程序，并指定科室负责资产的日常集中管理工作。

2.2.5 根据内部会计控制"不相容职务相分离"的原则，分设岗位。提高财务人员业务水平，增强财务经办能力加强对行政事业单位会计人员的培训，进一步组织以《中华人民共和国会计法》《会计制度》《会计准则》和《会计基础工作规范》为主要内容的培训，使会计人员熟练掌握各基本环节的规定和要求。对行政单位的财务人员进行定期或不定期的培训，严格执行考试和考核制度，不断提高其业务素质。

2.2.6 加大监管力度，要建立内部监督与外部监督相结合、经常性监控与专项检查监督相结合的监督机制。单位要强化民主理财意识，定期公布单位的财务情况，接受单位职工的监督。主管部门、财政、审计等部门根据各自职能，加强对行政事业单位的经常性监控与专项检查监督，对违法、违规行为依法进行处理。对行政单位进行检查和审计时，要以《会计基础工作规范》为会计基础工作的基本衡量标准和依据，对会计工作质量进行监督；财政业务主管部门要对行政事业单位的会计人员进行定期或不定期的考试、考核，不断提高其业务素质；要进一步规范行政事业单位的会计基础工作，对不依法设置会计账簿、私设会计账簿和设有账外账的单位，依照财政会计法规的有关规定，从严进行处罚。

3 行政单位财务会计管理探讨

从主观上讲，事业单位的负责人要真正树立先进的管理意识。充分正视财务管理工作的必要性与迫切性，足够认识到财务管理狠抓效益的理念，将财务管理工作业务流程纳入到事业单位的整体工作，积极主动谋求创新思路，引入市场机制，提高企业 参与市场的竞争能力。因此，首先就要以提高

现代 化事业单位的素质,除了要注重提高职工素质和技术素质外,还要扎扎实实地做好管理工作岗的各项基础工作,尤其是财务管理会计 的审计工作。对各级财务工作人员要强化效益观念、树立风险规避意识,做到收集整理企业经营渠道信息的真实性和可靠性,进一步解放思想,开阔视野,有效做到规避筹资、投资及资金运营等方面的风险,合理判断投入的产出比,在做降级成本计划的同时,要尽可能地提高资金使用效益,进而实现开源与节流两手抓,两手都要硬。做好日常的开支预算、内部控制工作,实现节约的同时,要注重广开筹资渠道,像筹猎资金的渠道可包括国家财政资金、银行信贷、金融 机构、企业资金、民间资金、企业自留基金、外商资金等,为单位的发展 提供有利后勤保障。同时,要顺应经济 与知识并重的时代要求,财务管理要做到"以人为本",为后勤的财务管理部门建立好科学 完善的明立责任、实属权利、效益相结合管理机制,充分调动各方面的积极有利因素,实现经济和社会效益的最大化。

单位要重视财务人员的风险防范和规避意识的提高与培养。努力做好风险和效益回报的分配、控制工作。改进、优化投资结构,务实提高投资效率。另外,需要加强专业业务能力的学习,对基础性业务技能要牢靠掌握:首先,就要做好熟悉财经法律 的具体行规条例,学习国家颁布的税收法律法规,要做到持之以恒,逐步养成自己的执业准则信念,建立职业责任感,以确保财务会计工作的有序进行。其次,现代财务人员不单要具备传统核算型素质,还要具备新进积极的管理意识和对事业单位的经营模式要有权衡把握,另外,还结合现今先进的信息、通讯产业设备对财务管理工作予以科学化、系统化的辅助,这样才能利用电算化会计的特点,实施财务管理。最后要定期举办召开业务交流会,动员所有财务人员交流工作经验,人员彼此之间相互从中取长补短、发挥团队、群体优势,不断的提高职业道德素养和业务能力水准。

从客观上讲,完善财务管理机制,对经济核算的认识要全面、系统、科学。充分发挥财务岗的职能,严格执行不相容的职务分离原则。会计与出纳应该分设,不得有同一人兼任。出纳人员不得兼稽核、会计档案保管、收支、费用。债权债务账簿的等级工作。事业单位的任何个人不得坐支和截留。同时,单位必须要依法是同国有资产,维护国有资产的完整、安全。同样财务部门与资产管理部门要分设,财务部门负责统一建议建账、核算、审核,有资产管理部门要统一等级、管理。另外,定期清查、核对账目,确保账目属实,年终进行全面盘点清查工作。

财政管理是一个单位的"管家",得当与否,关系单位的盛衰、富贫和宽窄。特别在目前经济不太景气的形势下,探究财政管理对策尤显重要。行政单位财务管理应以加强财务收支监督为重点,树立科学思维理财观念,引进推广财务管理的新方法,真正发挥财务部门在单位的灵魂作用,更好地为行政单位的改革和发展服务。

本文主要针对市场经济条件下,如何加强行政单位内、外部财务管理进行论述,并对目前行政单位财务运行中遇到的问题提出建议,以更适应当前经济社会的发展和加强社会事务管理。

参考文献

[1]中华人民共和国会计法.1999.10.

[2]中华人民共和国预算法及实施条例.行政单位财务规则和会计制度.事业单位财务规则、会计制度和会计准则.

[3]新编行政事业单位会计实务.2007.11.

[4]高级会计实务.2009.6.

浅谈绩效管理在人力资源外包企业操作部门的实施

● 赵旭楠

（首都经济贸易大学）

摘　要　人力资源外包企业作为目前人力资源行业中比较有特色的组成部分,在其业务操作部门的绩效管理有着怎样的情况。业务操作部门的绩效管理能外包企业同样有着不容忽视的作用,本文从绩效管理的涵义和作用谈起,以外包企业的案例背景作为分析,详细阐述目前外包企业操作部门的绩效管理情况,通过对于现有情况的分析,对于企业存在的问题和解决方式,提出自己的观点。

关键词　人力资源外包　操作部门　绩效管理

1　绩效管理的涵义和作用

1.1　绩效管理的涵义

绩效管理,是为了达成组织的目标,通过持续开发的沟通过程,形成组织目标所预期的利于和产出,并推动团队和个人做出有利于目标达成的行为。绩效管理从广义上说包括绩效管理的基础性工作(目标管理和工作分析)、绩效指标的设定、绩效计划、绩效实施与管理、绩效考核、绩效反馈和绩效考核结果利用几个环节;从狭义上说绩效管理通常被看做一个循环,这个循环的周期通常分为 4 个步骤,即绩效计划、绩效实施与管理、绩效考核与绩效反馈面谈。绩效管理本身代表着一种观念和思想,代表着对于企业绩效相关问题的系统思考。其内涵是对绩效实现中各要素的管理,是基于企业战略基础之上的一种管理活动①。

绩效管理不同于绩效考核,考核是在管理整个环节中的一部分而不是等同于管理。绩效管理应该是通过分解公司的战略而进行有效分解的过程,而不是根据现有情况进行归纳制定。同时,绩效管理应该是员工从根本上进行了解、认同不应该是公司管理者进行简单分派。

1.2　绩效管理的作用

良好绩效管理能够使得企业提升其计划管理的有效性,使得企业能够对于目标的达成起到过程掌控的作用。同时,绩效管理能够提高管理层的管理水平及时发现企业的问题,通过与员工的沟通能够提升员工的工作效率,了解企业经营中的问题并及时去解决。绩效管理有利于公司组织机构的调整和优化整合,通过分解公司目标、整合资源,提升工作效率。

2　案例背景

中国国际技术智力合作公司(下文简称中智公司),作为人力资源外包公司中全国领先公司,其

---

① 魏云良. 国内电信运营商的绩效管理分析. 现代管理科学. 2005(4):97 – 98

涉及的服务公司行业之多、种类之广是非常可观的。在有着如此众多的服务受众群体,中智公司在业务实际操作办理过程中的绩效管理方面,存在着些许问题。

目前,中智公司实行的操作模式为 2 - 7 - 1。此类型解释为近 20% 的员工主要负责业务开发、法律、财务监控;70% 的员工为客服人员,负责日常的客服解答及业务流程分类安排;10% 的员工负责业务的实际操作环节。笔者所在的即为操作部门中的社保服务中心,目前,笔者所在组有员工 8 人负责近 6 万人的社保日常事务操作,主要的管理工具为 OMS 管理系统。公司每年的任务目标基本上是逐年递增,也就是业务利润年年增加。此目标主要针对为客服部门,操作部门的任务基本上可以拆分为降低成本,提高效率,提高服务质量。根据公司每年的方针侧重点不同,在中智公司近 4 年的工作时间来,操作部门每年的绩效基本上流于形式。年初大致讲解一下今年的主题目标,操作环节大同小异每年无太大变化。平时对于主要环节无过多中间调控,年底的绩效考核分数也是大致相同,目前,从同事的反应来看,已逐步出现"只要能操作,不用太认真"的思想,大家会认为,反正年底绩效奖金也差不多,平时怎么操作都可以。目前,服务意识与服务质量呈下降趋势。

3 绩效情况分析

根据公司现有情况及日常操作情况。目前,公司在绩效管理方面笔者认为有如下问题。

3.1 对于公司总任务指标分解不明确

由于公司每年的利润要求逐年递增,业务发展、客服部门均围绕着多拉业务,扩大规模的方向操作,而对于操作部门没有特别明确的要求。如去年的目标是要降低成本,而操作部门在日常工作中不盈利,反而需要去政府公关操作业务,经营成本支出较多。而去年为体现公司的规定,降低部分支出缩减业务操作频次来达到降低成本的目的。且不说实际效果如何,作为操作部门,更准确的应该是根据公司的指标降低不应支出的成本,提升效率大批量操作。即便过程中成本支出升高,但如果对于客服部门盈利比例增加幅度大,就应该说是节省了成本。而不应从表面上的支出来判定是否节约了成本。盲目跟风,反而会使部门人员陷入迷茫状态,不知如何操作。

3.2 绩效指标制定不清晰

对于公司的任务在清晰的分解到部门后,应该根据此目标制定详细而又针对性的绩效指标。而不是简单的对指标体系进行想象式的添加,公司总体目标即便大致相同,但是根据每年情况的不同业务量的上升,人员素质的潜在不足等情况,制定针对性的绩效指标体系是非常必要的。在实际操作过程中,组内员工能力的不同,擅长方面的不同,应根据工作情况相应调整,制定针对性的绩效指标体系。应逐步提升组内所有员工的业务能力、操作能力。在业务量不断上升的情况下,相对科学的分类操作流程,使得员工在最擅长的方面从事擅长的工作,也通过不同的绩效指标提升员工的能力。而目前组内的绩效制定指标体系大致相同,但是,每个人的特点和长处不同,同样的一个考核体系对于有些员工轻松能够实现而某些员工却是很难实现。对于此类指标已失去其相应的意义,应作出相应调整。

3.3 缺乏中间评估反馈环节

绩效指标一旦确定,应根据现实操作情况给予适时的跟踪反馈。而不是确定完毕后等到年底的绩效考核评分时才进行反馈。目前的操作,使得员工对于绩效考核没有明确的感受,更多的还是到年底的绩效评分,而中间环节的反馈则缺失了。失去了绩效管理中较为重要的一环,因此,此绩效管理与绩效考核之间区别不大。同时,由于缺少必要的绩效沟通面谈环节,使得员工对于绩效认同程度低,不能很好的根据公司目标、部门目标进行工作调整,也就无法达到前面公司所设想的任务完成度。

3.4 绩效反馈没有能够回应绩效目标

由于大家从事的工作内容大致相同,操作部门不同于盈利部门的是没有相应的"利润"这个硬指标来衡量,因此,相应的年终奖金也就大致相同,干的优秀的与干的一般的在档次上没有区分开来,长而久之优秀的员工也就不会再积极的响应公司的相应目标制定,在"做好做差"都不会有太多区别的情况下,员工将日趋惰化,从而形成老国企式的"大锅饭"。最终所有业务操作将会出现质量、效率双重降低的情况。

3.5 公司管理层对于操作部门认知的偏差

在企业日常操作过程中,公司领导层对于产生利润的部门,如业务发展、客户服务部门相应会有偏爱指向,但是,不能否认的是在实际业务操作过程中,没有操作部门的工作,所有的流程任务将无法完成,而完成的质量效率又是客户满意度的关键,满意度的提升将直接影响利润的增加。但是由于领导层的偏差使得公司从上到下对于操作部门的认知停留在"花钱的部门、无法达到要求的部门"。在业务量激增无法完成的情况下,解决方式通常是通过加班来操作。而长此以往,员工自然对于业务的质量和效率降低自我要求,能够基本完成任务的就算是不错的员工,那么谁还会刻意去追求卓越的服务。因此,有必要在公司层面改变对操作部门的认知和管理方式。

4 优化绩效的建议

4.1 梳理工作流程,制定工作说明书

根据公司操作情况,梳理出清晰的工作流程图。根据每个岗位的情况制定详细的工作说明书。目前,单位的操作模式部分还停在靠员工的组织公民行为来解决,有些甚至是决定了工作效率的提升。这种模式长时间操作必将产生极为不好的后果。将核心的业务操作进行分类梳理,明确此岗位的能力要求。如果能力达标,留用;如能力暂时欠缺,进行相应的培训;如还不合适,则调岗。

4.2 根据公司任务,合理科学的分解部门目标

公司每年的任务不同,分配到各个部门的目标也应相应调整。操作部门应根据上一年的优劣势,和今年的具体任务制定符合本部门的目标。根据情况适时调整,而不应该简单地从表面上去跟风。

4.3 根据部门目标,制定详细的绩效指标

在分解出部门的目标后,应从各方面详细分析部门现有的人员情况、工作任务进行合理的绩效指标确定,通过人员的合理分配达到人与工作的匹配,同时,还应根据员工在岗情况的各项能力、素质水平、工作主动性等各方面制定详细的绩效指标,提升员工的工作效率。指标体系要因岗因人而确定,不应简单地进行全部统一。绝对的完全一致,不一定能带来最好的结果。

4.4 进行有效绩效沟通面谈,年度定期进行指导改进

绩效沟通应和员工深入的进行,绩效沟通不是简单将绩效确认单发放员工签字的过程。而是需要员工从内心上进行认同,并且愿意为之努力而达到组织的目的。在面谈结束后,应定期进行后期指导,发现问题时及时进行调整和改进。根据中智公司的实际情况,最好在3个月左右进行一次。

4.5 绩效奖励应与绩效指标等挂钩

绩效奖励,应该是在绩效完成时对于员工的认同与奖励。应真正起到激励鼓舞的作用,根据员工的实际工作情况,年终进行考核评分。此评分与年终绩效奖金应密切相关同时要拉开档次,使得员工真正在一年的工作中时时注意自己的工作成果,是否按照绩效指标的相应要求进行工作。否则,档次拉不开,前面的制定再科学合理,后期实施也必然效果不大。

综上,合理的绩效管理能够提高员工的工作主动性,并对提升工作效率和工作任务有着良好的作用。在人力资源外包企业中,利润固然非常重要,但是,也不应忽略操作部门的绩效管理,否则,基础不牢发展也不能平稳长久。

因材施教，建立教学分层意识
——初探初中英语分层作业设计

● 张梦溪

（对外经济贸易大学英语学院）

摘　要　在教学中，教师应该关注全体学生的发展，而不是只是关注某些尖子生的发展，现行的平行班中，学生的英语水平参差不齐，显然一个教学目标和教学方法是不能满足所有的学生的要求，因此，要推行分层教学与分层作业布置。

关键词　因材施教　分层教学　初中年级分层作业设计及安排

1　探究背景

2011 年版义务教育中明确指出，义务教育阶段的英语课程具有工具性和人文性的双重性质。课程的基本理念是：注重素质教育；面向全体学生，关注语言学习者的不同特点和个体差异；整体设计目标，充分考虑语言学习的渐进性和持续性；强调学习过程，重视语言学习的实践性和应用性，优化评价方式，着重评价学生的综合语言运用能力；丰富课程资源，拓展英语学习渠道。

在初中阶段，英语作业时英语课程教学实施的重要组成部分。它与课堂教学同样重要。是英语课堂的重要补充和延伸，更是实现英语有效教学的一个关键环节。作业不仅是用来检查，衡量一个学生上课听课的效果，更是学生巩固课堂所学知识和查漏补缺的重要手段和途径。在初中英语课程设计中，教师普遍对课堂教学活动的设计与组织投入了很多精力，但是，对于作业设计却关注得比较少。

2　理论依据

美国心理发展学家霍华德/加德纳提出《多元智能理论》，他认为人的智力基本结构式多元的，每个人都是聪明的，但是聪明的范畴和性质呈现出差异，因此，我们不能用同一把尺子去衡量每个学生，而应该重视和发觉学生的才能。因此，在教学上应该根据每个学生智能的优势和劣势选择最合适的学生个体的发展。

前苏联教育学家维果茨基提出了《最近发展区理论》，他的研究表明：教育对儿童的发展能起到主导和促进作用，但需要确定儿童发展的两种水平；一种是已经达到的发展水平；另一种是可能达到的发展水平。而这两种水平之间的距离，就是"最近发展区"。把握"最近发展区"能够加速循声的发展。因此，教师要充分了解学生的身心发展特点和知识水平，把握其两种发展水平，树立新型的作业观。

我国古代著名教育学家孔子最早提出"因材施教"的主张。根据学生不同情况施加以不同的教育方法，如"中人以上，可以语上也；中人以下，不可以与上也"（即具有中等以上才智的人，可以给他讲授高深的学问，在中等水平以下的人，不可以给他讲授高深的学问）。

笔者通过对自己多年一线教学工作的反思以及与同校和外校一线英语教师交流中发现，教师在留作业时主要存在以下 3 个问题。

第一，随意性大。他们多会选择在下课前几分钟或者利用课间休息的时间匆匆布置作业,而且内容多以机械重复地抄写及背诵,短语,句型或某些课文指定段落,作业形式重复单调,缺乏趣味性和针对性。

第二,依赖性强。目前,市场上现成的练习很多,教师对这些练习容易产生依赖性,经常不加选择地布置给学生。并非说这些练习不好,其中,有一些练习确实是好题。但是不同的练习之间存在大量重复,机械性的训练,有些联系的难度或是过大,或是过小,与班级学生的实际英语水平不想匹配。

第三,没有层次。由于同一班级内学生英语基础以及学习能力的差异,如果教师设计作业时一刀切,会产生很多弊端,而且也是很难满足教师对作业布置效果的语气。对学习能力强的学生而言,做过于容易的作业对学生自己根本没有提高,实在浪费时间。对学习能力相对较弱的学生而言,他们对有些较难的作业根本不知道从何下手,为了完成作业,他们或是选择敷衍,或者选择抄袭。这样一来,作业一方面成了学生的负担;另一方面有导致部分学生丧失了英语学习的兴趣。长此以往,部分学生学习英语的积极性已经开始衰退,甚至放弃英语学习。

因此,传统作业设计的改革势在必行,探寻科学的,合理的英语分层作业设计已经迫在眉睫。

3 分层作业设计与探究

3.1 学生分层

老师通过问卷调查,课堂观察和测试结果等多方面了解学生的英语学习状态和学习情况,了解他们的个体差异,包括知识基础,学习习惯,心智水平,家庭影响等。根据调查分析结果进行分类;自主层的学生基本功扎实,学习主动性强,对英语有着浓厚的兴趣,有超前的学习愿望,自学能力强,少许点拨引导就能完成学习任务;培优层的学生有一定的英语知识储备,同时,有一定的能力和潜力,可是接受能力相对差一些,需要老师给予指导与鼓励;提高层为英语基础差,学习不自觉,对英语没有什么兴趣,需要老师时刻关心和督导的学生。当然,正如前面所提的,对于学生的分层不是一成不变的,而是动态,随着学生学习情况的变化而随时调整的。

3.2 作业分层

作业分层就是要优化作业结构,达到高产出的效果。作业若要求过高,过难,学生则接受不了,就会产生厌学情绪,若要求过低,一些基础较好的学生会感觉简单,枯燥无味,不集中注意力学习。所以教师在设置分层作业时,要考虑如何让学生在"最近发展区"的到充分发展。

综上所述,笔者认为,分层作业作为课堂分层教学的一个眼神,是一种弹性的作业结构,它是指教师在设计和布置课堂以及家庭作业时,可以根据不同层次学生的情况,包括课堂表现,掌握程度,已有水平以及不同心智发展情况等,分层次进行作业的布置。教师在对学生合理分层的基础上,可以设计出不同的,适合各类型学生的家庭作业,使作业能和他们的学习能力以及掌握的能力相匹配,从而更好地解决"优生吃不饱,差生吃不了,甚至吃不到"的现象,提高了作业的有效性,增强了分层作业的意识,使不同层次的学生,都能得到不同程度的提高。

杨柳认为,初中英语作业设计应该立足于初中英语学科和教学教学的特点,关注学生在听,说,读,写4个方面的基本知识和技能的培养,注意语言与文化的融合,重视和培养学生的思维能力和情感态度。同时,教师在设计英语作业时,还要注意兼顾英语学科与其他学科之间的联系,拓展英语学习和运用的领域,增强学生的英语语言实践运用能力。对初中英语家庭作业进行科学合理的设计,可以避免家庭作业的随意性和城市化,激发学生完成家庭作业的兴趣。

因此,笔者认为,初中英语作业设计应该包括预习作业设计,课堂作业设计以及课外作业设计3个部分。它是组成初中英语教学设计的一个必不可少的部分,与英语课堂教学设计有同等重要的意义。

4 探索中的思考

4.1 分层教学和分层作业的实施

分层教学和分层作业这一课题需要举团队之力,发挥集体智慧,分工协作完成。如对学生分层,不仅要有英语老师参与,还需要班主任和教授该班级的不同学科老师共同研究探讨,从而更准确地把握学生特点,做好分层。此外,同年级的备课组和跨年级教研组也应将其作为共同探讨的主题,经常性的就分层教学和分层作业的实施情况进行交流,实施调整策略,以更好的做到因材施教。

4.2 分层作业给学科老师带来巨大的挑战

分层作业给学科老师带来巨大的挑战。分层作业的布置,无论从前期备课还是从后期的作业批改上都会给教师增加一定的工作量。老师如何对不同层次的作业进行批改,并及时反馈,达到预期效果,从根本上促进学生的学业发展,需要老师积极的调控能力,同时,也是值得研究的一个重要课题。

4.3 对分层教学和分层作业进一步研究

分层作业只是教学的一个环节,而真正做到关心每个孩子的成长,需要进一步研究分层教学乃至一对一教学如何在义务教务阶段的课堂实施。

然而,在进行分层作业设计探究时间的过程中,笔者也听到了一些质疑的声音。一些老师认为,给学生分层会带来教育不公,是不平等的体现,易引发学生,家长的不满,甚至会对学生造成消极的影响。一些来时认为分层作业听起来比较理想化,但操作起来却有很多困难。因为,无论是中考还是平时测试,并没有因学生的不同而分层设计。如完形填空和阅读理解能力要求较高的题目,平时基础价差的学生很少接触这样的体型,得不到充分的训练。而这部分的分数又占试卷总分的比例较高。所以,分层作业设计的效果很难在分数上有所体现。还有一些老师认为,对于基础较差的学生来说,虽然课堂以及课后作业降低了对他们的要求,尽量让他们获得成功,但只要统一考试的标准不变,他们依然是易受到伤害的对象。

面对这些质疑,笔者在本次探究实践中找到了解答。从学生的访谈和探究中了解,虽然分层作业的效果并不是立竿见影的,但是只要坚持,每个学生都可以在原有的基础上收货不同程度的进步。一些原本打算放弃英语学习的学生也开始从完成作业的过程中体会成就感了。通过分才能作业的设计,他们一方面增强了自信;另一方面他们将会有更多机会开阔视野,大胆创新,不断实现新目标,超越自我。此外,笔者在分层作业时,还可以把各类作业的优势结合起来,最大限度地调动学生的积极性。例如,分层作业与普通作业结合,独立完成于小组合作完成作业结合,自主选择作业和保底分层作业相结合。语言本来就是长期培养和熏陶的过程。爱因斯坦曾经说:"兴趣是最好的老师。"只要一个人对某事长生浓厚的兴趣,就会主动地去求职,去探索,去实践。

总之,重视英语分层能作业设计是实现初中英语高效教学的重要因素。用心解读教材,精心设计分层作业,研究不同学生的特点,为不同的学生选择适合自己的作业搭建平台,让大多数学生真正接受现有的作业,实现真正地面向全体,正是个体差异,切实达到生生学有所长,个个练有所得。

参考文献

[1]杨柳. 新课程背景下初中英语家庭作业的调查研究. 上海:华东师范大学,2009.
[2]曹文华. 普通高中分层英语作业的实验研究[J]. 山东师范大学外国语学院报,基础英语教育,2009(6):24-26.
[3]教育部. 义务教育课程标准[S]. 北京:北京大学出版社,2012.

肖邦音乐作品的悲情性风格初探

● 姚晶晶

（中国人民大学）

摘　要　弗里德里克·弗朗索瓦·肖邦（F. F. Chopin 1810—1849），是波兰杰出的作曲家，钢琴家，是19世纪欧洲浪漫主义音乐的代表人物，被誉为"浪漫主义的钢琴诗人"。肖邦音乐作品的悲情性，是其主流的基调，也是浪漫主义音乐特点的彰显。本文从肖邦音乐成就、悲情性风格的表现以及溯源几个方面，对肖邦音乐作品中悲情性风格进行探析，从而领悟肖邦绚丽多彩的音乐内涵。

关键词　肖邦　悲情性　风格

引言

　　肖邦作为一个在钢琴器乐领域有伟大建树，并留下诸多优秀作品的音乐天才，他的音乐是富有独创性的，他的作品是不朽的。在肖邦丰富的音乐语言中所蕴含的悲情性的风格特点，虽然并不能完全概括他的音乐理念与意义，但是却是最引人注目和最震撼人心的。这是饱受乡愁之情与爱情之苦的肖邦，其内心深处的情感在音乐创作中的集中展现。

1　肖邦音乐成就概述

1.1　生平简介

　　弗里德里克·弗朗索瓦·肖邦（F. F. Chopin 1810—1849），是波兰杰出的作曲家，钢琴家，是19世纪欧洲浪漫主义音乐的代表人物，被誉为"浪漫主义的钢琴诗人"。1810年，肖邦出生于波兰，在良好的家庭氛围影响下，肖邦自幼就展现出了非凡的音乐天赋，7岁就创作了《波兰舞曲》，8岁登台演出并获得了音乐神童的美誉。1822年至1829年，肖邦在华沙国家音乐高等学校学习作曲和音乐理论，为日后的音乐之路奠定了坚实的基础。1829年，肖邦怀着对祖国的无限热爱之情投入到波兰的民族解放运动，不断在欧洲进行巡演。华沙起义失败后，肖邦定居巴黎，作为钢琴教师与演奏者的他结识了李斯特、门德尔松、海涅等著名艺术家，在此期间，肖邦的音乐创作也不断走向成熟。

　　1836年，肖邦结识了特立独行的女诗人乔治·桑，并与她坠入爱河，展开了他一生当中最重要的一段恋情，这段恋爱打破了肖邦平静的生活，也成了肖邦音乐创作灵感的来源地。在这期间，具有代表性意义的作品不断涌现，在甜蜜爱情的影响下，肖邦逐渐攀上了他音乐艺术的最高峰。

　　然而，8年的恋情最终却以失败告终，紧随其后的父亲去世以及动荡不安的社会环境不断加速着这位敏感、哀伤的艺术家走向死亡。终于在1849年，仅仅39岁的肖邦在肺结核病的侵袭下，怀着对祖国的无限眷恋，带着凄冷的孤独，客死他乡。

1.2　创作风格

　　肖邦是历史上最具影响力和最受欢迎的钢琴作曲家之一，也是最具有浪漫主义独创性天赋的音乐家之一。肖邦一生创作了大约200部作品，主要有钢琴协奏曲2首、钢琴三重奏、钢琴奏鸣曲3首、叙事曲 4 首、谐谑曲 4 首、练习曲 27 首、波罗乃兹舞曲 16 首、圆舞曲 17 首、夜曲 21 首、即兴曲 4 首、埃科塞兹舞曲 3 首、歌曲 17 首;此外还有波莱罗舞曲、船歌、摇篮曲、幻想曲、回旋曲、变奏曲等。他的作品以波兰民间舞曲为创作基础,体裁多样,内容丰富,曲调热情奔放,情感厚重充沛,集中体现了作曲家对祖国命运的担忧,对故土的眷恋,以及对生活的感触。肖邦一生当中的创作并不多,而大部分作品都是为钢琴而创作的,"肖邦只对钢琴敏感,对其他乐器就不太敏感,他对钢琴内部的声音达到了非常敏感的境界。"他将钢琴的抒情性与歌唱性与自身优雅浪漫的诗人气质相结合,开辟了一个崭新的音乐世界。作为浪漫主义时期的音乐家,肖邦完全的打破了古典主义音乐均衡、严谨的艺术特点,在浪漫主义音乐重视个人主观意识表达的基础上,肖邦的音乐是自由、随性、不着边际的,带着梦幻般的忧郁、感伤的情绪,是音乐诗人纯粹抒情性的自白。

2 肖邦悲情性音乐风格在作品中的表现

肖邦的音乐作品蕴含着丰富的精神内涵与艺术特色,其中,最能体现肖邦忧郁的诗人气质,最感人至深的,也最能引发共鸣的应该就是潜藏在作品内部的悲情性音乐特征了。肖邦音乐作品的悲情性,是其主流的基调,也是浪漫主义音乐特点的彰显。

肖邦作品中体现的悲情性的音乐风格是建立在对未来的美好憧憬,对民族的担忧以及对祖国的炽热情感之上的。那些轻快的、愉悦的事物带来的触动只是暂时的,当人生中最美好、最珍贵的东西被摧毁而引发的孤独、忧伤、惆怅却能引发灵魂的共振,带来深刻的情感体验。这正是肖邦悲情性的来源。音乐作品中所体现的这种悲情性具有较广泛的范畴,它并不仅仅只是充满哀伤的无奈叹息,而是身处逆境中的挣扎,是充满爱国主义基调的具有抗争精神的情感宣泄。肖邦音乐中的这种忧郁、惆怅的气质和情愫,不是肤浅的、廉价的感伤情调,不是顾影自怜的无病呻吟,而是一位羁旅异乡的孤独的爱国者发自内心的情感表露和宣泄。

首先,悲情性的风格在肖邦音乐的调性方面有较明显的体现。调性对音乐的风格有着较大的影响:大调通常表示明朗、阳光的情绪,而小调则带有暗淡、忧郁的气质。纵观肖邦的音乐作品,就会发现很大部分都是用小调进行创作的,这种偶然可能也意味着某种必然,正是由于小调本身的音乐特点,更能恰当的对肖邦所具有的典型的忧郁、悲情的情绪进行艺术处理,从而完美的展现作品的精神内涵。

其次,悲情性还体现在了曲式结构的处理之中。玛祖卡舞曲是肖邦音乐创作中最富有个人特色的体裁之一,也是他爱国主义情感的集中体现。面对沙俄统治者,玛祖卡代表着民族的文化,意味着坚强的波兰存在。在这种带有浓郁民族气息和乡土风格的音乐中,肖邦运用三段式曲式来表达了悲苦的思乡之情。例如,作品 Op. 33 No. 2 中,A 部分是一个由 12 小节组成的乐段,透露着悲苦、压抑的情绪,而 B 部分从小调转到了关系大调,音乐的旋律似乎也变得更加明朗了,但是这种情绪确实短暂的,到了曲终,依然回到了苦闷、痛苦的氛围中。这种通过曲式结构对音乐的情绪所产生的强烈对比,戏剧性的突显了肖邦音乐悲情风格的深刻性。

肖邦还十分重视和声色彩的表现力,大量使用色彩性和声、交替调式和大胆的突然转调来变换和声,并将半音阶和声与其伴随的不和谐性扩展到了前所未有的领域,在渲染悲伤的情感,营造紧张的戏剧性气氛中起到了至关重要的作用。《葬礼进行曲》作为《降 b 小调钢琴奏鸣曲》的第三乐章,寄托了肖邦对华沙起义中为民族解放而献出生命的烈士的哀思,是肖邦音乐中最脍炙人口的篇章之一。虽然整部作品是沉闷的,但是肖邦在这部作品中充分运用色彩性和声技法,通过调性转换、和弦结构设置、和声功能转换等方式,进一步突显和声色彩的表现力,向人们展现了一种庄严而高贵的悲情性风格。

3　肖邦悲情性音乐风格溯源

3.1　爱国主义情节

　　舒曼曾称赞肖邦的音乐是隐藏在花丛中的大炮，仿佛向全世界庄严地宣告——波兰不会灭亡。肖邦的故乡波兰华沙，在18—19世纪期间充满了战火的硝烟，在肖邦出生的时候，祖国已经成为了俄国的领土，祖国的灾难给肖邦带来了巨大的心理创伤。特别是在华沙起义失败后，心系祖国命运的肖邦感到异常悲愤和痛苦。1837年，肖邦严词拒绝沙俄授予的"俄国皇帝陛下首席钢琴家"的职位。他还向全世界庄严宣告："波兰不会亡"。当时的欧洲报纸上有这样一句话："上帝把莫扎特赐给了奥地利，却把肖邦赐给了波兰。"肖邦晚年生活非常孤寂，痛苦地自称是"远离母亲的波兰孤儿"。临终嘱咐亲人把自己的心脏运回祖国。浓厚真挚的爱国主义情感，让肖邦时时刻刻记挂祖国的兴亡，也是他音乐作品中具有悲情性的原因所在。

3.2　坎坷的感情经历

　　肖邦的短暂的一生中经历过几次爱情的体验，19岁的时候，他恋上了年轻的歌手康斯坦西娅·格拉特科芙斯卡，在这期间他创作的圆舞曲、夜曲等作品中，都渗透着浪漫的爱情气息。特别是《f小调钢琴协奏曲》，正是为他的恋爱对象所创作。但由于肖邦不久后离开波兰，他对格拉特科芙斯卡的恋情无果而终。1835年肖邦从巴黎赴德国德累斯顿时结识了波兰贵族少女沃德津斯卡，两人之间产生了恋情，肖邦曾以密茨凯维奇的诗词为其谱过一首歌曲《我心爱的人》，还特意为她写了降A大调圆舞曲（Op. 69，No. 1），借以抒发爱情的幸福感受。但由于对方家庭的门第之见，肖邦的求婚遭到了拒绝。肖邦将这段感情归结于命运的不幸。1836年，肖邦结识了法国的著名小说家乔治·桑，虽然经历了8年的同居生活，但是，最终因为志趣和性格的原因而感情破裂，这使得肖邦遭受了致命的打击，不久就因病重而溘然离世。肖邦的许多作品灵感都来源于对乔治·桑的情感：《第三叙事曲》《第三诙谐曲》《幻想曲》《船歌》等钢琴作品，都是他们爱情故事的见证。在两人分手后，肖邦也再未创作出如此优秀的作品。肖邦虽渴望爱情，但终身未娶，坎坷的感情经历使他的音乐作品平添了一份凄苦的悲情色彩。

3.3　内倾型的个性

　　瑞士心理学家 G. G. 荣格根据人的心理活动倾向自己的内心世界还是外部世界，将性格分成内倾型和外倾型。内倾型的人一般比较沉静、稳重、不善交际、喜欢独处、感情不外露、忧郁、注意细节。肖邦则正是具有这种内倾型的性格。他不善言辞，含蓄静默，带有一种忧郁的气质。他虽然具有高超的钢琴演奏技巧，但是，却时常对公开演奏感到紧张不在。好友李斯特也认为肖邦是一个十分孤僻的人。这种内敛的性格使肖邦即使变成巴黎沙龙中的偶像，也无法摆脱自己"波兰孤儿"的身份，莫名的苦闷与悲哀，对他的音乐创作风格产生了强烈的影响。

　　肖邦是伟大的钢琴诗人，他虽从表面上看如同幸运的宠儿，是那么的光彩夺目，但是，却难以掩饰内心的寂寞、愁苦，从肖邦的音乐作品中，我们感受到一颗忧国的心，一段悲怆的情，一个孤单的魂。只有把握了肖邦作品悲情性的风格特点，才能真正领悟和体验到肖邦绚丽多彩的音乐内涵。

参考文献

[1]于润祥．悲情肖邦．钢琴艺术，2010. 3.

[2]李丽娜．肖邦音乐创作中的悲情性因素．理论界，2009. 4.

[3]张曌曌．浅析肖邦悲情性音乐风格．江苏广播电视大学学报，2016. 6.

浅论管理成本

● 田　华

（中国人民大学）

摘　要　通过对管理成本的结构分析,揭示了影响管理成本变动的因素,并适时提出了完善代理合约,建立完善的经理市场;构建和谐的企业文化,合理确定公司规模;企业流程再造,建立学习型企业的多种举措,以降低企业的管理成本。

关键词　管理成本　契约　激励　学习型企业　企业流程再造(BPR)

新制度经济学奠基人科斯著名的论文《企业的性质》,第一次提出管理成本问题。企业与纯粹市场是由交易成本决定的两种制度安排。企业用内部行政力量"看得见的手"取代了市场机制"看不见的手"进行企业内部的资源配置。而管理是对组织的资源进行有效的整合以达到组织既定目的与责任的动态的创造性的活动(芮明杰)。管理作为投入要素,可以带来价值,但同时,它又具有稀缺性。据西方经济学的观点,使用管理这种资源是需要成本的。管理成本即实现组织资源有效整合所需要的成本。管理成本的存在使我们在进行决策时,须从管理成本角度的来考察我们的决策行为,以期选择最优的管理模式来降低管理的成本,提高管理绩效。现从管理成本的构成、影响管理成本的因素及相应采取的对策方面,对管理成本问题进行全面的探讨。

1　管理成本的构成

新制度经济学的研究表明,企业组织的管理成本包括内部组织成本、委托代理成本、外部交易成本、管理者的时间机会成本等4个方面,现对其进行进一步地论述与阐释。

1.1　委托代理成本

企业的本质是一组多边合约关系。委托代理关系实际上是一种促使代理人采取适当的行为,目的是实现委托人最大限度效用的合约机制。委托人为确保代理人不采取某种危及委托人的行动,就需要对代理人进行监督、激励、甚而约束。即便如此,亦无法消除委托人和代理人目标函数的差异。由于委托代理人关系委托人对代理人监督、激励、约束而产生的费用,称之为委托代理成本。

1.2　外部交易成本

企业在使用外部市场(如要素市场,产品市场)时需付出的费用,我们称之为外部交易成本。外部交易成本可大体分为三大类:谈判成本、搜寻成本、履约成本。企业作为市场交易主体,作为一个营利性的组织,必须同外部市场进行物质、资金的交易。因此,外部交易成本构成了企业管理成本的重要组成部分

1.3　管理者的时间机会成本

古典经济学家马歇尔认为,企业家才是一项组织投入的重要资源,既然是一种稀缺资源,其使用就必然存在机会成本。管理者时间的机会成本也就是管理资源继续使用的代价,亦即管理者进行管理工作以后而放弃的在其他用途中所能获得的最大利益。管理者角色的多元化,管理者技能的多样化导致了人力资源的多种用途,均导致了管理者时间的机会成本。在企业管理的过程中,如何最大限

度地降低管理者时间的机会成本,使人尽其才,物尽其用,是提高管理效率的关键。

1.4　内部组织成本

企业不仅仅是一系列合约关系的连接点,而且也是一个包含了不同分工的内部交易体系。任何一个成功的内部组织管理必然是对技术的要求和对人的社会需要的两者最佳组合。内部组织活动表现为订立与物质和精神利益相结合的内部契约的活动。

2　影响管理成本的原因

2.1　组织规模

组织规模的扩大,可导致管理层次的增加,管理幅度的扩大,极大地扩大了组织的复杂性。管理幅度的增加,使员工之间的协调变得困难,员工的交流受到阻碍,极大地增加了管理费用。而管理层次的增加,使上下级之间的交流变得复杂,信息在传递的过程中,极易受到扭曲、失真,信息在传递过程中的失真会使管理者不能对环境的变化做出及时、有效的反映,从而大大降低了管理的绩效。组织规模的扩大增加了组织的监督成本。直接的人员监督会导致工资费用的增加。而欲实行间接的监督,须制定明细的企业制度来确保员工的行为合乎企业的需要。制定规则的费用,保证规则实施的费用,都大大地增加了内部组织成本。而间接监督的一个最大的弊端在于复杂的规章制度会导致企业运行的程序化,从而使企业的灵活性和创造性下降,对外部市场的反应迟钝,导致员工工作积极性和自主性的抑制。间接监控极易导致企业的官僚化。再者组织规模的扩大亦会导致内部消耗增加,推诿、扯皮等现象严重降低了企业的工作效率,最终导致管理成本增加。大型企业一般给人以信誉高、美誉好、实力强的印象,这些都极大地减少了企业的搜寻成本、谈判成本和履约成本。

2.2　组织外部市场环境

组织的外部市场环境,企业对此一般是无能为力的。撇开具体的社会宏观环境不谈,我们具体分析一下企业的外部市场环境对企业管理成本的影响。两者的关系,如下图所示。

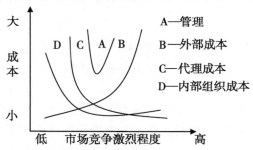

图　市场环境对企业管理成本的影响

产品市场上竞争越激烈,市场就越接近完全竞争市场,市场的均衡价格就越接近产品的成本,这就合企业所有者明了产品的成本,从而有效地防止代理的败德行为,降低委托代理成本。同样,激烈竞争的外部市场环境的压力亦会使企业不断进行技术创新、管理创新、观念创新,不断调整产品结构以适应市场,从而提高了企业的经营效率,降低了内部组织管理成本。市场的竞争性越激烈,企业的谈判实力会越低,谈判成本会越高。竞争的激烈性将使竞争对手竞相提供更优惠的条件。为防止违约现象的发生,企业需增加履约成本。

2.3　组织文化

组织文化,实际上就是企业在民族文化传统中逐步形成的,具有本企业特色的基本信念、价值观、道德规范、规章制度、生活方式、人文环境以及与此相适应的思维模式和行为方式的总和。组织文化或强或弱,但都是实实在在的,在许多情况下是多年来处理问题成功经验的积累和沉淀。一个具有奋发向上、强烈团队合作精神的企业文化会大大降低企业的内部成本,提高管理者工作的效率,降低管理者时间的机会成本。组织文化对委托代理成本和外部交易成本的影响是间接的、复杂的何不易察觉的。组织文化相对于企业制度而言,是对企业员工的一种软约束,然而就是这种软约束,对管理成本降低的作用是显著的。组织文化往往对管理成本的降低,起着意想不到的效果。

2.4 组织架构

组织架构一经建立,往往具有一定的稳定性,但外界环境却一直在变,这种情况称之为组织结构的刚性。组织结构刚性的存在,对管理成本的影响是十分复杂的。现仔细分析如下。

2.4.1 组织结构刚性将有利于减少内部组织成本 组织机构的每一次变革都会遇到很大阻力,这表明组织成本的存在,导致了内部组织成本的增加。组织结构的频繁变化,会导致组织成员的无所适从,不能专心工作,从而降低工作效率,增大了内部组织成本。

2.4.2 组织结构的刚性将增加委托代理成本 委托代理核心的问题就是由非对称信息和不完全信息引起的激励约束问题。组织结构的刚性使得在外部环境的千变万化中组织的架构、制度却相对稳定,而委托人不能有效制定与外界环境相适应的激励约束条件。这将使得更熟悉组织情况的代理者容易摆脱监管,获得非正常的剩余利润,进而提高企业的委托代理成本。

2.4.3 组织的刚性将增加外部交易成本 按权变管理理论的说法,如果将环境视为内生变量,而将组织结构视为因变量,则在组织结构与环境之间存在着一种函数关系。即每一个具体的环境对应以相对稳定的组织结构。外界环境瞬间万变,而组织结构不随之变化,组织就不能达到最优外部交易效率,从而使组织的刚性增加外部交易成本。

2.5 管理者才能

一个优秀的管理者能够有效地降低管理成本。一个优秀的管理者能够随时把握外界市场环境的变化,随时掌握当代最新的科技成果、管理知识和信息,使企业的经营方向、企业制度适应环境变化而变化,从而有效减少企业内部的虚耗,减少内部组织成本;一个优秀的管理人品质,从而减少了监督成本,加少了企业所有者与经营者至今的委托代理成本;一个优秀的管理者,自知而自信,具有强烈的尝新意识和强烈的自我实现意识,努力的工作,从而不断提高工作的效率,降低了管理者时间的机会成本;一个优秀的管理者能够设计一个充满弹性的组织架构和运行机制,自动自发适应环境的变化,从而降低外部交易成本;一个优秀的管理者可有效的整合组织内部资源,以最佳的方式实现组织的目标。

3 为降低管理成本而采取的对策

3.1 完善代理合约,建立完善的经理市场

欲有效的降低委托代理成本,完善的企业代理合约是必需的。为有效的对代理者进行监督与激励,一般委托人可对代理者采取与业绩相应的绩效薪酬或股票期权两种做法。这两种做法可有效地将代理者的报酬与其经营状况结合起来,使代理者的经济目标与企业的经营目标统一起来,使代理者与企业休戚相关。

3.2 建立学习型企业

企业在成长过程中,由于员工的不断学习,员工间协调性的增加,企业学习性的增强,有效地降低了企业的内部组织成本和外部交易成本、管理者时间的机会成本,从而有效地降低了管理成本。

3.3 组织流程再造(Business process reengineering,BPR)

BPR 的目的就是重新整合组织内部资源,对工作流程进行彻底的再思考,重新架构企业的组织框架和机制。流程再造可以帮助组织建立扁平化的架构,实现管理流程的无缝衔接,提高企业运营效率。

管理成本或明或暗的存在于企业的管理活动过程之中。它存在于企业管理的,每一个角落,每一个层次,无处而不再。管理成本已成为提高管理绩效的一个关键性的因素。我们在进行企业决策时,须正视企业的管理成本,须对管理的成本和收益进行比较和衡量,以选择出最优的管理方式、管理模式,从而达到以尽可能低的管理成本取得尽可能高的企业经营效率。因此,对管理成本进行科学、细致的研究是十分有必要的。

参考文献

[1]卢现祥,朱巧云. 新制度经济学(第二版). 北京大学出版社,2014.

[2]平狄克. 微观经济学(第八版). 中国人民大学出版社,2013.

[3]张银杰. 公司治理:现代企业制度新论(第二版). 上海财经大学出版社有限公司,2012.

[4]布鲁索,格拉尚. 契约经济学:理论和应用. 中国人民大学出版社,2011.

[5]芮明洁. 管理学:现代的观点,上海人民出版社,1999.

[6]易宪容. 交易行为与合约选择. 经济科学出版社,1998.

FDI 在我国区位选择的影响因素研究

● 吴小菲

（中国人民大学）

摘　要　国外直接投资(FDI)区位问题是近年来国际学术界研究的重要课题。然而，随着时代的发展，许多因素发生了改变，相关数据也有了更新，有些研究成果已不适用或是亟须更新。本文采用理论分析与实证研究相结合的研究方法，从 7 个因素出发，对国外直接投资在我国区位选择的影响因素进行实证研究，并提出建设性建议。

关键词　国外直接投资　区位因素　实证研究

1　绪论

改革开放以来，我国逐渐开放的良好投资环境吸引了越来越多国外直接投资（Foreign Direct Investment；FDI）进入中国。国际上权威的衡量 FDI 投资环境的指数有科尔尼国外直接投资信心指数（FDICI），根据科尔尼管理咨询公司（A. T. Kearney）官网发布的数据，中国在 2002—2012 年，连续 10 年蝉联国外直接投资信心指数第一名。尽管 2013 年和 2014 年美国超越中国成为第一名，但中国仍然在该指数榜上稳居第二位。

我国政府也积极制定一系列吸引国外直接投资的政策。截至目前，全国共批准外商投资企业 64.9 万家，实际利用外资金额 8 237 亿美元。

从全国范围来看，国外直接投资数量和投资环境都呈现良好的景象。然而，哪些因素会影响 FDI 的大小？本文将通过面板数据的回归分析研究 FDI 的区位影响因素。

2　研究思路

本文参照经典的区位因素模型，采用人均 GDP、平均工资、高等学校毕业生数、外贸依存度、消费品市场份额、FDI 存量、运输网密度这 7 个区位因素作为可能影响国外直接投资的区位因素自变量。

20 世纪末以后是我国变化巨大的时期，也是我国开始完整地披露经济数据的时期。综合数据收集可行性和数据代表性，本文决定选取 1995—2009 年的相应数据（表 1）。

表 1　区位因素变量、计算方法和表示意义

变量	符号表示	变量计算方法	数据来源	变量意义
人均 GDP	GDPP	当年 GDP/总人口	国家统计年鉴	经济发展水平
平均工资	AWG	国家统计局	国家统计局	劳动力成本
高校毕业生数量	HC	当年高等学校毕业生数	国家统计局	劳动力质量
运输网密度	INF	（公路长度＋铁路长度）/该省面积	国家统计局	基础设施条件
FDI 存量	AFDI	1995 年到 2009 年的 FDI 逐年累积值	地方统计年鉴	表征集聚效应

（续表）

变量	符号表示	变量计算方法	数据来源	变量意义
消费品市场份额	COS	该省消费品/全国消费品零售额	国家统计局	消费品市场
外贸依存度	OPEN	该省进出口总额/该省当年 GDP	国家统计局	开放性

2.1 模型设定

各区位因素对国外直接投资并非具有线性影响,为了将非线性模型转变成线性模型,本文使用对数函数模型。

由上,线性回归方程具有以下形式:

$$\ln FDI = \beta_0 + \beta_1 \ln GDPP + \beta_1 \ln AWG + \beta_3 \ln INF + \beta_4 \ln AFDI + \beta_5 \ln HC + \beta_6 \ln OPEN + \beta_7 \ln COS + \varepsilon$$

2.2 回归结果

对于该线性方程,分别利用固定效应和随机效应的方法进行了估计。两种方法得到的结果并不一致,进一步进行了霍斯曼检验后发现固定效应模型更为合适(表2)。

表2 区位因素对 FDI 影响(FE 模型)

预测变量	系数	标准差
人均 GDP(自然对数)	1.2522 **	0.5457
平均工资(自然对数)	− 0.6508 *	0.3914
运输网密度(自然对数)	0.5250 ***	0.1596
国外资本投资存量(自然对数)	0.2148 *	0.1193
高校毕业生数(自然对数)	0.1368	0.1866
外贸依存度(自然对数)	− 0.0585	0.1445
市场消费品比重(自然对数)	− 0.6462	0.4601
常数项	− 4.5448	3.5200
被预测量		FDI(自然对数)
观测量		120
组量		8
总体 R^2		0.7181
F 值		$F_{(7,105)} = 54.03$
检测误差项是否为零 F 值		$F_{(7,105)} = 10.90$

显著性水平: * 10%, ** 5%, *** 1%

3 结果分析

3.1 人均 GDP

人均 GDP 对 FDI 增长率有显著正相关关系。人均 GDP 的高低在一定程度上衡量了经济发展水平,现实市场规模以及居民的现实购买力。FDI 受市场导向,倾向于流入市场规模更大的地区,以降低交易成本和信息成本。值得提出的是,经济发展水平对 FDI 的影响可能并不是受居民消费的能力与需求驱动的,因为,对中国的 FDI 投资目前多为劳动密集型产业,产出品大部分是外销到别的区域的。因此,经济发展水平高的地区,对 FDI 的吸引力可能更多地来源于更大的市场规模带来的更小的交易成本及信息成本,而非更高的居民购买力。

3.2 平均工资水平

在10%的显著性水平下,平均工资与FDI呈现显著的负相关关系。平均工资衡量一个地区的劳动力成本。

目前,国内外学者对劳动力成本是否对外资的流入有影响关系并没有得出一致的结论。贺灿飞等[1]发现工资率高不利于吸引FDI,而Broadman等[2]发现工资对FDI区位选择无影响。

成本因素是传统区位论中区位选择的基本标准,成本最小化仍是FDI区位决定的重要标准。劳动成本低可以为外商节省劳动成本,平新乔[3]对中国2004年经济普查资料的研究发现,低劳动力成本是FDI在中国资本形成、劳动市场和产品市场占有很大份额的重要原因之一。但劳动成本低往往与劳动力素质不高相联系,劳动成本高可能也意味着劳动者的技能水平高,生产效率也高,而更高的生产效率,也可能会促使外国投资者放弃对低成本的绝对追求转而追求高效率与高技术。劳动成本对吸引外国资本究竟起到了什么样的作用,值得探讨。

根据8个省的回归分析,我们发现整体看来劳动力成本对吸引外国投资起到了正面的作用,低劳动力成本有得到更多国外直接投资的趋势。

从对外国投资的整体分布上我们也可以得到一致结论。2009年,我国60%以上的FDI集中在制造业,导致廉价劳动力仍是大部分来华投资的外商最为看重的区位因素。2007年以后,越来越多的东部外资投资制造业企业纷纷关门,沿海地区制造业的西迁趋势越来越明显,许多分析认为,这是由东部劳动力成本越来越高而内陆地区劳动力成本的增长速度远不及东部引起的。以上表明,我国劳动力成本更低的地方,对FDI的吸引力更大。

3.3 运输网密度

在1%的显著性水平下,运输网密度(INF)对FDI有正的影响。这表明,越完善的基础设施越有利于吸引FDI的进入。外国投资者选择基础设施相对完善的地区进行投资,一方面可以实现规模经济,提高其资本边际效益和降低运输成本,提高其生产效率;另一方面也能增加便利性,使其能把重心更多地放到生产上去,生产出更多具有竞争力的产品,占据更大的市场份额。

3.4 国外资本投资存量

在10%的显著性水平下,AFDI与FDI之间呈现显著的正相关关系。这说明累积的FDI越多对于吸引FDI的作用越大。这是因为,从纵向来看,前期资本存量通过"示范效应"和"推动效应"吸引之后投资的增加,而横向来看,投资某一产业也会引起其上下游和相关行业的再投资,从而增加FDI的总量。前期资本存量对当期吸引FDI的影响,体现了集聚效应的作用,这种集聚效应一经形成,具有"路径依赖"[4]。

3.5 高等学校毕业生数量

回归结果显示,以在校大学生数量衡量的劳动力质量与FDI没有呈现出显著相关关系。这表明,外国投资者更看重劳动力的成本而非劳动力的质量,高质量的劳动力一般会要求更高的回报率,这与外商在中国寻找低成本以达到规模效应和利用比较优势的需求相矛盾。

3.6 外贸依存度

根据回归结果,用外贸依存度衡量的市场开放性与FDI没有显著性相关关系,其原因可能是以进出口额占GDP比重的外贸依存度并不能完全反映与国外直接投资相关的开放性水平。政治政策因素最可能是忽略掉的因素,一个地区即使没有很高的进出口额,如果该地对国外直接投资提供很宽松的管制政策或者是提供很丰厚的补贴和福利,那么,外国投资者很可能会衡量该地的地理经济对外开放程度与政策优惠程度,再进行投资决定。

3.7 市场消费品比重

市场消费品代表的市场规模与FDI之间的关系并不显著。市场规模是一个综合性指标,不同的学者根据其研究的目的,往往选择不同的指标来加以衡量。例如,Carretal,Egger 等学者在研究跨国公司的经营行为时,用 GDP 来衡量一国或地区的市场规模。[5] Ades and Glaeser 在研究市场规模、规模递增与经济增长的关系时用人均 GDP 来衡量一国或地区的市场规模。[6] 而我们选取 COS 这一指标来衡量,则主要是想研究以人们的消费情况衡量的市场规模对于 FDI 的影响。而经过实证研究,我们发现 COS 对 FDI 并没有显著的影响。这一点可能跟以前的研究结论不太相同。这一方面是因为外商投资更关注市场容量、市场潜力以及宏观的经济形势;另一方面则可能是因为随着中国市场的发展,各地区间市场水平差异正逐渐缩小。

4　结论和建议

根据固定效应模型的回归结果,我们得出以下几个结论:地区经济发展水平越高越有助于吸引 FDI;低劳动力成本有得到更多 FDI 的趋势;完善的基础设施有利于吸引 FDI;国外资本投资存量高有助于吸引 FDI,但这一聚集效应有弱化趋势;劳动力质量高低对吸引 FDI 没有显著性影响;外贸依存度对 FDI 没有显著吸引作用,被忽略的市场开放性因素——政治政策因素有可能对 FDI 有显著影响;市场规模对 FDI 没有显著影响。

这些结果表明,FDI 目前在我国仍然受劳动力成本而不是劳动力素质主导,预示 FDI 在我国会有从东部沿海向西部内陆的不断转移过程。因此,在这一阶段,承接 FDI 的西部地区应在政策、基础设施方面为 FDI 的流入提供动力支持,同时,东部沿海发达地区应发挥已有经济优势、劳动力素质优势,吸引有较高技术含量的 FDI 流入,向国际价值链分工的高端迈进。

参考文献

[1] 贺灿飞,魏后凯. 信息成本、集聚经济与中国外商投资区位[J]. 中国工业经济,2001(9):38 - 40.

[2] Broadman, H. G. and X. Sun. The Distribution of Foreign Direct Investment in China [J]. World Economy,1997,20(3): 339 - 361.

[3] 平新乔. 5FDI 在中国的分布、市场份额与享受的税收优惠6,载5 经济社会体制比较6,2007(4):18 - 27.

[4] 徐良春. 区位决定因素对吸收 FDI 的实证研究[D]. 兰州商学院,2009.

[5] Carr D L,Markusen J R,Maskus K E. Estimating the Knowledge - Capital Model of the Multinational Enterprise [J]. American Economic Review,2001,91(3):693 - 708.

[6] Ades A,Glaeser E. Evidence on Growth,Increasing Returns and the Extent of the Market [J]. Quarterly Journal of Economics,1999,114(3):1 025 - 1 045.

浅谈法律文化对犯罪的影响

● 韩 璐

（北京南苑机场公安分局）

摘 要 文化作为人自身的组成部分,对人自身犯罪行为起着重要的作用。把法律文化研究与犯罪研究密切地结合在一起,深入揭示法律文化与犯罪的内在联系的机制,是犯罪学研究的一个重要任务。法律文化影响犯罪具体表现在:法律文化能直接影响犯罪观的形成;法律文化能直接影响犯罪行为的发生;法律文化能直接影响犯罪结果的评判。要加强中国特色社会主义的法律文化,推进"中国梦"的实现。

关键词 法律 文化 犯罪 影响

任何犯罪的发生都是社会的政治、经济、文化等多种原因综合作用的结果,而法律文化原因对犯罪发生的影响特别大,使其在罪因系统中居于特殊的地位。加强法律文化对犯罪影响的研究,有助于更好地了解犯罪的影响因素,从而为预防和减少犯罪提出相应对策。

1 法律文化

文化是一个群体(可以是国家、也可以是民族、企业、家庭)在一定时期内形成的思想、理念、行为、风俗、习惯、代表人物,及由这个群体整体意识所辐射出来的一切活动。按内容分,文化可以分为法律文化、物质文化、精神文化、制度文化等。

法律文化是指一个民族或国家在长期的共同生活过程中所认同的、相对稳定的、与法和法律现象有关的制度、意识和传统学说的总体。它由法律思想、法律规范、法律设施和法律艺术组成。这4种要素相互联系和矛盾运动,成为法律文化发展变化的直接动因。

法律思想是人们关于法律问题的见解和评价。其核心部分是法理学,它是从宏观角度将法律作为一种特殊社会现象而进行的一种理论评述。它要回答的问题是:法律是什么? 它是怎样起源和发展变化的? 它有哪些特征? 总之,它要解决法律的一般性理论问题。总之,它要解决法律的一般性理论问题。

法律规范是区别于生理、伦理、道德规范的一种特殊行为规范。法律规范指示人们可以做某种行为,不可以做某种行为以及对违背行为的惩处。它可以有文字形式,也可以没有文字形式,但必须经过社会权威机构的制定或认可。法律规范的形成是个漫长的历史过程。一般说来,初级阶段的法律规范与伦理、道德乃至宗教规范有着极为密切的联系。这种联系随着经济、政治的发展而不断松动并最后脱节。

法律设施是保障法律活动得以正常进行和发展的客观条件,它是社会权威机构为实现法制、指导法律活动而建立的一系列工作机构的总和。它包括专门设施和辅助设施。专门设施如立法机构、执法机构、审判机构、检察机构、公安机构、司法行政管理机构等,辅助设施如法律教育培训机构、调解机构、法制宣传机构等。

法律艺术是保障法律活动得以正常进行和发展的主观条件,是一种从事法律专业活动的能力、技术和方法。它包括立法艺术和执法艺术。立法艺术是社会权威机构制造法律规范的能力和方法；执法艺术是保障法律规范得以实现的能力和方法。

法律文化四要素的外部联系构成了法律文化存在和发展的方式。就某一法律文化演进史的横断面而言，社会的物质生活总是处在最底层的。由于实际生活的需要，人们产生了某种要求。这种要求经过过滤成为法律意识，它又经过筛选、变型成为社会权威机构的法律意识，并通过立法艺术被立法机构加工为法律规范，又通过执法艺术被执法机构加以推行。经过实践，一些可行的法律规范或制度被保留并发展了，不再适用的则被淘汰了。一些新的法律规范和制度适应着新的需求而诞生了。在法律活动中，法律思想、法律设施、法律艺术也不断发展完善，整个法律文化的水准也不断提高。

2 法律文化与犯罪的关系

犯罪是对刑法规范的违反，从文化角度看就是犯罪者个人背离集体文化的一种反应，是社会变迁过程中文化失调的一种反应。由此可见，犯罪与法律文化有着密切的联系，但二者并不是截然对立的，一方面，犯罪始终存在于一定的法律文化当中，是历史法律文化的产物；另一方面，法律文化能够揭开犯罪的深层次内涵。因此，总的来说，法律文化和犯罪是矛盾的统一体。

2.1 法律文化能抵制犯罪，二者是博弈的关系

人类对社会文化的需求量达不到满足、知足的程度，便会诱发犯罪；对社会文化的需求量达到了知足、满足的程度便会自觉抵制、警示犯罪。很多法律文化活动在极力弘扬打击犯罪正气的同时也增强了预防犯罪的效果。如今，法医学、犯罪学、侦查学这些前卫、交叉学科得到了空前发展，为侦查人员提供了更科学更先进的侦查理论和技巧。这说明法律文化可以对犯罪起到一种抵制与预防的促进作用。事实证明，以正确舆论导向为宗旨的文化出版物会使人的心灵得到净化，使一些犯罪嫌疑人放弃犯罪的欲念。法治文化所倡导的"公平、正义"理念以及"报应主义"学说等文化因子都会在一定程度上打击一些蠢蠢欲动的人。同时，文化具有相对的确定性和稳定性。尽管随着时代的变迁和社会的转型，犯罪的类型和内容在发生变化，文化形态和各种文化现象也在不断嬗变，但文化的规范性作为社会生活及个人行为的稳定的"前理解"，是不会改变的，文化对人类心理、行为、活动的规范属性作为文化的本质将长期存在。因此，法律文化对犯罪的制约和影响，也是亘古长存的。

2.2 文化能成为犯罪的诱因，二者是因与果的关系

法律文化作为抑制或控制犯罪的重要力量是不容置疑的，但在文化普及的同时，也会产生一种张力，而这种张力会促使人产生犯罪的欲念，从而成为犯罪的一个诱因。例如，法治文化所倡导的"罪刑法定"、"宽严相济"等理念在一定程度上会刺激犯罪的发生。有些犯罪分子通过规避法条，钻法律政策之漏洞，在宽松的法律真空下，竟"以恶小而为之"；在严打的法治形势下，进是死退也是死，干脆以死搏之，从而导致犯罪现象愈演愈烈。所以，在一定条件下，法律文化能够成为犯罪的诱因，正如严景耀先生说："犯罪是文化的产物。"

3 文化对犯罪的影响

正如以上所说，在一定程度上，文化具有一定的犯罪功能，文化对犯罪的影响主要表现在以下几个方面。

3.1 法律文化能直接影响犯罪观的形成

犯罪学研究的犯罪，包含着绝大多数法定犯罪，所以，刑法规定的犯罪对犯罪观影响极大。一种行为是不是犯罪，是重罪还是轻罪，不同的文化会得出不同的结论。由于东西方具有不同的法文化传统，就会导致有两种对文化不同的界定模式。日本学者间庭充幸在《文化与犯罪》一书中曾列举一个由于国家与国家间的文化差异，决定其犯罪观不同，从而决定处罚方式不同的案例。1985年，一个美

籍日本母亲携带两个孩子集体自杀,她本人获救。对此,美国洛杉矶检察厅起诉,认为这是一起属于恶性的一级杀人案,女人应被判处死刑。因为依据美国文化,孩子是上帝赐予的,无论什么理由,都不允许剥夺儿童的生存权。然而依据日本文化,这是一起母子集体自杀事件,不属于犯罪。母亲与孩子一起自杀,一定是家庭发生了严重的不幸,她为了避免自己死后孩子更加不幸才与孩子一起死的。因此,母亲不但没有罪,而且非常值得同情。由此可见,日本和美国文化的差异,导致国民在犯罪观和量刑上有多么大的不同。不仅在不同的国家,就是在同一个国家不同的历史时期,人们的犯罪观也会有不小的区别。因此,对犯罪的理解,实际上是一种法律文化上的评价。法律文化不同,评价的标准就不一样,导致评价结果必然有差异。

3.2　法律文化能直接影响犯罪行为的发生

各种犯罪行为的发生,都是犯罪人在犯罪思维的指导下,选择犯罪目标,运用犯罪方法,作用于犯罪对象,达到犯罪目的的过程,而这一系列的过程,都是以犯罪人所获信息为依据的。没有信息源,任何犯罪行为都是不能实施的。很多事物都可成为犯罪的信息源,只要信息源发出的信息被犯罪人接受,并用于为其实施犯罪服务,这些信息就可成为犯罪信息。文化事物是最重要的信息源,它可使犯罪人从中获取任何所必需的信息。

尤其值得注意的是负面的法律文化。例如,实行改革开放以来,亚文化得到了广泛、快速的发展。但是由于亚文化与主文化的方向是相偏离的,往往会成为直接诱发犯罪行为的因素之一。亚文化在法制观上,信奉法制虚无主义,不学法、不懂法,甚至与社会法制为敌,以违法犯罪、破坏法制为荣。其与主流法律文化所具有的逆向性,决定了其在很大程度上具有一定的诱发犯罪的作用。

3.3　法律文化能直接影响犯罪结果的评判

不同的法律文化,可以直接影响一个行为是否为犯罪行为,或者一个犯罪行为所应当承担法律责任的轻重。适合时代发展特点的法律文化,能够有效抑制法律行为的发生。

在中国古代的法律审判中,无论民众还是司法权行使者,皆强调天理、人情、国法的有机结合,而且在更多情况下将人情因素放大。如孔子所言"父为子隐,子为父隐,直在其中矣"。这并非不良因素,而是历史环境和文化传统使然,自西汉"罢黜百家,独尊儒术"而使儒学成为显学之后,统治阶级要求人人克己,人们习惯了伦理约束与礼教约束,进而使彼此的权利义务对称,维持一个自足自给之封建社会的法律文化。这种法律文化,对当时的社会秩序和预防犯罪起到了重大的影响作用。换个角度再来看,中国古代司法行政一体化到司法独立,是一种历史的必然趋势,随着社会的发展,中国更是从制度、物质保证、职业资格等方面作出了司法独立特别是法官独立的具体规定。这是法律文化为了适应社会发展进步而作出的相应改变,同样,对于犯罪行为的评判起到了重大的影响。

随着犯罪种类的不断多样化,通过加强文化建设来预防和控制犯罪势在必行。大力加强法律文化教育,积极建设和发展现代文化,是预防和控制犯罪的有力手段。在当代中国,要建设中国特色的社会主义法律文化,坚持做到民主完善、人权保障、法律至上、法制完备,唯有如此,方能有效预防和控制犯罪的发生,促进社会主义和谐社会的构建进程。

参考文献

[1]李锡海. 文化与犯罪研究. 中国人民公安大学出版社,2006.

[2]严景耀. 中国的犯罪问题与社会变迁的关系. 北京大学出版社,1986:2-3.

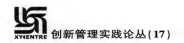

中国国际司法在全球化面前的应对

● 白晓磊

（中国政法大学）

摘 要 全球化是当今世界我们必须面对的一个事实。不容否认，全球化是我们这个时代的首要特征。中国国际司法在全球化面前应当如何应对的问题，一直是中国法学理论研究的热点问题。在市场全球化的新时代，法律的国际化与法律的本土化是各国法律制度变革所面临的共同课题。如何使中国国际司法立足于中国的国情，更好地满足社会发展的需要，既是中国国际司法的出发点，也是中国国际司法发展的目标所在。

关键词 中国 国际司法 全球化

全球化(Globalization)是现代社会发展的一个最为明显的特征。全球化与各国的国际事务及其法律框架有着密切的联系。"全球化"一般被用来描述这样一种事实：日益增多的社会问题在今天已成为全球性的问题，而且不能再由国内方法来加以解决。英国两位政治家给全球化下的定义为："全球化是社会之间联系性日益增强的一种过程，比如，世界某一部分地方的活动越来越多地影响其他地方的人民和社会。全球化的世界是一个政治、经济、文化和社会活动越来越密切联系的社会……在每一个方面，世界正变得越来越小，人民也逐渐认识到了这一点。"[1]

在全球化经济背景下，国际司法是无法脱离国际背景而存在的，国际司法在国际上发挥着越来越重要的作用，它不仅致力于保护各国的利益，更旨在维护整个国际社会的利益，遵循国际道义和国际准则，其国际性及国际影响力会越来越显著。

1 当代中国国际司法的立法及其存在的问题

中国国际司法的立法经历了一个艰难的发展历程，国际私法总则的制定也经历了一个从无到有、从分散到集中、从简陋到逐渐完善的发展过程。

改革开放以来我国法制建设受到重视，并且随着国际环境和外交条件的改善，我国对外交往日益增多，与国外的民间来往日渐频繁，这就为我国国际司法实现新的发展创造了条件。这一时期，在国内立法方面，我国《中华人民共和国宪法》《中华人民共和国民事诉讼法》《中华人民共和国涉外经济合同法》《中华人民共和国继承法》《中华人民共和国海商法》《中华人民共和国票据法》等法律中都设置了有关国际司法都具体条款，这些法律结合我国对外交往中的具体情况，吸收借鉴国外有关立法成果，使我国国际司法实现了跨越式的发展。在国际立法方面，新中国成立后我国外交事业取得巨大成就。我国于1987年加入了海牙国际司法协会并陆续加入了涉及外国人法律地位、国际民事诉讼程序、国际统一实体法等领域的一系列公约组织。此外，在政府层面，我国也先后与多国政府签订有关国际司法的协议和文件，我国国际司法建设的成果开始逐步体现出来。

1.1 《民法通则》第八章及其他领域法律中的国际司法立法

1986年4月11日，全国人大常委会通过的《中华人民共和国民法通则》第八章开创了中国在民商事法律中专章规定法律适用问题的历史，它是中国第一次比较系统地指定国际司法中的冲突规范，因而在中国国际司法的发展史上具有重要意义。但第八章的规定非常简单,共9条,其中,有关国际司法一般性或总则性的规定只有2条。它们主要包含四个方面的内容:一是适用范围;二是国际条约优先原则;三是国际惯例补缺原则;四是公共秩序保留条款。

我国国际司法除了主要规定在《民法通则》第八章外,《中华人民共和国民事诉讼法》第四篇、《中华人民共和国继承法》《中外合资经营企业法》《民用航空法》《合同法》等,都相应对涉外民商事法律关系的法律适用作了部分规定。[3]

随着国际民商事关系的发展,这种立法方式逐渐暴露出不能适应司法实践的需要。这种分散的立法方式使得国际司法规范杂乱无章,给理论实践带来了很大的困难。而且,分散的立法方式所制定的国际司法规范数量极为有限,调整的范围极其狭窄,无法满足日益发展的国际民商事关系的需要。分散的立法方式一般都缺乏国际司法的基本原则,无法从整体上把握国际司法。

1.2 《示范法》第一章,《民法典》(草案)第九编第一章

由中国国际司法学会集体起草的《中华人民共和国国际司法示范法》是中国第一部有关国际司法的民间立法。正如起草主持人韩德培教授所言:"示范法是在总结中外立法和司法经验、分析比较许多国家的立法条款和有关国际公约并结合我国实际情况的基础上制定的,规定是比较科学合理的。"[2]

尽管国际司法的法典化已被中国国际司法学界和民法学界所认同,但是出于各种主客观原因,中国官方立法机构似乎没有采纳学界的主张,而是在目前起草制定民法典的同时,在1987年《民法通则》第八章"涉外民事关系的法律适用"的基础上起草"涉外民事关系的法律适用法"作为民法典的第九编。2002年12月23日,第九届全国人大常委会第31次会议上,新中国的第一部《民法典》(草案)首次提请审议,现已向社会公布。但《民法典》(草案)包括作为其第九编的"涉外民事关系的法律适用法"还需进一步讨论、论证和审议。就国际司法总则部分而言,《民法典》(草案)第九编第一章在《示范法》的基础上做了专门规定,但与《示范法》以及当今世界上先进的国际司法立法相比,仍然相距甚远。

2 中国国际司法在全球化面前的应对

当代中国国际司法的发展,已经不可能离开全球化的总体背景。这一点既是由于中国国际司法的发展在近20年来更多地参与和融入了国际化的进程,更多地承担起了国际性的责任;同时,也意味着在市场经济为国际社会普遍认同的情况下,中国国际司法的驱动和制约因素与西方日益接近。全球化浪潮有力地推动了国际司法的统一化运动。面对这种情况,中国国际司法向何处去?中国法学界又该作出何种回应?是被动等待还是积极融入?这应当是致力于中国国际司法建设和发展的人们共同关注,并深入思考的重要问题。

2.1 采用单行的立法模式制定国际司法

其优越性是显而易见的,它可以系统、完整、清楚地规定冲突规范,既便于法官和当事人知悉法律,又便于他们执行和适用法律,同时,亦可增强各冲突规范之间的统一与协调。中国国际司法应采用法典化的形式。目前,我国分散及多层次立法总体上是符合当时计划经济要求和对外民商事交往发展需要的。但严格来说,我国现行国际司法还不够健全完善,远远不能适应我国形势和未来发展需要,因此,非常有必要制定一部完整的国际司法。故中国国际司法立法应顺应国际潮流,对现行国际司法立法进行补充、修改、废除,制定中国国际司法法典。

2.2 中国国际司法立法应当采用小国际司法的范围

在国际司法的范围问题上,对于国际统一实体私法,是否应纳入国际司法范围之内,仍有持不同意见者,并由此而产生小、中、大国际司法之分。国际司法渊源的充实只是表明调整国际民商事关系

的法律在不断丰富,但在国际司法法典中加以规定的只应主要是冲突法部分,即传统的小国际司法内容。在我国,尽管目前大国际司法的观点在学者中占主流,但具体在国际司法的中国立法上,多数学者还是赞成应以小国际司法的范围作为主要内容,主张只包括管辖权,法律适用及广义的司法协助三部分为宜。而且国际司法法典只是国际司法渊源的一部分,称其为国际司法法典,并不意味着其应包括国际司法的所有规范。

2.3　增强法律选择的灵活性

在具体法律选择的方式上,可采意思自治、最密切联系等灵活性的选择方法,同时,明确指出其使用的限制、确定最密切联系时应考虑的连接点以及具体的较特殊的民商事行为的法律选择规则,做到法律选择的确定性与灵活性的结合,以与国际接轨。同时,强调保护弱者,以增强法律适用的适当性。在新的国际司法立法中大量采用双边冲突规范和选择性冲突规范,以增强适用的灵活性和保证涉外民商事关系的稳定性。[4]另外,补充性连接因素的采用,也有助于增强法律选择的灵活性。

2.4　扩大国际司法的调整范围

传统国际司法的调整范围多局限于债权、物权、婚姻、家庭、继承等领域。现代国际司法的内容以扩展到知识产权、涉外劳动关系、代理关系、产品责任、交通事故、环境污染等,国际司法的使用范围已明显扩大。因此,中国在调整范围方面可适当扩大其调整对象,扩及一些新出现的民商事关系,如信托、票据、保险、证券、破产等,为国际民商事交往频繁、快速发展提供后盾作用。

3　结论

和平和发展是当今国际社会的主题。在经济全球化的今天,国家之间的经济联系更加密切,国际民商事交往,的规模得到了空前的发展。建立一个适合国际民商事交往的国际秩序是国际社会的普遍要求。因此,作为调整国际民商事法律关系的国际司法,在立法和司法的整个过程中就应当秉承维护和促进国际民商秩序的原则。根据这一原则,一国在制定国际司法时,不能仅以本国利益为背景,更应当考虑国际实践和国际民商新秩序的建立;应当通过双边或多边国际条约,共同致力于制定国际统一的冲突法和程序法,在互惠的基础上,国家之间应加强司法合作,相互承认和执行对方国家法院的判决和仲裁裁决,为发展国际民商事交往,创造良好的司法环境。

当代国际司法有了一系列新的发展趋势,与国际接轨要求各国的国际司法立法必须顺应国际潮流,但不排除保留具有本民族特色的法律规定。可以讲,在经济全球化的浪潮中,中国要参与国际贸易合作和发展,在立法上必须善于吸收和借鉴国外立法的成功经验,努力使国内立法与国际立法接轨,并积极参与国际上的法律协调化合统一化的活动,也只有这样才能使中国经济走向世界扫清前进路上的障碍,创造良好的法律环境。我国作为一个发展中的社会主义市场经济国家,应顺应这一趋势,对中国的国际司法规范作出修改或重订,制定中国国际司法法典。只有这样,才能为涉外民商事交易的当事人提供完善的法律保障,促进国际民商事交往的发展,从而推动中国国际司法的进一步发展。

参考文献

[1]Jost Debrack,Globalization of law,Politics and Markets – Implications for Domestic Law,Indiana Journal of Global Legal Studies,1933(1):9.

[2]韩德培. 国际司法. 高等教育出版社、北京大学出版社,2000:7.

[3]黄进. 国际司法. 法律出版社,1999:39－41.

[4]肖永平. 冲突法专论. 武汉:武汉大学出版社,1999:303、302.

公务员聘任制度的完善

● 孙 涛

（中国人民大学公共管理学院）

摘 要 2006年颁布实行的《中华人民共和国公务员法》（以下简称《公务员法》）明确确定了公务员聘任制度。此后深圳、上海浦东等地开展了改革试点，公务员聘任制度作为一种公共人事管理的改革创新，从诞生之始就备受关注和期待，但同时，也面临诸多的问题和有待完善的方面。

关键词 公务员 聘任制度

公务员聘任制是机关根据工作需要，经省级以上公务员主管部门批准，按照平等自愿、协商一致的原则，对专业性较强的职位和辅助性职位，与应聘人员签订一定期限的聘任合同，确定双方权利义务的一种公务员任用制度。

1 我国公务员聘任制产生的原因

首先，新公共管理理论的发展促使政府、市场、企业定位的变化，市场化的服务型政府被作为政府改革的方向和目标，是用人方式改革的根本原因。

根据马克斯·韦伯的理性官僚制理论建立的政府，崇尚追求严密的组织结构、非人格化运作以及终身雇佣，其弊端主要表现在机构臃肿、反应决策迟缓等方面。这些特征与市场化的服务型政府的要求相去甚远，这就需要引入一种有效的人事变革机制，逐步取代现有的机制，采用渐进制改革的方式进行。

其次，刚性的公务员人工成本费用是导致用人方式改革的直接原因。

公务员终身制造成了公务员从计划录用到养老退休全过程中所发生的费用均视为公务员的人工成本。就意味着只要成为公务员国家就必须一直供养，这就使我国政府的人工成本总量的增长呈现出很强的刚性特征，对财政造成较大的负担。因此，采用灵活的任用方式将有利于人工成本的调节和管控。

最后，缺乏活力的公务员人才队伍是导致用人方式改革的间接原因。

组织的活力源于组织成员的创造力，由于现行的公务员人事管理方式缺乏有效的激励方式和管理手段，人员固化严重缺乏能上能下的通道，造成了组织成员缺乏创造力和活力，专业性人才无法在体制内外进行流通，大量优秀人才流失更加加剧了组织活力的降低。通过公务员聘任制可以一定程度的为补充组织活力发挥建设性作用，并推进人事管理方式的持续变革。

2 现行公务员聘任制度存在的问题

2.1 公务员聘任制度理论基础有待进一步完善

公务员与行政机关之间的公职关系认定尚模糊不清，需要进一步确认公务关系是一种特别权力关系还是劳动关系。

目前，在基于现行制度的公务员管理中，公务员与行政机关之间的公职关系被普遍定位为一种特别权力关系，不仅国家或公权力主体需要单方面的负担特别义务，而且公务员处于国家或行政主体的附加地位，是行政主体基于特别法律原因，为实现特殊的行政目标，在一定的范围内对行政相对人具有概括的命令强制权力，而行政相对人却富有服从义务的法律关系。但自2006年《公务员法》第97条对专业性较强职位和辅助性职位实行聘任制，"按照平等自愿、协商一致的原则，签订书面的聘任合同，确定机关与所聘公务员双方的权利、义务"，实际上一定程度确认了公务员与国家间的关系为劳动关系，但目前这种确认尚未得到进一步理论支撑和法理依据。

2.2　公务员聘任制度的适用范围需要进一步明确

公务员聘任制适用的范围应该与公务员职位分类相匹配。公务员职位是有明确的分类，目前主要分为综合管理类、专业技术类和行政执法类等类别，依照《公务员法》目前实施公务员聘任制的为专业性较强职位和辅助性职位，这两种分类方式不匹配。

同时，专业性较强职位和辅助性职位虽然与之前实施的雇员制相比较，聘任制的范围更广泛，但与庞大的公务员队伍相比，依然适用范围有限，且对于专业性较强职位和辅助性职位的定位不够明确。聘任制的效用发挥是要依托于一个完备的契约制工作环境的，如果聘任制不能够在一定范围内形成一个具有契约精神的工作环境，则聘任制的效用将难以发挥。在信息不对称的情况下，格雷欣法则的适用将较为明显，从而抑制聘任制所预期的"鲶鱼效应"。

2.3　公务员聘任制度下人事争议仲裁和司法救济依然处于缺失状态

在人事争议仲裁方面，聘任制公务员可以申请仲裁，但仲裁委员会的组成人员由公务员主管部门代表、用人单位代表、聘任制公务员等有关人员代表及法律专家组成，这样的委员会依然有很强的行政色彩很难确保其独立性，在普通企业和劳动者的劳动仲裁中公权力可以视作独立第三方，但聘任制公务员和其所在部门的人事争议仲裁，现行的仲裁委员会组成很难说是科学合理公平的。

在司法救济方面《公务员法》规定聘任制公务员对人事仲裁决定不服，可以向人民法院提起诉讼，但《中华人民共和国行政诉讼法》明确把因"行政机关对行政机关工作人员的奖惩、任免等决定"引起的争议排除在受案范围之外。

以上的情况就造成了聘任制公务员在劳动关系中处于一种特别权力关系的被动服从地位且没有任何可行的司法救济和争议解决渠道，如果发生用工风险也没有良性的解决方法。

2.4　公务员聘任制度下的人力资源管理方式尚不成熟

公务员聘任制度下的人力资源管理应该是以合同制为核心的员工管理，其原则、特征、性质、方式以及配套制度应有别于现有的公务员人事制度的管理方式，体现更加灵活、务实、市场化的特征。

公务员录用本质上是选拔性质的，其表现原则为"公开、平等、竞争、择优"，这种用人思路本身就与现有的社会经济发展不相匹配。在计划经济时代，公务员作为一种稀缺、稳定、高收入、高福利的工作机会具有很强的岗位竞争优势，但目前公务员这一岗位相较于其他人力资源市场的工作机会在薪酬、风险、福利等方面明显处于劣势地位，依然考虑采用选拔性的指标是不切实际的。

公务员培训、绩效等方面也表现出终身制雇佣和永固性的特征，培训注重过程轻效果，绩效考核缺乏激励性等，这些在现有公务员人事管理中的问题显然不适用于聘任制公务员的管理。

3　完善公务员聘任制度的对策及其建议

3.1　明确公务员与行政机关之间的公职关系是劳动关系

公务员与行政机关之间劳动关系的确认，从理论上解决了行政机关人事制度的瓶颈，为公务员与行政机关之间建立灵活的聘任关系或劳动合同关系提供了理论基础。一方面在法理上解决了关系主体地位的问题；另一方面对于全面建设法治政府提供了有利的基础保障。

3.2　明确公务员聘任职制度的设定意义

公务员聘任职制度应该是一个人事管理的过渡性制度,其后续发展有两个可能的方向:一是全面推行全体公务员合同制;二是作为现有公务员人事制度的补充。第一个方向从目前的国家治理方式和政治制度上来看短期不具有可操作性,第二个方向有较强的可发展空间。

公务员聘任制作为现有公务员人事制度的补充可以完成3个任务。

首先,公务员聘任制度可以推进政府行政机构改革工作。通过对其适用范围的评估,可以在聘任制的基础上推行服务外包或者机构精简,原则上能够适用聘任制的岗位和工作内容都是可以通过市场化的方式交给市场去运行。

其次,公务员聘任制度可以探究公务员绩效管理的新思路。聘任制不同于委任制具有更强的灵活性和更为敏感的市场性,开展新的绩效管理尝试所面临的组织结构性阻力较小,便于新的绩效管理手段和方式的前期探究和完善。

最后,公务员聘任制度提高民主政府运行的活力。现有的公务员人事管理制度处于一个独立运行的封闭体系下,虽然有大量专家和学者为体制运行方式进行诊断和修补,但体制内不具备人力资源运营的基础条件,目前,公务员的管理还停留在人事管理阶段,未能发挥人力资本的效用,政府运行缺乏活力造成对公共事务管理在制度、管理方式等方面明显的滞后性,从而影响管理质量和效益。通过聘任制引入的人才,可以更好的依托市场化的管理理念和规则完善政府制度,提高政府治理水平。

3.3　科学合理的确定公务员聘任制的适用范围

公务员聘任制的适用范围目前的界定较为模糊,《公务员法》规定实施公务员聘任制的为专业性较强职位和辅助性职位,这与目前公务员分类方法是不一致的,不便于具体执行和操作。

随着政府职能转变和简政放权的推进,有必要对目前的公务员分类方法进行细化,对于未来计划转为企业的或不具有政府行政审批权限的职位,是未来实行公务员聘任制的主要岗位,对于具有行政审批权的、需要终身追责的岗位,继续采用目前的人事管理制度。

3.4　健全完善公务员聘任制的管理模式

公务员聘任制的管理模式应该完全借鉴企业的人力资源管理模式。市场经济条件下,人才的流动具有市场规律,政府不遵从市场化的人才管理模式最终只能造成人才的流失,政府作为社会管理重要的规则制定方,在社会治理中由于不能掌握优秀人才对社会管理规则进行优化、评估、推行,那么,治理环节就会产生较多的社会成本损失。

政府应该成立专门运行公务员聘任制的机构,加强公务员聘任制的管理。通过以往的组织部或人事部门进行聘任制公务员的管理,一方面不利于管理方式的创新与发展;另一方面很难站在公允的立场,进行聘任制公务员薪酬福利等多方面的管理探究。

我国互联网保险发展现状分析及思考

● 张黎娜

(对外经济贸易大学保险学院)

摘 要 随着信息科技水平与计算机技术水平的飞速发展,互联网在国内迅速铺开。无线网络与智能终端的出现与普及,更加加速了互联网金融行业的茁壮成长。其中,保险行业由于其特性在互联网大趋势的影响下不断发展、创新,为我国互联网保险市场的发展带来了新的机遇和挑战。与此同时,更应该清楚地认识到,在当前互联网保险发展现状、主要成因的分析下,更加巨大的挑战是互联网保险潜在的风险及问题。只有清醒的认识、发现这些问题的实质和根源,有针对性地加以分析并寻找对策,才能确保互联网保险市场的稳定、健康发展。

关键词 互联网 保险 利率 产品 服务

引言

互联网保险,作为一种以互联网技术发展为基础、以网络平台及移动终端为媒介的新型商业模式,一问市就彻底颠覆了人们眼中传统保险的一贯模式,在产品和服务方面都有采取了新的方式和流程,为保险业发展带来机遇的同时,随之而来的是创新背后的种种风险与挑战。

1 我国互联网保险的发展

1.1 互联网保险发展的必然性

第一,互联网保险的发展有利于缩短流程和节约成本:保险公司通过网络平台及各种移动终端,实现保险产品的宣传、投保、缴费环节,极大缩短了投保、承保、缴费、理赔等流程,提高了销售和服务的时效;同时,由于保险公司寻找客户转变成客户主动投保产品,保险公司不必再支付庞大的机构或网点运营成本以及代理人、保险经纪人或中介机构的佣金和代理费用,保险公司的经营成本降低。

第二,互联网保险的发展有利于客户、保险公司的信息对称:保险公司通过互联网获取客户资料及其在其他保险公司的投保信息,可以有效防止异常投保行为;同时,客户可以通过保险公司的网上公示信息,详细了解保险公司情况及产品属性、保险条款、保险责任等相关信息,有选择性的进行购买,也避免了传统销售模式下口口相传引发的误导情况。

第三,互联网保险的发展有利于激发保险市场活力、强化客户关系:互联网保险使得保险行业在产品种类、产品定价、获客渠道方面有了极高的创新积极性,各种创新保险产品的出现,更加贴近客户的生活体验,最大限度的激发了保险市场的活力。客户可以更多层面的接触和认识保险,从而缩短保险公司与客户的距离,客户黏性增大。

1.2 我国互联网保险发展阶段

在过去的近 20 年里,互联网保险经历了兴起、发展以及不断成熟的过程。梳理我国互联网保险的发展脉络,主要分为 4 个发展阶段。

第一阶段:萌芽起步阶段(1997—2007 年)。1997 年,我国首家保险网站—中国保险信息网建成。这是我国保险行业最早的第三方网站。同年 11 月,该网站促成了第一份保险电子商务保单。2000 年开始,几家大型保险公司先后开通了自己的全国性保险网站,各保险第三方平台也开始涌现,实现了保险网络化。但由于当时互联网整体市场环境尚不成熟以及第一次互联网泡沫破裂的影响,这一阶段的互联网保险市场未能实现大规模发展。

第二阶段:探索积累阶段(2008—2011 年)。随着国内互联网环境的逐渐好转、法律制度的逐渐完善,互联网保险再一次遇到了强大的机遇与挑战。与第一阶段不同的是,这一阶段的互联网保险开始出现市场细分,保险中介纷纷涌现,一些定位于保险信息服务的保险网站也应运而生。在这一阶段,电子商务渠道尚未占据主要渠道地位,在资源配置中处于金字塔低端,并未充分显现其战略价值,保费规模相对较小,亟待切实有力的政策扶持。

第三阶段:全面发展阶段(2012—2013 年)。在这一阶段,国内众多保险公司以官网、门户网站、第三方保险超市、智能终端 APP 等多种方式,开始扩张性的开展互联网保险业务,逐步探索互联网保险业务的销售方式、售后模式、客户管理模式等。互联网销售渠道开始成为各家保险公司的热门,并成为争夺资源配置的主力。

第四阶段:爆发阶段(2014 年至现在)。经历了近 20 年的发展,互联网对金融、保险行业的影响愈加深刻,电子商务、互联网支付等相关行业的迅猛发展,奠定了保险行业电商化的产业及用户基础,国内互联网保险业务的多元化发展态势开始呈现。保险电商化时代已经到来。

2 我国互联网保险现状

目前,几乎所有的保险公司都建立了自己的官方网站,新筹公司也更愿意将电商渠道作为开门主推渠道,设计各类产品和服务模式。

2.1 电商模式

国内现有的电商模式主要有保险网站、APP、自助受理机、移动展业设备等。其中:保险网站模式主要包括保险公司网站、第三方保险超市网站、搭载与合作等模式;APP 主要对应各种智能终端,包括智能手机、平板电脑、PC 机,甚至已问世智能电视,通过 APP 功能软件以及宽带、无线网络与保险公司核心系统进行信息交互,实现投保、查询、保单管理、理赔的电子化。

2.2 产品模式

对于保险公司来说,互联网财产险相较于寿险更加具备优势。其原因在于对于互联网渠道获得的客户,一般情况下仅通过书面信息、广告介绍了解产品,因此,产品属性、结构过于复杂的产品难以被客户接受。从目前的寿险互联网市场来看,主要在线销售的产品包括意外险、境内外旅游险、防癌险、定期寿险等保险产品。从产品结构来看,这些产品的保险责任相对简单,易于接受和理解,但由于保费相对较低,难以形成规模保费效应,因此,能够带来规模冲击的投连、万能险逐渐成为保险公司的新宠,而由于其投资理财的特性和高于银行存款利率的预期,也使得互联网用户对它的认可度高于传统险。

2.3 服务模式

互联网保险在使得销售环节电子化的同时,促使保险服务不断向电子化方向发展。由于互联网销售面对的客户遍布全国,对于分支机构铺设不足的保险公司,传统的服务模式已不能满足互联网营销下的客户需求。此外,对于互联网保险产品,客户对后续服务、理赔在便捷性方面的要求也更高。目前,常见的服务模式主要包括保险公司网站、客服热线、APP、自助受理机等等。但由于一些服务业务的复杂程度、自助服务功能上的某些局限性以及保险公司对于合规风险的把控,并不是所有业务均可通过互联网自助办理,有一些业务仍需客户按照传统方式提交申请,可能会降低客户体验,从而影响二次购买。

3 互联网保险迅速发展的原因分析

3.1 第三方支付平台、移动终端的迅速发展

随着电子商务的日益发展，传统的网上银行已无法满足电子商务的发展要求，对第三方支付平台的需求愈加迫切，一大批支付平台如支付宝、财付通、快钱等应运而生，也为互联网保险的发展提供的强大的资金收付基础。移动终端特别是智能手机的出现，更是开创了移动支付的新纪元，网购成了消费者的新宠。互联网保险借助这一趋势开始迅速占领网销市场，通过互联网各种平台、依托第三方支付平台实现了投保方式的全流程电子化。

3.2 法律法规的逐步推进

2005年4月，《中华人民共和国电子签名法》颁布，成为互联网保险开始发展的基础。2011年9月《保险代理、经纪公司互联网保险业务监管办法（试行）》的正式下发，标志着我国互联网保险业务逐渐走向专业化、规范化。2015年7月，中国人民银行等十个部门共同出台了《关于促进互联网金融健康发展的指导意见》，为互联网金融的发展提供了一份详细的指南，随后保监会正式下发了《互联网保险业务监管暂行办法》，标志着我国互联网保险业务监管制度正式出台。一系列监管制度的逐步出台，将有利于进一步规避互联网行业乱象，维护互联网保险行业的健康稳定发展。

3.3 利率市场化的相互促进

互联网保险和利率市场化看似不相关，但在我国目前的金融发展形势来看，二者在特定的事件内可以存在一种互相促进的关系。互联网保险能够客观反映市场供求双方的价格偏好，保险公司可以通过互联网市场利率走势，判断特定客户群的利率水平，有助于推进利率市场化。而利率市场化有利于引导资金的有效使用以及资源的合理配置，使得资金流向最有利的方向，这极大地提高了相对成本较低的互联网保险的渠道资源配置。同时，高利率带来的高回报能够不断吸纳新老客户，迫使各金融机构不断调整利率水平挽留客户，进一步加强了利率市场化的指导作用。

4 我国互联网保险面临的问题

4.1 客户定位及产品设计需要变革

尽管互联网保险在国内市场的发展程度，会使投保人更容易或者更愿意通过网络了解保险产品的信息，但却会出现看得多、买的少的情况。造成这个现象的原因有以下几种。

第一，保险产品本身比较复杂难懂，很多不了解保险的客户很难自己理解产品内涵，更愿意依赖代理人的解释和推销。特别是年金养老类产品，由于其设计的复杂性，很多保险公司甚至只在网上展示产品但仅限于线下购买。

第二，愿意采取网购的方式购买保险产品的大多为年轻群体，但恰恰这部分群体由于房贷、车贷、子女教育、赡养老人等种种问题，难以拿出一定的资金用于保险投资。而那些有一定积蓄及稳定退休金收入、有经济实力的老年群体又没有网购习惯。

4.2 保险公司技术手段需要进一步提高

由于互联网保险有别于传统保险与客户面对面交流的模式，对于客户身份识别、反洗钱等行业监管要求的实现存在一定难度，需要保险公司通过提高技术手段加以解决。目前，识别的方式包括第三方认证用户绑定、公民身份信息查询系统对接等，部分保险公司还开通了视频办理渠道，通过人像对比技术实现识别。但就目前的技术手段及结果来看，仍不能完全规避监管风险。

4.3 互联网服务意识有待增强

随着互联网保险的不断发展，保险消费者获得保险信息的渠道开始增加，各公司间保险产品差异相对透明，除了产品竞争以外，服务的竞争愈加凸显。另外，金融消费者的自我权益保护意识开始觉

醒并不断强化,也迫使各家保险公司不断提升服务质量。互联网的核心在于用户体验,为了将用户体验做到极致,不少保险公司在销售环节都下了大工夫,甚至不惜牺牲短期利益为代价,但在售后服务方面,服务意识及资源投入尚不能跟上步伐。

5 我国互联网保险发展对策建议

5.1 产品变革

根据互联网保险的独特需求,设计出相对直观的适合互联网保险的产品,并逐步拓展线上销售产品种类,让网络保险也能回归保险本质。充分发挥互联网保险以用户体验为中心的核心理念,在提供回归保障本质产品的同时,支持高端定制保险产品,根据客户的实际需要定制产品线。

5.2 技术变革

技术变革不仅仅指在营销环节通过流畅、快捷的投保流程及方式获取客户资源,而是贯穿于产品设计、投保、服务、理赔等一系列环节当中。保险公司应通过大数据分析划分不同的客户群体,有针对性的提供适宜的产品和服务,同时,通过先进技术手段,在优化服务流程的前提下,更加精确的管控监管及信用风险。此外,还可以拓展电子化展业途径,实现从线下到线上的互通。

5.3 服务变革

互联网保险绝不仅仅意味着保险产品的互联网化,而是对整个保险商业模式的全面颠覆,是保险公司基于保险市场发展对商业模式的创新。其中,服务创新在产品同质化、信息透明化的当下尤为重要。要将互联网服务意识融入公司的战略思维,不仅仅是为了营销而服务,而是以用户体验为中心的互联网服务意识去创新服务功能、优化服务流程,从而留住更多的客户,实现服务增值。

参考文献

[1]中国保险行业协会.互联网保险行业发展报告.北京:中国财政经济出版社,2014,2:1-58.

[2][英]维克托·迈尔-舍恩伯格、(英)肯尼思·库克耶著,盛杨燕、周涛译.大数据时代.杭州:浙江人民出版社,2013,1:157-189.

[3][荷]雷吉·德·范尼克斯、(荷)罗杰·佩弗雷里著,中国工商银行城市金融研究所译.重塑金融服务业.北京:中国金融出版社,2014,4:343-383.

[4]覃瑀.利率市场化背景下互联网金融的发展对商业银行的启示.现代经济信,2014.

[5]郑天航.论第三方支付平台与互联网金融的关系.现代经济信息,2014.

[6]李恒.互联网金融对传统金融的影响及趋势预测.财经界:学术版,2014.

浅谈互动教学在企业培训中的作用

● 黄为勇

（中国人民大学）

摘　要　在企业培训中，推行互动教学是促进学员主动建构自身知识的有效途径，有利于营造和谐、融洽的课堂氛围；有利于对技能型、操作型知识的传递；有利于行为层和效果层的培训效果提升；有利于培训师评估培训效果，实现教学相长。创建好的教学互动课程，需要在四个方面推动培训教学从讲授型课堂逐步转变为互动型课堂，即循序渐进、向学员阐明课程的主旨和互动的目的、要匹配讲师和学员风格、讲师不能单方面转变，要帮助学员也掌握互动的方法，与学员一同转变。

关键词　企业培训　知识建构　教学互动

在过去的20年里，对于人们如何学习才能获得良好的学习效果，认知科学领域已形成了很多有价值的研究，其中，已经被普遍接受的原则是：学习不是由教师把知识简单地传递给学生，而是由学生自己建构知识的过程。学生不是简单被动地接收信息，而是主动地建构知识的意义，这种建构是无法由他人来代替的。建构主义的学习理论对教师与学生的作用有了重新的定位：学习者不是知识的被动接受者，而是知识的主动建构者，外界施加的信息，只有通过学习者的主动建构，才能变成自身的知识。

笔者任职于一家IT高新技术企业，在从事员工培训管理和教学工作的过程中发现，在企业培训教学中，推行互动式教学，就是促进学员主动建构自身知识的最有效途径之一。

笔者认为，对于知识密集的IT企业，当面对的绝大多数学员都拥有良好教育背景和科学思维的情况下，必须有意识在培训教学实践中，推动和提高教学互动在课程设计和课堂讲授中的比重，亲身实践或指导其他培训工作者在教学过程中转变角色，讲师从以教授知识为主变为以指导、辅导学员的自我建构为主，由培训上的主角变成幕后导演。

培训讲师由单一的知识讲授者逐渐过渡为学员知识建构的引导者，使讲师和学员两个主体性个体之间兼容、互动、协调发展，可以最大限度地激发教学双方潜在的主动性、主体性，使学员的学习更具探究性和挑战性，更有效地培养学生主动学习、实际操作、团队互助、勇于创新的精神，从而具备综合运用知识、方法和解决实际问题的能力。

1　教学互动

教学互动对于培养学员在实际工作中的主体意识、责任心、健全心智、和谐人格、创新意识和实操技能等方面都具有重要意义。

1.1　互动教学有利于营造和谐、融洽的课堂氛围

企业互动教学，促使培训师和学员的双主体地位得以实现。培训师是学习过程的组织者、是知识和技能的向导、是学员发展的引路人，但学员教学过程的主体，是培训师在学习上的重要伙伴。实践证明，师生形成了和谐的学习共同体，有利于促进形成民主、和谐、健康的教学情境，有利于促进学员主观能动性的发挥。强烈的参与感，使学员更易于接受和掌握新的知识，从而达到培训的目的。

1.2　互动教学有利于对技能型、操作型知识的传递

企业职业培训，是以技能传授为核心内容的，具有鲜明的技能导向。通过互动教学，组织学员进

行知识传递和技能演练,一方面可以使培训师及时了解学员对培训内容的接受情况;另一方面,也可以使学员在很多实际技能的模拟场景中经受锻炼,从而提高学员体验,提高工作状态的代入感,提高对培训内容有更切身的感受,达到一般讲授型课程无法达到的良好效果。

1.3 互动教学有利于提升行为层和效果层的培训效果

运用互动教学方法进行企业职业培训,为学员创造了更多交流和沟通的机会,例如,在小组讨论和发言的过程中,小组成员分工协作,群策群力,各尽其能,体现出了团体合作的力量。

实践证明,在培训中养成这种开放的精神和合作的态度的学员在培训后的行为层和效果层的评估中,一般都能取得良好的表现,这证明,互动教学确实有助于提高企业职业培训的培训效果。

1.4 互动教学有利于培训师评估培训效果,实现教学相长

美国心理学家波斯纳认为:没有反思的经验是狭隘的经验,最多只能是肤浅的知识。互动教学过程中,讲师和学员之间的反馈是双向度的,这种即时性的反馈,使讲师可以快速地进行反思和改进。只有在互动教学的课堂上,才会造就善于发现、思考的讲师和培养富有创造力的学生,才能更好地实现教学相长。

笔者对通过在企业培训活动中,通过互动式教学提升培训效果的作用,有深刻的切身感受。笔者认为,由于职业培训的特点,企业培训更多强调培训的技能性,而不是知识的系统性,所以,培训讲师不能单纯满足于做知识的传递者,而更应该是学员训练的启发者、引导者,使学员真正成为培训的积极参与者,通过思考、探索和自我表现,参与培训过程,获得技能提升。另外,在企业培训教学中,互动教学并不是一种单一的、呆板的培训模式,在沟通中感悟、在感悟中应用,是互动教学的核心内容,单纯的"知识传授"和"学习知识"是远远不够的。互动教学的目的是让学员获得更内在的影响并转化为实际技能。这种"互动"性的培训对培训是的要求比传统的教学方法更高,培训师必须具备很强的观察能力、分析能力、组织能力、整合能力。

2 创建教学互动课程的步骤

笔者认为,创建一堂好的教学互动课程,一般需要5个步骤。

2.1 明确课程目的针对性

企业职业培训,并不强调理论知识的系统性,而是更加关注实际操作技能要求,所以,互动教学,必须有利于提高学员的技能性,有利于学员真正提高实际操作能力。

互动教学的首要目标是促成学员的转变,从而帮助企业和学员达成既定培训目标。因为,职业培训的主要目的是要提高学员的实际操作能力,所以,互动教学设计要尽可能地为学员提供能够反映真实工作情境的培训场景,只有鲜活的、与实际情况具有高仿真度的场景和互动设计,才能使学员更有实际带入感,才能更好理解和接受课程内容,并在将来的实际工作中取得良好的应用效果。

2.2 倡导学员的自主学习

企业培训,除了要教会学员具体的专业技能,也应当培养他们成为终身的自主学习者。根据笔者的经验,如果学员能够对学习内容有基本了解,则在互动环节中就能够更放松、更自信的投入,而如果在课前给予学员明确的目标引导并提供良好的资源,大多数学员就能够自己掌握要接受的基础知识。

推动学员自主学习的一个重要方法,就是引导学员进行培训课程的课前预习。企业培训中的教学对象都是成年人,很多学员不愿意或不屑于进行预习。这就需要培训讲师针对成人学员的特点,认真地设计有效地指导方法,促使学员乐于预习并学会预习。笔者曾以提前下发课程讲义和课程地图的形式,引导学员进行课前自主学习。实践结果表明,在提前下发讲义和课程地图,确实促进了学员的学习兴趣,而凡是对课程事先有所了解的学员,在教学互动环节,都能很快的克服知识陌生感,也能够自信的投入的互动活动中去。

2.3 识别授课内容的优先级

日新月异的新技术，尤其互联网和移动互联网技术的发展和应用，产生了大量的呈指数级增长的数据和信息。很多讲师都有一种感觉，人们的知识视野越来越宽，对知识理解的深度越来越与世界趋于同步，这些都对讲师的学习能力提出了巨大的挑战，然而，更具有挑战性的是，在接触世界和了解新技术进展方面，学员与讲师有可能也是同步的。在传统讲授为主的课堂上，讲师的优势地位来源于比学员掌握更多的知识、经验和阅历，然而，现在这种优势越来越小了。

但是，讲师有一种能力是学员不易具备的，那就是对知识概念的精准把握以及对知识系统性结构的掌握。因为，概念清晰，所以，讲师可以更准确的界定培训目标；因为，知识系统化，所以，讲师理解、分析问题更加全面。这些都保证了讲师比学生更容易识别课程核心知识点、更容易在互动环节把握节奏和内容，使互动不至于过于发散和漫无边际。

2.4 课堂时间用于练习和评估

在课堂教学环节，培训讲师应当将更多的时间用于提问、讨论、练习、评估以及课堂团队建设等互动活动。在授课开始时，培训讲师最好能先简要概述课程的主题和主要内容，一方面是对学员是否已经进行了课前阅读的一个简短的测试，另一方面也是对没有预习的学员传递一个安全的信号，那就是，他不会真的被课堂弃之不顾。然后，对于课程中涉及的很复杂的概念，培训讲师应当给予一个简短的讲解。

在学员少的时候，讲师和学员之间比较容易实现互动，这就像面对面的沟通一样。但是，如果学员人数众多，这种一对一的口头方式就显现出了明显的缺陷，因为，培训讲师无法获知大多数学员的感受和态度，只能与小部分的学员互动，大部分学员成了旁观者。笔者曾尝试应用一种电子应答器，学员端的应答器和讲师端的电子信息系统，可以及时统计所有在场学员的应答情况，实现在极短的时间内，保证课堂上每个学员都能表明态度、回答问题，而不仅仅是局限于最快或最直言不讳的学生。实践表明，电子应答器和信息系统，使讲师和学员都得到了很好的即时反馈。

2.5 小组讨论与比赛用来检验培训效果

由于小组讨论和团队比赛的互动方式着重解决现实问题，因此在教学实践中，得到了企业和学员的广泛欢迎，已逐渐成为培训教学中很常用的一种教学互动方式。在培训课堂上，开展小组讨论不但能促进组员之间的交流，活跃课堂气氛，还能有效地增强培训效果。

小组讨论可以以小组研讨、全体学员一起研讨、分组研讨或小组之间就某一问题辩论的形式进行，其目的：一是要深入分析问题并提出明确的解决方式；二是要从讨论中可以了解学员对培训内容的理解程度，从学员掌握的角度检验培训效果。

以上5个步骤，在实际的教学实践中，取得了良好的效果。然而，对于还没有从传统讲授式课堂过渡到互动型课堂的培训工作者，怎样才能稳妥的实现这种转变呢？根据笔者的观察和经验，从一个传统的以讲授为主的课堂，转变为一个以互动为主的课堂，需要不断的试验和改进，这种改进是一个循序渐进的过程，有时候需要相当长的时间。

3 传统讲授式转变为课量互动型

在转变的过程中，笔者有4条建议。

3.1 循序渐进，逐步将讲授型课堂转变为互动型课堂

互动教学内容安排要进行充分的准备，要注意系统性，连贯性与高难度，高速度结合。在教学中，要把握学员思维发展的线索和培训内容的逻辑线索，依据线索将教学内容从框架讲授，逐步推进到互动提高。

3.2 要向学员阐明课程的主旨和互动的目的

在教学互动中，如果培训讲师清晰、明确的告知学员互动与教学的关系，有助于建立培训讲师和学员、学员和学员、学员和课程内容之间建立起和谐、信任、开放的关系。

向学员开诚布公的讲授教学目的和互动安排,还有助于防止互动教学演变成课堂娱乐游戏,告诉他们将会通过互动环节集中精力解决问题并获得更高级的技能,学员是目标达成的创造者,而非仅仅是个游戏参与者。让学员自己了解到配合互动对自身发展的意义,可以更好地使学员意识到自己的目标,并在互动中注意吸收和记忆各种有用的信息。

3.3　教学互动要匹配讲师和学员风格

在企业培训的绝大多数时候,培训讲师担任了教学互动的主持人或引导人的角色,讲师对何时引入互动、互动节奏的把握和突发情况的处理,都起着至关重要的作用。所以,培训讲师要谨慎的评估和选择匹配自己的风格的互动方式,因为培训讲师的风格,在一定程度上必然影响到互相教学效果。

同时,学员是互动的关键参与者,学员风格也对互动效果产生重要影响。不同行业、不同企业、不同年龄、不同社会背景和教育背景的学员,在互动中的表现都会所有区别。互动教学强调以教带学,以学促练,强调培训过程中的互动和合作,是培训仿真化、仿真实例化的最佳形式,互动是"演习",而不是"演戏",所以,必须充分发挥学员的积极性、主动性、参与性、创造性,同时,互动阶段的设计,必须与课堂上绝大多数学员的风格相匹配,才能取得让培训师和学员都满意的效果。

3.4　讲师不能单方面转变,要帮助学员也掌握互动的方法,与学员一同转变

在互动教学中,学习不再单向的,而是一个双向的、互相激励式的思维过程。不同的学员沿着适合于自己的、不同的学习路径,建构出相同的学习结果。讲师成为互动的导演,而不是主演,所以,从讲授型课堂向互动型课堂的转变,讲师应该恪守导演本分,充分发挥学员的能动性。只有学员转变,转变成互动教学模式才有意义。换句话说,学员获得知识的多少取决于学员根据自身经验去在互动中建构有关知识的意义的能力,而不取决于讲师讲授了多少或想组织多少次互动,也不会取决于学员记忆和背诵的能力。

总之,在企业培训中加强教学互动,其核心目的就是:以学员为中心,强调学员对知识的主动探索、主动发现和对所学知识意义的主动建构。

在充分肯定互动教学在企业培训中的重要性的同时,我们也必须认识到:教学有法,但无定法。在企业培训的实际教学中,制约课堂教学质量的因素有很多方面,增强培训效果的方法也是多种多样的,只有从教学的实际出发,以学员的实际需求和认知的规律为起点,促进学员职业技能发展的培训模式,才是最适合的培训方法。

参考文献

[1] Harold D. Stolovitch(作者),Erica J. Keeps(作者),屈云波(丛书主编),派力(译者). 交互式培训:让学习过程变得积极愉悦的成人培训新方法. 企业管理出版社,2012.

[2] Calhoun Wick(卡尔霍恩. 威克),Roy Pollock(罗伊. 波洛克),Andrew Jefferson 安得鲁. 杰斐逊. 将培训转化为商业结果:学习发展项目的6D法则(第2版). 电子工业出版社,2013.

[3] 段烨著. 培训师的21项技能修炼. 北京大学出版社,2011.

[4] 郑金洲. 互动教学(新课程课堂教学探索系列)——新课程教师必读丛书. 福建教育出版社,2005.

[5] 孙泽文,孙文娟. 互动教学的历史演进与当代研究述评. 中小学教师培训,2008(12).

[6] 颜醒华. 互动教学改革创新的理论思考. 高等理科教育,2007(1).

[7] 孙泽文. 也论互动教学的内涵、特征与实施原则. 教育探索,2008(11).

[8] 凌文轻,李林彤. 企业培训中员工的学习动机与学习策略的探讨. 心理科学,2007(6).

[9] 王雁南,蒋静,吴恺,等. 互动式教学 让课堂真正"动"起来. 中国教育和科研计算机网,www.edu.cn,2009. 02.19.

我国商业银行不良资产的处置研究

● 王　然

（对外经济贸易大学国际经济贸易学院）

摘　要　由于历史遗留问题和我国商业银行的体制问题，再加上我国商业银行金融市场发展不完善等等原因，我国商业银行积留了大量的不良资产。这些巨额不良资产不仅严重危害了我国商业银行的健康发展，而且影响了社会资源的合理配置。目前看来，处理不良资产的现行方法仍然存在许多缺陷和问题。在此背景下，本文分析研究我国商业银行不良资产处置现状，并就改善我国目前的不良贷款的处置现状提出了一些可行性的相关建议。

关键词　不良资产　商业银行　处置

1　引言

　　根据中国银监会公布，截至 2013 年，中国银行业的不良贷款高达 5 921 亿人民币，与 2012 年相比，上涨了 1 000 亿元，同时，2013 年我国的不良贷款率为 1%，比起 2012 年的 0.95%，略有上升，这表明我国不良资产面临巨大的反弹压力。同时，在这样的情况下，我们还要提出 2008 年我国商业银行剥离出去的 3 亿的巨额不良贷款以及近几年银行内部的巨额核销，我们可以发现，目前，我国商业银行面临这不良贷款余额和不良贷款上升速度略有增加的局面。同时，随着 2008 年经济危机的爆发，受国际金融局势影响，许多企业出现偿债能力下降甚至破产的现象，导致商业银行的贷款质量下降。目前，根据 2013 年的不良贷款余额，我们可以发现贷款质量问题已经开始逐渐的暴露。同时，根据美国银行数据计算，国内 GDP 每下降一个百分点，国有商业银行的不良资产就上升 0.13 个百分点。目前，根据国家统计局数据中心的数据计算，自经济危机后，我国的 GDP 大体呈现下降的趋势。而不良资产的增加将会威胁我国商业银行金融体系的稳定性，制约经济的发展，影响社会资源的分配，并且导致社会货币大量沉淀，同时，还降低了我国商业银行的竞争力。

2　我国商业银行不良贷款的成因

2.1　银行内部原因

2.1.1　银行没有形成有效的内部信用评级制度。虽然，随着世界金融竞争的日益激烈以及我国商业银行市场经济中信用风险日益显露，我国商业银行开始注重内部信用评级制度的建立。其次，从评级对象来讲，同其他国家的国际商业银行相比，我国商业银行缺乏贷款评级，并且其客户评级的范围较窄而且划分不够细致。而对于非企业法人如医院等事业单位评级和个案评级则缺乏规范性以及具体的信用评级方法。最后，从评级方法来讲，我国商业银行目前采用的"打分法"主观性强，缺乏对未来的客户的偿债能力的预测性。

2.1.2　商业银行缺乏有效的内部管理和约束机制。目前，由于我国很多商业银行的盲目扩大，导致我国很多商业银行的机构过于臃肿，管理链过长，授权层次过多，这直接削弱了总部对于银行的控制力，导致商业银行的内部监管失灵，使得道德风险增加，使得客户和授信人员串通的可能性加大，直接增加了商业银行出现不良贷款的可能性。

2.1.3 银行体制改革不彻底,产权不明晰。我国商业银行会产生大量不良贷款的根源就在于我国商业银行体制改革不彻底,银行的产权仍然归国有。目前,我国国有银行本身由于是国有独资(政府控股的股份制商业银行),导致其没有形成完全独立的法人结构和管理体系,银行内部监管不力,银行没有强烈的竞争意识和风险意识,"人情贷"现象严重,导致银行形成不良贷款的可能性加大。

2.2 银行外部原因

2.2.1 政府的干预加大了不良贷款产生的可能性。目前,我国商业银行还没有形成完全独立的金融体制,金融部门还是由政府掌控。这直接导致了财政部门和金融部门的混用,从而加大了银行不良贷款产生的可能性。一方面,国有企业的高负债经营以及国有企业和国有商业银行的产权不明晰,直接导致国有企业还款意识不强,有的国有企业甚至拖欠贷款甚至通过体制改革恶意逃贷,从而使商业银行的合法贷款悬空,导致商业银行的不良贷款率上升;另一方面,地方政府出于地区经济发展的考量,对于一些大型的地方企业,在地方企业的利益和银行利益发生冲突时往往纵容地方企业逃贷,甚至通过一些手段阻挠银行讨贷,从而损害了银行的合法利益。

2.2.2 社会信用体系的不完善导致了银行不良贷款率的上升。社会金融市场的有序运行是建立在一个信用良好的社会环境中的,而这样的信用环境是需要政府和公众共同维护的。但是,随着我国市经济的日益发展,一方面,我国公众的金融信用意识淡薄,有些企业通过伪造财务报表恶意骗取银行贷款,有些企业甚至有钱不还或者通过破产,体制改革等方法恶意逃避债务;另一方面,我国市地方政府对于构建一个良好的社会信用体系的重要性认识不足。许多地方政府出于地方利益的考量,面对一些大型地方企业,在地方企业利益与银行利益发生冲突时,纵容企业逃贷款,甚至阻挠银行讨贷,损害银行利益。

2.2.3 法律体系的不完善给企业逃避贷款提供了法律漏洞。一方面,我国商业银行破产法的法律框架还不够健全,使得银行维权艰难。例如,我国的《破产法》中对企业的破产时间界定不够清晰,对于企业破产的定义过于僵化使得许多企业通过钻法律漏洞,在破产前转移财产使得破产财产减少,从而逃避银行债务;另一方面,由于执法人员执法监管不严,导致地方商业银行相关执法部门由于受地方政府的干预或者地方政策的影响,通常执法不严,甚至帮企业规避法律,从而加大了银行金融债券的风险。

3 我国商业银行不良贷款处置现状和问题

3.1 我国不良贷款处置现状

从下表我们可以看出,这种通过大量剥离不良贷款给金融资产管理公司集中处理的方式,不仅在短期内使得不良贷款率有了显著的下降,而且这也促进了商业银行加大对不良贷款的清理力度。但是,随着时间的推移,新的不良贷款在不断产生,旧的不良贷款的回收压力在不断加大。同时,由于2008年经济危机后,为了缓和经济形势,商业银行大量发放贷款,导致银行面对了巨大的不良贷款率反弹回升的压力。所以,目前我国商业银行所面对的不良贷款问题依旧严峻。

表 不良贷款率和不良贷款余额

年份	2007	2008	2009	2010	2011	2012	2013
不良贷款率(%)	6.17	2.42	1.58	1.14	1.0	0.95	1.00
不良贷款余额(亿元)	12 684.2	5 602.5	4 973.3	4 293	4 279	4 929	5 921

3.2 我国不良贷款处置过程中存在的问题

3.2.1 金融资产管理公司经营目标之间的相互矛盾。由于我国商业银行金融资产管理公司的国有产权属性，导致其目标还受国家发展规划的影响即通过债转股帮助大中型国有企业扭亏脱困。但是，事实上这两个目标是相互矛盾的。按照保全资产、减少损失的要求，金融资产管理公司应该运用市场化的手段处理不良资产，重点在于不良资产的追偿和经营。然而，由于我国商业银行大量的不良贷款来源于国企，同时，帮助国企扭亏为盈需要较少现金流从企业中的抽出，因此，金融资产管理公司应该减少关于企业债务的追偿。

3.2.2 不良资产的处置手段单一。目前，债转股是国内四大金融资产管理公司处理不良资产的主要手段。但是，一方面，根据国家经验，不良资产的出售才应该是金融资产管理公司运用的主要手段；另一方面，我国农村商业银行不良资产的出售成本过高，不良资产的购买者被限定为具有贷款管理权限的金融机构，不良资产的出售渠道受阻。

4 政策建议

4.1 完善不良资产处置的法律环境

我国商业银行不良资产在处置过程中遇到了许多困难和阻挠，因此，针对这种状态，本文给出如下建议。

尽快制定关于不良资产处置的专门的法律条文。由于不良资产不但关系着我国整体经济的安全，而且根据国际经验不良资产的经营还可以给金融资产管理带来巨额的财富，因此，为不良资产制定一部特定的法律刻不容缓。同时，要以立法的形式规定不良资产的管理、处置流程、评估方法等。

4.2 从源头上抑制不良资产的产生

上文提到，虽然我国商业银行的不良资产呈现"双降"的趋势，但是这只是由于国家通过金融资产管理公司为商业银行买单所带来的表面现象。事实上，我们可以看出在第一次资产剥离后的五年内，商业银行的不良贷款的余额在不断增长，在2014年全国商业银行不良贷款甚至达到了16 133.6亿之巨。这表明，处置不良资产还应该从根源上解决。针对这个情况，本文提出如下建议。

4.2.1 建立有效的内部评级体系。首先，要采用科学的评估定价方法和统一的评估准则，要合理分析企业的偿债能力，不良资产的变现能力和未来价值。其次，商业银行要拥有一个完善的评级基础数据库。最后，招募专业的评估人员。

4.2.2 增强银行的盈利能力。这要求银行大力发展中间业务，提高非利息收入比例。上文提到中间业务具有低成本、低风险和高收益的特点。因此，提高非利息收入比例，不但可以改变银行现行的收入结构，增强银行的盈利能力，而且还可以增强银行经营的安全性，减少银行的经营风险。

参考文献

[1]柳源. 城市商业银行不良资产处置中存在问题分析与措施[J]. 财经界：学术，2010(1)：107-108.

[2]龚坤琳，李全刚. 国有商业银行不良资产成因与处置对策之我见[J]. 经济技术协作信息，2010(22)：53.

[3]陈凛. 商业银行不良资产证券化问题研究[J]. 中国城市经济，2011(14).

[4]张玉霞. 商业银行不良资产现状及处置探讨[J]. 大观周刊，2012(14)：92.

[5]柳建军. 商业银行不良资产处理问题探究[J]. 经济师，2014(6)：164.

[6]邹婧，杨雪. 我国商业银行不良资产证券化模式的现实选择[J]. 现代交际，2011(4)：147.

[7]尹矣，高尚华. 商业银行不良资产处置研究——基于美国金融同业经验的视角[J]. 农村金融研究，2011(4)：35-38.

[8]张素琴. 浅谈商业银行不良资产评估问题及对策[J]. 内蒙古金融研究，2014(6)：62-64.

从认知语言学角度分析英汉隐喻翻译

● 程 旭

（对外经济贸易大学英语学院）

摘 要 从认知语言学角度看来，隐喻是语言现象，也是人们理解周围世界以及形成概念的过程。对翻译而言，隐喻是人对所处环境形成认知的一种复杂活动，蕴含社会成员对事物共同具有的理解，颇具难度。此次就隐喻认知理论，结合英汉文化特征，浅析隐喻翻译的几大策略。

关键词 认知语言学 隐喻 文化 翻译

在学习语言的传统模式中，隐喻被定义为修辞学中的一种辞格。在语言学的发展过程中，以经验哲学为基础的认知语言学兴起，隐喻概念也被提升至认知层面。从认知方法的角度，认知语言学对隐喻进行了重新诠释，这为隐喻的翻译问题提供了一个全新的研究工具。莱考夫和约翰逊（Lakoff & Johnson）认为，为了表达人类越来越丰富的经验，作为思维外衣的语言也不短地被创造和发展，而借助于隐喻进行的意义转移、缩小或延伸则是一条主要途径，在这过程中产生了丰富的概念隐喻。而从全世界角度来看，英汉两个民族由于生存环境以及生活方式的千差万别，对环境与事物的认知存在巨大差异，也造就了风格迥异的文化氛围。隐喻作为一种语言现象和认知方式，与文化密不可分。对隐喻的理解和运用过程也是一个接受文化思维方式的过程。Martin J. Gannon 在 2001 年提出了文化隐喻概念，革命性地将隐喻延伸为阐释文化的方式。作为中西文化交流的重要纽带，文化隐喻翻译难度极大。

1 隐喻翻译的认知取向

1.1 隐喻认知理论

从词源学的角度，隐喻源于希腊语"metaphora"，即"to transfer, to carry over"。而古希腊哲学家、思想家亚里士多德也对隐喻做过系统的研究，从其著作《修辞学》与《诗学》中便可发现亚里士多德将其定义为"the application to one thing of a name belonging to another thing"。在我国，"譬"最早出现于《诗经》，东周春秋末期战国初期的哲学家墨翟在《墨子·小取》中就第一个给出隐喻的定义，即"借辟也者，举他物而以明之也"。从中西词源的对比中可看出，对隐喻的理解基本一致，均将其作为一种修辞手法。

随着语言学的发展，人们对隐喻有了新的更全面的认识。1980 年，认知语言学家莱考夫（Lakoff）等提出了概念隐喻理论，认为隐喻不仅是一种语言现象，它更重要的是人类将其某一领域的经验用来说明或理解另一领域的经验的一种认知活动。隐喻是人们思维行为和表达思想的一种系统的方式，即概念隐喻，它是"概念域"（或可称认知域）的一种结构性映射，即从"始发域"向"目的域"映射。也就是说，一个概念域是用另一个概念域来解释。

1.2 隐喻分类

隐喻分类问题十分复杂，从不同大家的观点出发，可以得到不同的合理分类。当代英国翻译理论家纽马克（Peter Newmark）在其《翻译教程》（A Textbook of Translation）一文中根据隐喻语义转移程度从小到大将隐喻分为了六类：dead metaphor，cliché metaphor，stock metaphor，adopted metaphor，recent metaphor，original metaphor。我国学者徐炳昌则将隐喻分为八类，即，判断式、偏正式、同位式、并列式、替代式、描写式、迂回式和故事式。而 Lakoff 等人则随研究深入将重点越来越侧重隐喻的认知功能。也只有将隐喻研究层次提升至此，方可正确对待文化差异问题。

2 隐喻的几种特征

人类生存于大自然中，在不同文化背景下，人们的经验会随相同的外部环境而趋同。而这些趋同的经验会产生类似的隐喻，这便是相同源概念域映射相同目的概念域。在《淮南子》就有这样一句"以小明大，见一叶落而知岁之将暮"来表明见微可以知著。而早在公元前三世纪的西方，在《尼各马可伦理学》（Nicomachaean Ethics）中也有这么一句"One swallow does not make a spring"（一燕不成夏）。两者都是以小见大的感想，都是对自然现象一种预见性的判断，不过后者更加理性。在客观事物被用作源概念域进行映射时，不同的文化经验会造成不同的目的概念域。例如，"龙"作为一种神圣以及祥瑞的象征，一种图腾在几千年中华传统文化中的地位举足轻重。然而西方世界的龙除了外貌上的巨大差别，也被刻画成邪恶的符号，单从西方电影中便可见一斑。另外，不同的源概念域也会指向同一个目的概念域。例如，在中国有一句谚语"巧妇难为无米之炊"，而英文中则是"One cannot make bricks without straw"，虽然是不同的条件及材料，却同样表达做事情所需必备条件，所以，两句可以互译。

3 隐喻翻译策略

3.1 直译喻体加注释

在民族文化数千年发展演变过程中，英汉语言中的文化负载词不胜枚举，蕴含着英汉汉民族的社会，政治，经济，风俗，信仰等固定概念隐喻。若采用直译的方式，则可将这些负载词全部保留下来，也可让目标语言国家读者领略源语言隐喻丰富多彩的文化内涵。但若将其保留，则必须添加相应注释说明文化意象及文化寓意弥补直译的缺陷。如《经济学人》（The Economist）杂志中一篇名为《人口问题：中国的阿喀琉斯之踵》（Demography：China's Achilles heel）的文章当中，作者便引用了阿喀琉斯这个源于荷马史诗《伊利亚特》（Iliad）的经典英雄形象。对于英美文化国家读者而言，该题目的隐喻以及表达意向是绝对一目了然的，因为没有人会对流传千年的故事陌生，就如中国人对于唐宋诗词的信手拈来。若翻译人员将题目直译，中国读者便极有可能因为文化知识欠缺而无法理解，进而影响对文章的把握。而网友"银河帝国公民"在翻译该文章时便于文章开头添加了相关批注，解释了西蒂斯当年将阿喀琉斯浸入冥河以获得神力护体的时候，由于必须抓住脚踝而至于脚踝成为了他的死穴。中国当今也如特洛伊战争英雄，似乎所向披靡，而却有人口这个无人问津却又举足轻重的阿喀琉斯之踵。这样一来，既对阿喀琉斯的典故有了一个简单翔实的陈述，也对题目中的隐喻作了说明，让读者觉得该题目中的隐喻手法恰到好处。

3.2 改变喻体

在隐喻的翻译过程中，译者以及读者应当考虑的首要因素便是目标语言读者能否接受其译文。在文明进化过程中，因地理人文因素，宗教信仰，文化价值等的差异会产生不同的区域观念，不同的语言文化必然形成不同的思维方式和习惯表达，也由此衍生出差别明显的隐喻表达方式。因此，可以根据情况将喻体转换成符合目标语言国家文化的喻体。该种情况属明显的不同源概念域也可映射同一目的概念域。例如，《红楼梦》中宝玉有句话："我也正为这个要打发茗烟找你，你又不大在家，知道你天天萍踪浪迹，没个定去处。"霍克斯（David Hawkes）将其翻译为："I was going to send Tealeaf round to see you about that，" said Baoyu，"But you never seem to be at home；and you're such a rolling stone that no one ever knows where to look for you. ""萍踪浪迹"早见于中国典籍和诗作,文天祥《过零丁洋》就有"山河破碎风飘絮,身世浮沉雨打萍"之说。然而英美语言国家读者要将"浮萍"与该种意象结合理解无疑难度极大,因此,霍克斯便将其译为英美国家十分熟悉的"rolling stone",巧妙地将其漂泊不定的含义表达给了英语读者。借此,将中国语言文化中的概念或意象用英语源语言中的源概念替换,不失为一种隐喻处理方式。

3.3 意译

由于一些文化隐喻于不同语言国家之间差异过大,大多时候很难做到既保留意象又能跨文化地翻译到"信,达,雅"的境界。这样,最可行的办法即是适当地摒弃原文中隐喻的意象,采取意译的手段,将概念,意象等转化为意义,以有助于更好理解。如经典电影《魂断蓝桥》,其英文名为 Waterloo Bridge。可能国内观众会对滑铁卢有所耳闻,也对拿破仑的戎装一生有所了解。而在影片中滑铁卢桥是贯穿整个影片的一个线索性地点。所以,直译为滑铁卢桥观众可能无法理解本片主题,从现在的角度来看,"魂断蓝桥"的翻译依然经典。蓝桥的典故来源于中国古代,苏轼的《南歌子》中早有"蓝桥何处觅云英"。从《史记》以及《庄子》的两个版本来看这个故事,蓝桥都是痴情汉尾生为守信而抱柱溺亡的地方。"魂断蓝桥"也由此被引申为恋人间的一种悲剧。该译法保留了桥(bridge),也直接照应了本片主题,十分新颖独到。又如 Ubisoft(育碧)公司的一款名为 Hawk 的空战游戏,需要玩家驾驶不同战斗机进行各种难度不一的任务。该作品将战斗机隐喻为老鹰。中文将其译作"鹰击长空",从毛主席的《沁园春.长沙》取经,保留了"鹰"字,让玩家直观感受战斗机翱翔于空中的矫健有力,也能自然让人联想到辽阔的天空。可见,高质量的游戏配上巧妙的中文翻译,是一款游戏成功的必备条件。

4 结语

综上所述,隐喻是一种语言现象,更是一种文明演变进化过程中,人类对周边环境的认知现象,是人们认识世界的一种十分重要思维与行为方式。其在日常生活中无处不在,是人类思维进化的结果。隐喻的翻译要遵循源语言,源概念域的特征,结合英汉的文化内涵,并采取适当方法弥补文化元素的缺失。因此,我们在处理隐喻翻译时须具体问题具体分析,从不同认知结果出发,采取相应策略,方能有效传递信息,进而达成建构于跨文化交际之上的翻译。

参考文献

[1]Lakoff,G&Johnson,M(1980). *Metaphors We Live By* [M]. Chicago;Chicago University Press.

[2]Gannon,Martin,J(2001). *Understanding Global Cultures*:*Metaphorical Journeys through 23 Nations* [M]. Thousand Oaks,California;Sage Publications,Inc.

[3]Newmark,P(2001). *A Textbook of Translation* [M]. Shanghai Foreign Language Education Press.

[4]杨燕荣 "从认知语言学的角度谈汉语的隐喻的翻译" 咸宁学院学报 2009(12).

[5]束定芳. 隐喻学研究[M].上海:上海外语教育出版社,2000.

[6]赵艳芳. 认知语言学概论[M].上海:上海外语教育出版社,2001.

[7]徐炳昌. 暗喻种种. 修辞学研究:第2辑[A].合肥:安徽教育出版社,1983.

[8]周明芳,贺诗菁.《红楼梦》翻译中的文化差异. 复旦学报(社会科学版),2010(1).

中小型商业银行金融市场业务风险管理研究

● 李 文

（首都经贸大学）

摘 要 中小型商业银行在我国出现的时间普遍较晚，但是其在金融市场业务上的发展十分迅速。中小型商业银行金融市场业务面临着信用风险、利率风险、操作风险等风险。产生这些风险的原因既有中小型商业银行内部管理、理论研究和人才建设等原因，也有外部的政策环境和信息获取等因素。为了促进中小型商业银行金融市场业务风险管理的完善，必须采取相关措施。

关键词 中小型商业银行 金融市场 金融业务 风险管理

1 引言

随着我国在金融市场领域的改革不断深化以及国际金融市场的发展，我国以银行为主的金融机构面临的发展压力越来越大；激励的市场竞争和监管部门不断强化的监管力度，使得银行的传统贷款业务的利润空间变得越来越小，而经营成本则在上升。商业银行随之将利润增长点放在了以债券、基金等产品为主的新兴金融业务上来，这类金融业务在银行业务中的比重和利润规模上都在不断增加，部分银行还成立了相关的职能部门。但是，2008年爆发的金融危机，使得众多的商业银行开始认识到金融市场业务虽然有着巨大的利润空间，然而也还存在着巨大的金融风险。在我国的一些中小型商业银行中它们也广泛的开展了金融市场业务，但是，因为进入这个领域的时间较短企业还未建立起系统化的风险管理机制；由此造成了风险事件频发。在此背景下，研究中小型商业银行金融市场业务风险管理，就变得及时而又有必要。

2 中小型商业银行金融市场业务发展现状

2.1 中小型商业银行的界定

中小型商业银行在我国出现的时间普遍较晚，正如每一个新生的事物一样，对于中小型商业银行的定义学术界和金融行业业界的定义并不完全一样。在本文的研究中，采用的是由我国商业银行法中对全国性商业银行的定义结合中小型商业银行的特点综合得出的概念，即中小型商业银行是最低注册资本在5 000万人民币以上，最高注册资本在10亿元以下的不具有全国性意义的商业银行。

2.2 我国中小型商业银行金融市场业务发展现状

随着我国政府在金融领域的改革不断深化，在近20年，尤其是在2000年以后我国的中小型商业银行取得了快速发展。中小型商业银行不仅具有一般商业银行所必需的运作模式，还因为其经营灵活与市场需求契合性较好而成为了中国金融行业的一支生力军。当前我国中小型商业银行逐步进入一个兼并重组和多元发展的时期，改革、创新，引入外资进入资本市场成为众多中小型商业银行的发展方向。根据财政部相关部门发布的统计数据显示，目前，有超过30%的银行间本币市场的拆借、回购等业务是由中小型商业银行来完成的；而在我国的外汇交易领域中小型商业银行更是占到了总成员数的50%以上。在我国经济发展的大环境下,中小型商业银行整体取得了快速的发展。

3 我国中小型商业银行金融市场业务风险类型与原因分析

我国中小型商业银行虽然处在快速发展阶段,但是,其在金融市场业务领域也逐渐暴露出了一些风险问题。

3.1 信用风险

信用风险可以说是所有金融机构都面临的主要风险之一,对于中小型商业银行金融市场业务而言这种信用风险则表现得更加明显。中小型商业银行的信用风险主要来源于以下3个方面:①借贷风险。这种风险是由借款人或者是债券发行人因某种原因出现无力偿还借款而发生债务违约造成的。由于中小型商业银行的借款对象往往是一些中小型企业或者个人,其债务偿还能力不想国有大型企业那样强劲,因此借贷风险较大。②或有风险。是指债务人可能在债务到期是无法兑现其潜在的债务承诺而造成的风险;例如,承兑等。③交易日风险。这种风险是指由于交易对手未能按照相关约定进行交割从而造成的应交易日期发生变化而产生的风险。从整体上来看商业银行的信用风险主要是第一种和第三种。

3.2 利率风险

利率风险,也是中小型商业银行在进行金融市场业务时经常面临的在一种风险。在当前中小型商业银行存贷款期限分布状况下,如果整体的利率不断上升并大于贷款利率变动幅度时,中小型商业银行在进行金融市场业务时,产生的利息收入将小于支出整体收益率降低。由于中小型商业银行在进行金融市场业务时,多推出的是短期产品,因此,其整体收益收到利率影响较大。

3.3 操作风险

由于中小型商业银行进入金融市场业务的时间不长,内部尚未形成一套有效的金融业务操作规范程序,同时,相关金融业务操作人员的业务素质也还有待提高,因而容易造成人为因素引起的操作风险。操作风险可能只是在某一短暂的时间内发生,但是其后续影响往往是巨大的,甚至会影响到银行是否能生存下去。在国外已经出现过多次因为操作人员的失误而造成整个银行陷入危机的案例。因此,对于风险承受能力还不是很强的中小型商业银行而言,金融市场业务的操作风险,可能成为银行致命的潜在风险。

3.4 流动性风险分析

中小型商业银行进入金融市场的时间较短,进入的深度不够,这体现在:获得的金融同业融资性授信额度往往难以完全满足中小型商业银行的市场需要。由于进入金融市场的深度不够,造成了中小型商业银行的资产流动性变差从而易出现流动性风险。此外,对于中小型商业银行而言金融业务单一,存贷款业务集中度较高也进一步的限制了中小型商业银行资金的流动性,从而增加流动性风险。

3.5 我国中小型商业银行金融市场业务风险原因分析

3.5.1 风险产生的内部原因。造成我国中小型商业银行金融市场业务风险的内部原因包括:第一,中小型商业银行在金融市场业务的相关理论研究较晚,缺乏健全的理论支持。我国中小型商业银行是在当前经济大发展的背景下成长起来的,实践经验多于理论经验现有的理论成果多是从大型国有商业银行的相关理论中延伸而来的,行业整体缺乏能够支撑中小型商业银行开展金融业务风险控制的完整理论体系。第二,中小型商业银行缺乏完善的风险管控体制。针对一些高风险的金融业务往往只有较为笼统的规则,对于操作的整个流程的风险控制较弱。第三,中小型商业银行缺乏高业务技能的金融业务操作员。在我国金融业务领域本来人才就十分稀有的情况下,中小型商业银行因为待遇和发展空间的问题,难以与大型商业银行竞争,从而招不到、留不住金融业务的高素质人才,最终影响到了金融业务的风险控制。

3.5.2 风险产生的外部原因。造成我国中小型商业银行金融市场业务风险的外部原因包括：第一，国家对中小型商业银行的金融业务政策支持不够，政府的优惠政策主要倾向于大型商业银行，从而使得中小型商业银行往往只能从事一些高风险而收益率相对较低的金融业务。第二，外部信息获取的不对称，大型商业银行往往能够获得或者是较早的获得重要的金融信息，从而能够有效地规避风险；中小型商业银行往往只能被动的接受信息和迎接金融风险。

4 提升中小型商业银行金融市场业务风险管理的对策

4.1 合理选择高风险的金融市场业务

我国中小型商业银行从事高风险的金融业务的时间不长，从理论上来讲缺乏相应的理论支撑，从自身风险承受能力来看，则缺乏像大型商业银行那样的抗风险能力，而在关键的金融信息获取速度上也没有优势。因此，我国中小型商业银行应该根据自身的发展阶段和擅长的业务领域，选择合适的高风险金融市场业务，减少在陌生领域的盲目发展。

4.2 加强金融市场人才队伍的建设

对于任何一个行业而言，行业内高素质的从业人员都是行业发展的重要推动力，一个企业拥有的行业高素质人才越多，其业务发展的速度就会越快。我国中小型商业银行在金融市场业务上之所以一直以来是高风险低效益的运行，其中，一个重要的原因就是缺乏高素质的人才。所以，加强人才队伍的建设成为我国中小型商业银行有效控制金融市场业务风险的重要举措。加强人才建设的方式有：第一，银行内部自己培养一批高素质的人才；第二，与高校合作培养订单式的专业人才；第三，吸引一批外部金融企业的高素质人才。

4.3 建立完善的风险监控体系

中小型商业银行从事金融市场的业务是其发展的必然选择，其风险也是必然存在的。而完善的风险监控体系则是有效控制风险的重要手段。中小型商业银行建立完善的风险监制体系可以从以下方面进行：第一，加强相关风险业务操作流程的控制，细化控制环节和内容；第二，加强企业的整体风险监控的制度建设，形成企业特有的风险监控文化；第三，对于操作人员进行风险控制知识培训使其掌握相关风险控制知识；第四，建立风险发生时的止损体系，降低风险危害度。

5 结束语

中小型商业银行是我国金融体系的重要组成部分，对于繁荣我国的金融市场意义重大；中小型商业银行从事金融市场的业务是其增加利润的重要方式。但是，金融市场业务往往伴随较高的风险，因此，金融市场业务风险管理则成为中小型商业银行必须关注的问题。提高中小型商业银行金融市场业务风险控制的措施有合理选择高风险的金融市场业务、加强金融市场人才队伍的建设、建立完善的风险监控体系等。

参考文献

[1]钟曦.我国中小型股份制商业银行投行业务模式的发展探讨[D].西南财经大学,2013.

[2]王清燕.招商银行济南泉城路支行G企业授信业务中的信贷风险管理研究[D].云南师范大学,2014.

[3]高天含.我国商业银行金融市场业务事前风险控制研究[D].对外经济贸易大学,2014.

[4]侯尧文.国有商业银行中间业务转型研究[D].西北大学,2011.

[5]高聪辉.关于商业银行金融市场业务风险管理的研究[J].金卡工程,2013(06):18-20.

[6]李永华.中国商业银行全面风险管理问题研究[D].武汉大学,2013.

浅谈格式合同的法律规制及规范使用建议

● 张焕军　李明欣

（中国人民大学　北京市智维律师事务所）

摘　要　随着市场经济的发展,格式合同已经广泛存在于社会商业活动中。格式合同的出现极大地方便了交易各方,简化了交易过程,节约了交易成本,提高了交易的效率。但是,格式合同的大量出现,也引发了诸多了侵犯消费者权益及法律适用不规范的问题。在此,笔者就格式合同的定义、基本特点、在商业活动中的使用状况、我国格式合同的法律规定及存在的问题等方面,谈谈个人的一点粗浅看法。此外,本文意图从法律法规的完善性、统一性和适用性监督以及从执法监管的实用性、合法性等角度为上述问题的解决提出一些建议。

关键词　格式合同　法律效力　完善　建议

1　什么是格式合同

《中华人民共和国合同法》第三十九条规定:"当事人为了重复使用而预先拟定,并在订立合同时未与对方协商的条款"。根据该规定,格式条款是指当事人一方为与不特定的多数人进行交易而预先拟定的,且不允许相对人对其内容作任何变更的合同条款。从狭义角度,格式合同是指所有条款都是格式条款的合同,从广义来讲,格式合同是指包含全部或部分格式条款的合同,本文采用广义的格式合同的概念。

中国台湾民法学者黄越钦先生认为,格式合同之所以日益普遍,主要有 3 种社会动机:①法律行为产生或缔约行为的强制性倾向;②缔约、履行大量的发生于不断地重复;③以大量生产消费为内容的现代生活关系,使得企业与顾客均希望能够简化缔约的程序。学者也普遍认为,市场经济的高速发展,必然产生垄断者,垄断者用自己强大的经济实力和优势地位,谋取不公平利益,并最终导致了格式合同的泛滥。

2　格式合同的基本特点

2.1　合同主体地位的不均衡性

提供格式合同的一方往往为关系民生的某一行业且身处垄断地位的经营者,产品或服务的需求者对供应商或服务方没有更多的选择空间。因此,有利于格式合同提供者变相地强制相对人接受其提出的各种要求。合同主体地位的不均衡性,也决定了格式合同具有预先拟定性和不可修改性的特征。

2.2　单方预先拟定性、反复使用性

非格式合同通常需要当事人共同协商拟定,只要未签订之前双方都可以提出修改意见,且只要达成一致即可加以修改,而格式合同是由在交易中处于优势地位的一方事先单方拟定的,这些事先拟定的交易规则,往往更有利于拟定者更为主动地控制交易过程及交易风险。

而预先拟定的根本目的,就是为了反复使用,预先拟定性也决定了格式合同的内容是具有很强的

稳定性的，如果经常修改，就不能真正做到反复使用。

2.3 不可修改性

只有提供方明确提出不允许相对方提出任何修改意见的合同，才称之为格式合同，合同相对方一旦无异议的接受提供方事先拟定好的交易规则，就等于完全接受了格式条款的约束。

虽然格式合同具有不可修改性的特点，但是，格式合同却不是一种单方行为，而是双方合意的行为。如果相对方本来拥有协商的权利而自动放弃，则不是接受格式合同的行为。接受格式合同，意味着同意提供方关于合同条款不可修改的单方要求，当事人也完全可以选择不接受，这本身也是一种合同自由。

2.4 适用对象的不特定性

格式合同是针对不特定的人而事先拟定的，而不是针对某个特定的人而制作的。因此，决定了格式合同的应用具有适用对象的不特定性，这更有利于在商业活动中进行广泛的传播和使用。

2.5 内容的客观性和规范性

格式合同的内容通常是根据商务实践中的惯例、交易特点等因素而客观总结出来的，具有一定的专业性，并通常反映了这一行业的客观规律和特殊要求。

2.6 书面明示性

通常情况下，格式合同多是由作为供应商或服务方的一方事先印制成书面文件，以便相对方进行充分的了解，书面明示性也反映出格式合同内容的反复使用性、不可修改性、适用对象的不特定性等。

3 我国法律体系中对格式合同的相关规定及存在的问题

目前的法律体系中，针对格式合同的监管，主要通过《中华人民共和国合同法》（以下简称《合同法》）第三十九、第四十、第四十一条及最高人民法院《关于适用〈中华人民共和国合同法〉若干问题的解释（二）》（以下简称《合同法司法解释》）第六、第九、第十条以及《中华人民共和国消费者权益保护法》（以下简称《消费者权益保护法》）、《中华人民共和国海商法》（以下简称《中华人民共和国海商法》）、《中华人民共和国保险法》（以下简称《保险法》）、《合同违法行为处罚监督管理办法》（以下简称《合同违法监管办法》）第九、第十、第十一条、《侵犯消费者权益违法行为处罚办法》（以下简称《侵犯消费者权益处罚办法》）第十二、第十四、第十五条来进行。

虽然，在立法上有进一步完善的需求和趋势，而且，相关部门规章也对免除、排除、限制对方主要权利的行为特征进行了界定并规定了具体的处罚措施。但是，我国依然没有形成专门的针对格式合同的专门法律体系，针对《合同法》及《合同法司法解释》，多数学者认为，在一定程度上存在自相矛盾及可操作性不强的问题，导致在司法适用上存在巨大分歧，最终不利于合理的引导经营者规范使用格式合同，有效的展开执法监管和处罚。

3.1 目前的现有规定

《合同法》第三十九条规定：采用格式条款订立合同的，提供格式条款的一方应当遵循公平原则确定当事人之间的权利和义务，并采取合理的方式提请对方注意免除或者限制其责任的条款，按照对方的要求，对该条款予以说明。格式条款是当事人为了重复使用而预先拟定，并在订立合同时未与对方协商的条款。

《合同法》第四十条规定：格式条款具有本法第五十二条和第五十三条规定情形的，或者提供格式条款一方免除其责任、加重对方责任、排除对方主要权利的，该条款无效。

《合同法》第四十一条规定：对格式条款的理解发生争议的，应当按照通常理解予以解释。对格式条款有两种以上解释的，应当作出不利于提供格式条款一方的解释。格式条款和非格式条款不一致的，应当采用非格式条款。

《消费者权益保护法》第二十六条规定:经营者在经营活动中使用格式条款的,应当以显著方式提请消费者注意商品或者服务的数量和质量、价款或者费用、履行期限和方式、安全注意事项和风险警示、售后服务、民事责任等与消费者有重大利害关系的内容,并按照消费者的要求予以说明。经营者不得以格式条款、通知、声明、店堂告示等方式,作出排除或者限制消费者权利、减轻或者免除经营者责任、加重消费者责任等对消费者不公平、不合理的规定,不得利用格式条款并借助技术手段强制交易。格式条款、通知、声明、店堂告示等含有前款所列内容的,其内容无效。

《中华人民共和国海商法》第一百二十六条规定:海上旅客运输合同中含有下列内容之一的条款无效:(1)免除承运人对旅客应当承担的法律责任。(2)降低本章规定的承运人责任限额。(3)对本章规定的举证责任作出相反的约定。(4)限制旅客提出赔偿请求的权利。

《保险法》第十七条规定:订立保险合同,采用保险人提供的格式条款的,保险人向投保人提供的投保单应当附格式条款,保险人应当向投保人说明合同的内容。对保险合同中免除保险人责任的条款,保险人在订立合同时应当在投保单、保险单或者其他保险凭证上作出足以引起投保人注意的提示,并对该条款的内容以书面或者口头形式向投保人作出明确说明;未作提示或者明确说明的,该条款不产生效力。

《保险法》第三十条规定:采用保险人提供的格式条款订立的保险合同,保险人与投保人、被保险人或者受益人对合同条款有争议的,应当按照通常理解予以解释。对合同条款有两种以上解释的,人民法院或者仲裁机构应当作出有利于被保险人和受益人的解释。

《合同法司法解释》第六条规定:提供格式条款的一方对格式条款中免除或者限制其责任的内容,在合同订立时采用足以引起对方注意的文字、符号、字体等特别标志,并按照对方的要求对该格式条款予以说明的,人民法院应当认定符合合同法第三十九条所称"采取合理的方式"。提供格式条款一方对已尽合理提示及说明义务承担举证责任。

《合同法司法解释》第九条规定:提供格式条款的一方当事人违反合同法第三十九条第一款关于提示和说明义务的规定,导致对方没有注意免除或者限制其责任的条款,对方当事人申请撤销该格式条款的,人民法院应当支持。

《合同法司法解释》第十条规定:提供格式条款的一方当事人违反合同法第三十九条第一款的规定,并具有合同法第四十条规定的情形之一的,人民法院应当认定该格式条款无效。

《合同违法监管办法》第九条规定:经营者与消费者采用格式条款订立合同的,经营者不得在格式条款中免除自己的下列责任。

(1)造成消费者人身伤害的责任。

(2)因故意或者重大过失造成消费者财产损失的责任。

(3)对提供的商品或者服务依法应当承担的保证责任。

(4)因违约依法应当承担的违约责任。

(5)依法应当承担的其他责任。

《合同违法监管办法》第十条规定:经营者与消费者采用格式条款订立合同的,经营者不得在格式条款中加重消费者下列责任。

(1)违约金或者损害赔偿金超过法定数额或者合理数额。

(2)承担应当由格式条款提供方承担的经营风险责任。

(3)其他依照法律法规不应由消费者承担的责任。

《合同违法监管办法》第十一条规定:经营者与消费者采用格式条款订立合同的,经营者不得在格式条款中排除消费者下列权利。

(1)依法变更或者解除合同的权利。

（2）请求支付违约金的权利。

（3）请求损害赔偿的权利。

（4）解释格式条款的权利。

（5）就格式条款争议提起诉讼的权利。

（6）消费者依法应当享有的其他权利。

《侵犯消费者权益处罚办法》第十二条规定：经营者向消费者提供商品或者服务使用格式条款、通知、声明、店堂告示等的，应当以显著方式提请消费者注意与消费者有重大利害关系的内容，并按照消费者的要求予以说明，不得作出含有下列内容的规定。

（1）免除或者部分免除经营者对其所提供的商品或者服务应当承担的修理、重作、更换、退货、补足商品数量、退还货款和服务费用、赔偿损失等责任。

（2）排除或者限制消费者提出修理、更换、退货、赔偿损失以及获得违约金和其他合理赔偿的权利。

（3）排除或者限制消费者依法投诉、举报、提起诉讼的权利。

（4）强制或者变相强制消费者购买和使用其提供的或者其指定的经营者提供的商品或者服务，对不接受其不合理条件的消费者拒绝提供相应商品或者服务，或者提高收费标准。

（5）规定经营者有权任意变更或者解除合同，限制消费者依法变更或者解除合同权利。

（6）规定经营者单方享有解释权或者最终解释权。

（7）其他对消费者不公平、不合理的规定。

3.2 关于现有法律法规的合理性、统一性的争议

3.2.1 《合同法》第三十九条与第四十条及《合同法司法解释》第九条、十条之间是否自相矛盾。学者梁慧星先生认为，按照第三十九条第一款规定，格式合同中的免责条款如果履行了提示义务和说明义务就有效。可第四十条却认定"免除其责任"的免责条款绝对无效，因而与第三十九条的规定相矛盾[1]。

而王利明先生认为，第三十九条和第四十条之间不存在冲突。他说，第三十九条规定的是对未来可能发生的责任予以免除，但第四十条条却是对现在应当承担责任的免除[2]。

合同法司法解释第九条规定，提供格式条款的当事人违反提示和说明义务的，对方当事人享有撤销权，而第十条却规定违反上述义务的行为无效。

笔者认为，上述规定，对免责条款或者限制其责任条款的效力认定原则存在一定矛盾。原因在于，现行的各种法律没有统一界定清楚"提供格式条款一方采取了合理方式提请对方注意这些条款以及进行必要的说明"，这一行为与免责条款或者限制其责任条款的效力之间的显著的逻辑关系是什么？限制其责任与加重对方责任、排除对方的主要权利是否等同？如何理解加重？有学者已经对此表明了看法。该学者认为，限制或减轻自己责任就相当于加重对方责任，而加重对方责任就等于限制或减轻了自己责任[3]。进而，违反了这一义务，到底是产生从根本上自始无效的效力，还是如果对方当事人不行使撤销权的话就依然是有效的？不仅《合同法》中上下文之间，就是《合同法司法解释》与《合同法》之间也当容易造成混淆。

笔者进一步认为，这一提示义务应不仅仅针对免责条款或者限制其责任条款，而对整个合同条款均具有提示的义务，正如《消费者权益保护法》第二十六条第一款所规定的那样。

3.2.2 《合同法》第四十一条的规定是否存在矛盾。根据《合同法》四十一条的规定："对格式条款有两种以上解释的，应当作出不利于提供格式条款一方的解释"。但是，该条又同时规定"格式条款与非格式条款不一致的，应采用非格式条款。"

笔者认为，法律关于格式条款的解释原则的规定是存在矛盾的，如果以有利于非格式条款方的解

释作为立法本意的话，那么，不应机械地认为，在"格式条款与非格式条款不一致"时，就一定采用非格式条款才能保护非格式条款提供方的利益。因为，格式条款的内容不能当然的等于不公平、不合理的描述，某些非格式条款，如果提供方采用欺诈、或者容易产生重大误解的手段订立，也一样损害相对人的利益。

笔者建议，应在法律上更加明确地界定前提条件，即当非格式条款更有利于相对人时，且格式条款与非格式条款不一致的，应采用非格式条款。

4 格式合同在我国商业活动中的使用状况如何

4.1 格式合同提供者所涉及的行业多为关系到国计民生的行业

在我国，长期的计划经济造成垄断企业的产生，例如，邮电、电信、铁路、银行、城市用水用电用气、医院等诸多国有垄断行业。在市场经济的条件下，这些国有企业依然无法转换思维模式，仍然大量应用不规范的格式合同。

此外，随着市场经济的繁荣，私有经济蓬勃发展，超市商城、餐饮、旅行社、健身娱乐、美容保健店、洗浴中心、网络服务等行业的经营者也在经营活动中大量使用格式合同。

笔者认为，格式合同使用行业的多样性，容易造成经营者相互借鉴各自经验，产生所谓行业潜规则，容易造成行业保护的壁垒，消费者的地位更加弱势。

4.2 格式合同的载体和表现形式多种多样

格式合同在实践中的表现方式是多种多样的，有的记载于书面合同书中；有的则记载于专门的文件中，例如，通过书面或电子终端、微信、微博、官网等载体所公示的业务规则、须知、通知、声明、店堂告示等；有的则印刷于各种票证上，例如，飞机票、火车票、汽车票等。

笔者认为，正是由于格式合同的载体和表现形式上的多样性，造成普通的消费者很难识别哪些是格式条款，也无从知道该如何维护自身的合法权益。

4.3 违规使用格式合同的情形普遍存在

由于我国对格式合同的监管体系正在逐步完善，某些不法经营者，无视法律尊严，仍然大量不规范的使用格式合同，侵犯消费者的利益。同时，由于法律法规的不尽完善，导致存在一些法律漏洞，造成某些行为无法从法律上严格的定性为违法行为，或者某些违法的格式条款十分隐蔽，加剧了监管的难度。

典型实例如下。

4.3.1 免除造成消费者人身伤害的责任的，如"在场地使用过程中，如有人身伤害，本公司不负责任"等。

4.3.2 免除因故意或者重大过失造成消费者财产损失的责任的，如"××公司不承担任何情况下可能造成的跑水、漏电、煤气泄漏等事故造成的损失"等。

4.3.3 免除对提供的商品或者服务依法应当承担的保证责任的，如"本店商品售出一概不予退换，或打折商品不退不换，或奖品、赠品一律不实行三包"等。

4.3.4 设定消费者承担应当由格式条款提供方承担的经营风险责任，如"本单位有权根据市场价格情况酌情调整收费标准"等。

4.3.5 经营者在消费合同格式条款中排除消费者解释格式条款的权利："该条款（规则或章程）的最终解释权归我公司所有"等。

因此，《合同违法监管办法》《侵犯消费者权益处罚办法》对违法的格式条款情形，进行了具体的规定，以便于更为准确的识别、判断。

5 对格式合同规范使用的几点建议

5.1 修改现行法律法规中关于格式合同自相矛盾的描述

修改现行法律法规中关于格式合同自相矛盾的描述，保证立法上的统一，准确界定格式合同的定义、效力判断、违规情形以及处罚原则、方法。

正如国外学者坦言，"如果不公正合同条款尚未广被滥用或不公正合同条款虽被广为滥用，但法院累积之裁判经验尚不足以作为立法之基础者，虽有单独立法之必要，也恐难单独立法。"[4]

首先，关于格式合同的定义，现行《合同法》将格式条款界定为"当事人为了重复使用而预先拟定，并在订立合同时未与对方协商的条款"，而这种定义，并未突出格式合同具有不可修改性的特点。因此，笔者建议立法在修订时将"订立合同时未与对方协商的条款"更改为"对方当事人只能行使同意或不同意权的条款"。

其次，建议明确界定和统一规定免责或者限制其责任的生效、失效、可撤销的情形，避免存在自相矛盾的阐述。

再次，关于免责或限制其责任、加重对方责任、排除对方主要权利的表现形式应更为具体化，并区分不同的危害程度，给予有针对性的处罚措施。目前的问题就是，违规处罚的方法、力度没有层次性，违法成本不高，这也造成违法行为屡禁不止。

5.2 加强法制宣传教育，提高行政执法实际效果

工商行政管理机关或其他主管行政部门应加强法制宣传教育，提高行政执法的实际效果，积极引导、指导经营者规范使用格式合同，从根本上杜绝侵害消费者权益的行为发生。

建议转变单纯处罚的执法思路，而重视行政指导工作，加强对经营者的宣传教育。例如，各地工商行政管理机关应以问题导向为出发点，根据消费者投诉和专家学者的点评分析，梳理出不同行业的常见多发的重点问题，归纳出减轻或者免除经营者责任、加重消费者责任和排除或者限制消费者权利的三大行为的具体表现形式、评审意见和法规依据，对相关企业进行约谈、宣讲，并采用多种方式向全社会进行宣传教育。

5.3 发挥行业协会、消费者权益保护组织的自律监管作用

充分发挥行业协会、消费者权益保护组织的自律监管作用，支持行业协会对经营者制定的格式合同进行备案审查以及与工商行政管理机关等实现信息资源共享，保持行政执法效能与商事活动发展相适应。

综上所述，在立法上必须解决格式合同的法律规制存在自相矛盾的难题，并加强法制宣传教育，规范格式合同的使用，加大违法行为的处罚力度等，这样才能根本上为我国社会主义市场经济的健康发展保驾护航。

参考文献

[1]梁慧星. 统一合同法：成功与不足[J]. 中国法学，1999(3)：108.

[2]王利明. 对《合同法》格式条款规定的评析[J]. 政法论坛，1999(6)：9.

[3]任华. 浅论格式免责条款的效力[J]. 中央政法干部管理学院学报，2000(6)：49.

[4]（德）卡尔·拉伦茨著. 德国民法通论（下册）. 王晓晔等译. 北京：法律出版社，2003.

金融风险防范与政府金融审计

● 高 见

（首都经济贸易大学）

摘 要 金融对社会经济的发展具有重要的影响,金融业的风险不仅会对国家的经济和政治造成负面影响,甚至可以影响社会的稳定发展,因此,要做好金融风险防范。本文从金融风险的概念入手,提出进行金融风险防范的措施以及政府金融审计在金融风险防范方面的优势。

关键词 金融风险防范 政府金融审计 优势

随着全球经济一体化进程的加快,金融风险防范已经成为我国金融机构和社会各界关注的焦点。因为,金融风险具有较大的危害性,所以,深入探讨防范金融风险和政府金融审计在金融风险防范方面的作用具有重要的意义。因为,我国政府金融审计存在诸多优势,在各个方面都算比较完善,在防范金融风险方面具有重要的作用。

1 金融风险概述

从本质上讲,金融风险是由于存在不可预估的因素而引起相应损失的可能性。狭义上的金融风险针对的是各个经济主体,是指金融机构在进行资金融通和货币资金经营交易的过程中,受到内在或者外界因素的影响,导致机构的资金、财产和信誉受到损失的可能性。广义上的金融风险是指在宏观经济运行中,由于主观决断、客观条件变化或者其他情况导致存在资金、财产、信誉遭受损失的可能性。宏观意义上的金融风险影响着国家的经济稳定和健康发展,甚至会引起国民经济的倒退,引发大范围的金融危机,例如,2008 年年底的世界性的金融危机,就是发源于美国,造成美国房地产行业的崩溃,从而波及整个世界。

金融风险产生的原因多种多样,主要有金融机构经营管理水平问题、金融从业人员素质问题、金融机构之间的竞争问题。其主要的特征有客观性、易发性、社会性、隐蔽性和累积性、加速性、扩散性、巨额性和可控性等特点。金融风险造成的危害主要有直接危及金融安全、直接危及经济发展、导致财政救助成本增加和危及社会稳定。

2 防范金融风险的措施

2.1 金融机构的内部防范

为了防范金融风险,金融机构应该在遵守国家相关法律法规和管理办法的前提下,积极进行金融业务的拓展,这样可以有效增强金融机构的风险防范能力。比如,商业银行应该按照相关管理规定向社会定期公布金融信息,避免出现不完整和虚假的会计信息。金融机构还应该建立完善的内部风险防范机制,使工作程序和方法严格按照规章制度有序进行,提高金融机构职工的风险防范意识,保证会计报表信息的及时性、可靠性和完整性,最大限度地降低机构的损失和信誉风险。

金融机构的防范措施主要有:第一,风险回避措施,是指金融机构在事先采取主动放弃或者承担相关风险;第二,风险分散措施,是指将风险分散为多种不同类型的风险,按照它们之间的性质进行组合，降低总体的风险水平。第三，风险转移措施，是指在金融风险发生前，通过各种交易活动将可能存在的金融风险进行转移，也是一种有效的事前风险管理措施。第四，风险抑制措施，是一种有效的事后防御措施，通过加强对风险因素的分析和关注，在风险发生前积极采取防御措施，最大程度减少风险造成的损失。第五，风险补偿措施，是指在金融风险发生后，利用相关的资金收入弥补在风险上造成的损失，降低对正常生产经营活动的影响。

2.2 金融风险的外部防范

2.2.1 建立良好的宏观经济环境。因为在经济活动中，金融活动占据主导地位，所以，出现金融风险的问题在于经济活动本身。防范金融风险的前提是要保证经济活动的良性运作和稳定增长。在经济社会发展的过程中，政府应该深化经济体制改革，做好经济的宏观调控工作，改善经济的运行质量，为金融业的发展营造良好的外部环境。同时，政府还应该适当放松对金融活动控制，使金融活动独立化、市场化和商业化。

2.2.2 加快建设社会信用体系。在市场经济体系中，信用环境对于经济和金融活动的有序运行具有重要的影响。因此，政府应该加快建设社会的信用体系，对于经济运行中的失信行为进行严厉打击，防范金融风险，促进我国金融业的健康稳定发展。可以从以下两个方面实施：第一，对金融企业和个人建立社会信用档案，对其失信的行为进行记录，对有着信用不良记录的个人或企业组织，限制其获取资金的途径和数量，对企业和个人进行信用约束；第二，完善相关立法工作，对债权人的合法权益进行法律保护，加大惩罚违反信用的企业和个人，促使人们在金融活动中诚实守信，为金融业的运行营造良好的信用环境。

2.2.3 建立金融风险预警机制。完善的金融预警体系能够有效增强我国金融体系的风险抵抗能力，金融风险具有潜伏性，不容易被察觉。当风险发生时往往会造成较大的社会危害，为了应对金融风险的突发性就需要建立完善的金融风险预警机制，在事前做到很好的控制，及时准确地分析金融机构中的各种风险，针对各种类型的金融风险采取恰当及时的防范措施，降低风险发生的几率。金融机构中的各个单位部门还应该对金融风险分析的材料进行准确及时地上报。只有金融机构各个部门之间通力合作、密切配合才能有效增强应对金融风险的能力。

2.2.4 完善金融监管体系。监管对于金融市场的运作具有重要的作用，金融是现代经济的重要组成部分，加强对金融业的监管能够保证社会经济健康稳定发展。完善金融监管体系就需要使国家的相关经济法规得到贯彻执行，依法保护金融机构和个人的合法权益，不断提升应对金融风险的防范能力。完善的监管体系需要金融业主管机关、公共监督管理部门和社会公众的共同努力，密切配合，相互合作，形成内外部相互配合的立体式监督。还要加强金融监管的国际合作，保证金融体系的健康稳定，实现经济的健康稳定发展。

3 政府金融审计在防范金融风险方面的优势

3.1 政府金融审计的权威性

《中华人民共和国宪法》是我国的根本大法，规定了我国各项经济活动的基本原则，是我国金融审计部门建立的依靠，这有别于我国其他的金融风险防范体系，因此，可以看出我国的金融审计具有较大的权威性。国家审计部门在进行金融审计过程中能够做到依法执行，严格监控金融交易和货币贸易中的金融行为，及时纠正金融企业和个人存在的风险问题。国家金融审计部门属于我国的最高经济监督部门，为了提高审计监督的效率需要对现行的法律法规进行深入了解，及时发现潜在的问题，不断进行完善和改进。因为，我国的金融审计部门不属于金融体系，是一个独立的审计单位，即我们常说的审计部门，其提出的金融修改政策和建议能够得到上层领导的重视，为我国金融政策的制定提供宝贵的意见，对完善我国金融体系具有重要的作用。

3.2 政府金融审计的独立性

金融风险产生的因素有很多,主要包括金融企业的管理方式、内控治理制度、金融市场环境、监管制度的缺陷和监管当局的失职等。金融监管当局负责的金融范围较广,在工作过程中可能存在不当之处。因此需要金融监管机构能够及时处理金融风险问题,依法追究相关企业和个人的法律责任。审计机关不属于金融系统内部的机构,对于金融风险的发生没有关系,因此,可以更加公正、客观地进行金融审计工作,提出客观的金融改革建议。

3.3 政府金融审计的综合性

按照我国相关金融法律规定,政府金融审计独立于银行、保险和证券业等系统之外,起到了外部监督的作用,可以独立全面地监管金融系统,对潜在的金融风险能够及时地发现,对每种不同的金融风险类型进行分析和评判,采取及时有效的防范措施。政府金融审计的优势在于能够对金融审计的对象和内容进行综合监控,为了实施科学有效的风险监控措施,国家审计部门还需要关注国家的相关税收政策和劳动用工情况等。

3.4 政府金融审计的专业性

金融风险具有隐蔽性,其发生往往不能得到及时的发现,消除和化解金融危机需要对其存在风险进行及时发现和处理,金融机构的财务会计信息存在较大的失真,如财务报表造假等夸大了企业的举债能力,容易掩盖潜在的金融风险,一般的审计人们不同通过这些信息得到准确的结论。政府金融审计属于国家的重点建设单位,拥有专业的技术背景,在金融审计方面具有不可替代的作用,能够及时准确地发现潜在的金融风险,降低金融风险发生的几率。政府金融审计不仅拥有专业的审计功能,同时,具有较强的监督功能,防范在审计过程中的违法违纪行为,有效提升审计工作的效率。在对金融风险防范后还能及时总结经验教训,推广审计过程中的工作经验,增强各个部门对金融风险防范的能力。

4 总结

总而言之,金融风险具有隐蔽性,发生时往往不容易被人察觉,金融风险一旦发生对社会往往会造成较大的伤害。因此,为了降低金融风险发生的几率,就需要相应的金融机构和社会各界共同的努力,政府金融审计是独立于金融系统之外的机构,在防范金融风险方面具有不可替代的作用,也是政府积极履行职能所在,因此政府审计部门应该充分发挥职能作用,严控金融风险的发生。只有充分有效的规避金融风险的发生,才会为我国国民经济健康发展营造一个良好的内部环境,促进社会经济的可持续发展。

参考文献

[1]胡婷. 金融风险防范与政府金融审计[J]. 现代商业,2011(27):26-26.

[2]曹严礼. 国家审计在金融风险防范中的作用[J]. 中国审计,2014(17):26-28.

[3]姚雁雁. 金融审计与金融风险防范[J]. 企业技术开发(下半月),2014(9):101-102.

[4]金晶. 银行金融风险会计研究[J]. 现代经济信息,2011(14).

浅析环保产业的投资价值及风险

● 李志伟

（对外经济贸易大学国际经济贸易学院）

摘　要　环保行业目前处于变革的交汇点，政策、观念、技术层出不穷。行业面临长期发展机遇，与周期性行业面临的全面产能过剩相比，环保行业的投资机会显得更加突出，高于行业的投资风险。2015年是新环保法实施的元年，环保行业迎来了高速发展的契机，大气污染、水污染、土壤污染一系列法规及细则也相继制定并落地，环保产业将成为新兴的支柱产业。

关键词　环保　投资　风险

环保产业在诞生之初，仅仅是以环境保护专用设备制造业出现，随着社会和政府部门对于环境问题的重视程度的提升，环境污染的治理与资源综合利用等等相关的问题需要有专业化的运营团队支持，环保产业将会逐渐从制造业转向成环保服务业。环保部于2013年发布《关于发展环保服务业的指导意见》，不仅指出了环保服务业的工作重点与发展方向，更重要的是，这是环保服务业作为单独的一个行业产生并得到认可与重视的标志。目前，我国环保产业，一方面可以服务于工业生产领域，减轻污染排放，保护环境；另一方面，作为一个独立的产业，能够拉动环保产品消费，增加大型环保工程建设，成为新的经济增长点。从目前的趋势看，环保产业已经逐渐发展成为关系到国计民生的重要行业，笔者尝试从行业投资的角度进行价值与风险的分析。

1　环保产业的投资价值分析

1.1　经济增长放缓但更注重质量，环保行业迎来良好发展环境

2012年以来，宏观经济持续下行，2015年上半年GDP增速创5年来的新低，经济结构处于调整阶段。在这样的背景之下，具备穿越周期能力的环保产业显示出强劲的发展势头，这其中体现着对于经济增长质量的追求。对于环保产业而言，不论是环境保护基础设施类资产所呈现的安全稳定的反周期特征，还是符合战略性新兴产业发展政策意图的轻资产高成长性的技术创新企业，都对资本形成了越来越强的吸引力。因此，在宏观经济下行压力之下，新兴的环保行业反而能够获得良好的发展环境。

1.2　产业结构转型期，环保服务业将成为增长亮点

长期以来，第二产业一直是我国GDP构成的"主力军"，无论GDP占比还是增长速度，都处于绝对领先地位。不过，随着"十二五""调结构、转方式"进程的推进，我国产业结构调整取得积极进展。2013年，第三产业发展增速超过了第二产业，同时，第三产业占GDP比重也首次超过第二产业，达到46.1%。虽然经济增长速度整体下滑，但经济发展结构转型具有较好的持续性，尤其发展绿色经济被提升到新的高度。

作为国家重点扶持的新兴产业，国家逐渐提高环保标准，有力拉动了相关产业的市场需求，环保产业规模和涉及领域也在快速增加，其行业特性也使得环保产业成为发展循环经济、绿色经济的重要支撑。随着城镇化的推进与重化工业存量的增加，与之相关的城镇污水、垃圾和脱硫除尘设施运行急

需实现市场化、专业化的运营,环保服务业应运而生,且将成为环保产业发展的新方向和新的增长点,而这个方向也正契合中国经济第二产业与第三产业的增速转换。

1.3 政策密集出台,政府环保支出保持稳定增加

2014 年 11 月 26 日,国务院审议通过《中华人民共和国大气污染防治法(修订草案)》;2014 年 11 月 28 日,国家调整成品油等部分产品消费税,并将新增收入用于增加治理环境污染、应对气候变化的财政资金;2015 年 1 月 1 日新环保法即将正式实施、2015 年 4 月 2 日"水十条"《水污染防治行动计划》正式出台,土十条《全国土壤污染防治行动计划》已基本成型待国务院审议、环境税可能于 2015 年内落地等一系列政策。

根据《环保装备"十二五"发展规划》的预期,我国环保装备总产值年均增长率保持在 20%,2015 年总产值将达到 5 000 亿元。在政策持续加码、需求旺盛的背景下,环保行业发展形势良好、产销两旺,有助于扩大行业投资规模。

目前,我国环境保护方面的支出占比 GDP 不足 2%。有专家表示,参照发达国家的情况,我国环保投入占 GDP 的比重至少应达到 2% ~3%,加之根据"十二五"规划,十二五期间全社会环保投资约 3.4 万亿,综合各方面信息,未来国家财政方面的环保支持将能够达到每年 10% 以上的增长。

1.4 环保标准不断提升,企业加大研发投入

未来政府将加快制(修)订节能环保标准,改善环境质量,通过制定环境质量标准和污染物排放标准体系,进一步扩大污染物的监控范围,提高污染物的排放要求,强化污染物的总量控制,推动传统产业升级改造。环保标准的不断提升,为环保产业的长期稳定发展提供了刚性的政策支持,与此同时,标准提升将会倒逼企业增加研发投入,开发与污染等级相匹配的产品

1.5 重点的投资领域

1.5.1 污水处理行业。经过多年发展,我国城镇生活污水处理业已获得长足发展,很多城市已提前实现国家规划目标,但是我国仍有大量的中小城镇及农村污水远未达标,甚至没有污水处理设施。因此,未来的投资方向,一方面加大新建中小城镇及农村的污水处理厂;另一方面对现有污水处理厂进行升级、改造。同时,"水十条"在 2015 年上半年发布,水污染防治产业链将会迎来高速增长期,水污染防治设备需求将有望爆发。

1.5.2 固废处理处理行业。土壤污染防治作为环境保护"三大战役"之一,在大气和水污染防治陆续打响的近年,不断被重视。《土壤污染防治行动计划》有望在 2015 年底前出台。这份计划是我国第一份土壤污染治理领域的纲领性文件,它将指定从目前到 2020 年的土壤污染防治行动,将直接刺激固废处理行业进入快速发展轨道,特别是固废处理领域,餐厨垃圾处理、固废资源化危险废弃物处理、垃圾焚烧发电等领域的治污企业的订单量,有望得到爆发增长。

1.5.3 静脉产业。随着经济社会的发展,静脉产业成为国家重点培育的一个新兴产业,常被比喻为"城市矿产"。静脉产业园区通过规范化、立体化的管理,引入先进技术设备,共享基础设施,废水、废渣可集中处理和再循环利用,避免二次污染。国内多个城市如青岛、苏州、湘潭等地都在积极建设静脉产业园,其已成为城市污染综合处理的新趋势,

2 环保行业的投资风险分析

环保行业的投资风险主要体现在 4 个方面:政策风险、经济风险、技术风险和市场风险。

2.1 政策风险

影响我国环保产业发展的政策风险大致可以分为 3 部分:产业政策、财税政策和货币政策。

产业政策方面的风险较低。环保产业作为新兴产业得到了各级政府的高度关注,其中,节能环保被列入了七大产业振兴规划,足以看出国家层面对于环保产业的重视。观察近年来环保产业相关的

政策,可以发现政策逐步细化具体,标准逐渐提升且未来仍有继续提升空间,产业政策为环保行业的长期发展奠定了良好的外部环境。

财税政策方面风险也较低。对于环保产业,在"十二五"规划之中,已经对环保产业的政府投入做了明确的规定,环保方面的政府投入需要达到政府支出的百分比已在规划中有明确表述,对于环保行业政府投入层面,起到了明确的保障作用。环保投入占GDP的比例为3%,成为未来中长期的发展目标。目前,这一比例不到2%,未来有较大的发展空间。

相比产业政策与财税政策,货币政策带给环保产业的风险最大。环保产业属于新兴产业,盈利能力在产业发展的初期较难体现,融资能力较差。对于环保行业的投融资分析可以看到,环保行业的融资仍主要来源于自筹资金。在未来利率自由化与市场化的大环境之下,对于主要由民营资本盘踞的环保行业来说,融资成本的提升有可能对于项目造成风险。

2.2 经济风险

2015年,经济整体增速下滑,政府陆续启动一批重大工程。但是下半年经济下行压力依然,所有行业在经济下行周期之中都会或多或少受到影响。环保行业细分行业多,覆盖面大,很多细分行业小公司居多,抵抗风险能力不足,极有可能受到宏观经济的影响。

外部经济环境对于环保产业的影响主要来源于两方面:首先是房地产投资不振带来的经济下滑,近年来房地产开发增速下滑,从而传导到以至降低环保产业需求与支出。其次是地方政府的债务问题。随着宏观经济的下行以及政府职能也在向服务型转变,地方政府扩大基建投资的财政能力也受到一定制约,影响了政府对于基础建设的投资,也将影响钢铁、水泥等相关建筑建材行业的市场需求,从而传导到对于环保方面的支出。

2.3 技术风险

虽然我国的环保产业技术水平在不断提高,但与美日等发达国家相比,我国的环保产业规模、产业结构、技术开发能力、技术含量等方面仍然存在一定差距,主要表现在几个方面。

2.3.1 治理技术比较落后,技术含量较低。我国的环境技术开发仍以常规技术为主,与发达国家相比,环境污染治理技术水平和工艺落后较多。同时,一些关键技术基本上还被外国企业垄断。例如,虽然我国水污染防治技术比较成熟,但是部分特殊污染物处理技术和一些关键技术与国际先进水平有一定差距,部分高端产品需要进口。

2.3.2 高端研发人员与科研机构缺乏。美国、日本、欧洲等发达国家环保产业起步早,且政府提供了大力支持与扶植,环保技术在全球遥遥领先,在某些领域已经形成了技术垄断。我国企业要改变这一现状就需要开发和研制具有自主知识产权的环保技术和产品,也意味着需要高端的专业人才和科研机构。目前,我国大部分科研机构没有明确的专业研究方向,缺少独立的实验室和实验设备,只能做一些环境评估等技术工作,研究和推广能力薄弱。

2.3.3 地区发展不平衡。环保产业的发展程度与所处的地区相关性较大,主要呈现东部地区高于西部地区,经济发达地区高于欠发达地区。

2.4 市场风险

技术研发方面的薄弱,导致我国环保产业的竞争主要集中在技术含量不高的低附加值产品上。除了少数行业的龙头公司具有产品线的研发能力,大部分企业主要是引进国外的技术进行生产,缺乏可持续的技术更新,从而导致市场方面,产品的同质化严重,毛利水平低下,从而使环保企业普遍存在生产规模小、资金短缺、技术落后、管理水平低下的恶性循环。此类企业在市场竞争中处于不利地位,容易因行业竞争出现生产经营上的困难。

参考文献

[1]李晓丽.我国环保产业技术现状与技术战略的选择.河北理工大学学报(社会科学版),2010,03:15.

[2]国务院关于加快发展节能环保产业的意见.2013,08:11.

[3]环保装备"十二五"发展规划.2012,03:02.

[4]宋洋.我国环保产业人才发展战略研究.科技经济市场,2010,04:15.

[5]邱才娣.静脉产业园的发展现状及对策探讨.绿色科技,2012,01:25.

保险资金投资夹层基金的思考与设想

● 盛 丹

（东吴人寿保险股份有限公司）

摘 要 夹层基金作为传统投资形式，一直受到世界各国保险资金的青睐。在我国经纪发展进入新常态的背景下，如何能够利用夹层基金为保险资金投资服务成为了一个新的课题。本文从夹层基金的特点出发，结合我国特有的经济形态，进行了深入思考，并提出了投资设想。

关键词 保险 资金 夹层基金

夹层基金作为发达国家资本市场、尤其是私募股权资本市场上常用的一种投资形式，日益受到我国投资者的关注。而保险资金作为全球夹层基金的最重要的机构投资者之一，理应加入到我国夹层投资市场中来。而近期，《国务院关于加快发展现代保险服务业的若干意见》的发布，首次允许专业保险资产管理机构设立夹层基金等私募基金，无疑成为了我国保险机构开展私募业务的重要突破口。

1 夹层基金概述

"夹层"这两个字概念最初是产生于华尔街。那时"夹层"的概念是在垃圾债券与投资级债券之间的一个债券等级，之后，逐渐的演变到了公司财务中，作为了一种融资方式。而夹层基金是一种兼有债权和股权双重性质的投资方式，实质是一种附有权益认购权的无担保长期债权。投资人可依据事先约定的期限或条件，以事先协议价格购买被投资公司的股权，或者将债权转换成股权。典型的权益认购主要有期权、认股证、转股权或是分红权等金融工具的组合，从而使投资者有机会通过资本升值而获利。一般来说，夹层利率越低，权益认购权就越多。在表现形式上，夹层基金通常采用附有认股权、转股权的夹层债或可赎回优先股等形式。

1.1 夹层基金的特征

一是风险和收益低于股权投资，高于优先债权。在公司财务报表上，夹层基金处于底层的股权资本和上层的优先债之间，这是其被称为"夹层"的原因。二是很少寻求控股，一般也不长期持有股权。夹层基金通常提供还款期限为 1～7 年的资金，更倾向于迅速退出。三是内部采用有限合伙制。一个一般合伙人作为基金管理者，提供 1% 的资金，获得 20% 的收益，但需承担无限责任；其余资金由有限合伙人提供，获得 80% 的收益。

1.2 夹层基金的投资模式

一是夹层债模式。投资人将资金借给借款者的母公司，夹层借款者将其对借款者的股份权益抵押给投资人；抵押权益将包括借款者的收入分配权，从而保证在清偿违约时，夹层投资人可以优先于股权人得到清偿，使夹层投资人权益位于普通股权之上。在夹层债中，投资人通过发放附有认股权、转股权的债权，约定在满足一定条件时，债权可以转换为股权。二是可赎回优先股模式。夹层投资人用资金换取借款者的优先股权益。出现违约时，优先合伙人有权力控制对借款者的所有合伙人权益。夹层投资的优先股一般有回购协议，即由借款人以一定溢价收购优先股或者投资者以一定比例转换为普通股或两者结合。夹层基金投资收益主要有 3 个来源：夹层债权带来的较高的现金利息、夹层股权带来的资本溢价和分红、融资人提前还款带来的溢价。

1.3 融资企业的夹层基金融资结构

一般而言,夹层基金融资结构分为3层,银行等低成本资金所构成的优先层,融资企业股东资金所构成的劣后层以及夹层资金所构成 的中间层。优先层承担最少风险,同时,作为杠杆,提高了中间层的收益。通过这种设计,夹层基金在承担合理风险的同时,能够为投资者提供较高收益。

2 夹层基金在中国的发展

2.1 夹层基金发展历程

2005 年之前,国内的夹层基金基本是以类夹层基金模式为主的信托,曾在国企改制过程中大量应用。2005 年,国内首支完全意义上的夹层投资基金正式成立。2007 年以来,夹层投资案例数量显著增长,2010 年后呈现蓬勃发展的势头,目前,已形成外资投资机构运作的专业夹层基金、全球性投资银行参与的夹层资本、国内银行参与的夹层资本以及国内专业机构运作的夹层基金共同参与的活跃局面。2013 年开始,国内越来越多的机构投资者已逐步向夹层基金注资,但截至目前,夹层基金在私募股权投资业务中规模仍很小。据不完全统计,截至 2013 年,我国夹层基金规模约 130 亿元,夹层基金的数量仅为 3 个,担任一般合伙人的投资机构仅 10 个左右;与之相比,私募股权投资规模可能超过 6 万亿元。

2.2 夹层基金的投资领域

夹层基金投资的企业一般都具有多年稳定成长的历史,或是在过去一年具有正的现金流和营业收益,或者处于发展扩张阶段,业务增长较快,具有可预见的强大而稳定的现金流。夹层基金不会轻易涉足技术风险过高的领域;在考虑高成长性的同时,夹层投资更关注投资标的是否具有高稳定性。

首先,夹层基金可以为基础设施建设、房地产融资等提供资金支持。相对银行贷款而言,夹层基金具有较大的放款和用款灵活性,借款人可以根据自身的财务状况自主地支配资金。同时,夹层基金的投资方式可以避开债权计划市场的激烈竞争,在风险可控的前提下,获得相对较高的收益。

其次,夹层基金也可以缓解中小企业及高新企业融资难等问题。一方面,这类企业在当前宏观形势下较难获得银行贷款、抵押债券等优先债务,通过信托、民间借贷等形式的融资成本过高;另一方面,夹层基金一般不寻求公司控制权,因而不会带来公司股权分散,且融资成本显著低于股权融资。夹层投资通过兼具股、债双性的投资工具同时,实现了融资企业降低成本和保险公司提高收益的愿景。并且,夹层基金有明确的投资期限和退出方式,在时间上保障了投资安全性;分散投资多个项目,在空间上也降低了投资风险。

最后,夹层基金也可以成为并购资本的重要来源。在并购资本构成中,银行贷款约占 60%,收购方自身投入的股权资本约占 10%,夹层投资约占 30%。尤其在企业上市前的资本重组阶段,或者当前 IPO 市场状况不好、公司业绩不理想的情况下,若预计企业在两年之内可以上市并实现较高的股票价格,企业可先进行一轮夹层融资,从而降低总融资成本。

2.3 夹层基金投资模式

夹层基金通过股权、债权的结合进行非标准化产品设计,可实现多种投资模式。国内一般有 4 种:一是股权进入。募集资金投到目标公司股权中,设置股权回购条件,通过资产抵押、股权质押、大股东担保等方式实现高息溢价回购收益。二是债权进入。包括但不限于资产抵押贷款、第三方担保贷款等方式直接进入,通过担保手段保证固定收益的实现,或者私募债的发行主体在债发行之时,将该等债赋予转股权或认股权等。三是股权加债权进入。采用担保或者优先分配的方式实现较低的担保收益,然后在后续经营中获取担保收益以上的收益分配。在项目设计中可通过信托、有限合伙、项目股权等灵活设计,实现各类收益与项目进度的匹配。四是危机投资进入。对相对存在短期经营危机的项目进行投资,可与行业中的优秀企业合作,专门收购资金链断裂的优质项目,退出方式则要求开发商回购或按固定高息回购;也可对公开发行的高息危机债券和可转债金融产品进行投资。

事实上,夹层产品本身非常灵活,每家机构在具体模式设计上不尽相同。夹层投资可以在权益债务分配比重、分期偿款方式与时间安排、资本稀释比例、利息率结构、公司未来价值分配以及累计期权等方面进行协商并灵活调整。

3 保险资金投资夹层基金的思考与设想

3.1 夹层基金的特征符合保险资金投资的要求

一是属于长期投资。有助于保险资金的资产负债匹配管理。二是投资风险相对较低。夹层基金投资风险水平有可能降低到与债券投资相当的程度,并且交易违约率很低。据统计,欧洲的夹层投资交易违约率仅为 0.4%。即使发生违约后,本金回收比例也很高,平均介于 50% ~ 60% 之间。三是可预期收益率相对高。夹层投资利润很大部分来自前端收费和固定的息票利息,欧洲夹层基金在1988—2003 年的平均复合年收益率高达 18%。四是退出途径较为明确。夹层基金的债务构成中通常包含一个预先确定的还款日程表,可在一段时间内分期偿还债务,也可以一次还清,还款模式取决于夹层基金投资的目标公司现金流状况。

总的来看,夹层基金属于中等风险、中等收益,有助于提升保险资金的投资收益率。夹层基金的风险与回报介于优先债务和股本融资之间,而且投资退出的确定性较大,符合保险资金的投资特点。

3.2 保险资金投资夹层基金的设想

夹层基金对保险资金发展另类投资业务具有重要意义。保险资金应抓住政策机遇,积极运用夹层基金投资,逐步推进私募股权投资业务。

第一步,保险机构通过债权计划产品在基础设施领域积累了一定的直接投资经验,可以先从基建项目试点夹层投资方式。保险机构的夹层投资职能可先由直接投资或创新投资部门承担。目前,已有多家保险公司与私募股权投资公司签订夹层基金投资协议,保险资金与股权投资类私募基金的合作正在增加。

第二步,保险机构成立专门的夹层基金投资部门。夹层基金投资目标的产业涉猎面广、投资标的多样化,并与宏观经济和行业景气度的相关程度较高,因此,夹层基金投资具有较高的专业化要求。专属夹层基金投资部门的设置可以更好地与投资标的进行对接。因此,保险机构可以先募集资金成立专项基金,投向若干目标企业或项目,在条件成熟时进一步发展成为子公司。

第三步,通过夹层投资的方式成功启动私募股权投资业务后,保险机构可以适时发起设立私募股权投资公司。这是保险机构股权投资的主要形式。保险资产管理公司下属私募股权投资平台一般仍以直接股权投资为主,其中,夹层基金参与的交易可以作为股权投资的重点考察标的,在股权转为普通股后退出时,也可以选择转让给私募股权投资公司。

参考文献

[1]张文立. 论夹层基金在我国的发展. 2012.

[2]毕涛. 夹层基金及融资方式新发展的研究. 2014.

[3]王岩,张英华. 保险资金运用与基金组织结构的完善. 保险研究,2002.

[4]单川. 论我国保险资金运用投资基金的问题及对策. 2001.

[5]刘懿增. 政府引导夹层基金发展的问题研究. 金融发展评论,2014.

[6]丁爱华. 保险资金投资方式研究. 2006.

从"马歇尔计划"看"一带一路"倡议
对中国经济发展的影响

● 姚 丹

（中国人民大学经济学院）

摘 要 本文通过比较分析"一带一路"倡议与"马歇尔计划"，认识两者的本质区别，阐述了"一带一路"可能对中国经济产生的影响，同时，对"一带一路"的实施提出相应意见与建议。

关键词 一带一路马歇尔计划 产能过剩 结构转型升级

2013 年，习近平总书记提出了共建"丝绸之路经济带"和"21 世纪海上丝绸之路"（以下简称"一带一路"）的重大倡议，受到国内外社会各界的广泛关注。随着倡议的提出，很多人开始将"一带一路"与第二次世界大战后美国对西欧实施的"马歇尔计划"①作比较，质疑"一带一路"是否是中国版的"马歇尔计划"？为了进一步领会"一带一路"倡议的核心精神，正确认识当今经济全球化趋势下中国的经济地位和未来发展方向，本研究通过分析两个计划的异同，从"马歇尔计划"的经验与教训中剖析"一带一路"可能对中国经济产生的影响，为我国在计划实施过程中经济决策的制定提供一定参考意见，这对于中国企业"走出去"，全面推行国际化经济合作具有重要意义。

1 "一带一路"的内涵

1.1 "一带一路"产生的背景

1.1.1 中国急需走出经济失衡的困境。改革开放 30 多年来，中国经济发展取得的成效有目共睹，但其结构长期不合理的矛盾也日益显现。要想实现经济可持续发展，中国必须尽快完成自身经济结构的转型与升级。在经济全球一体化的大趋势下，引入外部经济要素成了经济结构调整的一种新途径，适当引入外部要素不但能促进内部的改革，还能减轻内部改革的压力。

1.1.2 美国的战略围堵不断。美国的战略围堵主要来自军事、经济和软力量（意识形态、文化等）3 个方面。单从经济层面来说，美国极力推动打造"跨太平洋全球最大自由贸易区（TPP）"，在服务贸易、知识产权、劳工和环境保护等方面的最高门槛，将进一步削弱我国工业出口产品的成本优势，影响我国工业实施的"走出去"战略。"丝绸之路"则可以从经济上和软力量方面瓦解美国的围堵。

1.1.3 新兴市场国家寻求新的发展方式。2008 年金融危机之后，全球经济格局面临重大调整和变革，欧美日等发达国家在金融危机中受到重创，对于过度依赖欧美市场的新兴市场国家来说更是面临着极大的困难。他们迫切希望摆脱完全依赖发达国家出口的经济模式，参与区域经济合作以激活自身发展的内在动力，迅速提升经济发展水平。在这个过程中，中国各个方面的优越条件，决定了其必须扮演领导角色。

---

① "马歇尔计划"又称作"欧洲复兴计划"，是第二次世界大战结束后美国对被战争破坏的西欧各国进行经济援助、协助重建的计划，对欧洲国家的发展和世界政治格局产生了深远的影响。该计划同时为美国增加了大量出口，帮助美国消化战后的过剩产能，为美国经济开辟了巨大市场，还使美元成为西欧各国通用的结算货币，为美元成为全球性货币奠定了基础

1.2 "一带一路"的产生

2013年9月7日，国家主席习近平在哈萨克斯坦纳扎尔巴耶夫大学发表重要演讲时，首次提出了加强政策沟通、道路联通、贸易畅通、货币流通、民心相通，共同建设"丝绸之路经济带"的倡议；2013年10月3日，习近平主席在印度尼西亚国会发表重要演讲时明确提出，中国致力于加强同东盟国家的互联互通建设，愿同东盟国家发展好海洋合作伙伴关系，共同建设"21世纪海上丝绸之路"，"一带一路"由此产生。

"一带一路"的内涵可以归纳为两点：一是从硬件上来说，将古丝绸之路的商贸往来功能拓展为贸易、投资、金融合作及贸易投资便利化的四大合作方向；二是软件，将古丝绸之路的文化交流提升为政府与民间两个层次。

2 理性看待"一带一路"与"马歇尔计划"的异同

2.1 为什么"一带一路"被误认为是"中国版马歇尔计划"

中国经济学家林毅夫在2009年提出了应对金融危机的"新马歇尔计划"。同年，针对金融危机冲击下中国出口减速的情况，时任全国政协委员的许善达提出了由中国政府牵头，对海外进行大规模定向投资来创造内需的倡议，这一倡议被称作是"中国式马歇尔计划"。在上述两种概念的基础上，"一带一路"出台后迅速被中外媒体形容为"中国版马歇尔计划"。"一带一路"实现互联互通目标需要的大规模投资，将实际拉动中国和伙伴国经济发展，并从客观上推动地区融合，同时还能缓解中国的过剩产能压力、逐步实现人民币国际化，这与"马歇尔计划"对"二战"后欧洲各国经济复苏以及促进欧洲一体化的作用类似。

2.2 不同点

2.2.1 从出台背景来看。"一带一路"是和平时期的产物，在世界经济都面临着产业结构调整的后金融危机时代，新兴经济体参与全球治理的作用不断增强。"一带一路"的倡议，以中国扩大开放为契机，促进与"一带一路"区域内国家建立相互融合、更加紧密的经济联系，为各国发展创造新机遇，也为其参与广泛的区域经济合作搭建了新平台，这是广大新兴国家发展的需求，更是全球经济发展的需要。

而在"马歇尔计划"提出之前，受第二次世界大战的影响，欧洲形势巨变。美国是西方大国中唯一没有受到战争直接破坏的国家，坚实的物质基础、霸权野心的膨胀及对外部世界威胁的忧虑感和恐惧感，促使美国希望借此机会实现欧洲各国经济权力的重新分配，通过出口贸易寻求更广阔的海外经济市场，为美国成为世界大国奠定了经济基础。

2.2.2 从倡议目标来看。"一带一路"本质上是相关国家共同合作的平台，是中国提供给国际社会的公共产品，强调"共商、共建、共享"原则，倡导新型国际关系准则和21世纪地区合作模式。"一带一路"合作倡议建立在合作共赢的基础上，提倡沿线国家进行平等友好的经济往来、文化交流，实现共同发展。

美国通过"马歇尔计划"成功地实现了对西欧经济的掌控，导致西欧各国对美国经济的依赖性日益加深。"马歇尔计划"附加了苛刻的援助条件，例如，要求受援国定期提供详细的经济情报，为美国提供战争工业所需的战略储备物资等，受援国只能无条件接受。"马歇尔计划"充分展示了美国控制欧洲的战略意图，肩负着稳固欧洲以对抗苏联的战略使命。

2.2.3 从参与主体来看。"一带一路"贯穿了亚、欧、非大陆，连接了活跃的东亚经济圈和发达的欧洲经济圈，沿线国家多为发展中国家和新兴国家。这一合作倡议有助于促进发展中国家间的经济合作和文化交流，推动各类国家实现优势互补和经济整合，开创南南合作、区域合作与洲际合作的新模式。

"马歇尔计划"的参与国包括美国和英法等欧洲资本主义国家,是第一世界对第二世界的援助,社会主义国家及广大第三世界国家被排除在外。

2.2.4 从倡议内容来看。"一带一路"是中国与丝路沿线国家分享优质产能、共商项目投资、共建基础设施、共享合作成果,内容包括政策沟通、设施联通、贸易畅通、资金融通、民心相通,比"马歇尔计划"内涵丰富得多。

而"马歇尔计划"的主要内容是美国对西欧提供物质资源、货币、劳务援助和政治支持,是美国的单方面输出。根据"马歇尔计划"的要求,受援国必须优先购买美国的剩余农产品作为贷款的条件;必须消除关税壁垒;在经济上接受美国的监督等。其结果是美国成功将国内大量剩余资本和过剩产品向西欧转移,同时,削弱了西欧国家的关税壁垒,从而缓解了美国经济重组的压力,推动建立了美国战后金融霸权。

3 "一带一路"对中国的经济意义

3.1 短期内缓解国内产能过剩的压力

我国产能过剩的原因可以归纳为以下几个方面:一是我国地域广阔、资源不集中;二是企业自主创新能力薄弱;三是传统产能过剩和新兴产业供给能力不足并存等。在这样的情况下,"一带一路"为中国提供了良好的产能外输和刺激企业创新成长的平台。值得注意的是,沿线伙伴国大部分为新兴市场国家,经济发展落后、消化能力不足的问题仍然普遍存在。因此,中国需要通过投资、出口的方式进一步提升他们的消化能力,同时,缓解国内产能过剩的压力,这无疑是一个互利共赢的过程。

3.2 有利于人民币实现国际化

金砖国家银行、亚洲基础设施投资银行和丝路基金的设立,被归纳为"一带一路"的重点安排,对进一步扩大人民币在贸易结算领域的使用,增加人民币的海外融资提供了重要支持。其中,金砖国家银行更是能大幅提高了中国的国家信用,极大地促进人民币国际化进程。

3.3 为我国开辟高端制造业市场

国内制造业相对低端,难以打入欧美市场,缺乏世界知名品牌和跨国企业,大部分基础制造业的产能严重过剩。再加上近几年快速上升的劳动力成本使得我国逐渐丧失了基础制造业的优势。在"一带一路"的构想中,新兴市场国家急需加强基础设施建设,这就为我国制造业"走出去",拓展海外市场带来了新的机遇和挑战。

4 对我国实施"一带一路"的建议

先从内部来说:一是加大政府的统筹协调力度。可以考虑在中央与地方建立上下联动的"一带一路"区域协调机制,调动各地区各部门的积极性,激发实力企业的活力,避免出现"一哄而上"和恶性竞争的现象。二是要突出企业的主体作用。企业要进一步强化自身的社会责任意识和可持续发展意识,走出国门后更应该树立良好的企业形象和公民形象,为今后参与跨国合作的企业起到表率和带头作用。三是加强研究力量和人才培养。智库、高校等非官方组织应深化对"一带一路"沿线国家的研究,与国外研究机构建立长期、稳定的合作机制,为政府与企业全力提供"一带一路"建设的智力支撑服务。

再从外部来看:一是完善基础设施建设,促进互联互通。目前我国通向中亚、东南亚国家的公路、铁路、港口等基础设施还面临联而不通、通而不畅的问题,通关效率低下导致商品流通成本增加,一定程度上制约了"一带一路"国家的经贸往来。我国应充分利用港口企业技术资金的优势和与"海上丝绸之路"沿线国家的良好合作基础,加大基础设施投资和建设,创造更加自由、开放的贸易投资环境。从真正意义上实现"政策沟通、设施联通、贸易畅通、资金融通、民心相通"。二是构建多方利益合作平台,实现互利共赢。建议从共同利益出发,充分挖掘"一带一路"国家经济互补性,建立和健全供应链、产业链和价值链,促进泛亚和亚欧经济一体化。三是加强人文交流,正确阐述倡议内涵。信任与尊重是"一带一路"倡议的前提。我国应从文化、旅游等领域加强与"一带一路"国家的人文交流,消除误会与顾虑。同时,更应突出和平、包容和共赢的发展理念,强调"一带一路"并不包含"战略化"的军事色彩,更不是中国谋求霸权主义的手段,而是站在政治上相互尊重、经济上互利共赢的立场上推进这一倡议的。

5 结论

由此可见,"一带一路"虽然在一定程度上能够发挥"马歇尔计划"的类似作用,但两者在倡议出台背景、目标、参与主体和内容上有着本质的区别,"一带一路"顺应了和平、发展、合作、共赢的新潮流,其内涵和意义远远超越了"马歇尔计划",且面临着更多问题与挑战。尽管如此,"马歇尔计划"仍可以给"一带一路"的实施提供正反两面的教训与经验。目前,"一带一路"正处于实施的初级阶段,对中国经济产生的影响已经逐步显现,相信在未来的日子里,中国会继续用实际行动向全世界证明这一倡议的合理性与前瞻性,让大家拭目以待吧!

参考文献

[1]李克强. 关于调整经济结构促进持续发展的几个问题[J]. 求是,2010(11).

[2]刘华芹. 积极实施"走出去"战略助推"一带一路"建设[J]. 国际商务财会,2015(2):8-10.

[3]金玲. "一带一路":中国的马歇尔计划[J]. 国际问题研究,2015(1):89-90.

[4]王新谦. 马歇尔计划:构想与实施[M]. 北京:中国社会科学出版社,2012:1-33,133,137,188.

[5] The BOSTON CONSULTING GROUP. The BCG Global Manufacturing Cost - Competitiveness Index. https://www.bcgperspectives.com/content/interactive/lean manufacturing globalization bcg global manufacturing cost competitiveness index/,AUGUST 19,2014.

浅析领导力在团队中的重要作用

● 崔 丽

（中国人民大学）

摘 要 毫无疑问,任何一个群体,如果没有了领导的存在,必然陷入迷茫与困惑而失去方向。一个团队的成功与否,关键在于团队领导的能力。领导力是一种由内而发的力量,一个成功的领导者不是取决于他自身的领导潜力,而是外在于他的价值体现,在于他对这个世界的改变。本文就将如何做好领导工作提出几点看法。

关键词 领导 控制 目标 创新

随着社会和经济的飞速发展,企业之间的竞争也越来越激烈,竞争方式也多种多样,但归根到底,企业之间的竞争无疑是人才的竞争。企业的领导者如何让其员工发挥更大的作用,如何让其领导团队取得更大的成绩,本文就以一个团队的领导者应做好以下几方面的工作作出浅析。

1 团队领导者应具备的基本素养

1.1 愿景——明确目标

团队的领导应该首先界定团队的目标,并使之明确。团队目标为团队成员指明了努力的方向,没有目标,团队成员就会失去方向,没有了目标,团队就没有存在的价值。团队的目标把相互依存和相互联系的人们维系在一起,使他们以一种更加有效的合作方式来达成个人和团队的目标。在界定了团队的目标之后,要想让其产生激励,鼓舞和导航作用,还需要生动逼真的语言表达出来,使团队的每位成员都心知肚明,明确的目标几乎是所有成功团队的一致特性,有很多团队不成功的原因之一就是目标模棱俩口,或没有将该目标有效地传达给相关成员。目标还必须是可量仪的,精确表达出来到目标比含糊其辞的大致描述更能使行动者做好心理准备,以便决定投入多少资源和能量。团队领导者可以用运财务指标使团队目标量仪,用来考核评价团队的绩效。

1.2 自信——自信者胜

自信是一种积极的表现,是一种纵然面对危机也能保持谨慎乐观的心态。它是一种对自己素质、能力作积极评价的稳定的心理状态,即相信自己有能力实现自己既定目标的心理倾向。是建立在对自己正确认知基础上的、对自己实力的正确估计和积极肯定。是自我意识的重要成分。自信是非常重要的。领导者角色是具有挑战性的,而挫折是难免的,自信能让领导者克服困难,在不确定的情况下敢于作出决策,并且能逐渐将自信传给其他人。自信的外在体现的是激励。激励自己,激励团队中的每一个人以积极的心态去面对人生,面对工作,这样美好的愿望和远大的理想才能有可能实现。

1.3 纳贤——人才至上

作为领导者,永远都要把新鲜血液作为管理的前提。人才是创造企业利润的源泉,是企业发展的原动力。人才兴,事业兴;人才强,企业强。激烈的市场竞争,是企业经济实力的竞争,是企业技术实力的竞争,是企业经营管理能力的竞争。而这些都要靠人才来支撑,人才决定实力,决定事业的成败。归根到底,现代企业的竞争是人才的竞争。引进优秀人才对促进企业快速发展、进行技术创新、掌握

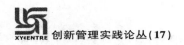

行业信息、降低成本、有效缩短企业与竞争者之间差距等方面都有着巨大的作用和意义。

2 团队领导者应具备的内涵培养

2.1 更好的自我控制能力

领导者的自我控制能力其实就是我们说的理性管理。自我控制是自我意识在行为上的表现，是实现自我意识调节的最后环节。它包括自我检查、自我监督、自我控制等。自我检查是主体在头脑中将自己的活动结果与活动目的加以比较、对照的过程。自我监督是一个人以其良心或内在的行为准则对自己的言行实行监督的过程。自我控制是主体对自身心理与行为的主动的掌握。自我调节是自我意识中直接作用于个体行为的环节，它是一个人自我教育、自我发展的重要机制，自我调节的实现是自我意识的能动性质的表现。自我意识的调节作用表现为：启动或制止行为；心理活动的转移；心理过程的加速或减速；积极性的加强或减弱；动机的协调；根据所拟订的计划监督检查行动；动作的协调一致等。

2.2 更广的人际交往能力

孔子曾说过："独学而无友，则孤陋而寡闻"，人们相互间的交往可以帮助我们提高对自己和他人的认识，才能对他人有更完整的认识，对自己有更深刻的认识，这样才能得到别人的同情、关怀和帮助，才可能实现自我完善。并且人际交往是人与人之间的一种互动，是协调一个集体关系、形成集体合力的纽带，是一个集体成长和社会发展的需要现在的社会是信息社会，信息量之大，其价值之高，是前所未有的。随着信息量的扩大，人们对各种信息和信息利用的要求也在不断增长，而人际交往有利于相互传递、交流信息和成果，使自己丰富经验。一个人的成功15%取决于他的专业知识，85%则取决于他的社交能力，因此，人际交往是生活中的重要组成部分。人际交往的核心部分，一是合作；二是沟通。培养交往能力首先要有积极的心态，理解他人，关心他人，日常交往活动中，要主动与他人交往，尤其是要敢于面对与自己不同的人。其次要从小做起，注意社交礼仪，积少成多；再次要善于去做，大胆，消除恐惧，加强交往方面的知识积累，在实际的交往生活中去体会，把握人际交往中的各种方法和技巧。另外，要认识到在与别人的交往中，打动人的是真诚，以诚交友，以诚办事，真诚才能换来与别人的合作和通，真诚永远是人类最珍贵的感情之一。

2.3 更远的创新改变能力

创新已经在现代领导学中成为最基本的领导知识，但是很少有领导者可以利用创新开创一种全新的未来。而我们在一个成功的领导者身上看到的是创新的勇气和创新的思维。创新思维不是空想，不是对美好未来的描述，而是一种追求美好未来的动力。所有领导者创新思维的培养都是在目标不断达成中实现的。因此，领导者的创新思维必须与时俱进才能转化为创新的动力，才能与现实相结合。创新一直占据着一个重要的位置，任何创新思维，创新方法者是领导力的体现，只有创新转化成了行动与改变之后，才能称得上是真正的领导力。创新可以说是一个企业生存和发展的灵魂。对于一个企业而言，创新可以包括很多方面：技术创新，体制创新，思想创新……简单来说，技术创新可以提高生产效率，降低生产成本；体制创新可以使企业的日常运作更有秩序，便于管理，同时，也可以摆脱一些旧的体制的弊端。

3 团队领导者如何提升领导力

3.1 以人为本，我为人人

以人为本的管理的基本思想就是人是管理中最基本的要素，人是能动的，与环境是一种交互作用：创造良好的环境可以促进人的发展和企业的发展；个人目标与企业目标是可以协调的，将企业变成一个学习型组织，可以使得员工实现自己目标，在此过程中，企业进一步了解员工使得企业目标更能体现员工利益和员工目标;以人为本的管理要以人的全面发展为核心,人的发展是企业发展和社会发展的前提。我为人人就是一个领导始终想员工之所想,为员工解决实际困难。设身处地为员工着想。

3.2 以身做责,言行一致

作为一个领导首先要以身做责,言行一致,公私分明。这个也是建设团队的基础。作为领导要建设自己团队的关键与难点把自己的团队打造成每个人具有自主型,思考型,合作型的特点。给我们的员工一个框架,给予一定的权利,让其在框架里发挥自己的思考,(如,我们那方面不如我的竞争对手,那方面我们可以做得更好等),毕竟一个人的思考是有限的,要发动每个人的潜力与力量,做到集思广益,尊重我们每个人的意见与方法,促进团队的合作,在今天这个竞争激烈的社会中,也是一个合作的社会,即双赢。

3.3 以理服人,以德服人

"以理服人"是前提,而往往产生效果的是"以德服人"。"以理服人"是基础,项目团队中的每个成员,不是有统一评判准则的克隆人,而是有独立思想的自然人。每个人的好恶不一,领导者也不能以个人的好恶和主观印象来评判团员之间的摩擦,解决发生的冲突。只有基于客观事实和普遍认可的道理,才能做到一碗水端平,让争端的双方都知道领导者的做法是对事不对人,评判的准则是大家所共识的道理。在某种角度上,"不患寡而患不均"也是这个道理。"以理服人"是每个领导者所要具备的基本素养,它可以保证人员计划能够按照预计逐步推进,不会出太大的波动。而"以德服人"则是更进一步,利用领导魅力,和团队中的成员建立某种两个人之间的思想共鸣。让成员自觉地为团队贡献自己的能力,让更多有能力的人团结到领导周围,形成强有力的团队战斗力。

我们相信对于成功领导的存在,无需怀疑,任何一个站在高处的领导者都不是天生的,而是从底层坚持不懈攀爬而至的。不要再羡慕他人的天赋异禀,也无需抱怨自身资质低下,这个世界上没有天生的领导者,只有后天的领导力,而这份力量的获得者就是当今的成功者、卓越者。

参考文献

[1]爱德华·德·波诺.六顶思考帽.新华出版社.

[2]武彬.领导力.武汉大学出版社.

[3]王利平.管理学原理.中国人民大学出版社.

[4]曾仕强,刘君政.人际关系与沟通.清华大学出版社.

[5]汪中求.细节决定成败.新华出版社.

[6]孙健敏.人员测评理论与技术.湖南师范大学出版社.

[7]傅夏仙.管理学.浙江大学出版社.

[8]徐芳.培训与开发理论及技术.复旦大学出版社.

[9]文跃然.薪酬管理原理.复旦大学出版社.

执行和解承担注册资本金不实
责任后是否仍会被追责

● 丁 培

(中国人民大学法学院)

摘 要 根据最高人民法院《关于适用〈中华人民共和国公司法〉若干问题的规定(三)》第13条规定,公司债权人暨申请执行人可选择诉讼程序追究出资不实股东的补充赔偿责任。因注册资本金不实被追加的被执行人与申请执行人达成了和解,签订了打折还款的和解协议并履行完毕,案件执结。但对注册资本金不实的责任,其他债权人还能否继续向该股东追责? 实践中存在不同认识。

关键词 股东 注册资本金不实 执行和解 继续追责

案件简要情况:A 有限公司是 B 有限公司的债权人,C 有限公司是 B 有限公司的股东。A 有限公司享有 B 有限公司 120 万元债权,B 有限公司注册资本 150 万元,其中,C 有限公司认缴 B 有限公司 100 万元出资,但未履行出资义务。A 有限公司请求 C 有限公司在未出资本息范围内(本息合计为 120 万元)对 B 有限公司债务不能清偿的部分承担补充赔偿责任,人民法院已予支持。在执行过程中,C 有限公司与 A 有限公司达成执行和解协议,A 有限公司享有 B 有限公司 120 万元债权打 5 折,由 C 有限公司一次性支付 A 有限公司 60 万元,已实际履行完毕,该案已经法院执结。D 有限公司也是 B 有限公司的债权人,D 有限公司享有 B 有限公司 50 万元债权,D 有限公司请求 C 有限公司在未全面履行出资义务范围内的本息(120 万元减去已履行的 60 万元,余额为 60 万元)对 B 有限公司债务不能清偿的部分承担补充赔偿责任,人民法院是否应当给予支持。

观点一:C 有限公司已对 B 有限公司履行了出资义务,D 有限公司向 C 有限公司的请求主张不应被支持。

这种观点认为,根据公司法的规定,B 有限公司是企业法人,有独立的法人财产,享有法人财产权。B 有限公司以其全部财产对公司的债务承担责任。C 有限公司是 B 有限责任公司的股东以其认缴的出资额为限对公司承担责任。

根据《最高人民法院关于适用〈中华人民共和国公司法〉若干问题的规定(三)》(以下简称:公司法司法解释(三))的第 13 条规定,公司债权人请求未履行或者未全面履行出资义务的股东在未出资本息范围内对公司债务不能清偿的部分承担补充赔偿责任的,人民法院应予支持。C 有限公司认缴 B 有限公司的 100 万元未履行出资义务,未出资范围内本息合计为 120 万元,且 A 有限公司对 B 有限公司享有 120 万元债权,A 有限公司请求 C 有限公司在未出资本息范围内对 B 有限公司债务不能清偿的部分承担补充赔偿责任,于法有据。

根据民诉法第 207 条的规定,在执行中,双方当事人自行和解达成协议的,执行员应当将协议内容记入笔录,由双方当事人签名或者盖章。根据《最高人民法院关于人民法院执行工作若干问题的规定(试行)》(以下简称:《执行工作若干规定》)第 86 条,在执行中,双方当事人可以自愿达成和解协议,变更生效法律文书确定的履行义务主体、标的物及其数额、履行期限和履行方式。因此,C 有限公司与 A 有限公司在执行过程中达成执行和解,A 有限公司享有 B 有限公司 120 万元债权打 5 折,由 C 有限公司一次性支付 A 有限公司 60 万元,属于当事人意思自治且符合有关法律及司法解释的规定,因此,C 有限公司一旦按照和解协议实际履行,向 A 有限公司支付完毕,该案就应当执行结案。C 有限公司应当承担的责任范围为认缴的出资,本息合计 120 万元,通过执行和解的方式履行完毕,应当视同 C 有限公司对 B 有限公司的出资履行完毕。

因此,B 有限公司的另一债权人 D 有限公司,向 C 有限公司的请求主张不应被支持。

观点二:C 公司对 B 公司部分履行了出资义务,D 公司向 C 公司的请求主张应被支持。

这种观点认为,C 有限公司认缴 B 有限公司的 100 万元未履行出资义务,未出资范围内的本息为 120 万元;C 有限公司根据民诉法及最高院关于民事执行问题的若干规定,在执行过程中与 A 有限公司达成执行和解,A 有限公司对 B 有限公司 120 万元的债权打 5 折,C 有限公司一次性实际支付给 A 有限公司 60 万元。根据公司法司法解释(三)的第 13 条规定,公司债权人请求未履行或者未全面履行出资义务的股东在未出资本息范围内对公司债务不能清偿的部分承担补充赔偿责任的,人民法院应予支持。而 C 有限公司应当在未出资本息 120 万元范围内承担责任,扣除实际支付给 A 有限公司的 60 万元后,仍有 60 万元尚未承担。

A 有限公司和 D 有限公司均是 B 有限公司的债权人,且债权是平等的,A 有限公司向 C 有限公司主张的是 C 有限公司对 B 有限公司在未履行出资义务的本息(120 万元)范围内承担补充赔偿责任,而 D 有限公司则是请求 C 有限公司对 B 有限公司在未全面履行出资本息(120 万元扣除已履行的 60 万元,还有 60 万元)范围内继续承担责任,即 C 有限公司应对 B 有限公司出资本息差额的 60 万元内继续承担补充赔偿责任。D 有限公司仅享有 B 有限公司 50 万元债权,因此,D 有限公司对 C 有限公司主张的赔偿责任应以 50 万元为限,D 有限公司的请求主张应被支持。

笔者立足于不同的视角,分析上述两种观点,对因执行和解承担注册资本金不实责任,原股东是否仍会被追责进行了探讨,笔者认为第一个观点不妥,赞同第二种观点。具体理由如下。

1 债权平等受偿

债权与物权有极大的不同,物权采法定,一物一权,债权为意定权,在同一标的物上可以同时并存数个债权,而且数个债权人对同一个债务人先后发生数个普通债权时,其效力一律平等,不因其成立先后而在有效力上存在的优劣。因此,A 有限公司是 B 有限公司的债权人,D 有限公司也是 B 有限公司的债权人,A 有限公司与 D 有限公司均为 B 有限公司的普通债权人,债权效力一律平等,无优劣之分。B 有限公司享有法人财产权,以其全部财产对公司的债务承担责任。因此,A 有限公司和 D 有限公司均应平等受偿。

2 出资既是股东的约定义务也是对公司的法定义务

笔者认为,对该问题的分析,要正确地认识股东的注册资本金不实责任,要依商事原理,注意维护和平衡商事交易的安全、公平和快捷。任何事情都应有前提和基础,商事活动也不应例外,在商事活动中,特别是公司实践中,公司章程、股东出资情况、股东名册等工商登记信息的公示效力必须给予维护,否则会使经济行为主体在商业活动中丧失判断,无所适从。笔者认为,上述类型案件在执行的过程中,特别是在公司法对股东出资采用认缴制后具有一定的代表性,单纯的基于保护债权人的角度,或单纯基于民法的意思自治原则,都有可能有失公正。因此,我们要回归公司股东出资责任的本意。

虽然新修订的公司法,修改注册资本实缴制为注册资本登记认缴制,取消了注册资本缴纳的期限要求和最低限额要求以及验资制度等规定,但工商登记作为对外公示的主要手段,直接反映了一个企业的内部状况,登记的法律效力应得到足够的尊重。工商登记中载明了股东情况、持股比例,出资数额及股权价值,是公司的债权人与其商事交往的前提和基础,也是债权人向公司或公司股东主张权利的重要依据。根据新修订的公司法第3条、第28条规定,公司是企业法人,有独立的法人财产,享有法人财产权,公司以其全部财产对公司的债务承担责任。有限责任公司股东仅以其出资额为限对公司承担有限责任,股东应当按期足额缴纳公司章程中规定的各自所认缴的出资额。股东不按照期缴纳出资的,除应当向公司足额缴纳外,还应当向已按期足额缴纳出资的股东承担违约责任。因此,出资既是股东的约定义务也是对公司的法定义务。

3 股东出资不实的责任范围

C有限公司认缴B有限公司的100万元出资未履行,未出资范围内的本息合计为120万元;在执行过程中,C有限公司与A有限公司达成执行和解,A有限公司享有B有限公司120万元债权打5折,由C有限公司一次性支付A有限公司60万元执行结案。A有限公司享有B有限公司120万元债权,看似与C有限公司对B有限公司认缴而未出资的范围内本息120万元的数额一致,通过执行和解的方式,C有限公司支付60万元代价了结120万元的债务,执行完毕。如果认为,至此,C有限公司对B有限公司的注册资本已履行完毕,根据《执行工作若干规定》第82条的规定,该股东已在相应范围内承担责任后,不得裁定重复承担责任;则B有限公司的另一债权人D有限公司将无法继续追加C有限公司为被执行人,要求C有限公司继续承担注册资本金不实的责任。但依照公司法的一般原理及根据公司法司法解释(三)第13条的相关规定,股东未按照公司法及公司章程规定足额缴纳出资,不履行出资义务或不完全履行,应当在未出资本息范围内对公司债务不能清偿的部分承担补充赔偿责任。因此,股东应继续履行出资义务,向公司补足认缴的资本金。

在此情形下,股东实际上对公司违约,对公司负有债务,按照代位求偿的理论,公司债权人可向公司的股东代位行使债权求偿权,股东应当在未出资本息范围内向公司债权人承担连带清偿责任。此外,《执行工作若干规定》第80条规定,公司作为被执行人时无财产清偿债务,如股东出资不实或抽逃出资,可以裁定追加、变更该股东为被执行人,在其未缴纳出资或抽逃出资范围内,对申请执行人承担责任。

4 结论

对于不履行出资义务的股东,应在其未出资本息范围内对公司债务承担赔偿责任。C有限公司与A有限公司达成执行和解,仅是C有限公司作为B有限公司的股东在其未出资本息范围内承担了部分赔偿责任,C有限公司对B有限公司仍属于不完全履行出资义务。D有限公司作为B有限公司的另一债权人对C有限公司主张权利,并没有扩大或加重C有限公司根据法律或司法解释应当承担的范围或责任,也没有违背《执行工作若干规定》82条——股东已在相应范围内承担责任后,不得裁定重复承担责任的规定。综上,应当支持D有限公司的请求主张。此外,如果A有限公司(债权人)、B有限公司(债务人)和C有限公司(股东)是串通行为,一旦股东与债权人达成的打折和解视同股东出资到位将严重损害公司其他债权人的利益,也应当给予足够的重视,杜绝此种情形发生的可能性。

领导干部德的考核评价标准与方法研究

● 李 敬

（朝阳区委组织部）

摘 要 中国共产党历来重视领导干部政德建设,党的十八大明确了"抓好道德建设"这个基础任务。在干部德的考核评价实践中,还存在标准抽象模糊、方法相对单一、结果运用不充分等问题。为此,本文提出了建立德的考核"三级指标体系",采取量化计分方法进行科学化考评,通过分类预警实现结果运用的最大化。

关键词 官德 考核评价 量化分析 预警

我国自古至今都十分重视官吏的品德养成,我们党继承传统文化中官德建设的积极合理成分,始终加强干部政德建设。面对新时期新任务,党的"十八大"又再次强化了德才兼备、以德为先的用人导向,明确了"抓好道德建设"这个基础任务。2011 年中组部印发了《关于加强对干部德的考核意见》,为推进干部德的考核工作指明了方向,发挥了重要指导作用,但干部的德"界定难、考核难"依然是考核工作中的一道难题。围绕德的考评"落地"问题,笔者进行了专题研究,以形成更具针对性的标准和更具实操性的方法。

1 目前德的考核评价中存在的难点问题

多年来,我党始终坚持德才兼备、以德为先的用人标准,各级党委组织部门一直对领导干部德的考核评价进行实践探索。从实施效果来看,领导干部的德才素质相比过去有较大提升,但同时也发现,目前,仍存在一些深层次问题。

1.1 考评标准抽象模糊

干部德的要求仍是原则性和方向性的,德的考评"缺乏可操作性标准",集中体现在:一是内容不够具体。中央提出干部的德主要包括五个大的方面,但相对比较宏观,指标设置比较笼统宽泛,使参与考核人员难以评判。二是标准不够量化。量化分析是考核工作科学化的重要工具,但目前德的标准多是原则性的,定性指标多,量化指标少。三是差异性不够突出。干部的德既有共性要求,也有特殊要求,但目前指标中仍存在"上下一般粗"、"对谁都一样"的问题,使德的考核差异性、针对性未能充分体现。

1.2 考评方法相对单一

当前的考核方法多是传统方法的沿用,存在简单化、平面化的倾向,主要表现为"三多三少":一是集中性考察多,经常性考察少。对干部德的考察往往集中在干部提拔前进行,在较短时间里,很难了解清楚干部平时德行表现,容易忽略干部一贯表现。二是对公领域关注多,对私领域关注少。目前,对干部德的考察主要还是集中在工作圈,对"8 小时外"的表现缺乏了解的渠道和方法。三是组织途径多,社会途径少。目前,考德主要通过组织部门向相关单位以及干部群众搜集信息,属于"内部人评内部人",途径比较单一,社会途径的信息收集还不够畅通。

1.3 考评结果运用不够充分

目前,受各种因素影响,干部德的考评结果运用尚不充分,影响了考评工作的实效性。一是考评结论较为空泛。在实践中,对干部德的评价过于粗线条,仍旧是定性描述多、量化结论少,模式化语言多、写实性评价少,使考评结果区分度不够,干部德的特质不能充分体现。二是结果运用缺少刚性约束。德的考评结果虽然作为了干部选拔任用的重要内容,但从制度层面看对于什么样的考德结果该怎样运用,没有作出具体规定,操作起来缺少依据。三是结果运用不够系统。实践中干部考德的结果大多运用在选拔任用上,花费大量人力物力形成的评价结果,没有很好地与干部的教育培养、监督管理等形成资源整合。

2 细化标准,提升德的考核准确性

要正确评价干部的德,必须建立系统科学的评判标准,使干部考德有章可循、有据可依。干部考德标准设计的总体思路是:以中央提出的政治品德、社会公德、职业道德、个人品德、家庭美德为一级指标,"五德"包含的关键要素设置为二级指标,干部行为表现为具体指标,构建起"评价内容、关键要素、行为描述"三级指标体系。

2.1 政治品德

政治品德是干部的第一品德,其关键要素包括理想信念、党性原则、大局意识3个方面内容。具体行为指标应为"三考":一考干部在大是大非面前是否头脑清醒,行动和言语上是否与党委保持一致;二考干部是否敢于坚持原则,是否敢于担当、直面困难、不逃避推诿;三考干部是否令行禁止、贯彻上级决策坚决,是否能够为整体事业发展牺牲局部和个人利益。

2.2 职业道德

职业道德是干部德的核心内容,是领导这一职业对社会所负的道德责任和义务,关键要素包含爱岗敬业、实事求是、秉公用权3个方面。重点应做到"三看":一看是否爱岗敬业,重点考察工作状态、主动性、事业心和责任感;二看是否实事求是,重点考察工作作风、务实深入情况和工作实绩情况;三看是否秉公用权,重点考察是否公平公正、依法履职和运用权力情况。

2.3 社会公德

社会公德是干部社会形象的集中体现,也是干部群众关注的重点。关键要素和行为表现包括:诚实守信方面要引导干部做到言行一致、不搞说一套做一套,平等待人、不摆官架子;遵纪守法方面要引导干部做到品行端正、带头维护法纪权威,严守纪律、不搞特权;履行社会责任方面要引导干部做到具有正义感、见义勇为、敢于与不良社会现象做斗争,热心公益事业。

2.4 家庭美德

家庭美德是干部德在家庭生活中的具体表现,是检验干部道德的窗口。领导干部家庭美德应以孝敬父母、治家严格、情趣健康为关键要素,设置具体行为表现为:一是要将是否孝敬老人,关心老人身心健康作为考核内容;二是要将是否关爱子女、正确教育、不溺爱娇惯子女,是否正确处理亲情关系、不纵容姑息,是否公私分明作为考核内容;三是要将是否作风正派、不寻求低级趣味,是否对婚姻忠诚、情趣健康等作为考核内容。

2.5 个人品德

个人品德是干部其他"四德"的基础和源泉,是领导干部的立身之本,具有公德和私德的双重性。要加强对干部价值观念、品德修养、心理素质3个关键要素的考核:一是考核价值观念,看干部能否服从组织安排、不与组织讨价还价,不斤斤计较个人得失;二是考核品德修养,看干部是否顶得住压力,心胸是否宽广,听得进不同意见;三是考核心理素质,看干部是否乐观向上、不嫉贤妒能、不攀比排场阔气。

3 量化计分,推进德的考核方法科学化

量化分析是组织工作科学化重要方法,推进考德方法的科学化,必须坚持定性分析与定量考核相

结合,克服主观人为因素,量化考核标准,设置好"尺子"刻度,用数据说话。

3.1 评价信息的获取

根据干部德的特性和信息渠道的不同,可以采用以下方式考评干部的德:①民主测评。结合年度考核、任前考察,运用测评表来测评考察对象德的情况,包含正向和反向测评,主要目的是考察干部的群众认可度。②民意调查。在年度考核、任前考核和换届考察时,选取适量的服务对象,以问卷的方式了解干部工作作风、公众形象、道德品行、群众口碑等方面情况。③个别谈话。通过对考察对象的领导、同事、下属等知情人的直接访谈来了解其德,发现细节问题,深入发掘反映德的素材。④专题走访。通过专题走访、专项调查的方式,向被考察对象所在的工作圈、生活圈、社交圈内的干部群众了解其德的表现情况。⑤信用调查。通过到干部日常接触的银行、交管等社会机构,采取查阅资料、核实数据等方式,调查了解干部日常的社会诚信情况。

3.2 量化计分的方法

以往考核评价干部,一般按照好、较好、一般、差的档次来设定评价档次,得出的结果容易受主观因素影响,得出的分数实际上还是一种定性评价。干部德的考核要实现科学量化,必须做到"三个保证":一是保证评价指向明确。通过能够体现干部德行表现的具体行为的三级考核指标,改变定性评价的方式,针对干部各种行为表现的频次高低来进行评价打分,并将各种行为表现得分汇总成最终结果。二是保证信息来源全面。评价人当中既要包括被评价人的上级、同事和下属,还要包括与被评价人有工作关系、社会交往关系和家庭关系的人,实现对干部德的360度评价。三是保证量化数据的真实性。通过加强政德文化建设,消除影响评价人客观评价的畏惧、应付和讨好等心理误区,让评价人充分信任组织,及时向组织反映干部德上存在的问题,提升评价结果的客观性。

4 分类预警,实现结果应用的最大化

推进和实施干部德的考核,根本目的是强化考评结果的运用,以德选人,以德管人,促进干部倡正义、扬正气、讲道德。一是关键性问题预警。在重大问题、重大事件、关键时刻这些"点"上德出现问题的干部,一律采取批评教育、组织处理等方式进行预警,对涉嫌违反法律法规、党纪政纪的,移送纪检监察或检察机关处理。二是苗头性问题预警。对同一干部德行表现情况进行跟踪和历史分析,发现苗头性、倾向性问题和不稳定因素,及时地介入处理、诫勉跟踪,避免干部在德上出现更大的问题。三是轻微问题预警。从关心和爱护干部的角度出发,及时发现干部在思想作风、道德操守等方面存在的轻微问题,及时提醒、教育引导,防患于未然。四是共性问题预警。对本地区干部整体情况、各系统、各类别干部情况进行分析,查找干部德上容易出现的问题,有的放矢地进行预警,从教育、监督、培养等多角度进行干预,防止干部出现麻痹思想。

参考文献

[1]杨海军.公务员德的考核要把握好四个关键点.中国组织人事报,2013.04.24.
[2]陈昊.党政领导干部德的考核研究.安徽大学,硕士论文,2013.
[3]曹征平.加强干部官德考核.党政论坛,2012(10).

中国对外贸易可持续发展评价研究

● 高 军

（对外经济贸易大学国际经济贸易学院）

摘 要 我国的对外贸易在我国经济发展中不仅总量巨大而且对全国经济的发展影响明显。对外贸易是否能够得到可持续的发展对我国经济的长远发展意义重大。本文在明确对外贸易可持续发展的相关概念的基础上,研究了其在发展中存在的问题。随后提出了对外贸易可持续发展的相关评价体系。在本文的最后以武汉市的 WG 公司为例,分析说明了该公司的对外贸易是否是有利于我国对外贸易的可持续发展,并就相关问题提出了发展建议。

关键词 中国 对外贸易 可持续发展 评价指标

1 引言

根据国家相关统计部门的调查数据显示在 2014 年我国的进出口贸易超过 4 万亿美元,其中,出口总额更是占到了 58% 左右,相对于 2013 年有了较大幅度的增长。从整体上看,对外贸易已经成为我国经济发展的主要促进力量之一。虽然我国经济整体发展向好,对外贸易也一直处于快速发展的阶段。但是,我们也应该看到,在对外贸易中我们出口的主要是一些附加值较低以及资源消耗和环境污染较大的产品。由此,我国对外贸易的可持续发展问题,也引起了越来越多的学者的关注,大家开始思考现有的对外贸易方式是否可持续,是否有利于我们国家的长期发展。因此,为了促进我国对外贸易的可持续发展,就有必要对当前的贸易现状进行研究和评价,从而找出我国对外贸易发展中存在的不足并提出相应的解决对策。在此背景下研究我国对外贸易可持续发展,就显得十分有意义。

2 相关概念与对外贸易可持续发展的现状分析

2.1 相关研究概念

2.1.1 可持续发展的概念。可持续发展一词最早是针对环境问题而提出的,后来被应用到诸多领域。可持续发展是指:既能满足当代人对于发展的需求,又不损害后代人满足其发展需求能力的一种发展方式。可持续发展并不是偏颇于哪一方,它既要求当代人的发展要求能够被实现,同时,也要求当代人在实现其发展需求时,不能将所有的资源都消耗殆尽,还要给后代人的发展留下一片空间。可持续发展是一种关注自然环境和合理满足人类需求的发展理念,并得到了全世界的认同。

2.1.2 对外贸易可持续发展。对外贸易可持续发展是从环境可持续发展中引申而来的发展定义,WTO 认为,在贸易上的可持续发展是指一种公平的并且不伤害地区环境的贸易发展方式。在贸易可持续发展理念下各地区的贸易额是能够实现持续的增长,在这一过程中贸易双方均能公平的获得贸易的利益,并且,将对环境造成的不良影响降到最低。贸易的可持续发展得到了发展中国家的支持,它们希望改变原有的贸易规则,从而使得自己在尽可能保护资源环境的同时,实现造福本国居民的目的。

2.2 我国外贸易可持续发展的现状分析

2.2.1 对外贸易持续增长,对外贸易依存度较高。在我国实现改革开放以后我国的对外贸易出现稳步的发展,到了 21 世纪对外贸易的发展出现进一步加快的趋势;虽然在近两年我国对外贸易的发展速度在放缓,但是总体上仍然处于一个较快的上升阶段。我国的对外贸易额从 1980 年的 378 亿美元,经过 20 年的发展增长到 2000 年的 4 700 亿美元,而在 2010 年这一发展数字更是接近 3 万美元的大关。与此同时,我国的社会经济发展的对外依存度也越来越高,从改革开放初期的不足 10% 到 2008 年金融危机爆发前曾经一度超过 30%。对外贸易依存度较高的一个直接影响就是增加本国经济发展的风险性,影响经济发展稳定的整体因素变得更加复杂,而且,影响范围也越来越大。例如,2008 年爆发的金融危机,就对我国沿海一些城市的加工贸易企业带来了沉重的打击。

2.2.2 服务贸易发展落后。当前,我国在发展对外贸易中主要是出口一些资源密集型的产品和原材料;出口的服务业产品较少从而限制了我国对外贸易结构的合理化和利润水平。在我们对外贸易中,服务贸易不仅数量少而且产品结构也不够优化,其中,大多数是一些及附加中的服务产品;这也造成了我国对外服务贸易发展的落后。与西方经济发达体相比,我国的对外服务贸易还存在以下不足:第一,服务贸易以货物贸易的比例严重失衡,后者所占比重较大;第二,服务贸易的发展结构正在逐步改善,但是整体上仍然变现的较为低端;第三,缺少优势服务出口项目。

2.2.3 主要出口地区较为集中。从贸易学上来讲,各个国家都会选择出口具有比较优势的贸易产品或者是服务,而进口那些自己无法生产或者是不具备生产优势的产品。我国同开展对外贸易的主要国家和地区集中在欧美以及日韩等地。根据商务部的统计数据表明,我国与上述地区和国家的贸易总额占到了全部贸易总额的 75% ~ 80%,并且我国与欧盟、美国和日本的贸易额度相当大,我国的对外出口高度集中于这些国家和地区。过高的出口地集中也使得我国的对外贸易经常受到反倾销调查,这种情况的持续发展,也不利于我国对外贸易的持续发展。

2.2.4 出口的高科技产品较少。由于受到我国整体的科学技术水平的影响,我国企业在对外出口的商品中往往是一些低技术含量的产品出口,高技术产品较少。出口的高科技产品较少,使得我国出口的产品不仅利润低并且还没有国际竞争力,此外,还容易受到来自贸易进口国的贸易壁垒限制从而影响对外贸易的可持续发展。例如,美国和欧美国家就时常对我国的纺织品发起不公正的贸易调查。

3 中国对外贸易可持续发展评价指标

3.1 国民经济的可持续发展能力指标

发展对外贸易的目的是促进本国经济的发展,因此,在评价对外贸易的可持续性时,首要考虑的便是对外贸易是否有利于我国经济可持续发展。目前,世界上有许多发展中国家都在大力推动对外贸易的发展以促进本国经济的可持续发展;但是有些国家在这一过程中由于片面的出口原材料产品,不仅破坏了本国的生态环境,而且还加深了本国对西方国家的依赖,最终失去经济发展的可持续性。对外贸易可持续发展在促进国民经济可持续发展上具体表现为:①促进社会成员的收入持续增加;②有利于促进本国的经济发展管理能力和综合国力的持续提高;③有利于促进物质资本和人力资本的存量持续增加;④有利于促进本国科学事业的进步和发展的独立性提高。

3.2 本国环境的可持续发展指标

对于像中国这样的发展中国家而言,本国的环境在经济发展的初期阶段已经遭受到了严重的破坏,继续走资源环境的掠夺式开发道路,虽然在短时间内可以继续促进对外贸易的增长。以大量消耗自然资源或者是本国廉价劳动力为基础的贸易是不可能长期发展的。所以,在评价对外贸易是否是可持续时,需要考虑当前的对外贸易是否有利于本国环境质量的改善。具体细分为以下方面:①对外输出的产品是否是生态友好型的,对于资源资源的使用量是否巨大;②在产品的生产中对于污染物的回收利用状况以及污染区域的治理状况;③环境保护的观念在贸易发展中是得到了强化还是弱化,人们在保护环境上的行动是更加积极还是消极。

3.3 外贸系统的自我发展能力指标

对外贸易可持续发展的一个重要指标,则是对外贸易的发展是否能够增强我国外贸系统的自我发展能力。如果我国外贸系统在对外贸易中不断萎缩,甚至完全依附于国外,那么这样的对外贸易也是不可持续的。其具体的指标包括:①从事相关外贸行业的人员数量和质量的变化;②相关外贸领域的公司、企业数量的增减以及发展规模是否壮大;③相关外贸服务机构的数量是否增加,服务能力是否提高。

4 基于可持续发展理念的 WG 公司外贸业务分析

WG 公司是湖北省武汉市一家国有大型钢铁企业,对外向发达国家主要出口初级加工的钢铁制品;而在发展中国家的市场领域内具备一定的竞争力,出口的多为技术含量较高的钢铁产品。从评价对外贸易可持续发展的角度来分析 WG 公司外贸业务,可得以下结论。

第一,WG 公司通过对外出口钢铁制品有利于缓解我国当前的钢铁产能过剩的现状,从而促进钢铁经济的发展。

第二,WG 公司为了进一步打开发达国家的钢铁市场不断进行科技创新,先后研制出了多种高技术含量的钢铁产品;例如,硅钢。从而间接地促进了企业的科技创新和行业竞争力的提高。

第三,WG 公司在生产钢铁产品时加大了对环境保护的力度并宣传环保的重要性;但是,为了进行钢铁生产 WG 公司消耗了大量的铁矿石和燃料,产生的污染物超过了治理的水平对环境整体上产生了一定的负面影响。综合 WG 公司的对外贸易发展状况我们可得出该公司的对外贸易整体上是有利于我国对外贸易的可持续发展的;但是还需要在环境保护上进一步加强投入,改善环境治理能力。

5 总结

总而言之,对外贸易是否能够得到可持续的发展,对我国经济的长远发展意义重大。经过我国多年的发展,我国的对外贸易取得了显著成果。整体而言我国目前的对外贸易是有利于我国的经济发展、环境保护以及贸易系统升级的一种可持续贸易发展方式。但是,这其中还是存在着技术含量不高以及资源消耗较大和污染较重等问题;为此,就必须加强科技创新和环境保护的力度,来进一步促进我国对外贸易的可持续发展。

参考文献

[1]王月永. 中国对外贸易可持续发展评价与策略研究[D]. 天津大学,2007.

[2]谭雪燕,陈光春,刘莹. 基于环境视角的广西对外贸易可持续发展指标体系评价研究[J]. 电子商务,2011(02): 52、54.

[3]胡庆江,王泽寰. 基于层次分析法的沿海五省对外贸易可持续发展评价研究[J]. 国际商务(对外经济贸易大学学报),2011(04):37 - 45.

[4]孙治宇,赵曙东. 对外贸易可持续发展评价指标体系研究——以江苏省为案例[J]. 南京社会科学,2010(06): 6 - 13.

[5]张玉荣. 四川省对外贸易可持续发展水平实证研究[D]. 西南财经大学,2011.

[6]周高宾,周海滨. 中国对外贸易可持续发展的实证分析——基于主成分方法[J]. 时代经贸(下旬刊),2007(05): 7 - 9.

[7]戴明辉. 从贸易生态化视角看中国对外贸易可持续发展变迁:一个 PSR 模型的量化评估[J]. 国际贸易问题,2015 (01):132 - 144.

中小企业成本管理存在的问题及对策探讨

● 杨 洁

（中国人民大学）

摘 要 我国的市场竞争越来越激烈,有大量的中小企业正在崛起,然而由于中小企业在流动资金、核心技术和人才储备等方面存在一些缺陷,导致其盈利在逐渐下滑。优化中小企业成本管理,提高企业成本管理水平,对中小企业的发展有着重要的意义。本文主要探讨了当前我国中小企业成本管理存在的问题,分析问题的成因,并给出相应的对策,以期为中小企业的可持续发展做出贡献。

关键词 中小企业 成本管理 问题 对策

引言

长期以来,我国的中小企业数量繁多,为国民经济中的发展繁荣做着贡献,拥有很重要的地位。但是,我国中小企业的快速发展都耗费了大量的资源,在财务的成本管理上,基础较为薄弱,成本较高,盈利较少,给企业的发展造成障碍,带来一定的风险。成本管理是企业管理的关键,只有重视并完善企业的成本管理,才能够在企业经营管理工作上作出更好的成绩[1]。对于经营相对困难的中小企业来说,成本管理更是企业高速发展的关键因素。

1 认知中小企业成本管理

1.1 中小企业成本管理概念

中小企业成本管理概念指的是从产品设计到生产、销售以及售后服务的整体流程中,企业针对所有耗费而产生的制造成本和各项费用所进行的一系列管理工作。企业的所有成本管理活动都应该把成本效益观念作为支配理念,结合投入成本与产出的对照比较来看待投入成本的合理性与必要性,也就是努力尽可能少的投入成本,为企业产出尽可能多的经济效益。

1.2 中小企业成本管理的重要性

降低成本是企业的生命力和核心竞争力,成本管理工作的好坏,直接影响着企业的经济效益,企业的成本管理水平越高,则企业的利润空间也会越大,同样,企业的附加值也会越大。所以,要提高中小企业的经济效益,首先就要加强成本管理,用成本管理来良性影响企业各项其他管理工作,从而使企业经济效益提高,企业整体素质的提升[2]。

2 中小企业成本管理存在的问题

我国中小企业发展与壮大的速度很快,对我国经济的发展与促进就业问题上发挥着至关重要的作用,然而因为一些传统的遗留与习惯性,我国中小企业的发展依旧存在着一些问题,其中,较为明显的就是中小企业成本核算和管理方面存在的一些问题。

2.1 成本管理意识薄弱

相当一部分中小企业的管理高层因为其自身文化素养不高,在企业管理的成本管理方面意识较为薄弱，没有形成明确的成本管理理念，无法把现代成本管理理念运用到日常指导生产和安排工作之中。例如，部分中小企业在分析产品成本时，没有严格按照产品设计要求，按照零部件加工流程的成本形成逐个计算，并且不是自下而上逐级填报、汇总，只是按照主观印象算大账，按产品成本切成工时、耗材和管理经费等大块分摊。还有的企业认为成本统计只是无关紧要的小事情，基本不过问，也有的企业认为其产品结构简单，生产周期不长，加工程序较少，没必要进行成本统计。这些情况都会导致企业无法发现其成本管理中的种种问题。

2.2 成本管理方法不规范

大多数中小企业因为缺乏专业型人才，自身创造力不足，在设置成本核算相关表格时无法和企业自身特点相结合，统计表格做不到科学合理，例如，表格给出的数据指标没有反应全面，表格给出的指标侧重点不鲜明，缺少横向对比与纵向对比等。大部分中小企业还没有构造管理信息系统，或者还没有把系统末端扩展到生产班组，即尚未由班组直接把初始数据录入系统，依旧使用填写报表的方式，再经由专业人员把报表数据统一汇总或者录入计算机。部分操作组组员和组长不认真报告工时、耗材等表格，导致漏报数据或者数据失真；有的没有及时随班填报，而是在事后补填，因为时过境迁，只凭单纯的记忆凑数，无法保证数据的准确；还有的字迹不清晰，或把表格沾上污渍，增加了辨认的难度系数。

2.3 产品设计成本不合理

随着物价的整体上涨，在中小企业中经常碰到材料价格上浮的情况，有些中小企业虽然已经采取了相应的手段来完善成本统计工作，例如，划分车间，进行单独的成本核算工作，严格控制好材料的选购与工时的消耗等等，但是，这些均只是杯水车薪，收不到很明显的效果，成本依旧呈现出较为明显的上升趋势。这主要是由于企业在最初阶段没有掌握好产品的设计工作方向，忽略了初始时期的一些简单的估算统计工作，导致整个企业无法准确把握市场走向。市场是中小企业实现经济效益的最终场所，更是企业生产的风向标，然而相当一部分企业通常偏离了生产的轨道，单方面在高产量上追逐，导致损失越来越大。中小企业还存在产品无形损失严重的问题，成本降低受到了极大的影响。

3 成本管理问题成因

3.1 过于主观性

主观能动性是指人类独有的一种行为，按照人的思想去实现和支配某些动作或行为。人在成本管理上具有主观性，就会导致成本管理严重的随意性、变动性和不规范性。在我国中小企业成本管理上，主观性主要表现在3个方面。一方面是使用的成本管理方式较为随意、主观；另一方面是对成本管理结果的评价认定和后期的采取措施较为随意、主观；还有一方面是对成本的归集和分配比较过于主观性。例如，某市某镇的一家中小企业——某市食品加工有限公司，其成本管理方法较为粗糙，徘徊在现代成本管理方法和传统成本管理方法两者之间。其成本管理主观性较严重，具体表现在对成本的归集和分配没有统一的标准，高层管理人员对成本管理的结果没有进行充分且专业的分析，也没有对结果产生的原因进行探究，成本管理没有跟踪考核，缺少必要有效的科学性和可操作性强的计划。

3.2 管理方法陈旧

尽管我国部分中小企业正在积极努力的对先进成本管理方法进行尝试，而且也获得了一些成果，但是从整体上而言，我国中小企业的成本管理方法还是很落后，主要表现在两个方面。一方面是成本管理的理论体系研究没有更新，成本管理方法的研究均是面对单一性成本管理方法的，很少研究方法之间的联系，尚未形成系统的成本管理方法体系。在实际应用中，成本管理方法的实践缺乏联系，从而使成本管理做不到连贯性；另一方面是成本管理观念陈旧，大多数企业依旧把成本管理的范围拘泥于企业内部甚至仅仅包含生产过程，忽视了对另外的相关企业和相关领域成本行为的管理。

4 完善中小企业成本管理的对策

4.1 增强成本管理意识

第一,不管是企业管理层、具体生产或财务负责人,还是企业普通员工,均要树立起成本管理意识[3]。第二,应该加强企业全体员工成本教育,让所有人充分理解企业成本和本职工作存在的联系,将被动的管理员工进行成本管理,逐步调整为员工自觉进行成本管理。第三,将员工的个体利益和填报初始数据结合起来,实行奖惩分明的制度,进而促成每个人都关心成本,都为成本管理出谋划策的良好氛围[4]。

我国中小企业管理意识的加强,还应表现在大力培养成本管理的人才,打破成本管理人才对中小企业成本的束缚,尽可能地加大对成本管理方向人才的培养支出,促成成本管理人才成长的条件与机会,拿出勇气在成本管理人才团队上推陈出新,起用新人,创造能使新人成长和锻炼的平台,及时的、积极的吸收新方法、新制度和新变革。

4.2 规范成本管理方法

重视管理方法的完善和成本管理考核,努力消除和避免出现成本管理职位的人事安排过度膨胀,再一次梳理和调整成本管理职位的设置,把过于臃肿的职位精简掉,加强并重视成本考核。一方面要严格实施和贯彻成本管理的考核制度,发挥考核制度、定额和定量的作用力;一方面要加强对成本管理人员的考核,用心打造一个有能力的人升迁、没有能力的人下调等良好的用人机制;还有一方面要注重对成本管理结果的考核与分析,特别要重视分析这一环节,彻底洞彻这一成本管理结果的成因,并针对这一结果与其成因制定和实施针对性强并且行之有效的措施。

4.3 优化产品设计成本

首先,寻找可替代材料,降低同类材料的成本。其次,在初始阶段做好估算统计工作,才能真正完善成本核算工作。最后,准确把握市场需求,生产有市场的产品,避免造成人力、财力和材料资源的浪费。

5 结语

中小企业的发展势头已经越来越猛,为中国的经济繁荣发挥着重要作用。为了让中国的中小企业拥有继续向前发展的强劲动力,有必要克服中小企业在成本管理上的一些问题。成本管理是企业管理的一个重要环节,其不单单是企业全方位管理的最基础环节,更为重要的是其最终结果会直接影响企业的效益。一个企业要想降低和控制成本,需要所有员工发扬团队精神并保质保量地完成各自的本职工作。不仅要在成本核算和产品设计等等方面进行严格成本管理,同时还要制定合理的经济责任考核制度,通过长时间的、不间断的、循序渐进的成本管理培训来提高所有人员的基础素质,增强他们的成本管理意识[5]。

综上所述,增强成本管理意识、规范成本管理方法、优化产品设计成本能够有效解决中小企业成本管理中的主要问题,能够保证中小企业在竞争中立于不败之地,为企业健康的、可持续的经营与发展续航。

参考文献

[1]石永红. 中小企业成本管理存在的问题及对策[J]. 中外企业家,2011,17:52 - 55.
[2]张雪萍. 浅析中小企业成本管理存在的问题及对策[J]. 中小企业管理与科技(上旬刊),2011,10:21 - 22.
[3]水梅,詹碧华,张秋月. 中小企业如何加强内部控制[J]. 中国管理信息化,2012,02:33 - 34.
[4]王静亨. 中小企业财务管理存在的问题及对策[J]. 中国管理信息化,2012,02:17 - 19.
[5]李敬. 中小企业成本管理中存在的问题与对策[J],中国证券期货,2012,15(10):03 - 04.

长期股权投资核算方法转换的研究

● 齐　天　李昕霏

（中国人民大学）

摘　要　本文通过对我国长期股权投资的新旧准则对比入手，紧扣焦点问题对已有研究成果进行总结，从而提出长期股权投资计量方法转换的问题，并分析其问题的原因。最后给出解决问题的对策。

关键词　长期股权投资　成本法　权益法　转换

长期股权投资作为企业扩张的重要途径和企业集团组建和发展的重要手段，在长期股权投资的持有期间，可能由于企业投资导向和其他方面的原因导致对被投资单位持股比例的变化以及对被投资单位经营决策影响力的变化，进而成本法核算与权益法核算之间的相互转换。而这种转换将对企业当期损益产生极大影响。由此，研究长期股权投资成本法与权益法的转换问题，对于投资单位准确确认投资收益具有重大意义。

1　我国长期股权投资新准则变化的解析

2006 年发布的《企业会计准则第 2 号—长期股权投资》及其指南对企业长期股权投资的会计处理进行了规范，但在实务操作中，由于相关规定散见于准则及指南、讲解、解释、年报通知等文件中，不利于从业人员对准则的查询和理解。2011 年，国际会计准则理事会正式发布《国际会计准则第 27 号—单独财务报表》（IAS27）和《国际会计准则第 28 号——联营和合营企业中的投资》（IAS28）修订版。因此，对长期股权投资的相关会计处理进一步规范，财政部借鉴国际会计准则，保持我国企业会计准则与国际财务报告准则的持续趋同，并结合我国实际情况，于 2014 年 3 月 13 日修订并发布了《企业会计准则第 2 号—长期股权投资》（财会〔2014〕14 号，以下简称 CAS2〔2014〕）。并规定自 2014 年 7 月 1 日起在所有执行企业会计准则的企业范围内施行，鼓励在境外上市的企业提前执行。

1.1　增加长期股权投资的定义，重新界定核算范围

修订后的长期股权投资准则增加长期股权投资的定义，新准则明确规范权益性投资，即投资方对被投资单位实施控制、重大影响的权益性投资以及对其合营企业的权益性投资。不具有控制、共同控制和重大影响的其他投资，适用《企业会计准则第 22 号—金融工具确认和计量》。这一变化，将对企业的资产结构、会计核算都产生影响。

1.2　基本概念的规范

修订后的准则对"控制"、"共同控制"和"合营企业"的定义进行了重新修订，因此，CAS 2（2014）明确，在确定能否对被投资单位实施控制时，投资方应当按照《企业会计准则第 33 号—合并财务报表》的有关规定进行判断。投资方能够对被投资单位实施控制的，被投资单位为其子公司。投资方属于《企业会计准则第 33 号—合并财务报表》规定的投资性主体且子公司不纳入合并财务报表的情况除外。重大影响，是指投资方对被投资单位的财务和经营政策有参与决策的权力，但并不能够控制或者与其他方一起共同控制这些政策的制定。在确定能否对被投资单位施加重大影响时，应当考虑

投资方和其他方持有的被投资单位当期可转换公司债券、当期可执行认股权证等潜在表决权因素。投资方能够对被投资单位施加重大影响的,被投资单位为其联营企业。在确定被投资单位是否为合营企业时,应当按照《企业会计准则第40号—合营安排》的有关规定进行判断。

1.3　权益法下被投资方其他净资产变动的会计处理

CAS 2(2014)率先明确,对于权益法核算的长期股权投资,被投资单位除净损益、其他综合收益和利润分配以外所有者权益的其他变动,应当调整长期股权投资的账面价值并计入所有者权益。

1.4　后续计量的会计处理

CAS 2(2014)引入了IAS 28(2011)中不同计量单元分别按不同方法进行会计处理的理念。投资方对联营企业和合营企业的长期股权投资,应当按照本准则第十条至第十三条规定,采用权益法核算。投资方对联营企业的权益性投资,其中,一部分通过风险投资机构、共同基金、信托公司或包括投连险基金在内的类似主体间接持有的,无论以上主体是否对这部分投资具有重大影响,投资方都可以按照《企业会计准则第22号—金融工具确认和计量》的有关规定,对间接持有的该部分投资选择以公允价值计量且其变动计入损益,并对其余部分采用权益法核算。

1.5　整合各项准则解释的相关内容

CAS 2(2014)整合了准则解释引入的几项变动:分步实现合并、分步处置子公司时个别财务报表中长期股权投资的处理;企业合并取得投资相关费用不再资本化;成本法和权益法转换中的"跨越会计处理界线"理念(陈奕蔚,《〈企业会计准则解释第4号〉讲义(一)—企业合并与长期股权投资的最新变化》,2010)等。

1.6　披露

CAS 2(2014)不再涉及长期股权投资的披露要求,对于子公司、联营或合营企业中投资的披露,适用《企业会计准则第41号——在其他主体中权益的披露》(CAS 41(2014))。

2　成本法与权益法转换存在的问题

2.1　成本法与权益法的使用界限

长期股权投资持股比例发生变化导致会计核算方法改变的情况主要有以下几种。

第一,投资企业对被投资单位财务和经营政策从共同控制或重大影响到控制。

第二,投资企业对被投资单位财务和经营政策从控制到共同控制或重大影响。

第三,投资企业对被投资单位财务和经营政策从不具控制、共同控制和重大影响到共同控制或重大影响;

第四,投资企业对被投资单位财务和经营政策从共同控制或重大影响到不具控制、共同控制和重大影响。

2.2　成本法与权益法转换存在的问题

2.2.1　具有控制关系的长期股权投资由权益法核算改为成本法核算存在的问题。

(1)使母公司财务报表与合并财务报表的净利润差异很大。按新准则规定,母公司对子公司的长期股权投资采用成本法核算,成本法下只要子公司不分配现金股利,其实现的利润无法真实反映到母公司财务报表上,这样母公司的财务报表会显得十分"单薄"。在旧准则下,2006年上市公司合并净利润和母公司净利润合计分别为3 279亿元和3 272亿元,差异很小。而在2007年一季度,A股上市公司母公司报表中的净利润为927亿元,而合并报表中归属于母公司所有者的净利润为1 235亿,两者之间差异为309亿元。宜宾五粮液股份有限公司2006年合并报表中的净利润为11.70亿元,母公司净利润为11.699亿元,相差很少。但采用新准则核算以后,该公司2007年合并报表和母公司个别报表上的净利润突然就出现巨大差异,合并报表中归属于母公司所有者的净利润14.69亿元,而母公司个别报表上的净利润只有 0.29 亿元,母公司的净利润比合并报表中少了 14.40 亿元。中国南车在招股说明书中披露的母公司利润表显示,2006 年和 2007 年母公司净利润均为负数,而合并报表显示公司近 3 个会计年度净利润均为正数且累计超过 3 000 万元,就母公司利润为负数一事,中国南车的相关披露为:"根据《企业会计准则第 2 号——长期股权投资》,本公司在编制母公司报表时,对下属子公司的长期股权投资采用成本法核算,并只有在下属子公司宣告分配股利或利润时,才确认投资收益。本公司 2006 年和 2007 年母公司的净利润为负,主要是由于本公司的部分下属子公司没有宣告分配股利或利润,导致母公司报表不能确认投资收益所致。"

（2）为母子公司之间进行盈余管理提供了空间。根据《公司法》,利润分配则是由上市公司这一法律主体根据公司法等有关规定实施的行为,因此编制合并财务报表的上市公司是以自身这一法律主体即个别财务报表上的可供分配的利润为依据进行利润分配,财政部在财会函[2000]7 号文《关于编制合并会计报告中利润分配问题的请示的复函》中明确表示:"编制合并会计报表的公司,其利润分配以母公司的可分配利润为依据。合并会计报表中可供分配利润不能作为母公司实际分配利润的依据。"旧准则下由于母公司报表和合并报表都是用权益法,再加上过去现金分红未成为我国上市公司的政策和各种制度约束的环境下,所以,不管是以母公司报表还是合并财务报表为依据进行利润分配对母公司或者投资者而言影响都不大。

由于母公司长期股权投资由权益法改为成本法,在成本法下只要子公司不分配现金股利,其实现的利润无法反映到母公司财务报表上,将使母公司可分配利润大幅下降,这样核算虽然可以避免在子公司实际宣告发放现金股利或利润之前,母公司垫付资金发放现金股利或利润,但也可能因此而出现近期不打算再融资的母公司故意"藏富于子公司",对子公司的净利润不分配,将子公司的利润存至未来年度,等到母公司需要高价融资时,母公司可以凭其控制关系从子公司进行大量利润分配,以充实母公司净利润最终以达到母公司高价再融资的条件。

2.2.2 由于持股比例变化导致核算方法转换存在的问题。成本法转换与权益法的转换主要账务处理主要有:对剩余长期股权投资的账面价值小于原投资时,应享有被投资单位可辨认净资产公允价值份额按权益法下初始投资成本的确认原则,调整长期股权投资的投资成本同时,追溯调整甲公司的留存收益,即对投资差额的处理;对原持股比例下被投资方产生的净资产公允价值变动部分,投资方按权益法进行追溯调整。而这两种账务处理都涉及了被投资方可辨认净资产公允的变动问题。被投资方的资产不一定稳定、真实,由此引起的被投资方的净资产的公允价值变动计入投资方的损益类账户,会造成投资方的利润不真实;其次,长期股权投资目的是长期持有,在权益方法下投资方对被投资方又可以进行共同控制或施加重大影响,因此,很可能造成投资双方通过被投资方的净资产的公允价值长期调整企业的利润现象。公允价值计量的不准确将导致长期股权投资当期损益计量和确认不准确,最终将影响企业财务信息的准确性。

2.2.3 成本法与权益法使用界限存在的问题。对于被投资企业股权投资的会计处理,采用成本法与采用权益法对企业的损益具有重大的影响。但究竟应该采用成本法还是采用权益法,持股比例仅仅是一个方面。根据实质重于形式原则,在一些情况下,即使持股比例不足 20%,但对被投资企业具有重大影响,也应采用权益法;而在另一些情况下,即使持股比例超过 20%,但不能对被投资企业施加重大影响,也不应采用权益法。成本法与权益法的选择,关键要看投资企业是否实质上控制、共同控制或对被投资企业有重大影响,这在很大程度上要取决于会计人员的主观判断。这就为管理当局进行盈余操纵提供了空间。

2.3 成本法与权益法转换的争论

崔刚（2005）认为,采用权益法核算长期股权投资引发了一系列会计难题,给会计实务工作带来了不必要的麻烦。第一,权益法并不能更好地核算投资的价值。投资的经济价值主要体现为被投资方在未来所能获取的现金流量的大小,权益法所反映的投资账面金额不一定比成本法更接近于投资的公允价值。第二,不利于对投资效果进行分析。利用权益法得到的会计信息,无论是投资本金还是投资收益指标,都无法与投资所形成的现金流量等同起来,而这恰恰是进行投资财务分析所需要的。第三,不符合成本效益原则。采用权益法后,投资会计实务因此变得复杂而繁琐,会计信息的清晰度也受到很大影响,其结果却并不具有相关性和经济价值。第四,忽略了"投资双方是两个相互独立的法律主体"这样一个事实。

刘承焕、李克群(2006)指出了现有会计准则成本法的不足之处。第一,现行成本法要不断调整长期股权投资账面,有悖于成本法本意。成本法的本质是按初始投资成本入账后,投资账面应当保持不变。因为按照现行处理方法,有时候要冲减投资成本,有时候又要恢复投资成本,甚至要冲减投资收益,这样客观上投资企业就要根据公式的计算结果不断调整长期股权投资账面,这是权益法的做法,不是成本法的做法,显然违背了成本法的本意,即"长期股权投资的账面价值保持不变"。第二,现行做法违背了明晰性原则,导致实务操作困难。如使用了累积的概念,但累积数在投资时间很长的情况下难以确定。

3 针对长期股权投资计量方法转换问题的对策

3.1 优化会计信息的制度和环境

我们应该认识到,公允价值的缺陷并不是其本身引起的,而是由公允价值的使用者和公允价值所处的环境造成的。这些环境除包括是否有活跃的交易市场、是否有可观察的市场价格外,还包括会计准则制度、监管力度、法律法规的建立等与公允价值相关的一些因素。因此,建立实施公允价值的良好环境对公允价值的执行和发展十分重要。这就要求企业内部必须加强相关制度和准则的建设,既要通过建立健全良好的公司治理结构和内部控制制度、加强对企业管理层的约束、提高会计人员的执业道德素质,又要建立监管部门定期检查制度,充分发挥注册会计师、国家审计部门等有关稽查管理部门的作用。

3.2 未实现的损益应该在损益表上单独列示项目进行反映

由前述可知,按新准则规定,当长期股权投资的初始投资成本小于投资时应享有被投资单位可辨认净资产公允价值份额的,其差额应计入当期损益,而这些损益是未实现的。但我国的损益表原则上只反映已确认并已实现的损益。所以,笔者认为,那些已确认未实现的损益应该在损益表上单独列示项目进行反映,因为这种损益不代表企业真实经营的业绩,若将高额的已确认未实现损益都反映在该项目中,即使企业利用公允价值确认了巨额利润也不能说明这个企业经营状况良好,确认了巨额亏损也不能说明这个企业状况很差。而它与已确认并已实现的损益混在一起,必将误导会计信息使用者。

3.3 降低采用权益法的股权比例的标准

如果仅仅将会计系统作为传递财务信息的工具,将会计准则——约束会计系统生成信息的行为规范作为一种纯粹的技术手段(葛家澍,1996),那么从理论上说,权益法应该优于成本法,但长期股权投资核算中权益法和成本法并存的现实,基于重要性原则和会计实务的可操作性上来讲,也是合理的。这样,由于现实上存在的方法选择,会计准则制订时必须考虑其所产生的后果。鉴于现有的选择标准尚留有较大的盈余管理空间,包括在标准判断以及两种方法计量对收益确认的差额上,因此,建议将采用成本法或采用权益法的选择标准,由实务中现行的20%向下调整(如5%或10%),以降低由于长期股权投资核算方法的改变而造成的对投资收益的确认,乃至于对整个投资方的净利润确认的影响,抑制利用长期股权投资计量方法进行盈余管理的冲动。

4 结论

第一,本文对成本法和权益法辨析的结论是:成本法是一种,在法理上忽视中小股东权益的,制度上承认大股东强权的,有失公允和公平原则的方法;经济意义上说,无法解释股权价值、收益的由来。但基于会计的及时性和重要性原则,它的存在却可以弥补权益法的某些缺陷。而权益法相对于成本法来说,则在上述的经济意义、法理意义和会计意义三个方面较之成本法有明显合理性。但在会计实务中,股权投资计量完全采用权益法也存在很大的难题。因此,在目前情况下,成本法和权益法的并存仍有其实务上的合理性。

第二,本文对于目前成本法、权益法并存,以20%(或重大影响力)作为核算方法的选择标准的问题的研究结论是:应放松会计实务中使用权益法的股权比例限制,只要对被投资企业具有实质影响力的投资方应尽可能使用权益法,以提高会计信息的决策相关性和有用性。不仅把20%这个比例作为考量重大影响的标准,应该尊重实质重于形式的原则,根据企业对被投资单位的经济活动和经营决策能否实际产生重大影响作为真正的标准。

第三,目前我国的投资准则对于长期股权投资信息披露的相关规定有待进一步完善,应增加对成本法核算下的信息披露内容以及投资企业对被投资方经营决策权的影响力等信息,以满足信息使用者在成本法和权益法转换的需要。

参考文献

[1]姜海华. 长期股权投资成本法转权益法会计处理探讨.[J].财会通讯(综合版),2008(11):58 – 59.

[2]胡凯,李学红. 长期股权投资核算方法转换思考.[J].财会通讯(综合版),2008(09):87 – 88.

[3]苏明. 长期股权投资权益法核算问题及对策.[J].财会通讯(综合版),2008(09):88 – 89.

[4]贾永海,董占林. 对新会计准则下长期股权投资核算权益法的几点思考.[J].财会研究,2008(06):34 – 36.

[5]刘胜强,毛洪伟. 成本法下长期股权投资会计处理方法探析.[J].财会通讯(综合版上),2009(05):85 – 86.

[6]李志伟. 一个长期股权投资案例会计处理引发的思考.[J].财务与会计(综合版),2009(07):41 – 42.

[7]温玉彪. 权益法下计算股权"投资收益"应考虑的影响因素.[J].会计之友,2009(11):53 – 54.

[8]齐灶娥. 长期股权投资成本法与权益法转换分析.[J]南京财经大学学报,2007(6):59 – 61.

浅析"一带一路"战略给我国经济带来的机遇和挑战

● 王丽君

（对外经济贸易大学国际经济贸易学院）

摘 要 2013 年 9 月和 10 月，中国国家主席习近平在出访中亚和东南亚国家期间，先后提出共建"丝绸之路经济带"和"21 世纪海上丝绸之路"（以下简称"一带一路"）的重大倡议，得到国际社会高度关注。中国国务院总理李克强参加 2013 年中国——东盟博览会时强调，铺就面向东盟的海上丝绸之路，打造带动腹地发展的战略支点。在我国经济步入新常态形势下，深入认识、理解新一轮对外开放的深刻内涵具有重大意义。此篇文章简要分析在我国经济新常态下，一带一路战略给我国经济带来的机遇和挑战。

关键词 一带一路 经济新常态 机遇 挑战

1 "一带一路"战略提出的国际背景——全球经济新常态

全球经济正在经历着深度调整。一方面，国际金融危机深层次影响继续显现，发达经济体在较长时期内将维持低速增长。全球总需求低迷并有持续恶化的趋势；另一方面，主要经济体的比较优势发生了转变。新兴经济体对全球经济增长的贡献率日趋上升，区域经济一体化为全球贸易投资自由化提供了新动力，技术创新成为国际产业竞争的焦点。

2 "一带一路"战略给我国经济带来新机遇

"一带一路"战略提出后促进了我国外贸经济增长，各地区在基础设施互联互通、产业投资、资源开发、经贸合作、金融合作以及人文交流等领域均已取得初步成果。主要表现在以下几个方面。

第一，促使我国加快"走出去"管理制度的改革与创新。近几年来，改革已成为使用频率最高的词汇，应用于各个领域。一是政府管理制度的改革，提倡简政放权，发挥市场调节作用；一是经济管理制度的改革，提倡深化对外开放，提高贸易自由化水平，创造企业开展跨境贸易活动的便利化环境等鼓励政策。在经济新常态的背景下，在"一带一路"战略的政策引导下，有许多省份的地方政府积极响应国家政策，制定扩大对外贸易策略，大力支持当地企业"走出去"。据四川工人日报报道，2015 年上半年，四川省与"一带一路"沿线国家的贸易占比由去年的 29.5% 提高到 30%，其中，对 20 个重点国家出口占比提高 1.8 个百分点。同时，四川省还计划利用 3 年时间，精选 100 家与沿线国家有较好贸易投资基础的优质企业，通过企业结构调整、兼并、重组、整合等形式，重点培育优质的跨国企业，形成示范。

第二，有利于缓解我国过剩产能的压力。据报道，煤化工、多晶硅、风电制造、平行玻璃、钢铁、水泥等六大行业被列入我国产能严重过剩行业。同时，电解铝、造船、大豆压榨等行业也因产能过剩问题较为突出被点名。在国家政策的引导下，通过开发国外市场解决过剩产能的问题。以上海纺织集团为例,2015年8月5日上海新华社报道:作为我国纺织品服装龙头企业——上海纺织集团,正在与孟加拉相关企业合作,利用中国的优惠贷款振兴孟加拉国纺织工业。双方计划在孟加拉合资建设纺织加工园区,项目总投资约15亿美元。借助"一带一路"战略,我国纺织工业已进入跨国布局的新阶段,海外投资呈现多区域,多行业和多形式加速推进的态势。这种跨国资源配置,将有利于中国纺织业在全球价值链的新突破。

第三,通过"一带一路"战略的实施,能够实现中国外汇储备投资的多元化,进而提高外汇储备投资收益率。根据商务部新闻发言人沈丹阳在2015年8月4日召开新闻发布会表示,上半年,我国与"一带一路"沿线国家的经贸合作扎实推进,进展积极,总体进度和效果都比预期更好。

对外直接投资方面,我国企业共对"一带一路"沿线的48个国家进行了直接投资,投资额合计70.5亿美元,同比增长22%,占我国非金融类对外直接投资的15.3%。投资主要流向新加坡、印尼、老挝、俄罗斯、哈萨克斯坦和泰国等国家(图1)。

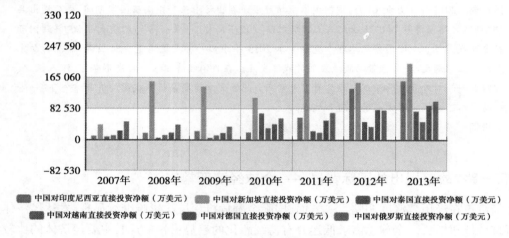

图1　2007—2013年对"一带一路"沿线国家直接投资净额

吸收外资方面,"一带一路"沿线国家对华投资设立企业948家,同比增长10.62%;实际投入外资金额36.7亿美元,同比增长4.15%。从所投资的行业看,信息传输、计算机服务和软件业、金融业、租赁和商务服务业实际投入外资增长幅度较大,同比增长分别为116.54%、1 262.15%和150.02%。

对外承包工程方面,我国企业在"一带一路"沿线的60个国家承揽对外承包工程项目1 401个,新签合同额375.5亿美元,占同期我国对外承包工程新签合同额的43.3%,同比增长16.7%。服务外包方面,我国企业与"一带一路"沿线国家签订服务外包合同金额70.6亿美元,执行金额48.3亿美元,同比分别增长17%和4.1%(图2)。

3　我国外贸出口面临的挑战

"一带一路"战略是一项长期、复杂而艰巨的系统工程,在抓住机遇的同时,对潜在的风险和挑战也不容忽视。第一,经济发展水平不平衡,区域经济一体化进展缓慢,区域内贸易投资比重偏低,贸易和投资往来存在较多障碍;第二,传统文化差异,如:民族宗教矛盾复杂,文化繁杂多样,经济政治风险难以管控。第三,政治风险。"一带一路"沿线国家制度体制差异大,政局动荡不稳,特别是在东南亚、南亚、中亚、中东一带,政局变化频繁,而"一带一路"实施中的基础设施建设投资大、周期长、收益慢,在很大程度上有赖于合作国家的政策政治稳定和对华关系状况。此外,基础设施属于公共物品,具有正的外部性,私人企业出资有限,并且私人主体的决策是市场化,主要考核指标投资收益率及资金回报风险。"一带一路"相关基础设施投资收益率偏低,且投资安全得不到保障,最终还是需要依

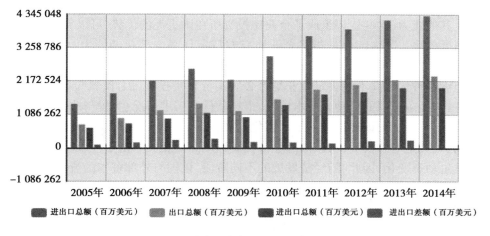

图 2　对外经济贸易货物进出口总额

靠政府政策和资金的大力支持。如果出现资金接受方发生政局变动,如何收回资金就成为最现实的问题了。第四,出口贫困化增长风险。2015 年上半年外贸出口形势更加严峻,出口价格继续回落,大部分企业出口利润率下降,出口的增长并未带来实质性收入的增加。第五,产业空心化问题对我国贸易产生了负面影响。企业不愿意再挣辛苦钱,而是想去赚快钱。跨国企业投资大幅回落,导致出口也跟着出现压力。第六,国际总需求低迷,导致进口我国产品的需求相比之前有所降低。目前,发达国家的就业压力非常大,需要再工业化以减少对海外进口的依赖,以提振本土制造业来化解就业压力。同时对中国的进出口进行了反补贴、反倾销的"双反"制裁策略。第七,我国的传统比较优势正在逐步减弱,劳动力成本优势逐渐丧失,价格竞争力逐渐减弱。目前,要素价格的上升构成了制造业成本的压力。一些纺织服装企业特别是外资服装企业正在加速向东南亚国家转移。一些国际时尚品牌的服装标签上已不再是"Made in China",而是产自越南、马来西亚和孟加拉国等劳动力成本相对低的国家(图 3)。

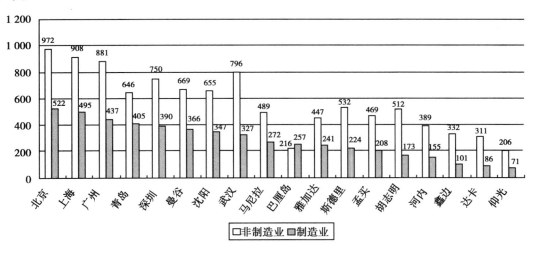

图 3　亚洲主要城市员工月平均基本工资(美元)

4　"一带一路"战略的理论分析

国际生产折中理论:

理论内容：①所有权特定优势是指企业具有的组织管理能力、金融融资方面的优势、企业的规模与其垄断地位及其他能力，这些优势组成了企业比投资所在国更大的优势，可以克服在国外生产碰到的附加成本和制度风险。②内部化是指将企业所有权特定优势内部化的能力。因为外部市场不完全，企业的所有权特定优势可能会受到打击而丧失，内部化是在企业内部更好地进行资源配置，克服不利条件。③上诉两种优势并不能决定企业是否必然实行直接投资，因此，区位特定优势很重要，是投资的充分条件，包括东道国的劳动力成本情况、市场条件与需求情况、关税与非关税壁垒、东道国政府的各种政策等等。④此后，该理论又作了动态化发展，加入了投资发展周期的概念，认为一个国家的对外资本流动，尤其是对外投资，与该国的经济发展程度高度相关。由于一个国家在发展中他的上述三个优势会发生动态变化，因此，随经济发展的不同阶段，该国与外部资本的流动也会发生净流入、流入流出并存、净流出等若干阶段，且不同阶段资本的流动对于经济发展有着不同的作用。

依据上述理论，我国实行"一带一路"战略，鼓励企业跨国直接投资可以促进良性国际分工的形成和发展，有助于扩大国际贸易量。中国和中东欧国家均属于经济水平持续发展以及所有权特定优势、内部化、区位特定优势持续提高的阶段，中东欧国家投资环境很具有吸引力。中国企业也进入了大量开展跨国直接投资的发展阶段，中国企业赴中东欧国家投资，完全具有实现互利双赢的理论可行性。我国"一带一路"战略要求中国企业"走出去"，促进经济要素有序自由流动、资源高效配置和市场深度融合，参与更高层次的国际分工合作，通过专门从事其效率相对最高的生产来获得额外的利益。中东欧地区工业基础好，资源相对丰富，经济发展具有相当水平，通过走出去投资，开发矿产资源，促进当地经济增长，促进周边互联互通、互利共赢。除此之外，大部分中东欧地区农业也是具有比较优势的产业，十分契合中国企业进行直接跨国投资的条件。

5 结束语

"一带一路"战略顺应了时代要求和各国加快发展的愿景，正引领着新一轮全球资源重新优化配置。在警惕和预防实施中潜在风险的同时，我们更应抓住机遇，加快企业走出去的步伐。依托新领域、开拓新市场，通过并购投资，持有境外企业股权，使其成长为真正意义上的跨国公司。加大对沿线发展中国家的制造业投资和产能合作，发挥各国的资源禀赋和劳动力成本优势。最终，通过商品贸易改善各国的福利，造福世界各国人民。

参考文献

[1]推动共建丝绸之路经济带和21世纪海上丝绸之路的愿景与行动——商务部网站.
[2]中华人民共和国国家统计局网站：http://data.stats.gov.cn/.
[3]新华网：http://news.xinhuanet.com/ 2015/8/5.

浅析市场经济条件下企业人力资源管理的策略

● 张海泉

（中国人民大学）

摘 要 对于一个企业来说,人力资源管理体制具有无可替代的重要作用。从企业经营的立场考虑,人力资源的作用也是至关重要的。当前,市场经济的变革在不断加深,激烈的市场竞争对于每一个企业来说都是不可避免的,在这样的环境下,其实竞争最本质的是人才的竞争。因此可以说说,人力资源管理对于一个如何一个以盈利为目的的单位都是比较核心的因素。从目前我国的经济情况来看,市场经济一天天在深化,但是人力资源管理的制度没有跟上时代的变化,还是以前的那些陈旧的套路和方法,这样的情况肯定是不能满足企业发展壮大需求的。所以说,要想适应当前的经济环境,就必须有和当前经济环境相适应的人力资源管理的策略。本文的主要目的就是分析当前的人力资源的特征,在此基础上,提出人力资源管理的具体策略。

关键词 市场经济 人力资源管理 柔性管理

1 现代经济环境下人力资源的特征

现代经济环境下,市场经济在不断深化,每个行业中,企业之间的竞争,单纯的商品竞争的时代早就过去了,而最本质的是人力资源的竞争。要想使企业在日益残酷的经济环境下不会被市场淘汰,留住人才是核心的因素。就当前的具体情况来看,人力资源具有以下主要特征。

1.1 企业之间的人才竞争趋向于高层

在高级管理人才的争夺方面:企业要满足业务发展的需求,会想尽办法来寻找自己需要的经理级人才,同时,高级技术人才对企业也同样至关重要。有一项调查就表明,每年北京市中关村有近300名人才被猎头挖走,而被挖走的人才中大部分是高级技工和优秀的高级管理人才。

1.2 人才流动更加快速

在我国,人才流动非常迅速。根据调查显示,在当前我国的各个行业中,人才的流动性较大,企业留不住人才,特别是高级管理人才,员工总是想寻求有更好的职位和薪金的工作。

2 柔性人力资源管理及其特点

针对当前的实际情况,有一种管理方法比较新颖和实用,值得我们考虑,即柔性人力资源管理。企业进行柔性人力资源管理是有前提条件的,一定要对人力资源的管理规律非常熟悉,不仅如此,对人力资源的传统管理制度也要充分掌握,只有这样,权变式的柔性管理才能进行。在现代企业中,人力资源柔性管理越来越得到企业的认可,其发挥的作用也越来越巨大。其实,人力资源的柔性管理最本质的就是管理中要以人为管理的核心,企业的共同价值观和企业文化环境都是要考虑的因素,在进行个性化人力资源管理时都是需要考虑的,在现代的企业中,柔性的人力资源管理已经成为激励员工主观能动性的主要方法。首先,柔性人力资源管理要满足员工的低层次要求,更关键的是要满足员工自我超越和尊重等高层次需求。和传统的人力资源管理模式相比,柔性人力资源管理是更高一级的管理。当然,不可否认的是,柔性人力资源的基础是管理规律的充分掌握和管理制度的充分熟悉,只有这样才能实施权变式的柔性人力资源管理。

柔性人力资源管理所具有的主要特点如下。

2.1 管理体系科学健全

柔性管理与刚性管理的最终目标都是一样的,就是提高整个的工作绩效,使企业的经营获取更多的利益。提高了工作的绩效,企业的获利水平提高了,市场竞争能力也会跟着提高的。这里我们要明白的一点是柔性管理的目标要做到和刚性管理完全一样才行。柔性管理当然重要,但这并不意味着刚性管理就不需要了。必须要懂得的是要想做到真正的高效的柔性人力资源管理,刚性管理是管理的基础和后盾。因此,要想真正做到科学、合理的人力资源管理,刚性管理模式还是很有必要的,我们不能放弃两者中的任何一个。

2.2 企业管理者的素质和能力要更加出众

在柔性管理中,心理的控制和把握是至关重要的。产品的市场竞争每天都在上演激烈的大战,针对这样的情况,企业的管理者,最重要的就是对员工进行协调,沟通,引导,这样的作用是激发员工的积极性,创造性,只有这样,才能为企业获利。一方面,领导者对专业知识要十分熟练;另一方面,要不断学习新的知识为自己补充能量,更关键的是要明白领导和管理的精髓所在,敏锐的洞察力、诚心、热情、乐观向上的性格都是一个成功的领导者应该具备的基本素质。当然,才华出众也是非常关键的。对于一个领导者来说,要能够打动员工,这样一来,他们才能卖力气为企业谋利。

2.3 成熟和优质的员工群

要想实现柔性管理的目标,高质量和高素质的员工群体是必需的,要不然就没办法进行实际的合理管理。公司的正常经营需要的是高素质和专业知识过硬的员工,而这样的员工最重要的特点就是会学习,而且适应能力比较强,他们可以迅速适应新环境,快速学习新的知识为自己补充能量。建立学习型组织,通过各种方法来提高员工的质量,创建一个学习环境,这样对于企业是十分有利的,柔性的人力资源管理的特点也就包含了学习型组织的建立和管理。

3 现代经济环境中进行柔性人力资源管理的具体措施

在现代市场经济环境下,灵活的人力资源管理体系是关键。这种灵活性不仅包括对员工灵活管理,在管理方法上,也要采用灵活的管理体系。在这样的管理模式中,可以将员工分为两大类,内部核心员工和外沿员工。针对不同种类的员工,我们要采用不同的管理方法对其进行管理。针对企业的核心员工,要采用终身雇佣制度的管理办法,外沿员工就要采用灵活的管理方法进行管理。

3.1 针对企业的核心员工要使用终身雇用的管理体系

这主要从以下几点来体现。

3.1.1 采用菜单式的工资福利系统。企业根据行业的实际特征和特点为员工设计菜单。员工可以选择菜单,根据企业和他们的具体情况来定。在菜单中,公司必须是考虑到在市场条件下,公司的现有情况,企业以前的薪酬和员工的不同位置,员工的能力,这所有的因素都要进行全面、深入和细致的研究,使工资方案科学可行。加强薪酬方案指的是目标和任务难度的不同有不同等级的工资水平。充分考虑健康因素和激励因素,考虑强制性福利的比例和业务线的设计,并将这 4 个结合起来进行考量,企业也可以根据实际的团队和工资建立团队工资菜单。所谓团队支付是基于整个团队的工作业绩,整个团队的工资。这种方法可以使员工在工作中密切合作。

3.1.2 定期进行培训。企业在对员工进行的时候,一方面要考虑企业的人才计划;另一方面对于员工的个人职业生涯发展,企业也是不能忽略的,只有做到二者的兼顾,企业的培训才能同时满足企业的获利需要和员工自身的需求,员工的需求得到了满足,企业的获利才会有保障。当前的企业中,有大量的用人不养人的不良习惯,这是非常危险的状态,企业可以将培训和薪酬福利划分开。这样做既打造了企业的良好形象,又能够稳定人心,激励员工。

3.1.3 以完善的法律为依据。双方可以签订一个合同和一个附加协议书。合同的时间限制公约不要太长,少于10年,对于双方的权利和义务,规定的内容要做到细致和明确。例如,员工服务的违约事件的评估方案,培训成本必须做出具体规定等。附加议定书的约定,双方都满意的服务到期日,继续续签合同意向书。如果他们不签字,协议的违反处理办法等。

3.2 外沿员工采用灵活可变的管理模式

对于外沿员,主要要做的工作如下。

3.2.1 企业自身的企业文化要重视。员工要对本企业的文化上认同,这是企业要做的,也就是说,企业管理这些员工的一个前提是要让这些员工对本企业的文化认同并且愿意为之付出努力,这种认同感不是一时的,是始终如一的认同。

3.2.2 建立科学完善的管理制度。建立客观科学、问责制、权威适度的管理系统是十分重要和有效的途径。作为企业的人力资源管理者,要综合考虑一些不可预测的影响因素,尽可能准确地估计可能的不同情况下的不同的目标和任务,以便更科学的发展目标和任务,评估合理性和可行性。

外沿的每个员工的职责和权力要明确定义,以便尽可能的进行制度管理。我们应该充分发挥他们的主动性,提醒他们的注意力,预警是为了防止问题,避免不必要的劳动纠纷。根据企业和个人提供一些真正的激励计划的选择来完成任务。合格的企业,他们拥有合理的企业激励机制,奖励员工允许自己提具体的要求。有远见的商业领袖会合理激励和培训优秀的人才。

注重物质奖励和精神奖励。对于不良或事故责任,根据情况,来进行合理处理。伤害员工自尊的处理方法不是企业应该做的,企业要做的是正确激励员工进行创新。同时,奖励和惩罚的开发和实现目标应体现"生活"角色和"效应"上,以目标的实际变化情况为基础,根据企业的实际情况对员工进行奖惩。

所以说,对于外沿的员工,企业要做的是比较多的,一方面要充分重视他们的个人发展;另一方面要考量企业自身的实际需求。

总而言之,通过柔性的人力资源的管理模式的建立和运用,目的是让企业在市场经济的环境下逐渐适应日益激烈的市场竞争。

参考文献

[1]戚振江,王重鸣.公司创业战略、人力资源结构与人力资源策略研究[J].科研管理,2014(04).

[2]任洲鸿.关于实现"按劳分配"理论创新的思考[J].经济学家,2013(05).

[3]田春勇,陈和."同工同酬"不等于"同岗同酬"[J].中国社会保障,2013(04).

[4]孙锐.授权、培训、职业发展与组织创新关系研究[J].科研管理,2014(02).

[5]杨付,王飞,曹兴敏.公平感对企业员工责任心的影响——基于国有大中型企业的实证研究[J].科学学与科学技术管理,2014(03).

[6]鲁耀辉,朱学红.我国企业人力资源管理问题研究[J].企业家天地,2014(02).

[7]朱慧毅.推进国企人力资源结构改革提高企业竞争力[J].上海化工,2013(01).

[8]贺伟,龙立荣.人力资源维度及其作用研究评述[J].软科学,2009(11).

互联网＋在保险营销中的应用研究

● 邬　頔

（对外经济贸易大学保险学院）

摘　要　随着互联网信息技术的飞速发展,保险产品的网上营销也正成为各大保险公司运用和探索的主要工作。如何能够打破传统的保险营销模式,大胆创新,快速找到保险营销队伍的互联网化道路,将成为保险公司发展的必经之路。基于传统保险销售的现状,要将互联网思维运用在保险营销中,首先应建设一个透明、公开并且能为销售人员提供强有力支撑的互联网平台,提升平台各方的信任,将原有的以产品为导向变为以客户需求为导向,运用精准营销的手段提升销售效率,保证客户权益和销售人员利益,减少销售管理的科层体系,形成客户－销售人员－产品－保险公司的良性互动。

关键词　互联网＋　保险营销

1　互联网＋对保险营销的重要意义

1.1　什么是互联网＋

“互联网＋”是互联网思维的进一步实践成果,它代表一种先进的生产力,推动经济形态不断地发生演变。从而带动社会经济实体的生命力,为改革、创新、发展提供广阔的网络平台。通俗来说,“互联网＋”就是“互联网＋各个传统行业”,但这并不是简单的两者相加,而是利用信息通信技术以及互联网平台,让互联网与传统行业进行深度融合,创造新的发展生态。

1.2　互联网＋的特征

1.2.1　跨界融合

＋就是跨界,就是变革,就是开放,就是重塑融合。敢于跨界了,创新的基础就更坚实;融合协同了,群体智能才会实现,从研发到产业化的路径才会更垂直。融合本身也指代身份的融合,客户消费转化为投资,伙伴参与创新,等等,不一而足。

1.2.2　创新驱动

中国粗放的资源驱动型增长方式早就难以为继,必须转变到创新驱动发展这条正确的道路上来。这正是互联网的特质,用所谓的互联网思维来求变、自我革命,也更能发挥创新的力量。

1.2.3　重塑结构

信息革命、全球化、互联网业已打破了原有的社会结构、经济结构、地缘结构、文化结构。权力、议事规则、话语权不断在发生变化。互联网＋社会治理、虚拟社会治理会是很大的不同。

1.2.4　尊重人性

人性的光辉是推动科技进步、经济增长、社会进步、文化繁荣的最根本的力量,互联网的力量之强大最根本地也来源于对人性的最大限度的尊重、对人体验的敬畏、对人的创造性发挥的重视。

1.2.5　开放生态

关于互联网＋,生态是非常重要的特征,而生态的本身就是开放的。我们推进互联网＋,其中,一个重要的方向就是要把过去制约创新的环节化解掉,把孤岛式创新连接起来,让研发由人性决定的市场驱动,让创业并努力者有机会实现价值。

1.2.6　连接一切

连接是有层次的,可连接性是有差异的,连接的价值是相差很大的,但是连接一切是互联网＋的目标。

1.3　互联网＋给保险营销带来的机遇与挑战

在互联网时代,我们应考虑未来在在保险营销上是否可以取消人工销售环节,完全依赖互联网由客户自主购买。客户购买的保险是一种无形的服务,客户只需要上网填写信息付款就可以买到保险。那么未来的保险是否还需要人工见面销售?我们判断互联网消除的信息不对称性、去中介化将会导致相当比例标准化的保险需求经过客户自主通过互联网购买,但是在一定时间内,还会有一定比例的保险销售是需要由专业的销售人员完成的。主要理由是:

1.3.1　对于一部分普通消费者来说,保险特别是长期的保险产品仍然比较复杂,需要解释。

1.3.2　客户群是多样的,有些客户希望花时间省钱,有些客户希望花钱省时间,对于花钱省时间的客户来说,希望得到"更高效"的一对一服务。

1.3.3　有些客户因为信赖品牌购买,有些客户因为信赖人购买,希望能有与人互动的情感,信赖人而购买的客户需要销售人员来服务。

基于这样的背景,在互联网时代,如何能够打破传统的保险营销模式,大胆创新,快速找到保险营销队伍的互联网化道路,将成为保险公司发展的必经之路。

2　互联网思维在保险营销中的应用

在互联网的变革时代,消费者仍然需要保险来满足保障需求,那么我们能如何运用互联网改造传统的保险销售方式呢?

2.1　将传统保险销售互联网化

基于传统保险销售的现状,要解决保险销售的信任问题、效率低下的问题,首先应建设一个透明、公开并且能为销售人员提供强有力支撑的互联网平台,提升平台各方的信任,将原有的以产品为导向变为以客户需求为导向,运用精准营销的手段提升销售效率,保证客户权益和销售人员利益,减少销售管理的科层体系,形成客户－销售人员－产品－保险公司的良性互动。可通过以下做法实现:

2.1.1　产品、条款公开化。将所有的线下产品都放在互联网平台上,通过互联网的形式展示保障、条款、理赔案例等。

2.1.2　支持销售人员将平台上的产品发送给有需求的客户了解,对销售人员发出去的链接,客户可以通过该链接购买并且计为销售人员业绩。

2.1.3　支持在线评价。平台可以支持客户对产品、销售人员和服务进行评价,其他客户在购买产品和选择服务人员的同时也可以参考平台上的评价。

2.1.4　客户可在平台上查询销售人员的累计服务次数和好评率。

2.1.5　对平台进行互联网的传播和获客,将带来的新销售机会,采取客户选择＋精准匹配的方式转给线下的销售人员。

2.1.6　对客户的不同需求,比如网上沟通、电话沟通和实地沟通的,提供一体化的咨询服务。

2.1.7　对不同的销售机会转化的业绩,给销售人员差异化的佣金,对销售人员自己的线下客户、平台介绍的销售机会第一次成单、这些客户的后续购买计算不同的佣金率。

2.1.8　客户可以在平台上查询服务信息,理赔情况,对保险和理赔进行咨询,并获得个性化的保险销售服务。

2.1.9　销售人员也可以在平台回复客户的咨询,攒自己的经验值,以提升客户对该人员的信任度。

2.1.10 平台"扁平化"组织销售，减少原有销售模式中的科层层级，平台提供基础的销售支持、培训、指导和交流等功能，将原本的销售督导中的标准化部分用互联网平台解决，剩余的高技能销售督导，采取管理人员管理的方式，这样将集约管理层级和销售管理人员，换言之，将节约成本、提高效率。

2.2 从客户、销售人员和保险公司角度分析建设互联网平台的功用

2.2.1 对客户和准客户来说，得到了可信任、不被骚扰、能解决保障需求的新型保险购买方式

如果客户被销售人员线下介绍了保险产品，他还想了解更多产品和公司的信息，他不知道销售人员介绍的是不是可信的，那么销售人员可以将总部统一做好的产品介绍、报价或者利益演示、公司介绍用互联网的方式发给客户，客户可以不受时空的限制，直接在互联网上浏览和查阅，因为信息是公司统一制作的，客户可以提高信任程度，不必担心被误导，而且如果客户有购买愿望，还直接在链接上购买，或者填写自己的信息，销售人员协助完成投保，这个过程简单、便捷，公司需要做的是提升整体公司的被信任度就好，客户参与更多也将节约投保流程的成本。

2.2.2 对销售人员来说，提高效率，有了自动的销售支持助手，可提高收入、职业认同感和对公司的依赖。

互联网平台将有明确意向的准客户交由销售人员，按照客户的需求，提供在线解释、电话解释和当面解释服务，改变原有的"盲目"拜访，将会因为精准而节约效率，同时，如果仅需要在线或电话就能解释清楚的，也不必当面拜访带来成本增加。平台根据客户的偏好和销售人员的能力进行较为精准的匹配或者提供客户自己选择销售人员的权力，将会因为提升了销售过程的匹配度而提升效率。同时，平台一定要保证销售人员的利益，尤其是销售人员自己的客户，要保证始终是销售人员的客户，这样销售人员才能放心的向客户介绍阳光的平台。

2.2.3 对保险公司来说，提升效率降低成本、公开信息防止销售误导、提高销售成功率从而留存销售人员，建立与客户的直接黏性，减少销售管理中的中间环节。

用互联网公开产品、销售人员和服务信息，支持客户公开选择产品、销售人员、办理在线服务，给销售人员提供产品推介、下单、学习和交流等一体化的新型互联网整合平台，对保险公司来说有多重意义。

2.2.3.1 有利于提升销售的效率，降低成本。保险公司在销售成本的投入上一直较高，通过互联网带来的精准营销，口碑营销，将会因为销售有效性的提升，而带来效率提升，并且还可以建立了统一的营销方式，以更直接和有效的宣传以保险公司名义出现的产品，而不是销售人员的产品。

2.2.3.2 有利于防范销售误导。公开完整的产品信息、销售人员信息，特别是产品的卖点由总部统一提炼和制作，让客户能够完整的了解产品，客户不必担心被销售人员误导，保险公司也不必担心是否销售人员误导了客户，信息公开将会消弭信息不对称性，从而减少销售误导。

2.2.3.3 有利于留存销售人员。建立互联网平台支持销售人员展业，提供互联网方式的培训和交流平台，还能提供新的销售机会给销售人员，将有效留存销售人员。

2.2.3.4 有利于减少销售管理的科层管理体系，带来成本降低、信息不变形。平台化将所有的销售人员都变成平等获得信息的点，销售人员获得平台统一的信息，这样的管理方式将会扁平化，也就是会降低科层制中的多层销售管理人员，一是降低成本，更重要的是减少信息传递过程中的变形。

2.2.3.5 可以建立客户的参与感。让口碑成为客户的决策依据。互联网平台可查询每个产品的真实销量，已购买客户的意见，已理赔客户的意见，支持客户在线对该产品提出问题，支持销售人员在线对客户问题进行回答。让客户的口碑成为其他客户购买的决策依据。建立保险公司直接与客户的互动和交流。

浅谈寿险公司的税务相关工作

● 刘艳霞

（对外经济贸易大学保险学院）

摘　要　随着"营改增"工作在全国范围的推广,预计保险行业将在2015年内完成,在这一大背景下,本文针对寿险公司实际开展的业务,结合税法相关规定,对寿险公司现行的税务工作进行总结,并给出合理避税的几点意见,最后针对"营改增"工作的即将落实,提出了寿险公司面临的一些挑战。

关键词　税务政策　合理避税　营改增

2011年,我国下发"营改增"试点方案,从2012年1月起,在上海交通运输业首先开展"营改增"试点,至2013年8月,"营改增"范围已推广到全国。随着铁路运输业、邮政服务业、电信业等纳入"营改增"试点范围,金融保险业的"营改增"改革也将展开,并预计会在2015年完成。针对寿险行业的这一重大税务变革,笔者总结归纳了现行寿险公司的税务工作以及避税方法,并提出了"营改增"变革带给寿险公司的一些挑战。

1　寿险公司现行的税务政策

目前,人寿保险公司的税务主要涉及营业税及附加,企业所得税两大块。

1.1　营业税金及附加

人寿保险公司主要缴纳的营业税有以下几方面:金融业务、保险业务、其他业务。金融业务主要包含金融产品买卖产生的价差收入、债券持有期间取得的收益等;保险业务主要包含保险公司的初保业务、储金业务等;其他业务主要是指公司开展保险业务期间产生的一些其他业务收入,属于为纳税人提供保险劳务而收取的价外费用,应当并入营业额中征收营业税。主要有工本费收入、保单贷款利息收入、保单复效利息收入、退保及部分领取手续费收入、投连险等的初始费用收入、账户管理费收入等。

1.2　企业所得税

人寿保险公司主要缴纳企业所得税的有以下几方面:保费收入、投资收益、其他业务收入。其他业务收入主要是指公司开展保险业务期间产生的如工本费收入、退保及部分领取手续费收入、投连险等的初始费用收入、账户管理费收入等。

2　寿险公司的合理避税途径

2.1　有关营业税的合理避税

根据《财政部、国家税务总局关于人寿保险业务免征营业税若干问题的通知》（财税〔2001〕118号）的有关规定,保险公司开展的1年期以上返还性人身保险业务的保费收入免征营业税。寿险公司经营的以上险种凡经财政部、国家税务总局审核并列入免税名单的可免征营业税。

目前,人寿保险公司每年可向国家税务总局进行一次申报,申报成功的险种可免征营业税。从

2014 年度申报情况来看,财税[2014]148 号文件通过了第 27 批免征营业税的人身保险产品名单,共涉及 73 家人寿保险公司, 1 316 项保险产品。

以一家新型保险公司为例,以旧口径统计,其 2015 年上半年共实现保险业务收入 376 587 万,其中,免税险种占 370 099 万,比例为 98.28%,这部分共实现营业税减免 20 726 万。此外,交税险种保费收入的 6 488 万中还包含符合减免税条件但未来得及申报的 6 482 万,这部分营业税可在 2016 年通过审批后申请退税。如果把该险种也统计进去,那么只有 6 万的保费收入需要缴纳营业税,不需要缴纳的保费收入达到了 99.99%,几乎达到 100%。

2.2 有关企业所得税的合理避税

根据《财政部、国家税务总局关于企业所得税若干优惠政策的通知》(财税[2008]1 号)的有关规定,对投资者从证券投资基金分配中取得的收入,暂不征收企业所得税。

人寿保险公司拥有大量的保险资金用于投资,并产生利差异以达到维持生存直至盈利的目的。如果人寿保险公司可以有效利用这一优惠政策,那么对公司整体的利润则有所贡献,尤其对于那些处于刚刚需要缴纳企业所得税的保险公司而言。

投资市场上该类产品通常在分红后净值出现下跌,单纯从投资的角度来看,投资该类产品并未产生预期的收益,甚至不如将该资金放逆回购产生的收益。但是从公司整体的税务角度而言,该类投资的分红部分将成为纳税递减项,可用于递减公司其他投资产生的收益。而且从实际的操作来看,保险公司投资管理部门可以在了解基金分红动向的时候再进行购买操作,实际占用资金时间并不是很长,却能为公司带来 25% 的税务节省,实际上的收益率非常可观。

如一保险公司投资 A、B 两项资产,A 为普通债券,产生投资收益 1 000 万,B 为某分红基金,考虑分红收益及买卖价差之后的综合投资收益为 0。从公司整体的税务角度而言,投资 B 能为公司节省很大一部分税务成本。除去其他影响企业所得税的因素,分以下 3 种情况分析:

情况一,B 基金分红为 800 万,可节省税务成本 200 万,公司只需缴纳 50 万企业所得税;情况二,B 基金分红收入正好可以抵消 A 产生的投资收益,公司缴纳企业所得税为 0;情况三,B 基金分红收入大于 A 产生的投资收益,公司当年缴纳企业所得税为 0,多出的 200 万,可以在次年继续递减。所以,寿险公司的投资管理部完全可以根据自己当年的利润测算值,去安排分红基金的购买,从而为公司节省税务成本,如下表所示。

表　投资收益与税务成本

	情况（一）	情况（二）	情况（三）
投资收益 – A	10 000 000.00	10 000 000.00	10 000 000.00
投资收益 – B	0.00	0.00	0.00
基金分红部分	8 000 000.00	10 000 000.00	12 000 000.00
项目	金额	金额	金额
利润总额	10 000 000.00	10 000 000.00	10 000 000.00
减:免税、减计收入及加计扣除	8 000 000.00	10 000 000.00	12 000 000.00
纳税调整后所得	2 000 000.00	0.00	0.00
税率	0.25	0.25	0.25
应纳税额	500 000.00	0.00	

3 寿险公司面临的"营改增"变革

寿险公司营业税是以在我国境内提供应税劳务所取得的营业额为课税对象而征收的一种商品劳

务税,计税依据为营业额总额,税额不受成本、费用高低的影响。增值税是以增值额作为计税依据而征收的一种流转税。应交增值税 = 销售产生的增值税销项税额 – 采购产生的增值税进项税额。

随着我国"营改增"试点范围的不断扩大,在 2015 年年底前,该项变革将覆盖整个保险行业,各寿险公司即将面临重大的挑战。

3.1 税收优惠政策是否继续

"营改增"实施后,针对前面提到的第一种合理避税政策是否还会延续?国家为了保持政策的连续性以及行业的平稳过渡,很有可能还会延续,那么免税批复流程会有什么样的变化,这部分免税收入对应的进项税转出又将如何规定,相应的管理费用的如何分摊才能更合理,这些都将关系到寿险公司的切身利益。

3.2 财务处理上加大了会计核算的难度

保险公司实行营业税时,财务核算主要税务相关科目是"应交税费 – 营业税","营改增"以后,应交税费的科目设置将包含"应交税费 – 未交增值税"、"应交税费 – 应交增值税"等,实际核算中还需要对保费、赔付、费用等进行价税分离,分别核算不含税金额及对应的税额,核算的复杂程度将有所增加。这就要求保险公司对其内部相关的会计核算制度进行及时修订和完善,并对财务人员进行培训,加强其对该项知识的学习,提高专业能力,防止出现科目用错等风险。

3.3 加大了发票管理及纳税申报的复杂程度

保险公司缴纳营业税的纳税期限为一个月,采取属地征收的方法,目前,只需要每月在地方税务局网站上自行进行纳税申报即可,对公司取得的发票类型也没有特殊要求。

增值税实行凭增值税专用发票注明的税款进行抵扣的制度,所以,寿险公司取得的发票也需要从一般税票变为增值税专用发票,且取得的增值税进项发票需要在税务机关的认证系统进行认证,只有通过认证的才能抵扣。这就要求保险公司对采购人员、运营人员等进行沟通及培训,保证所获取的发票为增值税专用发票。又因为增值税发票的认证有 3 个月的限制,所以,为了避免无法抵扣带来的损失,其他部门及时获取并及时交与财务进行报销同样重要。

3.4 寿险公司信息系统的改进

实行"营改增"后,寿险公司的相关信息系统也都将面临升级的挑战。由于会计核算科目的变化,现有财务系统将无法满足其需要,需进行开发升级,相应的保监会月报报送、偿付能力等数据提取接口规则也需要更新。目前,寿险公司的核心业务系统与财务系统都已实现了数据的自动对接,"营改增"后,核心业务系统也不得不随之进行升级。此外,为了实现增值税发票的有效管理,及时追踪抵扣发票,需要对供应商进行更加细致的分类管理,该块系统也需要进行完善。为了满足数据统计及经营分析的需求,公司的预算系统也需要随着财务系统的升级进行一定程度的改进。

寿险公司各个系统之间的密切联系使得"营改增"影响的不仅仅是财务系统,寿险公司不得不对多个系统同时进行升级更新,而每一个系统的升级都涉及系统设计、接口设置、项目测试、用户培训等多方面的工作,压力绝对不小。

总体来说,"营改增"的税务变革是公司层面的重点工作,寿险公司管理层应高度重视,全员推动,加大人力的投入,实时跟进信息,及时进行制度的更新与完善,积极迎接这一挑战,实现顺利过渡无疑也可以提升公司的税务能力,从而把挑战转换成机遇。

参考文献

[1]中国注册会计师协会 . 税法 . 北京 . 经济科学出版社,2013 年.

[2]马力,李爱民 . "营改增"对保险业的影响与实施前的准备 . 税收征纳,2015.05.

基于多元随机条件期望的多元风险投资可行率

● 陈奕延

（中国人民大学统计学院）

摘　要　风险投资多元化是当今社会风险投资行为中的常用做法,投资人会将资金投放到不同的投资领域,以此在获得相应收益的同时防范风险在某一投资领域过度溢出。对于那些风险造成的损失额服从一定概率分布,且分布是由损失额所处区间随机决定的风险,特别是风险成本也服从一定概率分布,且分布是由风险成本所处区间随机决定的情况,传统的风险评估函数往往无法有效解决这一问题,本文分为5个主要部分,文章将基于多元随机条件期望,创建新的多元风险投资评估方法,计算出多元风险投资的可行率并进行相应的总结与展望。

关键词　多元随机条件期望　多元风险投资可行率　概率分布

引言

投资是在风险存在条件下以投资收益最大化为条件的经济行为。投资面临的最大问题就是风险,如何度量风险、预测风险一直是投资领域的一大重点,传统方法下,人们通常计算 VAR、或者根据风险的分布或近似分布来计算风险损失额的期望、方差。然而,对于那些风险损失额的分布或概率密度函数随风险损失额所处的区间随机变动的风险,传统的方法显然很难求出整个风险损失额在其值域内的期望值,如果是一个投资组合,则其存在多个风险,视每一个风险为一个随机变量,则更难使用传统方法求出整个投资组合的损失预期。然而本文运用一种新的方法则可以破解这一难题,同时,亦可以在此基础上对投资组合下的多元风险投资进行评估。

1　风险损失额的多元随机条件期望的估计值

1.1　风险投资多元化及其优势

风险投资多元化,就是将用于风险投资的可支配资金投资到不同的领域,这里设一共将资金分散投资到 n 个投资领域,则每一个领域因风险造成的损失额为 X_i , $i = 1,2,3,\cdots,n$, X_i 为连续型随机变量,若将一组风险投资多元化造成的损失记为一个连续型多元随机变量,则可表示为 $X = (X_1, X_2, \cdots, X_n)$,类似 n 维空间上的一个点,本文暂不考虑交互效应,认为 X_1、X_2、$\cdots$、X_n 相互独立。这样通过风险投资多元化,可以有效地分散风险损失,防止某一个投资领域发生风险过度溢出。

1.2　某一投资领域风险损失额的随机条件期望

1.2.1　风险损失额的随机概率密度函数。由于 X_i , $i = 1,2,3,\cdots,n$ 为连续型随机变量,可用 X_i 的期望来表示预期损失,因为 X_i 随机落在数轴上不同的区间,由此产生不同的风险损失额的概率分布,亦即不同的概率密度函数,该期望有别于传统的条件期望,是一个随机条件期望,因为损失额均为大于等于0的实数,所以随机变量的最小取值亦是0,记 $k_{i0} = 0$, $k_{ij} \geqslant 0$ 且 $k_{ij} \in R$, $j = 1,2,3,\cdots,n$,将正实轴 $[0 , k_{in}]$ 划分为 n 个区间,即 $\exists$ n 个不同的概率密度函数,即 $\exists$ n 个不同的概率分布,X_i 落在不同区间对应不同分布,则 $f_i(x_i) = \{ f_{i1}(x_i \mid 0 \leqslant x_i < k_{i1}) , f_{i2}(x_i \mid k_{i1} \leqslant x_i < k_{i2}) , \cdots f_{in}(x_i \mid k_{in-1} \leqslant$

$x_i < k_{in}$) } 为连续型随机变量 X_i 的随机概率密度函数。

1.2.2 风险损失额随机条件期望的算术平均估计值。当 X_i 落在数轴上不同的区间,即产生不同的损失额度时,其分布的概率密度函数各不相同,则记 X_i 的随机条件期望的算术平均估计值为

$\hat{E}_{\sum i}(x_i|f_i(x_i))$,可知 $\hat{E}_{\sum i}(x_i|f_i(x_i)) = \dfrac{\sum\limits_{j=1}^{n}\left[(k_{ij}-k_{ij-1})\int_{k_{ij-1}}^{k_{ij}} x_i f_{ij}(x_i)dx_i\right]}{k_{in}}$,$i=1,2,\cdots,n$,$j=1,2,\cdots,n$

1.2.3 风险损失额随机条件期望的几何平均估计值。同理,当 X_i 落在数轴上不同的区间,即产生不同的损失额度时,其分布的概率密度函数各不相同,则可求 X_i 的随机条件期望的几何平均估计值,则可以将其记为 $\hat{E}_{\prod i}(x_i|f_i(x_i)) = \sqrt[n]{\prod\limits_{j=1}^{n}\left[(k_{ij}-k_{ij-1})\int_{k_{ij-1}}^{k_{ij}} x_i f_{ij}(x_i)dx_i\right]\Big/\prod\limits_{j=1}^{n}(k_{ij}-k_{ij-1})}$,$i=1,2,\cdots,n$,$j=1,2,\cdots,n$

1.2.4 风险损失额随机条件期望的线性加权估计值。因可求算术平均估计值与几何平均估计值,则可用一个权重 λ_i,$i=1,2,\cdots,n$,$0\le\lambda_i\le1$ 来线性加权随机变量 X_i 随机条件期望的算术平均估计值 $\hat{E}_{\sum i}(x_i|f_i(x_i))$ 与几何平均估计值 $\hat{E}_{\prod i}(x_i|f_i(x_i))$,记该估计值为 $\hat{E}_{f_i}(x_i|f_i(x_i))$,则

$\hat{E}_{f_i}(x_i|f_i(x_i)) = a\hat{E}_{\sum i}(x_i|f_i(x_i)) + b\hat{E}_{\prod i}(x_i|f_i(x_i))$,其中 $0\le a\le1$、$0\le b\le1$,且 $a+b=1$,$a=a(\lambda_i)$,$b=b(\lambda_i)$,则首先需要表示出 a、b,令 $\lambda_i=\begin{cases}\omega_{f_i}/\varphi_{f_i}, & \omega_{f_i}\le\varphi_{f_i}\\ \varphi_{f_i}/\omega_{f_i}, & \omega_{f_i}>\varphi_{f_i}\end{cases}$,这里有 $\omega_{f_i}=$

$\dfrac{(k_{i1}-0)\int_0^{k_{i1}}f_{i1}(x_i)dx_i+\cdots+(k_{in}-k_{in-1})\int_{k_{in-1}}^{k_{in}}f_{in}(x_i)dx_i}{(k_{in}-0)}$

$\varphi_{f_i}=\sqrt[n]{\dfrac{\left[(k_{i1}-0)\int_0^{k_{i1}}f_{i1}(x_i)dx_i\right]\cdots\cdots\left[(k_{in}-k_{in-1})\int_{k_{in-1}}^{k_{in}}f_{in}(x_i)dx_i\right]}{(k_{i1}-0)\cdot(k_{i2}-k_{i1})\cdots\cdots(k_{in}-k_{in-1})}}$

λ_i 用 ω_{f_i} 与 φ_{f_i} 的比值求得,其中,ω_{f_i} 是随机变量 X_i 出现在各个区间上概率的算术加权平均值,φ_{f_i} 是 X_i 出现在各个区间上概率的几何加权平均值。根据上述内容,可知有:

$a=\begin{cases}\lambda_i, & \omega_{f_i}\le\varphi_{f_i}\\ 1-\lambda_i, & \omega_{f_i}>\varphi_{f_i}\end{cases}$,$b=\begin{cases}1-\lambda_i, & \omega_{f_i}\le\varphi_{f_i}\\ \lambda_i, & \omega_{f_i}>\varphi_{f_i}\end{cases}$,则进一步可求 $\hat{E}_{f_i}(x_i|f_i(x_i))$,

$\hat{E}_{f_i}(x_i|f_i(x_i))=\begin{cases}\lambda_i\cdot\hat{E}_{\sum i}(x_i|f_i(x_i))+(1-\lambda_i)\cdot\hat{E}_{\prod i}(x_i|f_i(x_i)), & \omega_{f_i}\le\varphi_{f_i}\\ \lambda_i\cdot\hat{E}_{\prod i}(x_i|f_i(x_i))+(1-\lambda_i)\cdot\hat{E}_{\sum i}(x_i|f_i(x_i)), & \omega_{f_i}>\varphi_{f_i}\end{cases}$

1.3 多元投资组合的累积损失额的随机条件期望的估计值

一个多元风险投资组合涉及 n 个风险投资领域,每个投资领域的损失额的随机条件期望的加合,便是该多元投资组合的累计损失额的随机条件期望,同理,对估计值亦成立。设函数 $g(x_1,x_2,\cdots,x_n)=\sum\limits_{i=1}^{n}x_i$,设多元风险投资组合累积损失额的随机条件期望的估计值为 $\hat{E}_f(g(x_1,x_2,\cdots,x_n)f_1(x_1),f_2(x_2),\cdots,f_n(x_n))$,因 X_1、X_2、$\cdots$、X_n 相互独立,则 $E(X_1+X_2+\cdots X_n)=E(X_1)+E(X_2)+\cdots+E(X_n)$,则 $\hat{E}_f(g(x_1,x_2,\cdots,x_n)f_1(x_1),f_2(x_2),\cdots,f_n(x_n))=\sum\limits_{i=1}^{n}\hat{E}_{f_i}(x_i|f_i(x_i))$,由此可

得整个多元风险投资组合的累积损失额的随机条件期望的估计值。

2 风险成本的多元随机条件期望的估计值

2.1 风险成本多元化及其优势

风险成本多元化，就是将用于风险投资的可支配资金投资到不同的领域，这里设一共将资金分散投资到 n 个投资领域，则每一个领域的资金，即风险成本为 Y_s，$s = 1,2,3,\cdots,n$，Y_s 为连续型随机变量，若将一组风险成本记为一个连续型多元随机变量，则可表示为 $Y = (Y_1,Y_2,\cdots,Y_n)$，类似 n 维空间上的一个点，本文暂不考虑交互效应，认为 Y_1、Y_2、$\cdots$、Y_n 相互独立。这样通过风险成本多元化，可以有效地分散风险成本，防止某一个投资领域发生风险成本过于集中。

2.2 某一投资领域风险成本的随机条件期望

2.2.1 风险成本的随机概率密度函数。由于 Y_s，$s = 1,2,3,\cdots,n$ 为连续型随机变量，可用 Y_s 的期望来表示预期成本，因为 Y_s 随机落在数轴上不同的区间，由此产生不同的风险成本的概率分布，亦即不同的概率密度函数，该期望有别于传统的条件期望，是一个随机条件期望，因为成本均为大于等于 0 的实数，所以随机变量的最小取值亦是 0，记 $m_{s0} = 0$，$m_{st} \geq 0$ 且 $m_{st} \in R$，$t = 1,2,3,\cdots,n$，将正实轴 $[0，m_{st}]$ 划分为 n 个区间，即 $\exists n$ 个不同的概率密度函数，即 $\exists n$ 个不同的概率分布，Y_s 落在不同区间对应不同分布，

$$f_s(y_s) = \{f_{s1}(y_s \mid 0 \leq y_s < m_{s1})，f_{s2}(y_s \mid m_{s1} \leq y_s < m_{s2})，\cdots f_{sn}(y_s \mid m_{sn-1} \leq y_s < m_{sn})\}$$ 为连续型随机变量 Y_i 的随机概率密度函数。

2.2.2 风险成本的随机条件期望的算术平均估计值。当 Y_s 落在数轴上不同的区间，即对应不同的风险成本时，其分布的概率密度函数各不相同，则记 Y_s 的随机条件期望的算术平均估计值为

$\hat{E}_{\sum s}(y_s \mid f_s(y_s))$，可知 $\hat{E}_{\sum s}(y_s \mid f_s(y_s)) = \dfrac{\sum\limits_{t=1}^{n} \left[(m_{st} - m_{st-1}) \int_{m_{st-1}}^{m_{st}} y_s f_{st}(y_s) d y_s \right]}{m_{sn}}$，$s = 1,2,\cdots,n$，$t = 1,2,\cdots,n$

2.2.3 风险成本的随机条件期望的几何平均估计值。同理，当 Y_s 落在数轴上不同的区间，即产生不同的风险成本时，其分布的概率密度函数各不相同，则可求 Y_s 的随机条件期望的几何平均估计值，则

可以将其记为 $\hat{E}_{\prod s}(y_s \mid f_s(y_s)) = \sqrt[n]{\prod\limits_{t=1}^{n} \left[(m_{st} - m_{st-1}) \int_{m_{st-1}}^{m_{st}} y_s f_{st}(y_s) d y_s \right] \bigg/ \prod\limits_{t=1}^{n} (m_{st} - m_{st-1})}$，$s = 1,2$

$\cdots,n$，$t = 1,2,\cdots,n$

2.2.4 风险成本的随机条件期望的线性加权估计值。因为可以求出风险成本随机条件期望的算术平均估计值与几何平均估计值，则可用一个权重 θ_s，$s = 1,2,\cdots,n$，$0 \leq \theta_s \leq 1$ 来线性加权随机变量 Y_s 随机条件期望的算术平均估计值 $\hat{E}_{\sum s}(y_s \mid f_s(y_s))$ 与几何平均估计值 $\hat{E}_{\prod s}(y_s \mid f_s(y_s))$，记该估计值为

$\hat{E}_{f_s}(y_s \mid f_s(y_s))$，$\hat{\hat{E}}_{f_s}(y_s \mid f_s(y_s)) = c \hat{E}_{\sum s}(y_s \mid f_s(y_s)) + d \hat{E}_{\prod s}(y_s \mid f_s(y_s))$，其中 $0 \leq c \leq 1$、$0 \leq d \leq 1$，且

$c + d = 1$，$c = c(\theta_s)$，$d = d(\theta_s)$，则首先需要表示出 c、d，令 $\theta_s = \begin{cases} \eta_{f_s} / \mu_{f_s} & ，\eta_{f_s} \leq \mu_{f_s} \\ \mu_{f_s} / \eta_{f_s} & ，\eta_{f_s} > \mu_{f_s} \end{cases}$，则可通过求出

式子中的符号得到相应结果，其中 $\eta_{f_s} = \dfrac{(m_{s1} - 0) \int_0^{m_{s1}} f_{s1}(y_s) d y_s + \cdots + (m_{sn} - m_{sn-1}) \int_{m_{sn-1}}^{m_{sn}} f_{sn}(y_s) d y_s}{(m_{sn} - 0)}$

$$\mu_{f_s} = \sqrt[n]{\frac{\left[(m_{s1} - 0)\int_0^{m_{s1}} f_{s1}(y_s)\,dy_s\right] \cdots \cdots \left[(m_{sn} - m_{sn-1})\int_{m_{sn-1}}^{m_{sn}} f_{sn}(y_s)\,dy_s\right]}{(m_{s1} - 0)\cdot(m_{s2} - m_{s1})\cdots\cdots(m_{sn} - m_{sn-1})}}$$

θ_s 用 η_{f_s} 与 μ_{f_s} 的比值求得，其中 η_{f_s} 是随机变量 Y_s 出现在各个区间上概率的算术加权平均值，μ_{f_s} 是 Y_s 出现在各个区间上概率的几何加权平均值。根据上述内容，可知有

$$c = \begin{cases} \theta_s, & \eta_{f_s} \leqslant \mu_{f_s} \\ 1 - \theta_s, & \eta_{f_s} > \mu_{f_s} \end{cases}, \quad d = \begin{cases} 1 - \theta_s, & \eta_{f_s} \leqslant \mu_{f_s} \\ \theta_s, & \eta_{f_s} > \mu_{f_s} \end{cases}, \text{则进一步可求 } \hat{E}_{f_s}(y_s \mid f_s(y_s)),$$

$$\hat{E}_{f_s}(y_s \mid f_s(y_s)) = \begin{cases} \theta_s \cdot \hat{E}_{\sum_s}(y_s \mid f_s(y_s)) + (1 - \theta_s) \cdot \hat{E}_{\prod_s}(y_s \mid f_s(y_s)), & \eta_{f_s} \leqslant \mu_{f_s} \\ \theta_s \cdot \hat{E}_{\prod_s}(y_s \mid f_s(y_s)) + (1 - \theta_s) \cdot \hat{E}_{\sum_s}(y_s \mid f_s(y_s)), & \eta_{f_s} > \mu_{f_s} \end{cases}$$

2.3 多元投资组合的风险总成本的随机条件期望的估计值

一个多元风险投资组合涉及 n 个风险投资领域，每个投资领域的风险成本的随机条件期望的加合，便是该多元投资组合的风险总成本的随机条件期望，同理，对估计值亦成立。设函数 $r(y_1, y_2, \cdots, y_n) = \sum_{s=1}^{n} y_s$，设多元风险投资组合风险总成本的随机条件期望的估计值为 $\hat{E}_f(r(y_1, y_2, \cdots, y_n) \mid f_1(y_1), f_2(y_2), \cdots, f_n(y_n))$，因为 Y_1、Y_2、$\cdots$、Y_n 相互独立，则 $E(Y_1 + Y_2 + \cdots Y_n) = E(Y_1) + E(Y_2) + \cdots + E(Y_n)$，则 $\hat{E}_f(r(y_1, y_2, \cdots, y_n) \mid f_1(y_1), f_2(y_2), \cdots, f_n(y_n)) = \sum_{s=1}^{n} \hat{E}_{f_s}(y_s \mid f_s(y_s))$，由此可得整个多元风险投资组合的风险总成本的随机条件期望的估计值。

3 多元风险投资可行率

3.1 多元风险投资评估的方法

根据风险总成本的随机条件期望的估计值和风险累积损失额的随机条件期望的估计值，可用前者减去后者，若结果为零或负值，则表明该风险投资不可行，此时记可行率为零；若结果为正值，则表明该风险投资可行，然后用差值比上风险总成本的随机条件期望的估计值算出一个数，再分别计算不同的风险成本随机条件期望的估计值与相应的风险损失额随机条件期望估计值的差，统计大于零的个数，然后比上全部的风险投资领域个数 n，再计算出一个数，用两数相乘，再开平方，得到的结果亦为该多元风险投资组合的多元风险投资可行率，根据这一可行率对多元风险投资进行评估，可行率越大，投资越安全。

3.2 多元风险投资可行率计算

设 $U(x_i, y_s) = \sum_{s=1}^{n} \hat{E}_{f_s}(y_s \mid f_s(y_s)) - \sum_{i=1}^{n} \hat{E}_{f_i}(x_i \mid f_i(x_i))$，$U(x_i, y_s) \leqslant 0$ 则风险投资不可行；$U(x_i, y_s) > 0$ 则风险投资可行。考虑 $U(x_i, y_s) > 0$ 的情况，设 $0 < \pi_1 \leqslant 1$，且 $\pi_1 \in R$，则 $\pi_1 = \left[\sum_{s=1}^{n} \hat{E}_{f_s}(y_s \mid f_s(y_s)) - \sum_{i=1}^{n} \hat{E}_{f_i}(x_i \mid f_i(x_i))\right] / \sum_{s=1}^{n} \hat{E}_{f_s}(y_s \mid f_s(y_s))$，然后须求出每一组随机变量 (x_p, y_q)，$p \in i$，$q \in s$，这时由于 x_p 与 y_q 落入的区间长度不同，$0 \leqslant y_q \leqslant m_{qn}$，$0 \leqslant x_p \leqslant k_{pn}$，分为三种情况：第一种，$m_{qn} = k_{pn}$，则此时有：$\omega_{f_p} = \dfrac{(k_{p1} - 0)\int_0^{k_{p1}} f_{p1}(x_p)\,dx_p + \cdots + (m_{qn} - k_{pn-1})\int_{k_{pn-1}}^{m_{qn}} f_{pn}(x_p)\,dx_p}{(m_{qn} - 0)}$

$$\varphi_{f_p} = \sqrt[n]{\frac{\left[(k_{p1}-0)\int_0^{k_{p1}} f_{p1}(x_p)\,d x_p\right]\cdots\cdots\left[(m_{qn}-k_{pn-1})\int_{k_{pn-1}}^{m_{qn}} f_{pn}(x_p)\,d x_p\right]}{(k_{i1}-0)\cdot(k_{i2}-k_{i1})\cdots\cdots(m_{qn}-k_{pn-1})}}$$，这时没有变化，分别求

权重然后按步骤计算即可；第二种，$m_{qn} > k_{pn}$，此时为了保证区间的一致性，则只能缩短 y_q 的区间，有 $0 \leqslant y_q \leqslant k_{pn} < m_{qn}$，取 $0 \leqslant y_q \leqslant k_{pn}$ 再进行计算，则有：

$$\eta_{f_q} = \frac{(m_{q1}-0)\int_0^{m_{q1}} f_{q1}(y_q)\,d y_q + \cdots + (k_{pn}-m_{qn-1})\int_{m_{qn-1}}^{k_{pn}} f_{qn}(y_q)\,d y_q}{(k_{pn}-0)}$$

$$\mu_{f_q} = \sqrt[n]{\frac{\left[(m_{q1}-0)\int_0^{m_{q1}} f_{q1}(y_q)\,d y_q\right]\cdots\cdots\left[(k_{pn}-m_{qn-1})\int_{m_{qn-1}}^{k_{pn}} f_{qn}(y_q)\,d y_q\right]}{(m_{q1}-0)\cdot(m_{q2}-m_{q1})\cdots\cdots(k_{pn}-m_{qn-1})}}$$，根据这两个权重以及

新的随机条件期望的算术平均估计值 $\hat{E}_{\sum_q}(y_q|f_q(y_q))$、几何平均估计值 $\hat{E}_{\prod_q}(y_q|f_q(y_q))$ 再来计算 $\hat{E}_{f_q}(y_q|f_q(y_q))$；第三种，$m_{qn} < k_{pn}$，为了保证区间的一致性，则只能缩短 x_p 的区间，有 $0 \leqslant x_p \leqslant m_{qn} < k_{pn}$，取 $0 \leqslant x_p \leqslant m_{qn}$，同理，重新计算相应的统计量。统一区间长度后，设存在一个函数用来表示差值，即 $D(x_p,y_q) = \hat{E}_{f_q}(y_q|f_q(y_q)) - \hat{E}_{f_p}(x_p|f_p(x_p))$，记 $C(x_p,y_q)$ 为一个函数，$C(x_p,y_q) =$

$$\begin{cases} 1 & ,\ \hat{E}_{f_q}(y_q|f_q(y_q)) - \hat{E}_{f_p}(x_p|f_p(x_p)) > 0 \\ 0 & ,\ \hat{E}_{f_q}(y_q|f_q(y_q)) - \hat{E}_{f_p}(x_p|f_p(x_p)) \leqslant 0 \end{cases}$$，设 $0 < \pi_2 \leqslant 1$，则相应有

$\pi_2 = \sum\limits_{\substack{1 \leqslant p \leqslant n \\ 1 \leqslant q \leqslant n}} C(x_p,y_q)/n$，最后，设多元风险投资可行率为 π，$0 \leqslant \pi \leqslant 1$，则有：$\pi = \sqrt[2]{\pi_1 \cdot \pi_2}$，综

上所述，则有 $\pi = \begin{cases} 0 & ,\ U(x_i,y_i) \leqslant 0 \\ \sqrt[2]{\pi_1 \cdot \pi_2} & ,\ U(x_i,y_i) > 0 \end{cases}$，$\pi$ 越大，多元风险投资的可行率越高，风险投资相对

越安全。

4 小结

随机条件期望是根据随机变量随机落入的区间范围，从而确定概率密度函数进而计算出的条件期望，需要说明的是，随机变量的随机概率密度函数亦不同于分段函数，以损失额 X_i，$i = 1,2,3\cdots,n$ 为例，其随机概率密度函数为：$f_i(x_i) = \{f_{i1}(x_i \mid 0 \leqslant x_i < k_{i1}), f_{i2}(x_i \mid k_{i1} \leqslant x_i < k_{i2}), \cdots, f_{in}(x_i \mid k_{in-1} \leqslant x_i < k_{in})\}$，说明其概率密度函数是由随机变量所处不同区间随机而定的，若为分段函数，则每一段必然出现，然而对于随机概率密度函数，其每一段上的概率密度函数是随机出现的，这是两者的区别。以随机条件期望为基础计算出的多元风险投资可行率能够很完整地反映出风险投资的可行性，为多元风险投资工作的评估提供了一种新方法。

5 方法优缺点及未来展望

运用风险投资组合的随机条件期望求出多元风险投资的可行率，该方法具备较强的条理性、逻辑性，运用数理统计模型可以很好地量化诠释风险分布或概率密度函数在风险损失额随机落在不同值域子区间内而相应改变的复杂风险，弥补了传统风险评估方法的不足，然而该方法计算量较大，过程较为复杂，如果不能熟练运用，其中，一个步骤产生误差则会造成整体误差在下一步的计算中被进一

步放大,不仅不能提高预测的精度,反而会使精度下降。

对此,最好的改进方法是使用 R 语言或者 MATLAB、SPSS、SAS、C + + 、JAVA 等软件将该方法编辑成一套程序算法,只要代入初值,则可在计算机上演算全部的过程,不仅可以减少人工误差,也可以节约时间,这是该方法未来进行改进的一个方向,同时还可以添加一个时间参数,这样可以进一步提高模型的维度,进一步增加模型预测的信度和精确度。

参考文献

[1]Rabia Arikan,Metin Daġdeviren,Mustafa Kurt,A Fuzzy Multi – Attribute Decision Making Model for Strategic Risk Assessment,International Journal of Computational Intelligence Systems,2013,6(3):487 – 502.

[2]O. I. Pavlenko,Risk Processes with Random Interest Rates,Cybernetics and Systems Analysis,2000,36(5):743 – 748.

[3]John. C. Hull,Risk management and financial institutions,London:Pearson Education,2011.

[4]黄维忠,平衡损失函数下风险相依回归信度模型,北京大学学报(自然科学版),2013(1):36 – 46.

[5]高惠璇,统计计算,北京:北京大学出版社,1995.

潜周期模型下对我国原盐产量的预测

● 李　晔　陈奕延

（首都师范大学数学科学学院　中国人民大学统计学院）

摘　要　本文选用 1998 年至 2013 年我国原盐产量数据进行时间序列分析,盐是我国工业生产和日常生活中不可或缺的物质,因此,对原盐产量的分析可以使我们了解我国原盐产量及需求量的走势以及原盐产量随季节的变化趋势和其呈现出来的规律,这样可以更好地指导企业进行工业生产。这一研究有着十分重要的意义。

本文首先介绍了我国原盐产量的数据来源,研究的背景及实际意义,然后对我国原盐产量用不同方法进行时间序列分解,分别得到趋势项、季节项和随机项,由此看到我国原盐产量呈上升趋势且有明显的周期性,随后对我国原盐产量的数据进行预处理后建立潜周期模型,对其残差再建立 AR 模型,检验 AR 模型的残差是否为白噪声。经过检验后可知所建立的潜周期模型是合理的,用模型对我国原盐产量进行预测,可以看到预测的效果并不理想,然后解释出现这种现象的可能原因并进行总结,最后列举本文所有计算及相关问题涉及的 R 语言程序。

关键词　原盐产量　时间序列分解　潜周期模型　AR 模型　R 语言

1　引言

1.1　研究背景及实际意义

众所周知,盐在人类的历史上起了重要的作用。原盐是在盐田晒制的海盐及在天然盐湖或盐矿开采出的未经人工处理的湖盐或岩盐等。主要成分是氯化钠,夹杂有不溶性泥沙和可溶性的多种盐类。原盐也是烧碱、纯碱最主要的原料之一,在无机化工产品中占有极其重要的地位。在日常生活中,食盐也是人们不可缺少的一部分。中国是世界上最大的原盐生产国与消费国,也是世界上原盐产业发展最快的国家,由于下游纯碱和氯碱工业的快速发展,我国每年仍需要大量进口工业原盐。因此,对我国原盐产量的数据进行时间序列分析并且对其进行预测是尤为必要的,这样既可以保证原盐的供应量,使其不会供不应求,同时,也可以减少因生产过多而造成的不必要的浪费。

1.2　数据来源

本文采用 1998—2013 年我国原盐产量的数据,原始数据来自于国家统计局网站（月度数据）。文中用到了数据中的以下变量:年份、月份、原盐产量。在对原盐产量的分析预测过程中没有删减数据的行为,最大限度地保证作出的分析结果不受主观因素影响,使分析结果更加客观和真实可信。

1.3　分析方法及结论简述

本文首先对我国原盐产量数据分别用分段趋势法,回归直线趋势法,二次曲线趋势法进行时间序列分解,得到趋势项,季节项和噪声项。从时间序列的分解中可以看到我国原盐产量有上升的趋势,并且随季节呈明显的周期。由于数据有明显的周期性,继而对我国原盐产量的数据进行零均值化后建立潜周期模型,估计潜周期模型的各个参数,然后计算潜周期模型的残差并对残差建立 AR 模型,最后检验 AR 模型的残差是否为白噪声,经过一系列检验最终认为所建立的潜周期模型是合理的。最后对我国原盐产量数据进行预测分析。

2 时间序列分析

2.1 时间序列分解

对我国 1998—2013 年原盐产量的月度数据计算出每个季度的原盐产量，并对其进行时间序列的分解。

2.1.1 分段趋势。从数据看出，全国原盐产量随季节变化有明显的周期 $s=4$。从年平均看出，数据有逐年上升趋势，中间几年上升较快，其余缓慢上升．最直接和最简单的方法是把趋势项 $\{T_t\}$ 定义成年平均值．例如，对 $1 \leqslant j \leqslant 4$，$\hat{T}_j$ 是 1998 年的数据平均（图 1），这样得到：

$$\hat{T}_1 = \cdots = \hat{T}_4 = \cdots = (x_1 + x_2 + x_3 + x_4)/4 = 537.275$$

$$\hat{T}_5 = \cdots = \hat{T}_8 = (x_5 + x_6 + x_7 + x_8)/4 = 680.325$$

$$\cdots\cdots\cdots$$

$$\hat{T}_{61} = \cdots = \hat{T}_{64} = (x_{61} + x_{62} + x_{63} + x_{64})/4 = 1596.925$$

利用原始数据 $\{x_t\}$ 减去趋势项的估计 $\{\hat{T}_t\}$ 得到的数据基本只含季节项和随机项．可以用第 k 季度的平均值作为季节项 $S(k)$，$1 \leqslant k \leqslant 4$ 的估计．如果用 $x_{j,k}$，$T_{j,k}$ 分别表示第 j 年第 k 季度的数据和趋势项，则时刻 (j,k) 的时间次序指标为 $k + 4(j-1)$。

$$\hat{S}(k) = \frac{1}{16} \sum_{j=1}^{16} (x_{j,k} - \hat{T}_{j,k})$$
$$= \frac{1}{16} \sum_{j=0}^{15} (x_{k+4j} - \hat{T}_{k+4j}), 1 \leqslant k \leqslant 4 \tag{1}$$

经计算：

$$\hat{S}(1) = -555.8531, \hat{S}(2) = 392.4344$$
$$\hat{S}(3) = 36.32187, \hat{S}(4) = 127.0969$$

这时，$\sum_{j=1}^{4} \hat{S}(j) = 0$。最后，利用原始数据 $\{x_t\}$ 减去趋势项的估计 $\{\hat{T}_t\}$ 和季节项的估计 $\{\hat{S}_t\}$ 得到的数据就是随机项的估计 $\hat{R}_t = x_t - \hat{T}_t - \hat{S}_t$，$1 \leqslant t \leqslant 64$（图 2）。

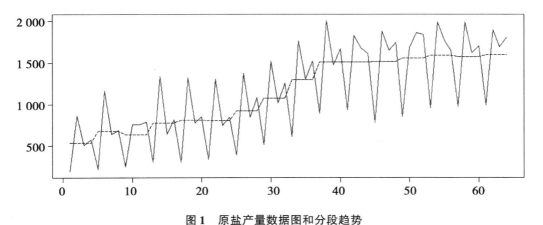

图 1　原盐产量数据图和分段趋势

2.1.2 回归直线趋势。由于数据有上升趋势，可以用回归直线表示趋势项．这时认为 (x_t, t) 满足一元线性回归模型：

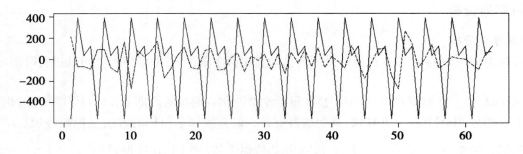

图2　季节项和随机项

$x_t = a + bt + \varepsilon_t, t = 1, 2, \ldots$

定义：

$X = (x_1, x_2, \ldots, x_{64})^T$

$Y = \begin{pmatrix} 1 & 1 \ldots 1 \\ 1 & 2 \ldots 64 \end{pmatrix}$

$(a, b)^T$ 的最小二乘估计由公式 $(\hat{a}, \hat{b})^T = (YY^T)^{-1}YX$ 决定，经计算得到：

$\hat{a} = 471.59018$　　$\hat{b} = 20.90963$

回归方程为 $x_t = 471.59018 + 20.90963t$

这时，趋势项 $\{\hat{T}_t\}$ 的估计值是回归直线（图3）。

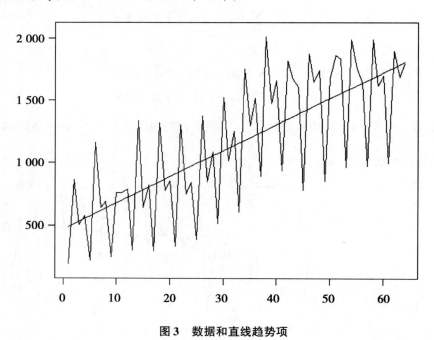

图3　数据和直线趋势项

$\hat{T}_t = 471.59018 + 20.90963t$

利用原始数据 $\{x_t\}$ 减去趋势项的估计 $\{\hat{T}_t\}$ 得到的数据基本只含季节项和随机项，仍可以用第 k 季度的平均值作为季节项 $S(k)$ 的估计，利用方法一中的公式（1）计算出：

$\hat{S}(1) = -524.4887$，　　$\hat{S}(2) = 402.8891$

$\hat{S}(3) = 25.86705$，　$\hat{S}(4) = 95.7325$

这时，$\sum_{j=1}^{4} \hat{S}(j) = 0$

最后,利用原始数据 $\{x_t\}$ 减去趋势项的估计 $\{\hat{T}_t\}$ 和季节项的估计 $\{\hat{S}_t\}$ 得到的数据就是随机项的估计 $\hat{R}_t = x_t - \hat{T}_t - \hat{S}_t , 1 \leqslant t \leqslant 64$ (图4)。

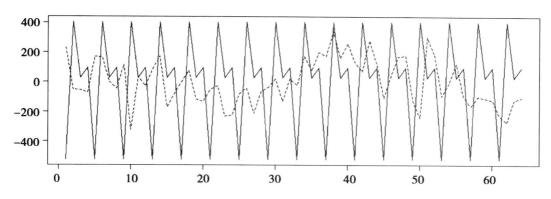

图4　季节项和随机项

2.2　二次曲线趋势

我们还可以用二次曲线来拟合全国原盐产量数据的趋势项,这时认为 (x_t , t) 满足二元线性回归模型:

$$x_t = a + bt + ct^2 + \varepsilon_t, \quad t = 1,2,\cdots$$

定义:

$$X = (x_1 , x_2 , \cdots , x_{64})^T, \qquad Y = \begin{pmatrix} 1 & 1 & \cdots & 1 \\ 1 & 2 & \cdots & 64 \\ 1 & 2^2 & \cdots & 64^2 \end{pmatrix}$$

$(a , b , c)^T$ 的最小二乘估计由公式 $(\hat{a} , \hat{b} , \hat{c})^T = (YY^T)^{-1}YX$ 决定。经计算得到:

$\hat{a} = 393.177568$，　　$\hat{b} = 28.038048$，　　$\hat{c} = -0.109668$

回归方程为:

$$x_t = 393.177568 - 28.038048t - 0.109668t^2$$

这时,趋势项 $\{\hat{T}_t\}$ 的估计是二次曲线(图5)。

$$\hat{T}_t = 393.177568 - 28.038048t - 0.109668t^2$$

利用原始数据 $\{x_t\}$ 减去趋势项的估计 $\{\hat{T}_t\}$ 得到的数据基本只含季节项和随机项,再用第 k 季度的平均值作为季节项 $S(k)$ 的估计,利用公式(1)计算出:

$\hat{S}(1) = -524.379 , \hat{S}(2) = 402.7796$

$\hat{S}(3) = 25.75739 , \hat{S}(4) = 95.84207$

这时, $\sum_{j=1}^{4} \hat{S}(j) = 0$,利用原始数据 $\{x_t\}$ 减去趋势项的估计 $\{\hat{T}_t\}$ 和季节项的估计 $\{\hat{S}_t\}$ 得到的数据就是随机项的估计 $\hat{R}_t = x_t - \hat{T}_t - \hat{S}_t , 1 \leqslant t \leqslant 64$ (图6)。

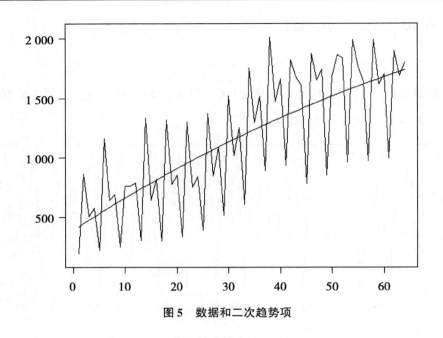

图 5　数据和二次趋势项

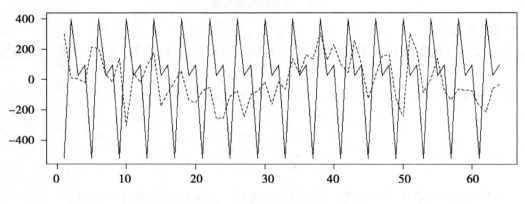

图 6　季节项和随机项

3　时间序列的建模

从我国原盐产量的原始数据和时间序列分解后的结果可以看到数据以 3 个月（1 个季度）为一个大周期，以 1 个月为一个小周期。对于这种具有明显周期的数据可以考虑用潜周期模型来描述。

3.1　建立潜周期模型

处理 1998—2013 年全国原盐产量时，用 $\{z_t\}$ 表示 1998—2013 年的数据，样本均值是：

$$\bar{z} = 386.4469$$

$x_t = z_t - \bar{z}$ 是 $\{z_t\}$ 的零均值化。

由于观测数据是实值的，所以，$S_N(\lambda)$ 是偶函数，设函数 $|S_N(\lambda)|$ 由 $S_N(\lambda) = \sum\limits_{t=1}^{N} x_t e^{-i\lambda t}$ 定义，因而利用角频率的周期图最大估计只要在 $[0,\pi]$ 上找出群峰的个数 k 作为角频率个数 k 的估计，每个

群峰中的最高峰下对应于一个角频率的估计 $\hat{\lambda}_j$ 设 $\hat{\alpha}_j$ 由 $\hat{\alpha}_j = \dfrac{1}{N}\displaystyle\sum_{t=1}^{N} x_t e^{-i\lambda_j t}$， $1 \leqslant j \leqslant k$ 定义。定义 A_k 的估计 $\hat{A}_k$ 如下：

如果 $\hat{\lambda}_k = \pi$，取：

$$\hat{A}_k = \hat{\alpha}_k, \hat{\varphi}_1 = 0, \hat{\omega}_1 = \pi$$

如果 $\hat{\lambda}_j \in (0, \pi)$，取：

$$\hat{\omega}_j = \hat{\lambda}_j, \quad \hat{A}_j = 2|\hat{\alpha}_j|$$

初始相位 φ_j 的估计取作 $\hat{\varphi}_j = \arg(\hat{\alpha}_j)$。

不难看出，这样定义的估计量都有很好的强相合性质。

全国原盐数据的 $|S_N(\lambda)|$（图7）。

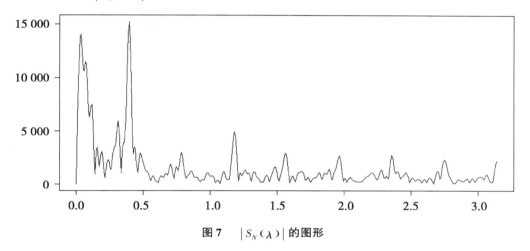

图7 $|S_N(\lambda)|$ 的图形

于是应当认为数据有 9 个角频率。相应角频率、周期、初相位和振幅的初估计如下：

k	1	2	3	4	5	6	7	8	9
$\hat{\omega}_k$	0.0317	0.3943	0.7858	1.1773	1.5601	1.9632	2.3576	2.7462	π
$\hat{T}_k$	197.8958	15.9369	7.9963	5.3371	4.0275	3.2005	2.6651	2.288	2
$\hat{\varphi}_k$	2.7297	1.3060	1.3282	1.2281	2.0637	0.5387	0.3413	0.342	0
$\hat{A}_k$	147.5093	157.5834	31.6116	51.4835	30.852	28.569	28.9625	24.269	11.8115

由于样本均值是 386.4469，所以，估计的模型是：

$$z_t = \sum_{j=1}^{9} \hat{A}_j \cos(\hat{\omega}_j t + \hat{\varphi}_j) + 386.4469, \quad t \geqslant 1 \tag{2}$$

3.2 利用残差的白噪声性质检验模型的合理性

对于实值模型（2），在得到周期个数的估计 $\hat{k}$，角频率的估计 $\hat{\omega}_j(1 \leqslant j \leqslant \hat{k})$，振幅的估计 $\hat{A}_j(1 \leqslant j \leqslant \hat{k})$ 和初相位的估计 $\hat{\varphi}_j(1 \leqslant j \leqslant \hat{k})$ 后，为了检测拟合的模型：

$$z_t = \sum_{j=1}^{\hat{k}} \hat{A}_j \cos(\hat{\omega}_j t + \hat{\varphi}_j) + \xi_t, \quad t \in \mathbb{N}_+$$

是否合理,需要计算残差:

$$\hat{\xi}_t = z_t - \sum_{j=1}^{k} \hat{A}_j \cos(\hat{\omega}_j t + \hat{\varphi}_j), t = 1,2,\cdots,N \tag{3}$$

和它的样本自协方差函数:

$$\hat{\gamma}_k = \frac{1}{N} \sum_{j=1}^{N-k} (\hat{\xi}_j - \hat{\mu})(\hat{\xi}_{j+k} - \hat{\mu}), \quad k = 1,2,\cdots,N$$

这里 $\hat{\mu}$ 是 $\hat{\xi}_t$ 的样本均值. $\hat{\gamma}_k$ 的图像(图8)。

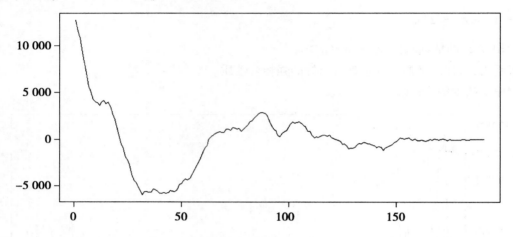

图8 潜周期模型残差的样本自协方差函数

由图可见,$\hat{\gamma}_k$ 有收敛到0的性质,因此,可以初步认为模型合理. 为了进一步进行更合理的检验,我们需要对实值的潜周期模型(2)的残差(3)建立 AR 或者 ARMA 模型。如果建立的 AR 或 AR-MA 模型可以通过模型检测,就应当肯定拟合模型的合理性。

3.2.1 对潜周期模型的残差建立 AR 模型。首先要对潜周期模型的残差 $\hat{\xi}_1,\hat{\xi}_2,\cdots,\hat{\xi}_N$ 进行零均值化的预处理如下:

$$y_t = \hat{\xi}_t - \bar{\hat{\xi}}_N, t = 1,2,\cdots,N, \bar{\hat{\xi}}_N = \frac{1}{N}\sum_{j=1}^{N}\hat{\xi}_j$$

然后为数据 $\{y_t\}$ 建立一个 AR(p) 模型。

由于 AR(p) 序列的特征是偏向关系数 p 后截尾,所以 p 的最自然的选择方法是看样本偏向关系数 $\{\hat{a}_{k,k}\}$ 何时截尾. 如果 $\{\hat{a}_{k,k}\}$ 在 p 处截尾:$\hat{a}_{k,k} \approx 0$,当 $k > p$,而 $\hat{a}_{pp} \neq 0$,就以 p 作为 p 的估计。

因为对任何 $k < N$, k 阶样本自协方差矩阵是正定的,所以,样本偏相关系数 $\hat{a}_{k,k}$ 由样本 Yule - Walker 方程:

$$\begin{bmatrix} \hat{\gamma}_1 \\ \hat{\gamma}_2 \\ ? \vdots \\ \hat{\gamma}_k \end{bmatrix} = \begin{bmatrix} \hat{\gamma}_0 & \hat{\gamma}_1 & \cdots & \hat{\gamma}_{k-1} \\ \hat{\gamma}_1 & \hat{\gamma}_0 & \cdots & \hat{\gamma}_{k-2} \\ \vdots & \vdots & & \vdots \\ \hat{\gamma}_{k-1} & \hat{\gamma}_{k-2} & \cdots & \hat{\gamma}_0 \end{bmatrix} \begin{bmatrix} \hat{a}_{k,1} \\ \hat{a}_{k,2} \\ \vdots \\ \hat{a}_{k,k} \end{bmatrix}$$

唯一决定。于是可以利用 Levinson 递推公式:

$$
\begin{cases}
\hat{\sigma}_0^2 = \hat{\gamma}_0, \\
\hat{a}_{1,1} = \hat{\gamma}_1 / \hat{\sigma}_0^2, \\
\hat{\sigma}_k^2 = \hat{\sigma}_{k-1}^2 (1 - \hat{a}_{k,k}^2), \\
\hat{a}_{k+1,k+1} = \dfrac{\hat{\gamma}_{k+1} - \hat{\gamma}_k \hat{a}_{k,1} - \hat{\gamma}_{k-1} \hat{a}_{k,2} - \cdots - \hat{\gamma}_1 \hat{a}_{k,k}}{\hat{\gamma}_0 - \hat{\gamma}_1 \hat{a}_{k,1} - \hat{\gamma}_2 \hat{a}_{k,2} - \cdots - \hat{\gamma}_k \hat{a}_{k,k}}, \\
\hat{a}_{k+1,j} = \hat{a}_{k,j} - \hat{a}_{k+1,k+1} \hat{a}_{k,k+1+j}, \quad 1 \leqslant j \leqslant k, k \leqslant p.
\end{cases}
$$

进行递推计算。

求得的偏向关系数的图像（图9）。

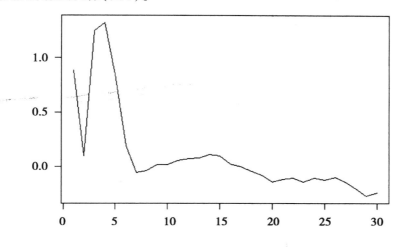

图9　AR模型的偏相关系数的图像

因此，取 $\hat{p} = 7$，递推的最后得到矩估计：

$(\hat{a}_1, \hat{a}_2, \cdots, \hat{a}_7) = (\hat{a}_{7,1}, \hat{a}_{7,2}, \cdots, \hat{a}_{7,7}) = (27.3866, -0.6146, -2.6033, -19.9498, 1.6298,$
$3.5334, -0.1303)$

得到潜周期模型残差的 AR(7) 模型：

$$
y_t = \sum_{j=1}^{7} \hat{a}_7 \hat{y}_{t-j}, \quad t \geqslant 0.
$$

定义残差：

$$
\hat{\varepsilon}_t = y_t - \sum_{j=1}^{7} \hat{a}_7 \hat{y}_{t-j}, \quad t = \hat{p} + 1, \hat{p} + 2, \cdots, N \tag{4}
$$

对上述的残差序列进行白噪声的检验。如果能够判定（4）是白噪声，就认为建立的模型是合理的，否则，可以改动 p 的值后重新计算，或改用 ARMA(p, q) 模型。

3.2.2　AR 模型白噪声的正态分布检验。 检验 $\{\hat{\varepsilon}_t\}$ 是白噪声的一个简单方法是计算：

$$
Q(m) = \frac{1}{m} {}^{\#} \{ j \mid \sqrt{N} |\hat{\rho}_j| \geqslant 1.96, 1 \leqslant j \leqslant m \}
$$

其中，$\hat{\rho}_k = \hat{\gamma}_k / \hat{\gamma}_0$，$\hat{\gamma}_k$ 是潜周期模型残差的样本自协方差函数，${}^{\#}A$ 表示集合 A 中的元素个数，在原假设 $H_0: \{\hat{\varepsilon}_t\}$ 是独立白噪声下，对较大的 N，应当有 95% 的 $\sqrt{N} |\hat{\rho}_j| \leqslant 1.96$，所以，当 $Q(m)$ 取

值 ≥ 0.05 时，应当拒绝 $\{\varepsilon_t\}$ 是白噪声这一假设。

在这个实际问题中取 $m = 80$，计算得 $Q(m) = 0.061728 \geqslant 0.05$，故要拒绝原假设，也就是说建立的 AR 模型没有通过模型检验. 继而取 $p = 8$ 后重新计算，（计算过程与 $p = 7$ 完全一样，故在此省略掉），得到 $Q(m) = 0.054726 \geqslant 0.05$，因此，拒绝原假设，再取 $p = 9$，得到 $Q(m) = 0.049383 \leqslant 0.05$，因此，可以接受原假设，认为 $\{\varepsilon_t\}$ 是白噪声，也就是说 AR 模型通过检验，那么说明对于我国原盐产量数据建立的潜周期模型是比较合理的。

3.3 用所建立的模型进行预测

用建立的潜周期模型对数据进行预测：

2014 年 1 ~ 10 月的实际数据：

298，330.5，401.6，447.4，794.8，827.3，570.3，517.4，599.8，820.2

2014 年 1 ~ 10 月的预测数据：

87.175，84.241，83.77，128.502，180.673，130.512，152.658，221.454，303.440，353.704

画出建立的潜周期模型（点）和实际原盐产量数据（实线）的图像，图中后 10 个点是对 2014 年前 10 个月数据的预测（图 10）。

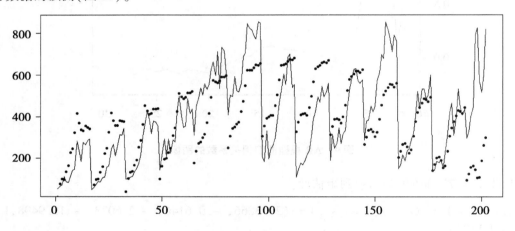

图 10　我国原盐产量预测与实际的对比值

虽然建立的我国原盐产量潜周期模型通过了模型检验，也就是说可以认为建立的模型基本合理，可以在一定程度上预测我国原盐产量的走向，但是从模型的预测值与实际值的对比可以看到，由于建立的潜周期模型呈现中间高两边低的情形，因此，当 2014 年原盐产量较 13 年后半年大幅度上升时，预测就显得很不合理，出现这种情况的主要原因可能有以下几个：首先，在对潜周期模型的残差建立 AR 模型后，进行白噪声检验时 m 的值取比较大，因此，不容易拒绝原假设，可能建立的模型并没有那么的合理，因此，在预测时就会产生较大误差。其次，在全国原盐产量的数据中，所建立的潜周期模型残差的样本自协方差函数有趋于 0 的性质，这虽然说明模型比较合理，但从另一个角度来看，说明新息在相隔很多月后就没有相关性了，所以除了周期性的部分外，新息部分很难给出准确的预测，它有着较强的随机性。最后，潜周期模型对没有明显趋势的周期数据预测的会比较好，它无法应对数据的突然上升或者下降，在这个实际问题中，当 2014 年原盐产量大幅上升时模型就无法给出正确的判断；特别地，当根据已有的数据，模型给出某个趋势，但是实际数据却突然呈现相反方向的趋势时，预测会产生更大的预测误差。因此，潜周期模型只对那些相对平稳或趋势一致的周期性数据预测较好，对于其他的数据潜周期模型只能给出大致的周期性趋势，但可能产生很大误差，因此，很多时候很不可信，想要得到相对准确的预测值还应进一步处理。

4 小结与相关 R 程序

本文运用潜周期模型对我国原盐的产量进行了严谨的预测分析,然而其仍然存在一些不足,比如最后的预测很不理想,通过把原始数据减掉趋势项以后建模再进行预测可能会得到更好的结果,希望在今后的学习中能找到或者自己探索一些更好的方法对其建模和预测,使本篇文章的分析进一步完善。下面是本文运用的相关 R 程序:

```
– – – – – – – – – – – – – – – – – – – – – – – – – – – – – – – – – – – – – – – – – –按季节读入数据
x = scan("yuan. txt")#读取记事本中输入的数据,读成一个向量
X = matrix(x,16,4,byrow = TRUE)    #把数据写成一个按季度和年份排列的 16 * 4 的矩阵
plot(x,type = "l",las = 1)    #画出数据图,用线连接,并且使刻度标记方向竖直
i = 1
while(i < =61){
t = mean(x[c(i,i + 1,i + 2,i + 3)])
print(t)
i = i + 4
}

– – – – – – – – – – – – – – – – – – – – – – – – – – – – – – – – – – – – – – – – –时间序列的分解
####################################################################分段趋势法
###计算数据的年平均值
t = c(537. 275,680. 325,639. 55,776. 825,814. 35,809. 3,926. 8,1077. 875,1298. 5,1510. 675,
1512. 075,1515. 425,1559. 65,1590. 85,1572. 05,1596. 925)
###把计算出来的年平均值写成一个向量
t1 = rep(t,c(4,4,4,4,4,4,4,4,4,4,4,4,4,4,4,4))###把年平均值按四个季度重复后写成一个
向量
lines(t1,type = "l",lty = 2)###在数据图的基础上画出分段趋势
T = matrix(t1,16,4,byrow = TRUE)###把 t1 按行填充写成一个 16 * 4 的矩阵
k = 1
while(k < =4){
s = mean(X[ ,k] - T[ ,k])
k = k + 1
print(s)
}
###计算出 4 个季节项
s = rep(c( - 555. 8531,392. 4344,36. 32187,127. 0969),16)###把 4 个季节项重复 16 次写成一
个向量
plot(s,type = "l",las = 1)###画出季节项
r = x - t1 - s###计算随机误差
rb = mean(r)###计算随机误差的均值
lines(r,type = "l",lty = 3)###在季节项的基础上画出随机误差
####################################################################回归直线趋势法
```

```
y = matrix(c(rep(1,64),1:64),2,64,byrow = TRUE)###定义矩阵 Y
g = solve(y% * %t(y))% * %y% * %x;g###用最小二乘法计算 a,b,c
t = 1
while(t < =64){
print(471.59018 + 20.90963 * t)
t = t + 1
}###用循环语句计算趋势项,趋势项的估计值是回归直线
curve(471.59018 + 20.90963 * x,1,64,ylim = c(160,2050),las = 1)
lines(x,type = "l")
t2 = c(492.4998, 513.4094, 534.3191, 555.2287, 576.1383, 597.048, 617.9576, 638.8672,
659.7768, 680.6865, 701.5961, 722.5057, 743.4154, 764.325, 785.2346, 806.1443, 827.0539,
847.9635, 868.8731, 889.7828, 910.6924, 931.602, 952.5117, 973.4213, 994.3309, 1015.241,
1036.15, 1057.06, 1077.969, 1098.879, 1119.789, 1140.698, 1161.608, 1182.518, 1203.427,
1224.337, 1245.246, 1266.156, 1287.066, 1307.975, 1328.885, 1349.795, 1370.704, 1391.614,
1412.524, 1433.433, 1454.343, 1475.252, 1496.162, 1517.072, 1537.981, 1558.891, 1579.801,
1600.71, 1621.62, 1642.529, 1663.439, 1684.349, 1705.258, 1726.168, 1747.078, 1767.987,
1788.897,1809.806)
T1 = matrix(t2,16,4,byrow = TRUE)
k = 1
while(k < =4){
s = mean(X[,k] - T1[,k])
k = k + 1
print(s)
}
s1 = rep(c(-524.4887,402.8891,25.86705,95.7325),16)
plot(s1,type = "l",las = 1)
r1 = x - t2 - s1
rb1 = mean(r1)
lines(r1,type = "l",lty = 2)
##############################################################二次曲线趋势法
y = matrix(c(rep(1,64),1:64,1:64),3,64,byrow = TRUE) * matrix(c(rep(1,128),1:64),3,64,
byrow = TRUE)
g = solve(y% * %t(y))% * %y% * %x;g
t = 1
while(t < =64){
print(393.177568 + 28.038048 * t - 0.109668 * (t^2))
t = t + 1
}
curve(393.177568 + 28.038048 * x - 0.109668 * (x^2),1,64,ylim = c(160,2050),las = 1)
lines(x,type = "l")
t3 = c(421.1059, 448.815, 476.3047, 503.5751, 530.6261, 557.4578, 584.0702, 610.4632,
```

636. 6369，662. 5912，688. 3263，713. 842，739. 1383，764. 2153，789. 073，813. 7113，838. 1303，862. 33，
886. 3103， 910. 0713， 933. 613， 956. 9353， 980. 0383， 1002. 922， 1025. 586， 1048. 031， 1070. 257，
1092. 263， 1114. 05， 1135. 618， 1156. 966， 1178. 095， 1199. 005， 1219. 695， 1240. 166， 1260. 418，
1280. 45， 1300. 263， 1319. 856， 1339. 231， 1358. 386， 1377. 321， 1396. 038， 1414. 534， 1432. 812，
1450. 87，1468. 709，1486. 329，1503. 729，1520. 91，1537. 872，1554. 614，1571. 137，1587. 44，1603. 525，
1619. 389，1635. 035，1650. 461，1665. 668，1680. 656，1695. 424，1709. 973，1724. 302，1738. 413）

```
T2 = matrix( t3 ,16 ,4 ,byrow = TRUE)
k = 1
while( k < =4) {
s = mean( X[ ,k] – T2[ ,k])
k = k + 1
print( s)
}
s2 = rep( c( – 524. 379 ,402. 7796 ,25. 75739 ,95. 84207) ,16)
plot( s2 ,type = "l" ,las = 1)
r2 = x – t3 – s2
rb2 = mean( r2)
lines( r2 ,type = "l" ,lty = 2)
```

－－－－－－－－－－－－－－－－－－－－－－－－－－－－按月读取数据并作零均值化

```
salt = read. table( "salt. txt") #读取已经输入在记事本中的数据
attach( salt) #将此数据集挂接进来,成为当前的数据集
z = c( V1 ,V2 ,V3 ,V4 ,V5 ,V6 ,V7 ,V8 ,V9 ,V10 ,V11 ,V12) #将数据写成一个向量的形式
zb = mean( z) ;zb #计算原始数据的样本均值
x = z – zb #将原始数据零均值化
N = length( x)
```

－－－－－－－－－－－－－－－－－－－－－－－－－－－－潜周期模型的参数估计

```
S = rep( 0 ,2 * N +1) #把 S 定义为 1 * (2N +1) 的零向量,即为初值
for( b in 1 :( 2 * N +1)) {
  for( t in 1 :N) {
    S[ b] = S[ b] + x[ t] * exp( – ( pi/( 2 * N) * ( b – 1) * t * 1i))
  }
}
S = abs( S) #计算出 SN( labda)
v = seq( 0 ,pi ,pi/( 2 * N))
plot( v ,S ,type = 'l' ,las = 1 ,ylab = "") #画出 SN( labda) 的图像
l = locator( 8) ;l #计算 labda
labda = c( l $ x ,pi) #在图中找到每个峰群中的最高峰下对应的角频率估计值,并返回坐标值
alpha = rep( 0 ,9) #把 alpha 定义为 1 * 9 的向量,即给出初值
for( j in 1 :9) {
  for( t in 1 :N) {
    alpha[ j] = alpha[ j] + x[ t] * exp( – ( labda[ j] * t * 1i))
```

```
  }
}
alpha = alpha/N #计算 alpha 的估计值
A = c(2 * abs(alpha[ -9]),alpha[9]);A #计算振幅
fi = c(Arg(alpha[ -9]),0);fi #计算初相位
T = 2 * pi/l $ x;T #计算周期
```

— —计算潜周期模型的残差

```
e = z - y
u = mean(e)
###计算潜周期模型残差的样本协方差
y_ = e - u #对潜周期模型的残差进行零均值化
gama = rep(0,N - 1)
for(k in 1:(N - 1)){
  for(j in 1:(N - k)){
  gama[k] = gama[k] + y_[j + k] * y_[j]
  }
}
gama = gama/N
gama_ = c(var(y_),gama)#把样本的方差当成第一个元素
t1 = rep(1:(N - 1))
plot(t1,gama,type = "l") #画出潜周期模型残差的样本协方差的图像
```

— —对潜周期模型的残差建立 AR
(p)模型

```
###############################Levinson 递推公式计算偏向关系数,确定 p 的估计
a = matrix(rep(0,30),30,30)#定义 a 为一个30 * 30 阶矩阵,初值为0
zi = rep(0,30)   #定义递推公式中 a(k + 1,k + 1)的分子为一个30 维向量,初值为0
mu = rep(0,30)   #定义递推公式中 a(k + 1,k + 1)的分母为一个30 维向量,初值为0
a[1,1] = gama_[2]/gama_[1]   #给初值 a11
for(k in 1:29){
  for(j in 1:k){
  for(i in 1:k){
  zi[k] = zi[k] - gama[k - i + 1] * a[k,i];
   mu[k] = mu[k] - gama[i] * a[k,i]
    a[k + 1,k + 1] = (zi[k] + gama[k + 1])/(mu[k] + gama_[1])
    }
  a[k + 1,j] = a[k,j] - a[k + 1,k + 1] * a[k,k + 1 - j]
  }
}
w = diag(a)#求出偏相关系数
t = rep(1:30)
```

```
plot(t,w,type = "l") #画出偏相关系数的图像
p = 9 #确定 p = 9
##########################################Levinson 递推公式计算 Yule – Walker 系数
a_ = matrix(rep(0,p + 1),p + 1,p + 1)#定义 a 为一个(p + 1) * (p + 1)阶矩阵,初值为 0
zi = rep(0,p + 1)    #定义递推公式中 a(k + 1,k + 1)的分子为一个 p + 1 维向量,初值为 0
mu = rep(0,p + 1)    #定义递推公式中 a(k + 1,k + 1)的分母为一个 p + 1 维向量,初值为 0
a_[1,1] = gama_[2]/gama_[1]    #给初值 a11
for(k in 1:p){
  for(j in 1:k){
  for(i in 1:k){
  zi[k] = zi[k] – gama[k – i + 1] * a_[k,i];
   mu[k] = mu[k] – gama[i] * a_[k,i]
     a_[k + 1,k + 1] = (zi[k] + gama[k + 1])/(mu[k] + gama_[1])
     }
   a_[k + 1,j] = a_[k,j] – a_[k + 1,k + 1] * a_[k,k + 1 – j]
  }
}
b = a_[p,];b #输出第 p 行,即自回归系数的估计
t2 = rep(1:9);plot(t2,b,type = "l")
a_ = b[1:p];a_ #得到 AR(p)自回归系数的估计量
##############################################################计算建立的 AR 模型的残差
e_ = rep(0,N)#初值为 0
for(t in(p + 1):N){
  for(j in 1:p){
  e_[t] = e_[t] + a_[j] * y_[t – j]
   }
} #计算 AR 模型的估计值
e_ = y_[(p + 1):N] – e_[(p + 1):N] #计算 AR 模型的残差
###计算 AR 模型残差的样本协方差
e_b = mean(e_)
gamae = rep(0,N – p – 1)#AR 模型的残差有 N – p 个
for(k in 1:(N – p – 1)){
  for(j in 1:(N – p – k)){
  gamae[k] = gamae[k] + (e_[j + k] – e_b) * (e_[j] – e_b)
   }
}
gamae = gamae/N
gamae0 = var(e_)
ro = gamae/gamae0
##取 m = 80
m = 80
```

```
r = sqrt(N) * c(abs(ro[1:m]))
Q = sum(r > = 1.96)/m;Q
```

— – 利用潜周期模型对实际数据进行预测

###用所建立的模型产生数据

```
y = rep(0,N+10)#给出 y 的初值
for(t in 1:(N+10)){
    for(j in 1:9){
    y[t] = y[t] + A[j] * cos(labda[j] * t + fi[j])
    }
}
y = y + zb
```

###画出用建立的潜周期模型和实际原盐产量数据(实线)的图像

```
z1 = c(z,298,330.5,401.6,447.4,794.8,827.3,570.3,517.4,599.8,820.2)
plot(z1,type = "l",las = 1)
t = rep(1:(N+10))
points(t,y,pch = 20)
```

参考文献

[1]何书元. 应用时间序列分析. 北京大学出版社,2003.

[2]安鸿志. 时间序列分析. 上海:华东师范大学出版社,1992.

[3]汤银才. R 语言与统计分析. 高等教育出版社,2008.

基于可视化技术的网络营销浅述

● 李凌云

（中国人民大学新闻学院）

摘　要　随着互联网技术的不断发展,大量因条件所限而早年无法实现的技术被大量开发成型,然而由于目前的技术发展速度较产业发展速度快很多,导致了大量技术应用的局限性和片面性。可视化技术就是其中一例。5年之前,可视化技术还处于实现过程中,5年后的今天,可视化技术已经向低资源化发展,预期未来的五年内,可视化技术将进入平民应用时代。基于可视化的应用有很多,网络营销仅是其中一例,而且目前并不缺乏引入可视化元素的网络营销手段。但引入可视化元素的网络营销并不等于基于可视化技术的网络营销,所以,本文的主要目的是针对于基于可视化技术这一个背景,对其在网络营销中的应用提出一些看法。

关键词　传播学　网络营销　可视化技术　可视化应用

1　可视化技术

可视化技术简单来说就是将数据变为图形的一种方式。最早在科学与工程计算中使用。通过对数据的建模和渲染,使难于理解的数据集转变为直观可视的图形,这一应用在大到天体运行,小到分子结构的各个领域都被大量应用。

随着互联网技术的发展,网络传输速度不断提速,可视化技术与互联网技术结合衍生而出的远程可视化服务也被成功的实现,这意味着可视化技术的一个跃升式发展。形成的以服务器和可视化软件为核心的可视区域网络。

可视化本身并没有什么现实的应用意义,将数据建模成为图形只是转换了一个数据的对外展示方式,数据本身并未发生变化。而基于可视化技术的应用才是可视化技术的根本性目的。显而易见,可视化技术是将对数据分析的逻辑思维能力向直观感受的形象思维能力过度,从而分摊逻辑思维的繁杂性,这一过程可以使信息接收者通过逻辑判断以及直观感受来接收信息发送者想要发送的信息。这一过程不仅是提高信息传递速度、质量,更关键的是能够给予人们深刻与意想不到的洞察力。正是因为可视化的这一特点,在很多领域使人们的工作与研究方式都发生了根本变化。例如,现今军工行业广泛采用的3D建模的设计方式取代了原有的图纸作业法。当设计人员完成设计时不光能够直观地看到设计出来产品的外形,更重要的是能够直接将自己设计的部分与其他人设计的部分在计算机上直接连接,判断装配质量,配合精度,这一点对于设计质量、返工几率等均有大幅度的改进,可以说3D建模设计将设计师的水平上提了一个台阶。这就是可视化的一个应用,类似这种应用在各行各业中还有很多的体现。

最早之所以可视化应用于科学与工程计算,是因为这个领域的技术基础好,数据运算量大,专业性强,直观性差。所以对于可视化技术的需求最为迫切。可视化技术最大的瓶颈在于运算量,将一个三视图转换为一个直观的3D模型,其运算量比画三视图本身大了成百上千倍。然而,近年来随着计算机技术的发展,运算量承受力呈几何趋势上升,所以可视化的应用也开始朝大众化发展。这个阶段对于可视化应用来说是高速发展的阶段,也是可以让应用者充分发挥想象力的阶段。大量蓝海的存在使得这个市场中的机会很多。虽然可视化网络营销并不是一个新命题，截至目前，并未有一个文中设想的可视化营销方式出现，可见，目前这一领域也处于尚未发掘的阶段。可能是因为技术问题，可能是因为资金问题，可能仅仅是因为理念问题，所以，这一领域并未广泛发展，但雏形已经在很多地方出现了，可以预见未来五年之内，这一空缺将被补充完整，甚至获得进一步的发展。无论下一步发展方向是体感还是5D，终归不会逃出这个大命题，所以相信可视化的未来发展空间依旧非常可观。

2 网络营销与可视化

对于营销对象类型来说，不同的行业根据其特点不同，各有不同的区分方法，本文中采取一个比较简单的分类方式，即把营销过程中的潜在营销对象分成三大类，即主动者、被动者、厌恶者。

其中，主动者是指对品牌忠诚度高，不需要做过多推销工作，只需要做好客户维护工作即可的那一部分人。被动者是指并未有认同品牌，或仍在两个或多个品牌间飘摆不定的营销人群。厌恶者往往是其他品牌的主动者，由于对他所忠实的品牌认可而导致对其他品牌不屑一顾。这三类营销对象中被动者是占据大多数份额，所以通常的营销重点以及市场份额的决胜点都是在对第二类营销对象的争夺当中。

网络营销的优势是覆盖面广，传播速度快。但客观来讲，网络营销比起其他营销方式有一个最大的问题，就是互动性弱。消费者面对信息时代庞大的网络信息量，很难对某一个营销主体投入太多精力，所以，目前网络营销的最常见手段还是疲劳战术，大量重复广告的充斥给消费者以心理暗示，从而达到营销目的。然而从传统营销借鉴过来的经验表示，消费者的时间投入和营销成功概率是成正比例增长的关系，即当消费者在某一个营销主体上投入的时间或精力越多，那么这个营销手段实现成功销售的几率就越大。而这一点却是与目前的网络营销方式相悖。所以为了能够提高网络营销的成功率，就需要在网络营销过程中依托于可视化的理念。

基于可视化的网络营销与借鉴可视化理念的网络营销还不太一样。简单来说，基于可视化的网络营销中的可视化本身就是网络营销手段。而借鉴可视化理念的网络营销仅仅是营销手段中有可视化的元素，这两者是有本质区别的。例如，常见的电商如淘宝，京东等，就有可视化元素，所有产品均已图片方式描述，让消费者可以直观地看到欲购买东西的实际形状、颜色、规格等。便于消费者作出消费决策。但这一类可视化营销方法仅仅能够算上借鉴了可视化理念的网络营销，而算不上是基于可视化的网络营销。真正基于可视化的网络营销其内在含义是要能够使消费者在互联网上通过可视化技术获得网下才能获得的体验。具体来讲，基于可视化的网络营销方式与借鉴可视化的网络营销方式的主体是相反的，借鉴可视化的网络营销方式是在营销过程中，通过可视化的方式将商品呈现到消费者面前，而基于可视化的网络营销则是在可视化模型的基础上，让消费者挑选需要的商品。即通过可视化技术的建模，渲染过程，将商品的数据变为直观的3D图形，呈现到消费者眼前，让用户从中挑选需要的产品，获得身临其境的感受。举一个简单的例子，美国一家汽车改装网发布了一个在线应用。提供了若干车型，以及配套的改装件，用户可以基于自己的喜好，以选择的方式挑选喜爱的改装件，包括样式、颜色、质地等。如果在这个应用的基础上，加入电商的思维，比如说，自己配好的车系统直接给出改装报价以及最近的改装点。那么一个基于可视化技术的网络营销手段就形成了。

通过这个例子也可以更明确地看出，基于可视化技术的网络营销其独特的地方。将可视化本身直接作为一种营销手段以达成营销目的。这种营销方式具备几个优点。

第一，直观的视觉冲击：给消费者带来最直接的视觉冲击力。我们前文说过，营销的重点是第二类被动消费者，这类消费者并没有主观倾向性，而是纯凭购买冲动来选择商品，那么，可视化首先带来的视觉冲击就会促使他形成购买冲动，尤其是对于无意购买时生成购买冲动会起到相当的促进作用。

第二，避免选货不当的情况出现。基于可视化技术的网络营销与一般网络营销的不同点就是能够真实的看到商品,再进行选择,这也就避免了看走眼的情况,例如网上比比皆是的服装笑话,看起来很好看,模特穿起来也不错,但买回家发现非常不合适,从而形成反面宣传教材,阻塞营销。而基于可视化的网络营销则是通过真实的实现你本人身形比例,将身材数据建模成为一个可视化图形和服装进行配合,真实呈现消费者本人穿上这件服装的样子,从而很好的避免选货不当的情况出现。

第三,增加消费者精力投入,间接提升营销成功率,前文提到的时间投入与营销成功率的关系也会使得营销成功率增加,因为在可视化平台中,选取是一种乐趣,可以直观地看到商品实际的样子,同时,也由于其新奇的特点,会使消费者额外投入时间在商品的浏览与选择上,这其中就增加了营销的成功率。

第四,扩大机会营销几率,由于这是一个很新奇的营销方式,很多消费者并没有消费意愿,而仅仅是慕名而来,想体验一下线上逛街的感觉,而这其中将会有很多消费者愿意去消费一些本没有购买意愿的产品。

第五,增加组合商品营销的成功率,可视化网络营销的一个主体概念是可以支持一系列产品形成的组合,例如家具,装修,家电,汽车,服装等,设想当消费者可能纯凭兴趣配置好的一套商品组合,这套组合以可视的形式呈现出来后那种组合冲击力可能会使消费者不愿意去关闭网页而抹杀自己的成果,从而实现一组商品的成功销售。

然而这种基于可视化技术的网络营销也有瓶颈,首先是网络技术问题,目前的可视化网络技术仍处于着力降低运算量,优化算法的过程中,并不十分成熟,这也就导致了可视化平台上线后的速度、错误率表现不尽如人意。其次还有投入问题,那么这种可视化营销平台需要多专业配合,例如,大数据、云计算、建模、美工,线上营销等多个专业组合才可以完成,这也就注定了在前期需要有庞大的资源投入量才有可能实现预期的能力。

3 可视化网络营销的实现方式

可视化网络营销的实现最好的方式是基于一个营销平台,这个营销平台的中心是围绕:"整个营销平台就是一个可视化平台",这一概念展开的,所有后台应用均从可视化的模型中开始。整个平台的运作方式主要分为数据挖掘整理、数据建模渲染、平台推广、商品组合营销、反馈处理等几个大工作板块。

数据挖掘与整理:数据挖掘与整理板块是整个平台的后台基础,需要用大数据的方式对信息进行整合分析。前期上线时采用人工维护的方式,随着推广工作的开展逐步将维护工作下放至电商手中。但这种营销平台与传统营销平台不尽相同,其数据的留存是要以模型的方式进行留存,而建模工作量巨大,对计算机的运算负担非常大,所以,对于数据整理工作需要加大投入量,前期选择某一方向作为重点,逐步蔓延至其他领域。例如从装修蔓延至家具,电器等。分步实现,同时可视化网络技术服务的深度也要跟上,避免由于技术条件与数据处理量的不协调导致系统出现问题。另外,数据除了直接获取到数据以外,还会存在相当程度的图形化数据,这类数据要转换为建模可用数据就需要一个识别的过程,所以识别算法和技术也需要具备。但这也是这种可视化平台的一个难题,即如何将一些规格数据甚至照片识别成为3D模型以及识别后的检验排错工作,如果前期难于开发类似技术,那么只能暂时通过投入大量人工,以人为方式进行建模,这也就导致行业覆盖面不会太广。如果以人工方式实现这一目的,那么可以通过外包的方式,但更有效的方式是开发一个大众化的建模工具,之后将这个工作直接包给商家,平台需要负责的只是后期检查工作。

数据建模及渲染:数据建模和渲染是平台的重点与核心。显而易见通过人工方式对数据进行建模处理的办法无论从效率还是投入上都不现实,所以,需要引入算法对数据进行建模。建模的细致程度并不需要非常精细,只需要能够基本展示就可以,以避免服务器以及网络负载过重。其中渲染过程非常重要,因为当渲染失真时,无论建模多么精密都会导致与实物不符而造成营销障碍。另外,渲染还需要考虑到光源的影响,这一点非常重要,在建模时一味追求美观很可能造成实物与图形不符的反馈。另外,还需要考虑对声音的处理,很多产品例如汽车排气管,需要加入声音元素,给消费者全面的体验已作出更加适合自己的选择,提升平台口碑。

平台推广:营销平台刚上线,推广方式可以采用推、拉两种形式共同开展,例如采用广告等拉式营销方式,或者邀请一些商家以及消费者入住试用等方法进行早期推广工作。同时,还可以采用分离部分模型发布到其他平台中,让消费者对这种模式进行虚拟试用,以达到推广目的。除此之外,由于营销平台并不作为电商模式运作,而仅仅是通过链接模式将消费者欲购买产品的信息发布给商品供应商,帮助消费者下单,所以引进商家进驻提供产品信息也应作为营销的一个组成部分。当平台具备一定规模时,可以选择与电商共同合作,这样平台就有了稳定的的数据来源,可以获得及时更新,维护等,节约数据挖掘的成本。

商品组合营销模式:商品组合营销模式是基于可视化技术的网络营销平台的一个主要工作模式,即通过大量相关商品的组合挑选,实现整体营销,例如,家装的商品组合营销,通过可视化技术虚拟出房屋的面积,层高,户型,日照等因素,通过自行组合家具,装潢等商品,真实的在屋内构建出一个成品模型,最终将所有涉及商品打包销售。

反馈处理:由于可视化平台是以主观的形式来反映客观信息,那么就一定会存在信息传递干扰甚至失真,那么这时候就需要建立起良好的信息反馈机制,并且有团队专职处理反馈问题,主要聚焦于信息干扰和失真上,及时对平台内容进行修正,以及处理好消费者的安抚工作。前期开始时可以通过奖励的形式,将消费者也拉入反馈处理团队中,针对于平台上存在问题的商品或者板块进行甄选,以便于完善平台,避免频发错误情况的出现。

4 结束语

应用基于方法,方法基于科技水平。随着科技日新月异的发展,越来越多的新技术应运而生,很多之前无法实现的构思都变为了可能,所以,如何将科学技术转化为生产力是社会上的一个广泛命题。如果想要走在社会发展的前端,发掘蓝海,那么就需要具备相当的敏锐性,要能够把握每一个能将科技转化为有效地现实应用的机会。

可视化技术实质上并不属于新技术,而是一个旧技术的新发展。从根本来讲,任何科学技术最终都会向大众化转换,可视化技术也不例外,所以,可以预见未来这个技术领域必然还会进一步普及。

文章主体部分介绍的可视化网络营销平台只是一个思路,而并非是一个解决方案,这种思路的核心就是在线上给消费者线下才能获得的体验。结合传统营销和互联网营销双方的优势,以可视化作为纽带,形成一个新的营销模式。当然,其中的技术能否实现并不在本文讨论的范围之内,但整体思路是可行的,即便可视化这条路行不通,亦可以通过其他方式来实现。

达能在中国市场的营销策略浅析

● 贺韵霏

（对外经济贸易大学国际贸易学院）

摘 要 近年来,在经济全球化的大背景下,中国不但广泛拓宽海外市场,同时大量吸引外企在国内投资。法国企业在中国的业务也取得可喜的成绩,发展潜力巨大。除了欧莱雅、路易威登、家乐福这几个大型企业,达能集团公司作为在全球的食品业务占据领先地位的国际化大公司,运用了不少的营销策略巩固在中国市场的地位。达能公司对促成本土食品市场的成熟起到了很大的作用。在营销过程中既有准确快速的定位,也存在因考虑不周而出现的并购失败的案例。作者主要对达能公司在中国市场上所推行的成功营销策略进行研究,希望能够为本土相关行业的发展提供一些有利建议和需要规避的风险。

关键词 达能 营销因素 市场营销策略 依云

达能集团是一家创建于 1966 年,在世界超过 100 个国家拥有多种类型商品及服务的跨国食品公司,其总部设于法国巴黎。最初是一家玻璃制造商,发展到现在已经成为享有盛誉的从事农产食品加工业的跨国大集团,在生产和销售新鲜乳制品、瓶装饮用水、婴儿营养品和保健产品方面扮演着重要的国际角色。达能注重多品牌产品的发展,在市场扩张过程中发挥其创新的精神,始终追求产品的多样化和互补性,坚持使用绿色包装,一直宣传"开放,激情,人道主义"的口号。达能在关注于健康的食品行业中是少数顶尖级跨国集团之一,随着不断的扩张发展,如今达能在世界上拥有 194 家的食品工厂,一个研究中心和发达的营销网络。

中国作为世界上人口最多的国家,中国自然成为了达能集团的战略目标,这也是为什么达能始终致力于扩大其在中国的经济活动领域。中国市场是达能集团全球化的发展战略中极其重要的环节。达能集团进入中国市场的目的是,通过创新品牌产品和推出一系列专为中国消费者定制、尤其是在营养方面满足需求的产品,进入到中国百姓们日常的购物篮中。

随着中国对外开放政策的实施,从 1987 年在广州设立其第一家工厂,达能开始走进中国的消费市场。到目前为止,其他 6 个主要的工厂相继建立在上海、深圳和其他大城市以便于直接进行生产和销售。借助于中国廉价的劳动力,除了在国内直接销售本土制造的产品,同时,也把一部分产品出口远销到海外。现今,达能在中国的销售领域主要集中在酸奶、饮料、乳制品和婴儿食品。在中国人们熟知的品牌是:脉动、乐百氏、多美滋、纽迪希亚,尤其是天然矿泉水品牌——依云在进口高端矿泉水领域一直长期处于领先地位。同时,达能集团还有为数不少的外商独资公司和合资企业,为人所知的有:达能益力、蒙牛优益 C、蒙牛冠益乳和达能碧悠等。

1 达能公司在中国的营销因素

不管怎么说,我们很明显看出中国市场对于达能集团致力于发展跨国业务是一个很关键的部分,如何在中国市场取得成功也是达能发展策略的研究所在。

达能在中国市场的主要国外竞争对手是雀巢、可口可乐、百事可乐,他们采取基于组织结构和产品的革新策略来与之争夺中国市场。面对竞争对手销售相似的产品系列的策略,达能意图通过销售对健康有益的产品来吸引消费者。例如,达能推出"脉动"一款能量型的饮料,利用对健康有益的宣传口号逐渐打入可口可乐一类碳酸型饮料的市场。想要在中国市场占据有利的销售地位并不是一件简单事情,一般而言新竞争对手的出现推出的产品会先通过低价优势进入,但容易引起价格竞争战,对市场整体的利润都会有影响;同时,中国的食品安全质量问题不可小觑,假冒不合规格的现象普遍存在,没有完善严格的法律法规措施进行制裁。面对制假伪造品牌产品的事件,达能在中国通过本土法律很难彻底杜绝此类现象的发生。因此,在中国市场想要大展身手面临重重的挑战。

激烈的市场竞争也激发了达能集团创新更优质量的产品投放市场。只有将达能在中国的优劣营销因素结合分析才能采取适应中国市场的市场策略。

1.1　优势

1.1.1　可持续发展模式。达能倡导的企业文化是开放、激情、人道主义的精神,目标是保持和加强其优势和特色,也就是说运用关注人与环境协调的可持续发展模式生产销售产品。达能给外界传达的信息一直是重视食品的安全和人类的健康、保护社会和自然环境、尊重的合作伙伴和消费者的权利的企业形象。

1.1.2　先进的科技技术。达能快速的应对能力和多样化的策略是其优势,为了进一步加强竞争力,将重点转向提升科技技术的方面的工作,达能采取了不少的重要措施,例如,成立销售中心推进体系运作更加合理化,努力生产创新能减轻肥胖等问题的优质健康的产品,这在全球达能获得更多新的经济资源甚至赚取高额利润。另外,达能就是为什么达能对先进的技术不断追求的原因。

1.2　劣势

1.2.1　生产和销售体系缺乏一体化合作。生产部门认为销售部可以通过准确的数据来预测情况,完成销售任务,但是销售部门清楚市场是变幻莫测的,不可能编制出精确的报告来预测市场的情形。一个企业中这两个部门扮演着重要的角色,但现在却在销售预测的准确性上面临着彼此间的信任危机。这两个部门只有紧密的合作,才能避免一些不必要问题的发生,合理的应用生产设备,分配员工相适应的工作任务。

1.2.2　新产品投放的滞后问题。现今科学技术越来越先进,生产流程变得日渐复杂,产品的质量和生产的精确度需要持续性的完善措施,生产管理也遇到了不少困难。新产品投放市场包含了很多的时间和人力的付出,但是生产的推迟意味着高额利润的损失。由于推出产品滞后于竞争对手而被抢占了市场,达能不得不再次调整市场战略来应对,但是收到的结果却与预期有差距。

2　达能在中国的成功的市场营销策略分析

达能并不满足于在世界的饮用水和乳制品产业领域获取成功,更加把注意力转向中国市场进行战略投资。所谓的战略投资,就是追求良好的产品形象,用长远的眼光开拓市场业务,建立关注企业形象和员工福利的企业文化。达能采取的市场策略在中国有成功也有失败,例如,依云矿泉水的成功占领高端市场,并购娃哈哈遭遇滑铁卢,这些案例对于中国公司想要进军海外市场占有一席之地有很大借鉴意义。现拿依云在中国的市场战略案例来分析。

依云是达能集团旗下饮用水产品分支里几种矿泉水品牌之一。依云进入人们的视线是借助一次健康宣传活动的机会,随后在市场中不断占取份额得到成功。为了保证矿泉水原生态的上乘品质从测试水源矿物质到用塑料瓶分装一系列过程都在现场完成。依云始终采用生态包装践行绿色环保的文化理念。在欧美的发达地区,依云的受众目标是面向中层阶级和上层阶级。但以相同的价格在中国市场销售,顾客主要集中在高端群体。目标群体的转变决定了在中国必须采取不同的市场策略。作为一个独资公司,依云所获取的成功正是由于实施了适应中国市场特色的市场营销策略。

2.1　产品策略:依靠上乘的品质定位在高端群体的市场

基于高质量的水质源头,依云将产品定位为健康纯净的优质矿泉水,销售的是矿泉水界的奢侈水。仅在世界的44个国家,通过100多条经销商渠道,定期推出一定数量的矿泉水,销售给特定的客户群体,也提供给一些合作的餐厅。在中国市场,它的定价策略就是遵循这一立场。依云销售不仅仅是一瓶水,更是传达一种生活方式的理念。通过大量的市场调查研究,依云锁定的消费群体是可以满足他们展现高贵身份和高质量生活的需求,尽管价格昂贵,在这类群体中却广受欢迎,因此,到现在依云在进口高端矿泉水中占据着领先地位。

2.2　品牌战略:品牌形象注重多方式的传播和满足目标群体的需求

2.2.1　广告宣传上乘的品质。作为一种特定的大众传播形式,广告确保了品牌知名度的推广。依云的广告包含了很多策略,把大城市设定为媒体目标。在中国依云的广告并不多见,但其所针对的特定客户能明显看到投放的广告。过去广告宣传主要出现在杂志里面。现在开始关注媒体宣传对大众的影响力。例如,依云邀请了几个孩子一起合唱非常有名的老歌"我们摇滚吧",这段广告投放后,销售量在半个月内增长了30%~40%。

2.2.2　独特的包装着眼高端阶层。为了打造优质的品牌形象,依云非常重视消费者们对产品的反馈意见,因为顾客接触到矿泉水这一产品首先就是包装。包装的更新就是为了适应客户们的需求。最初原包装做成水滴的形状就是切合水这一内容的概念,但后面依云从消费者处了解到这个设计缺乏对携带和品尝的方便性的考虑,立刻把包装更改成适合携带的外形。因此,依云的包装设计是兼顾了顾客的便利和对时尚外形的要求。只有消费者对产品有了良好的认可,才会更加依赖这个品牌。

从依云成功进入中国市场的案例看出,精心策划的营销策略为依云的市场发展创造了必要条件,明确的品牌定位是企业打造品牌形象的基础,然后通过多种渠道传播确保品牌形象的推广,总结达能在中国的市场策略为中国的企业提供了很多的参考,特别是研究如何开拓海外市场,有三点基本的建议:第一,保证对核心技术的控制权;第二,采取多品牌策略应对市场的竞争,避免单一品牌的风险;第三,加强管理能力和完善我国的法律体系。通过对达能集团在中国市场实施的营销策略分析,希望借鉴这些宝贵的经验,中国企业开辟国外市场的过程中注重分析外部和内部环境因素,正确对产品进行定位,不断采取灵活多变的市场策略适应不同的具体情况,逐步增加在海外市场的销售份额,提升品牌形象,在对外贸易中取得长足的胜利。

利率市场化对我国商业银行负债的影响及应对建议

● 彭建周

（中国人民大学）

摘　要　通过利率市场化对商业银行负债结构的影响和对商业银行负债成本的影响分析提出应对利率市场化的建议是建立多元化的资金来源渠道、重塑资产负债定价策略、建立全方位流动性风险防范体系和加快经营转型和业务创新

关键词　利率市场化　负债　建议

利率市场化是指金融机构在货币市场融资的利率水平是由市场供求关系决定，包括理论决定、理论传导、理论结构和利率管理的市场化。利率市场化改革是一国经济和金融业发展的必然趋势，也是经济体系向市场化转型的助推器。从上世纪 70 年代开始，以美国、英国为代表的发达国家和部分发展中国家先后实现了利率市场化。2012 年以来，我国利率市场化改革进程不断加快，贷款利率管制全面放开，存款利率上限逐步扩大，2015 年 5 月 1 日《存款保险条例》正式实施，5 月 10 日央行宣布自 5 月 11 日起金融机构存款利率的浮动区间的上限由存款基准利率的 1.3 倍扩至 1.5 倍。至此，意味着我国利率市场化改革已接近尾声，完全放开存款利率上限的时机和条件已经成熟。对商业银行而言，利率市场化导致经营环境巨变，原有的发展模式、经营管理架构都需要进行根本性变革。本文重点从负债的角度，研究利率市场化对商业银行的影响，提出相关建议。

1　对商业银行负债结构的影响

1.1　对负债整体结构的影响

随着利率市场化的逐步推进，商业银行的负债结构出现明显变化。据不完全统计，2014 年除平安银行、北京银行、宁波银行和南京银行以外，其余 13 家银行"付息负债"项下的"同业存放及拆入资金"均呈现迅猛增长的态势。中行、农行、工行、建行、交行同比增长达到 24%、19%、28%、72%、17%。股份制银行中招行增幅达到 65%，中信、广发同比增幅也 20% 以上。

1.2　对存款期限结构的影响

利率市场化对商业银行存款的期限结构也产生很大影响。根据表 1 的数据，从美国利率市场化的经验看，利率市场化改革后，活期存款占比不断减小，储蓄存款占比明显增大。

表 1　美国存款保险银行在利率市场化前后存款结构变化

利率市场化之前			利率市场化之后			
年份	活期存款（%）	储蓄存款（%）	定期存款（%）	年份	活期存款（%）	储蓄存款（%）	定期存款（%）
1971	48.64	20.80	30.55	1981	30.27	17.60	52.12

（续表）

利率市场化之前				利率市场化之后			
年份	活期存款 （%）	储蓄存款 （%）	定期存款 （%）	年份	活期存款 （%）	储蓄存款 （%）	定期存款 （%）
1972	48.04	20.13	31.82	1982	26.51	21.75	51.75
1973	45.35	18.75	35.91	1983	25.39	30.24	44.37
1974	42.12	18.26	39.62	1984	25.17	30.61	44.22
1975	41.17	20.58	38.25	1985	25.11	32.80	42.09
1976	40.19	24.54	35.27	1986	25.93	36.17	37.90
1977	40.76	23.69	35.55	1987	22.86	36.17	40.96
1978	39.44	21.76	38.80	1988	21.68	35.03	43.29
1979	39.50	18.95	41.55	1989	20.59	33.48	45.93
1980	36.35	16.92	46.73	1990	19.69	33.87	46.45

注：肖欣荣,伍永刚. 美国利率市场化改革对银行业的影响. 国际金融研究,2011.1

对利息收入占据"大头"的我国商业银行来说,活期存款毫无疑问是成本最低的优质资金来源,然而过去两年,我国商业银行陷入了活期存款加速流失、付息成本普遍上升的尴尬局面,据统计中行、农行、工行、建行活期存款占比分别从2013年年末43%、55%、49%、55%下降至2014年末的40%、52%、48%和50%。

1.3 对存款品种结构的影响

表2 美国存款保险银行在利率市场化前后存款结构变化

利率市场化之前			利率市场化之后		
年份	交易存款 （%）	非交易存款 （%）	年份	交易存款 （%）	非交易存款 （%）
1971	48.81	51.19	1981	30.65	69.36
1972	48.23	51.77	1982	26.94	73.06
1973	45.54	54.46	1983	25.88	74.12
1974	42.31	57.69	1984	31.99	68.01
1975	41.39	58.61	1985	32.47	67.53
1976	40.43	59.57	1986	34.83	65.17
1977	40.94	59.06	1987	32.32	67.68
1978	39.64	60.36	1988	31.27	68.73
1979	39.76	60.24	1989	29.89	70.11
1980	36.66	63.34	1990	29.05	70.95

注：肖欣荣,伍永刚. 美国利率市场化改革对银行业的影响. 国际金融研究,2011.1

表2说明,从存款性质来看,成本相对低廉的交易存款(可开列支票存款,包括不允许支付利息的活期存款和其他可开列支票存款)在利率市场化后所占的比例越来越小。

2 对商业银行负债成本的影响

利率市场化后,商业银行的存贷款利率将受到市场供求关系的直接影响,各银行对存款的竞争,将使存款成本上升,从而使得利差缩窄。美国的利率市场化进程表明,短期来看,几次利率改革政策的颁布都提高了存款成本。但是长期来看,在利率市场化前期,随着大额、长期的存款利率限制放开,存款利率大幅上涨,带动贷款利率一同攀升。此后在利率市场化的后期,存贷款利率随小额、短期存款利率的放开而逐渐下调。在整个过程中,存贷款利差呈现震荡变化。

随着我国利率市场化进程的加快,商业银行的负债成本也发生了很大变化。据统计,中行、农行、工行、建行、交行 2014 年的存款付息率分别 SEI2.02%、1.85%、2.04%、1.92%、2.35%,分别同比 2013 年上升 15、11、6、3、21 个 BP。股份制银行中,招商银行 2014 年的存款付息率仅仅略高于四大行,为 2.1%,同比 2013 年的 1.88% 上升 22 个 BP,平安、广发和光大 2014 年的付息率分别为 2.65%、3.24%、2.73%,同比上升 26、38、22 个 BP。

3 应对建议

以上分析说明,利率市场化会对我国商业银行的负债产生很大影响。以存款为主的负债结构将出现明显变化,商业银行的资金来源将更趋向于多元化。同时,商业银行的负债成本将持续提高,盈利能力将明显下降。存款作为我国商业银行的最主要的资金来源,不仅关系到运营成本的高低,更重要的是影响到应对流动性风险的防范能力。在利率市场化过程中,由于存款成本急剧增加,同时,竞争力下降又会导致存款大量流失,一旦管理不善,将对商业银行产生致命的打击,美国储贷协会危机就是最好的例子。同时,相关研究也表明,利率市场化对商业银行整体的资产规模和负债规模不会产生影响,但银行的数量将不断下降,也就是说部分经营管理不善的商业银行将会被经营管理优秀的商业银行兼并。为保持可持续发展,我国商业银行应该高度重视利率市场化对负债形成的冲击,未雨绸缪,前瞻应对。

3.1 建立多元化的资金来源渠道

其他国家利率市场化的成功经验表明,商业银行必须建立更为广泛的资金来源渠道,以应对存款下降对负债业务的冲击,因此,我国商业银行应该高度重视通过资本市场融资,除通过上市来补充资本金外,还应多方位尝试各类债券的发行,健全建立主动负债机制。同时,对资产证券化等创新型融资方式,更应积极参与。除保本理财和结构性存款外,应更多地关注市场上各类创新产品,及时跟进,并根据各行实际情况进行改造创新,使其适合自身的发展。

3.2 重塑资产、负债定价策略

利率市场化以后,商业银行的资产、负债利率波动的频率将更加频繁,波动的幅度将大大提高,业务的期限结构将更加趋于复杂化,表现出更多的不确定性和多样性,在利率升升降降频繁,各商业银行之间利率存在较大差异的情况下,商业银行客户必将根据自己的利益调整业务的期限机构。如商业银行不顾自身资产的匹配情况,盲目吸收负债资金将会直接降低银行的盈利能力。因而考虑风险、成本、资本消耗等多种因素,对资产和负债进行合理的定价将成为商业银行的核心竞争力,只有在科学定价情况下的规模扩张才是有质量的增长。目前,我国商业银行的整体定价水平还处于较低层次,大部分商业银行存款定价基本是采用央行基准利率加成法或者是跟随市场定价法,贷款定价也仅仅是简单区分企业划型和性质在基准利率的基础上浮动,所谓的贷款基础利率 LPR 在商业银行的实际贷款定价中应用还是很少。对于存款定价方面,下阶段,应该继续研究存款利率定价方法和模型,加强利率管理的系统建设,在平衡客户综合贡献度、利率敏感度和资产收益的基础上进一步完善差别化定价。贷款定价方面,要充分利用大数据细分客户分类,充分考虑银行的资金成本、运营成本、风险成本及资本回报的等在内的定价模型,提供客户差异化的定价,同时,继续加强推广贷款基础利率 LPR 在贷款定价中的推广运用。

3.3 建立全方位流动性风险防范体系

利率市场化以后,商业银行自身的竞争压力和同业之间相互竞争的加剧,必定会导致利差空间缩窄,盈利空间缩小等现实问题,部分银行可能会通过价格等手段相互争夺优质客户资源,将进一步加剧利率的波动性,使得资金往来更加频繁密集,资产、负债的稳定性将持续下降,因此,利率市场化对商业银行的流动性风险防范提出了更加严厉的要求。国外大量商业银行破产的案例都说明在利率市场化情况下,对流动性风险的防范是银行的生命线。除要建立多元化资金来源体系,加强主动负债能力以及对各项流动性指标加强监控,建立风险预警机制和应对预案外,还应高度应加强对利率走势的预判,对利率大幅波动进行压力测试,重视利率市场化导致的突发事件对流动性的冲击,建立应对机制。

3.4 加快经营转型和业务创新

利率市场化将导致商业银行的经营管理发生根本性变革,原来主要依靠传统存贷款利差的盈利模式将难以为继,同时,以吸收存款、扩大规模为基础的激励约束机制也将面临全面的颠覆。金融创新是商业银行的发展之源。由于我国长期以来对金融业实行严格的利率管制,我国商业银行虽然也一直强调业务创新和结构转型,但由于体制等方面的原因,还是缺乏金融创新的外部压力和内在动力,因而金融创新的成效不明显。而利率市场化改革所带来的生存压力,注定要将我国商业银行更进一步推向金融创新的舞台。

抓住机遇 积极参与上海自贸区建设

● 刘 洋

(对外经济贸易大学金融学保险学院)

摘 要 为实现以开放促发展、促改革、促创新,提高我国在世界的竞争优势,加强与世界各国经济贸易发展新模式,党中央国务院批准设立中国(上海)自由贸易试验区。自贸区的成立与发展是我国提升政府职能转变、努力探索及提升管理形式创新的重要方式,将着力于资本项目可兑换和金融服务业全面开放,努力形成促进投资和创新的政策支持体系,为我国扩大开放和深化改革探索新模式和新方法。

截至目前,在上海自贸区已有13家保险公司参与到自贸区发展建设中,寻求新思路,发展新方向。保险行业以及各保险公司应抓住发展机遇,打开思路,切实把握住这个提升自身经营能力、产品研发实力及服务管理水平的大好时机。在上海自贸区开展中介销售业务、寿险业务和投资业务等,与时俱进,全面发展。

关键词 自贸区 保险 创新 建设

1 上海自贸区概况及支持政策

1.1 上海自贸区概况

中国(上海)自由贸易试验区(以下简称"上海自贸区或自贸区"),是中央政府设立在上海的区域性自由贸易园区(FTZ),该试验区于2013年8月22日正式通过国务院批准设立,于9月29日正式挂牌,试验区总面积为28.78平方千米,范围涵盖上海市外高桥保税区(核心)、外高桥保税物流园区、上海浦东机场综合保税区和洋山保税港区等4个海关特殊监管区域。

与传统自由贸易区(FTA)不同之处在于,上海自贸区(FTZ)是在本国法律法规认可基础上,在本国辖区内划出一块区域进行市场贸易,国家对该地盘的贸易活动不过多的插手干预、且对外运入的货物进行一定的税费优惠或减免。

在自贸区内,金融服务、贸易服务以及健康养老医疗护理业等,将得到国家的重点政策支持,获得更多的发展机遇。而且上海自贸区作为国务院的先行试点,将为国家的创新贸易发展打好前战,积累丰富的改革措施及经验,未来将逐步推广至全国。目前,中国已批准设立与正在申报的自由贸易园区还包括:广东自贸区、重庆自贸区、厦门自贸区、天津自贸区和东盟自贸区。

1.2 政府对中国(上海)自贸区的重点支持政策

2013年7月以来,国务院原则性通过了《中国(上海)自由贸易试验区总体方案》,人民银行也下发了《中国人民银行关于金融支持中国(上海)自由贸易试验区建设的意见》,两大文件主要从金融、投资、贸易和综合管理四个领域着手,支持自贸区进行深化改革。其中,涉及金融、保险领域的重要指导政策摘要如下。

1.2.1 重点加快金融制度创新。进一步促进贸易投资便利化,扩大金融对外开放。在风险可控的前提下,在自贸区逐步对金融市场利率市场化、人民币资本项目可兑换及跨境使用等方面进行先行先试。探索面向国际的外汇管理改革试点,逐步实现跨境融资自由化,促进跨国公司设立区域性或全球性资金管理中心。

1.2.2　全面加强金融服务功能。在自贸区内鼓励外资及中外合资银行的设立；鼓励新型金融产品的创新试验，自贸区内的机构可设立自由贸易账户，办理经常项下和直接投资项下的跨境资金结算；全面开拓再保险市场，支持再保险的跨境业务发展以及支持设立外资专业健康医疗保险机构及保险公司资金运作模式放松等。

而中国保监会在国家《总体方案》的指导下，出台了相应的三大政策八项举措，大力发展自贸区保险市场。主要包括：支持保险公司在自贸区内开设机构、进行产品创新、开展境外投资试点及人民币跨境再保险业务等；放宽自贸区内保险公司相应高管人员任职资格的审批工作；支持开设外资健康保险公司；支持在自贸区开设国际保险中介公司和从事再保险业务的公司等服务机构以及推动航运保险定价中心、再保险中心和保险资金运用中心等功能型保险机构建设等。

2　上海自贸区保险业发展情况

2.1　基本情况

截至 2014 年 8 月底，上海自贸区共有 13 家保险机构。其中，产险公司 9 家，寿险公司 4 家；外资保险公司 2 家，中资保险公司 11 家。上海自贸区挂牌一年以来，区内的保险机构大多处于萌芽期——即架构基本设定，但服务仍需跟进的状态。但这些公司对自贸区未来的发展前景非常乐观，各保险机构均致力于将自贸区内机构打造成综合化、国际化的金融服务平台，呈现定位高端、管理高配、资源倾斜的特征，如下表所示。

表　上海自贸区保险公司

公司类型	公司简称
财险	大众保险、太平洋财险、永安财险、鼎和财险、民安财险、永诚财险、天安财险
寿险	中国人寿、太平洋人寿、太平人寿、上海人寿、中美联泰大都会人寿

注：表中各保险公司自贸区分支机构已获上海保监局批复

2.2　自贸区现有保险公司概况

2.2.1　中国人寿。当前定位在发展中高端健康险业务，将主要在自贸区发展中高端健康险业务，已与国际知名健康险机构合作，全面推出一套中高端团体医疗产品，搭建完整的医疗产品体系。

2.2.2　太平洋保险集团。太平洋保险集团除在自贸区设立产、寿分公司外，还与德国安联保险集团共同筹建太保安联健康保险股份有限公司，联合太平洋养老产业投资管理公司共同进军自贸区。未来将以航运保险为主，多类业务为辅的共同发展计划。将主要聚焦"负面清单管理、人民币自由兑换、财税政策、社会管理"。

2.2.3　太平保险集团。太平人寿将自贸区分公司定位为创新发展的先遣队，计划将集团内各公司进行资源整合，形成"一站式"综合金融保险服务平台，加大对交叉销售模式及产品创新、服务创新模式的探索，以此加快该公司探索和创新业务发展新模式的步伐，并最终通实现集团跨境综合金融保险服务平台和创新基地的职能。

2.2.4　上海人寿。养老保险、健康保险或将成为上海人寿主攻市场，依托上海自贸区金融改革创新平台，借助股东的医疗资源，主攻"高端健康医疗保险 + 健康管理服务"的差异化路线。同时设立保险资产管理机构，试点拓展外币保单，开辟境外投资新领域。

3　保险市场定位与机遇

上海自贸区项目的启动，是中国在改革开放新的历史条件下，立足国家战略需要，实现我国开放型经济的转型升级。随着上海自贸区建设的日益完善，利好政策的不断出台，给保险业带来的将是前所未有的大好机遇，保险业格局将进一步开放。保险公司应充分利用这个机遇将国际先进的业务管理水平和优秀的人才"引进来"，将创新的产品服务和保险资金"走出去"，从而使中国保险业早日与国际接轨，开辟更为广阔发展道路。结合上海自贸区相关政策、同业的发展规划以及对自贸区发展形势的预估，我认为，保险公司可在上海自贸区创新发展以下几个方面的业务。

3.1 在自贸区设立中介销售机构，抢占发展先机

自贸区成立仅一年有余，区内注册企业总数已超过万家，其中新注册企业六千余家，较挂牌前一年增加七倍。在保监会相关支持政策中提出支持国际著名的专业性保险中介机构等在自贸区依法开展相关业务，保险公司应切实抓住发展良机，尽早进驻，同时，利用中介销售机构的业务开拓，摸清自贸区保险市场情况及主体需求；通过代理其他保险公司的主流产品，积极探索及研发吻合市场需求的创新保险产品。

3.2 在自贸区铺设寿险分支机构，建立创新研发基地，大力发展养老险、健康险业务

第一，从国家及保监会对自贸区的政策看来，自贸区对保险业的创新机制与举措势必会放宽监管要求及提供政策便利，有利于建立创新研发基地，寻求新的突破，开辟差异化发展空间；第二，自贸区打开了中国保险业与世界交流的窗口，政策鼓励外资健康险公司在自贸区设立机构，将吸引国际一流的健康险公司进驻自贸区。通过与外资企业的密切交流与合作，将快速提升我们的专业水平与经营管理能力；第三，"新国十条"和自贸区关于保险业的两大政策都提到支持养老险、健康险业务的大力发展，同时，同业的自贸区发展计划也都将重点放在这两方面，区内的养老险、健康险专业水平和业务能力势必会大幅提高，保险公司也应积极参与，积累经验，为日后铺设养老及健康产业链打下坚实基础。

3.3 在自贸区设立资产投资管理机构，开辟多元化投资市场

对内，自贸区将深度进行基础设施建设，且自贸区内公司发展对于资本金的需求非常迫切，保险资金可以通过股权投资、创投基金、开展债权计划等形式参与区内企业的建设发展以及为自贸区的公司提供理财产品和资产管理产品。

对外，自贸区能推进全球的贸易自由化和贸易便利化。在保险资金运用方面，可跨境直接投资，开展境外证券投资和境外衍生品投资业务等。在创新保险业务方面，可通过与境外保险公司的合作，共同进行服务与产品的改良、完善与创新，打通境内外市场。跨境的保险业务以及保险资金进出的投资便利化将会为保险业带来更多"走出去"的机会，为公司进一步可持续发展奠定基础。

3.4 以营销机构为依托，开发外币保单

随着外资公司大量涌入自贸区开设机构及膨胀的境内居民出境需要，加之自贸区相关政策的松动，外币保单将成为炙手可热的产品。应切实利用营销机构迅速拓展业务，接触外币保单潜在客户，创新研发相关产品，抢夺外币保单市场，为公司渠道创新发展提供新契机。

综上，上海自贸区将是保险公司开阔视野，提升实力的有利平台，我们应积极探索，寻求突破，抢占先机，创新发展。虽然上海自贸区相关税收优惠政策及针对保险业的优惠细则等尚未出台，但在整体金融经济环境向好的情况下，保险业的发展目光要放的更长远，与国际专业保险服务接轨，将指日可待。

参考文献

[1]《国务院关于印发中国（上海）自由贸易试验区总体方案的通知》.
[2]《中国人民银行关于金融支持中国（上海）自由贸易试验区建设的意见》.
[3]关于《保监会支持中国（上海）自由贸易试验区建设》的通知.

互联网＋模式下战火从叫车软件到定制大巴的蔓延

● 高　姗

（中央财经大学）

摘　要　互联网是大众创业、万众创新的新工具。互联网与传统行业的结合改变着大众出行。年初的用车市场从价格补贴大战到两家寡头企业合并而垄断整个市场，再从打车软件开拓到租车市场，进而跃进公交市场整合大巴资源。定制商务班车的出现满足了都市白领上下班的需要，但盈利方式及整个行业规范的缺失，也使整个行业暴露出很多问题。

关键词　互联网＋　打车软件　定制大巴

0　引言

目前，中国已经进入了全民创业时代。尤其是今年两会上，李克强总理指出，要把"大众创业、万众创新"打造成推动中国经济继续前行的"双引擎"之一，同时，2015 年国务院还设立了 400 亿元人民币的"国家新兴产业创业投资引导基金"来支持创业。2014 年 11 月，李克强总理出席首届世界互联网大会时指出，互联网是大众创业、万众创新的新工具。互联网＋的主要特征是跨界融合，这体现在传统行业与互联网行业的跨界整合，线下的商务机会与线上的互联网结合。

1　叫车软件的问世

1.1　打车软件的补贴大战

最贴近百姓生活的是衣食住行，当传统行业与互联网 touch 又会迸发哪些新的火花呢？互联网用车行业在去年成为业内关注的焦点，无论是打车、专车还是租车，企业都在竭尽所能地争抢用车市场。从 2013 年持续到今日的打车软件补贴价格大战给大众的生活还是带来了巨大的变化，首先智能软件连接起供给者和需求者的直接沟通，大大提高了出行效率；随后而来的用户补贴更是改变了大都市里乘客的出行习惯和对其出行方式的成功塑造。在嘀嘀快的两大打车软件背靠腾讯和阿里巴巴两大金主，在两个月内疯狂烧掉 15 亿后，补贴金额都随着运营策略在不断调整。业内人士纷纷表示打车补贴的使命或已完成，取消打车补贴只是时间问题。

1.2　专车的迅速入市

当打车市场进入"零补贴时代"，对于打车软件 来说，用户的黏性成为一大考验。与此同时专车快车的迅速问世迅速占领了出租车市场，在补足运力的同时，专车和快车的身份备受关注，由于涉及收费，难逃非法营运嫌疑。要想让专车市场健康的发展需要从多个方面加以引导与控制，但作为顺应市场需求的新生产物，更应该积极促进它的不断完善与推广。让市场在资源配置中发挥决定性作用，以改革的眼光来看，作为技术创新带来的市场新生事物，应该给予其一定的生长和发展空间，观察其市场影响和效果后，借助于标准的建立、程序的规范、监管的完善，让社会闲置车辆和闲置人员充分利用起来，与现有的出租市场展开差异化竞争，这或许应该是交管部门所乐见的多赢结局。毕竟，我们担心的只是这个行业不按规则野蛮生长，而非遏制多元化的市场需求。

1.3 专车和出租车的抗争

补贴的发放让专车迅速占领出租车市场，出租车罢运在多个城市全面爆发。作为垄断资源的出租车，高墙筑起的护城河，内部形成了自我运转的严密生态系统。如今专车的出现，被彻底从运转体系隔绝的出租车司机们，索性直接罢运，但专车从诞生到发展，在磕磕碰碰中行走的相当艰难。目前，在天津、深圳、广州等10多个城市，专车已与出租车发生了直接摩擦对抗。说到底，出租车司机的抗议其实是对于自身命运的抗争，多年来都是由于份子钱太高、牌照太贵，导致出租车司机本身盈利艰难，因此，出租车司机停运，看似排挤"专车"，实际上是一种对自身处境不公的心理失衡。例如，天津的出租车的罢运现象，也是对于自身大量牌照费，份子钱交出之后，面对市场不公的一种抗争。

1.4 "动态加价"来了

所谓"动态调价"，指的是在订单成交概率过低的情况下，系统就会根据历史数据和当时的情况计算出一个建议的价格，作为标准车费之外的溢价，以便让订单更容易被司机接受。"动态调价"机制的工作原理用供求关系理论很容易理解，这个系统能够通过计算用户所在区域内车辆和打车需求的实时比例，得出运能的紧缺程度，结合用户订单自身的属性，得出该订单的成交概率。换句话说，"动态调价"等于"动态加价"。其"本质是让市场实际的供需关系来决定价格的波动。"这就是经济学中的供求关系理论：指在商品经济条件下，商品供给和需求之间的相互联系、相互制约的关系，它是生产和消费之间的关系在市场上的反映。

2 定制班车

2.1 定制班车崭露头角

传统出租车的运力不足，专车快车又存在黑车隐患，互联网影响下的出行方式，专车战役的硝烟还未散去，公共交通的另一主力军——巴士近期也有了新玩法。在移动互联网的作用下，围绕着上下班交通需求的定制巴士应运而生。有坊间舆论认为，此类定制巴士抢了公交的生意，并挤占了公交资源。而据相关负责人透露，定制巴士目前在法律法规监管方面尚属空白。深圳市交委和公交公司相关负责人均认为，定制巴士对现有的公交体系是一种补充。滴滴快的宣布投资5亿元发展巴士业务。目前，滴滴巴士进驻了北京和深圳两个城市；广州交通部门推出的"如约巴士"平台也正式上线运营；此外，市场上还有嗒嗒巴士、嘟嘟巴士、接我云班车等10余家定制巴士O2O公司抢夺用户。

2.2 定制巴士模式

目前，市场上的定制巴士模式主要分为两种类型：第一，互联网公司进行模式创新，将共享经济带入巴士领域，利用闲置资源解决白领上下班时段的出行难题；第二，传统公交公司进行互联网化尝试，将自有资源进行多样化利用，补充现行的公交系统。在进行线路制定方面，一是基于用户的需求，用户在APP发起线路后，如果达到一定人数就会开线；二是根据现有的城市交通需求开线，在试运营阶段若上座率达不到50%则技术人员将做出优化方案，变动站点并再次测试直至达标；三是专业人员前往实地考察，并且进行热点分析、人流分析和大数据分析来挖掘用户需求。在如今吸引用户的阶段，各定制巴士均打出了低至一分钱的推广策略。而根据嗒嗒巴士方面数据，目前其票价为每人每公里0.4元，与地铁差不多持平，介于公交和出租车之间。而快的打车资深副总裁陶然认为，巴士的价格本来就很低，不会有价格战。市民反馈，省钱省时间，而选择巴士出行，乘客最关心的还是保险和安全问题，目前，安全性和规范性是急需解决的问题。

2.3 司机的重新定位

与此相对应的是，巴士司机的工作场景也发生了改变。定制巴士的出现，也赋予了巴士司机新的定义。司机,成了互联网运营中重要的一环。更重要的是司机作为巴士场景的主要角色,可以对线路进行反馈,与用户进行互动,接受用户评价,司机直接参与用户运营,这要求司机对客户的服务标准的提升及规范化管理。对那些急于在定制班车领域跑马圈地的互联网企业来说,定制巴士企业更在乎乘客的体验。这些体验包括车辆准点率、线路的合理性,甚至包括早餐供应、报纸供应等一系列个性化服务的构建。

2.4 恶性竞争的出现

不仅市场认可度将是一大考验,同时,还要面临与现有公交和定制班车的竞争。首先大巴的尝试可能同样面临着运营资质的问题,其次在现在市场不规范的条件下,也导致恶性竞争的上演,不同公司间的班车抢客源现象开始出现。由于班车开入的都是写字楼等人员密集地区,本来就有交通阻碍等隐患,近日堵车引起竞争对手纠纷再次将互联网巴士运营无序进入,缺少行业标准的问题暴露得一览无余。刚刚起步的互联网班车行业竞争激烈已成事实。从年初互联网班车业务开始上线至今,市场已发展到拥有哈罗同行、考拉、PP大巴等多家民间大巴公司,路线的高度重合成了各班车公司之间出现竞争的主要原因。不光客源冲突,市场上的价格也相差不多,各班车公司均推出了优惠补贴政策,借此拉拢乘客。不过和专车的发展一样,互联网班车前期运营也是"烧钱"的,这种补贴并不能持续。

2.5 盈利模式的探索

如何赚钱也是问题:由于服务性以及公益性,公共交通一直是一个高补贴性行业。有互联网企业背景的定制巴士如今杀了进来,它凭什么能赚到钱? 由于供应端受到旅游季、牌照、资质等多因素波动,班车的运营成本较高。据了解,一辆53座宇通大巴的日租金,市场价约为1 600元,目前的车票约为人均每千米0.4元,以一条单程票价5元的线路为例,即使上下班全部满座51人,一天的票价收入也才510元,而其平均上座率最高班次只是在70%左右。缺口谁来补? 如果单纯从票价收入来看,定制班车还是无法盈利。事实上,对于定制巴士企业来说,车票收入只是杯水车薪,更值得期待的是随着上座率提高、客流量增大,车载广告、车上售货、客户端衍生服务等,都可以成为未来的盈利点。移动互联网时代,资本有自己的逻辑。

3 结语

有市场即有创新,无论是专车还是公交,即便存在风险,企业们也会争抢这块市场的先机。互联网用车行业伴随着移动互联网的快速发展而迅速崛起,并分化出不同的模式。滴滴、快的结合霸占了打车市场;在专车领域有易到用车、神州租车等争抢市场,而滴滴、快的也在向该领域拓展;租车方面则有一嗨租车、PP租车、宝驾租车等参与竞争;现在公交市场又有民间大巴车的介入。然而,原本在各自细分领域耕耘的企业正渐渐将业务布局到整个用车领域,加剧了各细分领域竞争的激烈程度。租车和专车对应的是商务、假期出行方面的需求,而大巴及班车等公共交通满足的是上班族的日常需求,两者针对的用户群体不同。互联网企业在运营创意方面更加灵活,随着相关监管方案的健全,公共交通作为用车企业尚未发掘的新领域也将迎来新的变化。但无论如何,新实物的出现都在倒逼传统行业的改革。互联网可以在企业营销、供应链管理和合作研究方面提供很多益处,节省成本且提高效率。

一切迹象表明中国企业在互联网技术上走在了前列。互联网革命在各个方面为中国经济提供帮助的同时混乱也才刚刚开始。市场发展的井喷意味着对未来高品质、多层次、个性化高端需求越来越旺盛,这股需求对市场产生的蝴蝶效应更大。相关的企业经营者应承担起社会责任,在持续创新的同时,尊重消费者权益;相关的政府部门也应积极适应潮流发展,兼顾尊重群众需求、保障群众利益、维护市场秩序等,积极研究政策措施,改革势在必行!

商业银行电商平台发展与研究

● 赵 晶

（对外经济贸易大学国际经济贸易学院）

摘 要 随着中国经济和互联网技术的快速发展,我国近几年来电子商户交易规模增长保持快速增长的势头,2014年电子商务交易规模达到13.4亿,同比增长31.4%,快速增长的电子商务同时也带动着金融需求日益增长,很多电商已开始介入金融市场,如开展销售理财商品、众筹、贷款等金融业务,吸引了大量客户,给商业银行带来了巨大的竞争压力。处在互联网金融潮流之中的商业银行与时俱进,抓住互联网时代机遇,也开始纷纷建立自己的电商平台,探索未来商业银行在互联网金融趋势下金融服务的新道路,本文阐述了商业银行发展电商平台的发展现状、优劣势以及目前在发展过程当中亟待解决的问题进行了分析,提出解决办法和建议对策,为商业银行电商平台业务发展出谋划策。

关键词 电子商务 商业银行 电商平台 发展

1 商业银行电商平台发展背景及现状

1.1 传统电商迅猛发展

近些年来,中国电子商务市场发展迅速,截至2014年,中国电子商户交易已突破万亿,达到13.4万亿元,同比增长31.4%,其中,B2B交易的额度达10万亿元,同比增长21.9%,B2C零售市场交易规模达到2.82万亿,同比增长49.7%。电子商务在各个领域不断深入和拓展,创新能力不断加强,使得此行业发展日趋成熟,交易规模每年不断增高,对人们的经济生活影响不断增大,已经成为我国经济发展的新动力。

1.2 传统电商踏足金融市场对商业银行的冲击

在电子商务迅猛发展的同时,传统电商已经利用自己庞大的客户群向金融业务开始进军,开发出理财、信贷、P2P还有众筹等网络融资业务,不断向传统商业银行金融业务发起冲击,在创新能力和动力驱使下,新型的电子商务公司已经将业务范围覆盖到存款、小额贷款、银行卡、收单、支付清算、投资、理财等各方面,实际上已经渗透到商业银行传统业务领域。

另外,电子商务公司的第三方支付也在电子商务流程当中起着重要的中介作用,银行本应该是提供支付服务并在交易环节起核心作用,但是现在的电商交易中,银行处在交易的最末端,越来越被边缘化,并且由于电商公司和第三方支付公司数据独享,银行很难掌握到交易明细的行为数据。在信息化的时代,失去数据意味着失去未来的业务,在新的竞争对手和面来巨大的挑战下,商业银行开始意识到进入互联网领域的重要性,电子商务作为成熟的业务模式成为商业银行的首选,从此商业银行的电子商务平台开始出现。

1.3 商业银行电商发展现状

面对互联网电商企业的冲击,2010年8月,中信银行最早推出B2B电子商户平台,成为银行业中第一个试水电子商务领域的商业银行,2012年3月交通银行推出"交博会"电子商务平台,2012年6月建设银行推出"融善商户"电商平台,2014年8月中国银行推出"云购物"电商平台。从此各家商业银行开始搭建自己的电商平台,探索未来商业银行在互联网金融趋势下金融服务的新道路。

目前,商业银行可分为以下几种模式。

1.3.1 网上商城模式。大多数商业银行基本都拥有各自网上商城,服务对象主要为本行客户,通过B2C的模式,提供在线购物、信用卡分期等服务,此模式可以满足个人客户在线购物需求,但是,服务对象、业务产品和支付清算方式较为单一,缺乏竞争力。

1.3.2 侧重B2B模式。以农业银行"E商管家"为代表的B2B模式,农业银行2013年4月推出的"E商管家"电商平台,主要提供B2B交易金融服务,通过定制化的行业应用、全流程的供销管理、多渠道的支付结算、开放式的平台管理,为传统企业向电子商务转型,提供集线上线下一体化等于一体的定制化商务综合服务。

1.3.3 B2B和B2C相结合的模式。2012年3月,交通银行率先业内推出"交博汇"电子商务平台。建设银行于同年6月推出自有的"善融商务"电子商务平台。而2014年1月,工商银行的"融e购"电子商务平台也正式上线。这三家银行的电子商务平台均采用B2B和B2C交易相结合的模式,实现金融业务种类和服务对象多样化,同时还与其他领域第三方专业机构的合作,是银行发展电子商务综合服务的最新模式,也是商业银行在电子商务领域中有益的探索。

2 商业银行电商平台优劣势分析

作为传统的金融中介机构,商业银行跨界电子商务领域有着得天独厚的优势,分别如下。

2.1 资本优势

一方面商业银行有着稳定的资金来源,资本充足,拥有雄厚的经济资本;另一方面,商业银行有着丰富的金融产品种类,具备开展大规模融资业务的有利条件。资本实力强大,在融资规模、融资期限、融资种类等产品设计和配套客户服务与风险管理方面具有先天的优势,电商公司目前还无法与银行抗衡。

2.2 存量客户优势

对于传统商业银行来说,一方面,通过多年的积累,已有基础的客户群,并且与银行建立了较为稳定的合作关系;另一方面,银行可以根据存量的客户群挖掘不同客户的差异化需求,向其推送对应金融产品,并且可以为商业银行电商平台提供充足的买方资源。同时银行还有大量的合作多年并且相互信任的企业客户,相比瀔说银行的企业商户更为优质,也更易于管理。

2.3 风控体系健全

银行拥有可靠的信用及完善的风控体系。电子商务业务很大程度上是通过网络完成,没有面对面的沟通,完全凭信用支撑整个交易,在当前中国信用体系建设相对滞后的前提下,信用风险较大。相对而言,商业银行以银行信用为担保,加之本身所具有内控严格、产品安全性高、管理规范等特点,能够有效弥补网络交易信息不对称所带来的信用风险。

3 商业银行电商平台目前存在的问题

相比商业银行的优势,同样也存在一些劣势,并且是商业银行进入电子商务领域需要面临和解决的问题。

3.1 用户体验不足

与传统电商平台相比,商业银行开发的平台由于在发展初期,更倾向于实现功能,缺乏客户体验,体现在交易界面的美观和操作以及物流速度等方面,方便性和快捷性远不如传统的电商平台。例如在京东当天订货,天或第二天客户便能收到商品,而商业银行的电商平台的快递往往不注重时效,很难达到客户要求。由于客户体验不好,更容易造成客户的流失。

3.2 电子商务经验不足

传统的电商公司已经在电子商务领域发展了近10年以上,通过不断的优胜劣汰,已经积累了大量丰富的电商经验,业务流程趋于成熟。商业银行介入电商领域才不过3年时间,缺乏电子商务经验,同时,缺乏完善平台运营模式和经验,因此,银行电商平台只能在发展的过程中积累经验。

3.3 电商平台金融产品缺乏

银行电商平台推出的网络金融产品较少,目前,电商平台上主要是网上购物为主,网络金融产品相对缺乏,缺少多样的网络融资方式,并且形式较为单一,尚不能发挥传统银行金融产品的优势。

3.4 管理机制

电商平台技术发展迅速,需要快速跟进技术和业务发展,快速开发和部署,快速响应市场需求,但是传统商业银行存在各级机构层级多,协调力度大,沟通和管理效率低,信息流转慢等现象,以目前银行的管理方式和职责分工来承担电商平台的开发、运营及业务支持,不能完全适应电子商务发展的需要。

4 商业银行电商发展策略

4.1 电商平台金融创新

4.1.1 支付清算是银行的天然优势,通过学习先进电商公司在支付领域先进的技术和良好的用户体验,商业银行的支付清算业务在电商领域实现产品服务创新,发挥商业银行在支付融资领域的优势,可大力发展电子票据支付、积分兑付、移动支付、二维码支付等适用于线上业务的新型支付方式,而不仅仅局限于网银支付、信用卡支付和快捷支付等。

4.1.2 目前,信贷市场竞争日趋激烈,在融资服务方面,银行应掌握电子商务大数据信息,对资金流、物流还有信息流的数据信息进行收集和处理,开发出新型的线上融资业务模式。通过对电商平台三者数据的数据挖掘和分析,定制进入门槛更低、银行成本更优惠、风险监控更及时的线上融资产品,从而为更多的客户提供更优惠的支付结算,更灵活的融资产品和更好的风险控制。因此,想要更好推动整个电商行业健康快速发展,依赖于真正实现资金流、物流、信息流三者高效融合。

4.2 以客户为中心,增加客户体验提高服务,增加未来客户黏性

电商平台的核心竞争优势就是用户体验,并且平台的便捷和大众化是使其成为消费购物首选的重要因素,因此,商业银行应更重住客户的体验,打造以客户为中心的新的经营模式,而不是以产品为中心,这样客户才能有吸引力,并且有参与的动力。另外,传统商业银行往往安全机制高,层层审批和检查,但是,如果要适应新的电子商务模式,就要在风险控制范围内整合繁冗的流程,提高业务处理效率,不以安全牺牲客户体验,做到真正以客户为中心,提供给客户优质的金融服务。

4.3 丰富线上金融产品

金融产品是传统银行的优势,搭建电商平台后,可以在平台上提供更多的网络金融类产品,如理财、基金、保险、贵金属等,让平台成为银行推广金融产品的新渠道。

4.4 经营理念和管理模式改变

传统商业银行都是以产品为中心,但是,进入电子商务领域后,银行需要转变经营理念,过渡到以客户为中心,做到对客户提供差异化、个性化的金融服务。另外,传统银行目前的组织架构和管理模式已不能完全适应电子商务发展的需要,只搭建电商平台,而不调整经营平台的管理架构,将不利于银行电商平台的发展。因此,调整现有的管理模式,提高各层级之间的效率,快速分享信息流程,快速响应市场需求,这样才能有利于银行电商的发展。

5 结语

随着互联网的普及和科技水平的快速发展,电子商务领域的发展也在提速,在这种形式下,传统

商业银行面临着前所未有的挑战,也对银行今后的发展道路提出了更高的要求,但是对银行来说也充满了机会,银行应抓住这次机遇,利用自己的优势,主动介入电子商务领域,积极开展金融创新,并在电商领域拓展金融产品,扩大业务范围,积极改变自身的经营模式和管理结构,以客户为中心,探索出适合商业银行电商平台发展的一条新道路。

参考文献

2014 年度中国电子商务市场数据监测报告 . 中国电子商务研究中心 www. 100ec. cn.

我所档案中心室藏资源建设

● 周　楠

（中国航空工业集团公司北京长城计量测试技术研究所）

摘　要　通过介绍北京长城计量测试技术研究所档案中心室藏资源的基本情况，明确了该所室藏资源建设的重点及定位，具体分析该所在室藏资源建设上存在的问题，并提出了相应的解决办法。

关键词　档案室　室藏　档案资源

北京长城计量测试技术研究所作为技术基础研究院下属的计量测试技术研究所，承担着国防军工计量的重要使命。所档案中心保存着整个单位具有保存价值的档案资源，这些档案资源既是单位各种活动的真实记录，也标志着单位的成长发展，亦是单位不断发展的重要基础。因此，档案室藏建设不仅关系着档案室各项业务工作的开展，而且关系到整个单位健康发展的重要问题，在一定程度上体现了单位存在和发展的社会价值。

1　所档案中心室藏资源基本情况

建所初期，北京长城计量测试技术研究所档案资源处于分散管理的方式，各类档案资源分布在各部门手中，随着该所工作、生产、科研等工作的发展，档案的数量、门类不断增加，档案资源分散的管理方式已不能应对该所的工作需要，于 2000 年 11 月建立了该所档案工作的综合管理机构——档案管理中心，由原来的分散管理方式转变为集中领导分级管理的方式。档案中心现有档案工作人员 4 名，挂靠所办公室，由总工程师直接领导。

档案中心相继建立了科研课题档案、计量标准档案、产品档案、质量档案、设备仪器档案、基建档案、文书档案、声像档案、实物档案、专题档案，共 10 个门类的档案。此 10 类档案的收集途径和方法如下。

科研课题档案由档案中心提出归档范围，科技部门协助收集；计量标准档案由档案中心组织收集，各标准档案负责人负责收集本室资料，移交档案中心；产品档案由产品档案分室负责文件的积累，定期移交档案中心；质量档案由质量部负责文件的积累，定期移交档案中心；设备仪器档案由档案中心提出归档范围，设备仪器档案分室协助收集；基建档案由基建档案分室承担全所基建文件材料的收集、整理、立卷工作，定期移交档案中心保管；文书档案由文书档案分室负责文件的积累，定期移交档案中心；声像档案由声像档案分室负责全所活动形成的照片、底片的收集保管，定期向档案中心移交；实物档案由各部门移交档案中心保管；专题档案由档案中心负责文件收集、整理、立卷。

从全所档案中心所保存的档案资源的收集途径和方法来看，科研课题档案、计量标准档案、设备仪器档案、专题档案由档案中心掌控其收集关口，产品档案、质量档案、设备仪器档案、基建档案、文书档案、声像档案、实物档案由档案分室或职能部门负责其收集、积累工作。

根据该所工作、科研、生产情况，档案中心现有的人力、物力资源，档案人员专业的局限性，将针对性、专业性较强的档案，由档案分室、职能部门收集管理是符合现实需要的。

室藏资源建设研究的本质即档案收集、归档工作,因此,全所档案中心室藏资源建设的重点应放在科研课题档案、计量标准档案、设备仪器档案、专题档案这 4 类档案中。

2 所档案中心室藏资源建设定位

档案学界对档案室还没有统一的定义,从作者视野范围内的档案室的概念来看,其共同点为“机关、团体、企业、事业单位中负责管理本单位档案的机构,为本单位各项活动、科研、生产工作服务。”其差异在于“为社会服务”。

从定义可以看出档案室的本质特征是统一管理本单位档案和主要为本单位服务。它是一个单位档案信息存储、加工和传输的服务部门,与本单位的领导和各组织机构发生联系,为领导决策、处理工作、组织生产、进行科研等活动提供依据和参考材料。

档案室直接面对基层办事部门,与各种工作性质和不同素质的工作人员打交道。此外,直接面对一份份未经整理、无系统、无次序的原始文件和材料。档案室的档案来源正是今后档案室的主要服务对象。档案室中具有长久保存价值的部分是国家的档案财富,进入档案馆保存,档案馆是国家事业单位,其特征是为社会服务。因此,档案室肩负着为国家档案馆积累和输送文化财富的职责。

通过分析可以看出,我所档案中心的基本任务是:统一管理全所的各类档案,维护其完整与安全,积极为该所各项活动、科研、生产工作服务,在保证我所利益前提下,为社会利用服务。

档案室藏资源建设应本着服务单位,进一步服务社会的目标进行室藏的规划、发展。档案室的门类、数量、结构都应与本单位的活动、生产、科研、发展变化情况相匹配,不用一味强调大量丰富室藏,增加门类,一味强调各门类数量严重失衡,作者认为只要以本单位的科研、生产、生活相适应,即为合理的室藏。

根据该所目前发展情况,机关工作活动相对稳定,文书档案的数量也会相对稳定。全所对科研的投入力度加大,相应的科研课题档案、计量标准档案的数量将呈上升趋势。设备仪器的购置已达到高峰,其档案的数量会有下降趋势。受财力所限,传统档案载体仍然占据主导地位。该所为计量测试技术研究所,承担着国防军工计量的重要使命,因此,该所档案中心室藏区别其他单位室藏的最大特色是计量标准档案。计量标准装置的建立是通过最初的设备购置,科研项目的研制而最终实现的,在今后的设备维修、技术改进、借鉴经验方面,设备档案、科研课题档案都起着至关重要的作用。因此,应严格按照相关规定制度收集齐全完整。档案中心在单位身处弱势地位,以增强专题档案的收集为手段,有效的开展档案宣传工作。档案中心室藏应基本涵盖我所发展的历史,特别是从档案中心成立至今这 10 年的档案资源。

3 存在的问题

3.1 收集范围一成不变

在实际工作中,收集范围一旦确定,总是遵循一个模式而很少改变。然而随着现实社会的不断发展变化,新的社会实践活动会应运而生新的文件及载体,甚至新门类档案的产生。一些旧标准也不再适应现实情况,一些有价值的各种载体的文件材料被排除在收集范围外或虽然含在收集范围之内,但又由于种种原因未收集齐全,成为“账外文件”。因此,如果不适时调整收集范围,不但无价值的资料得不到剔除,还会流失很多珍贵资料。并且,每类档案的收集范围确定后,此门类档案中的每个项目都以此标准收集,这就可能使得在重大活动或项目中一些具有保存价值的档案流失,这些都直接影响着室藏资源质量。

3.2 档案意识淡薄

目前,该所某些科研人员还没有意识到归档的责任与义务,总是拖延归档时间,直到评定职称时才主动归档。这说明科研人员还没有意识到归档科技档案是科研活动的组成部分,科技资料的整理归档与科研活动是不可分割的整体。如果没有按时整理归档科技资料,科研活动就不能算作结束。科研人员的科学研究完全建立在国家科研单位这一平台上,自觉提交科技档案既是对科研工作本身负责,也是对所在单位应尽的义务和应有的尊重。如果把科技资料和科研成果据为己有,既有可能由于个人的局限性而削弱这些再次利用和借鉴的价值,也有可能由于个人保管不善或工作的调离造成档案的遗失损毁,给单位和工作造成损失。

3.3 职能部门工作不到位

职能部门工作的不到位致使档案部门工作滞后,影响到档案的收集工作。例如,某些自制设备的开箱验收,职能部门疏于通知档案部门参加,致使这些资料流失在个人手中。购置设备签合同时,没有与档案部门及时沟通,致使合同没有写明应提供的材料,导致开箱验收资料不齐全。标准装置中的配件已经更换,职能部门却迟迟不提供更换表,使得档案人员在修整案卷和收集工作上略显被动。科研课题研究的全部过程中,科研部门只通知档案部门参与验收工作,在课题前期及研究过程中不与档案人员沟通,档案人员对课题没有全面的跟踪了解,就很难对所产生的资料有全面的把握。

4 解决措施

4.1 及时调整收集范围

第一,应根据上级最新下发的各门类档案管理办法修订收集范围。比较新旧管理办法归档范围的不同之处,依据新文件进行调整,与职能部门进行沟通确定收集范围。第二,某些门类的档案,国家没有统一的管理办法,应根据行业的发展变化,适时调整收集范围。例如,我所计量标准档案,应根据建标规范制度的变化,及时与相关职能部门商讨调整收集范围。第三,根据活动或项目对全所的影响及重要程度,调整收集的深度和广度。当然,这也不是要将收集范围频繁改变,我们只是适时地、符合事物发展规律地作一些调整和改变,能动地吐故纳新,针对工作适时调整方式方法。

4.2 加强档案宣传工作

全所各科室及职能部门对科研活动中所形成文件材料的收集工作是做好档案室藏资源建设的基础和源头。只有单位全员提高对档案工作的重视程度,才能做好本部门的收集归档工作,才能做好我所档案中心室藏档案资源的建设。

增强档案意识,提高全员档案认知程度。首先,档案宣传要建立长效机制,不能忽冷忽热。其次,档案人员要有随时宣传档案的意识。

把大规模的宣传活动引向深入持久,就要制定出跨年度的宣传规划,变声势浩大的突击性、临时性的宣传为广泛、深入、细致有计划持久的宣传。对于我们面临的大量日常工作,需要扎扎实实、一件件地贯彻落实,逐步推动整个单位档案意识和档案法制观念的提高。如结合业务需要,争取领导的支持,在全所范围内定期举办档案知识讲座;利用每次科研项目验收报告会讲解科技材料归档的程序要求和重要性;档案人员更多地参与到科研材料形成档案的整个过程中,向科研人员讲解科研文件收集整理归档的每个步骤,力求不断扩大人们对档案工作的了解认识;在借阅档案、职称评审开具归档证明时,宣传档案工作;在单位的局域网上开设档案工作栏目,随时上传一些档案工作动态和档案规章制度等信息。

通过专题档案的收集即可充实室藏,又能有效宣传档案工作。专题档案要紧密结合单位的核心工作任务和领导关心的重大事件。例如,2008年该所收集的抗震救灾档案得到主管领导的高度重视,对抗震救灾档案的收集和整理提出了重要指示,并对档案中心工作人员给予认可,全所职工对档案工作也加深了认识,提高了归档意识。

通过各种途径的宣传,让全体人员都了解,档案是全面真实客观地记录一个研究机构科研活动整体面貌的原始科研资料,是后续科研工作的重要的第一手参考资料和最原始最可靠的信息来源,因此,做好科研档案工作意义重大。

4.3 建立科学的归档体系

收集工作中,职能部门、各科室与档案中心缺少沟通,工作不到位,这主要由于没有建立一个科学的归档体系,各项职责不明确所导致的。各类档案都应建立相应的归档体系,与职能部门沟通做好各阶段收集工作。以科研课题为例:《航空工业科学技术研究档案管理办法》中具体提出了科研工作与档案工作"四同步"的管理规则。第一步,科研课题开始阶段,档案部门应做好前端控制,档案人员要主动与科技部门协作,准确全面了解新开课题项目的情况,依据当年的科研计划提前制定档案收集预案,对其科研活动备案,详细地明确归档范围,使收集档案的操作性更强。第二步,档案工作与其他科室密切相关,科研处室的各项管理工作、科研课题检验项目、会议交流等各项科研活动形成的阶段性结果,产生的资料都是档案资源,档案人员应加强与其他部门的联络协作,定期走访各科室,了解课题进展情况,检查、督促、指导科技人员做好科技文件材料的日常积累整理工作。第三步,当科研课题完成后,对科研成果进行鉴定、验收时必须有档案部门参加。科研部门应会同档案部门,共同在确保科研成果验收鉴定的同时验收科技文件材料,确定归档时间。第四步,在上报登记、评审奖励科研成果及科技人员晋级考核与评价的过程中,档案人员应与负责此工作的部门共同约定,在上报相关材料时,必须按规定要求课题负责人出具归档情况说明。科研档案是科研管理的重要组成部分,科研档案管理一定要纳入科研计划管理工作之中,一定要与课题管理、成果管理紧密结合。

所有这些收集归档细节必须认真、严格地付诸实施,并使之形成一种相对固定的工作模式。档案部门应与职能部门密切合作,切实实施档案工作归档体系的每个环节,把归档工作做细致,做到位。档案工作归档体系要具有可操作性,才能实现归档工作的系统化、规范化,才能改变文件归档所处的被动局面。

4.4 建立考核制度

在建立科学的归档体系的基础上,要配合考核制度,强化执行力度,促使归档工作进入良性循环。

建立档案归档工作的考核和奖惩制度,首先要进一步明确兼职档案人员和各部门、业务单位在档案收集工作中的责任,把归档工作的好坏与各部门业绩和个人业绩挂钩,充分调动各级人员的积极性,变"据为己有"不愿移交为积极主动地向档案室移交。

考核内容应根据各类人员的职责范围,对各类档案归档的时间、归档的范围及归档范围内文件材料的完整、准确、系统进行考核。考核结果要与各部门和个人的年度考核或年终奖金挂钩进行奖罚。

综上所述,室藏档案资源的建设是一个系统工程,改善室藏并非一朝一夕的事,需要档案工作人员坚持不懈地努力,用科学的工作方法不断完善档案资源建设工作,为全所的发展奠定坚实的物质基础。

参考文献

[1]王传语.科技档案管理学[M].中国人民大学出版社,2003.

[2]吴杭文.基层档案室工作特点及发展思路[J].浙江档案,2007(10).

[3]王鸿雁,姜学义.科技档案收集工作应实现系统化、规范化[J].黑龙江档案,2009(3).

以财务视角进行 ERP 升级改造的实践

● 吴健玲

（北京市博汇科技股份有限公司）

摘　要　近年来,越来越多的企业将 ERP 系统作为企业信息化管理的重要组成部分,在企业经营管理方面发挥着不可或缺的作用。文章总结了北京市博汇科技股份有限公司的 ERP 系统升级改造项目中的关键部分,强调从账务视角指导 ERP 系统的应用,真正做到对采购、生产、成本、库存、销售、运输、财务等进行合理的规划和优化,企业经营实现了精细化管理,促进企业利润最大化。

关键词　财务视角　信息化管理　ERP

1　引言

2015 年,政府工作报告中提出要实施"中国制造 2025",促进工业化和信息化深度融合。当前企业信息化发展战略,要求信息化与企业业务全过程的融合、渗透,以信息技术实现企业经营战略、行为规范和业务流程。在这个背景下,企业信息化建设受到前所未有的高度重视,而 ERP 系统作为信息化建设中最复杂、最重要的一环,实施效果的好坏直接影响到企业的正常运转。不同类型的企业应根据实际情况实施,以什么样的视角来把握实施过程,最终将影响着实施的结果。在博汇公司的 ERP 升级改造项目中,坚持用财务的视角,重点从成本内控的角度进行企业各个环节的优化改造,对同行业内的 IT 企业有借鉴学习的意义。

2　ERP 系统简介

企业资源计划即 ERP(Enterprise Resource Planning),由美国 Gartner Group 公司于 1990 年提出。企业资源计划是 MRP II(企业制造资源计划)下一代的制造业系统和资源计划软件。除了 MRP II 已有的生产资源计划、制造、财务、销售、采购等功能外,还有质量管理,实验室管理,业务流程管理,产品数据管理,存货、分销与运输管理,人力资源管理和定期报告系统。目前,在我国 ERP 所代表的含义已经被扩大,用于企业的各类软件,已经统统被纳入 ERP 的范畴。它跳出了传统企业边界,从供应链范围去优化企业的资源,是基于网络经济时代的新一代信息系统。它主要用于改善企业业务流程以提高企业核心竞争力。

3　项目背景

北京市博汇科技股份有限公司属于中型规模的 IT 企业,自 2008 年起使用 ERP 系统,主要使用了财务管理、供应链管理、生产制造管理三大模块,同时,结合企业 OA 系统、销售管理系统协同工作,这些相关的应用系统由不同的厂家开发,又未能做到系统之间的信息集成,依然处于一种割裂状态,是信息孤岛的另一种表现,操作人员需要在不同系统间切换,录入工作量大,数据无法实时反映真实的业务状态,随着公司进一步要求精细化核算和管理,原系统无法满足当前公司管理需求,所以,在

2014 年 11 月正式启动了 ERP 系统的升级优化项目。

4 以财务视角指导 ERP 的升级改造工作

4.1 网上报销

博汇公司的财务部门一直以来采用传统的财务报销方式,报销业务办理都是以书面单据和手工签字来完成的。这种代表着传统观念与模式的财务管理办法,使得财务管理受到空间和时间双方面的局限。主要问题体现如下。

4.1.1 单据填写效率低、错误率高。员工在填写纸质单据的过程中,需要填写大量诸如申请人、部门、日期等重复信息,填写错误时有发生,重复填写造成效率低下。

4.1.2 财务数据分项、细化统计困难。用于统计的很多重要参数,如部门、区域、项目等,用纸质单据难于约定,给最后的分项统计带来了困难。

4.1.3 报销审批效率低。报销流程一般比较复杂,常需各级领导层层审批,流程流转的效率非常低下,特别是对于长期出差的员工来说显得特别繁琐。

4.1.4 财务审核及录入效率低。报销单审批完成后到达财务部门,出纳员还需进行大量的系统录入工作和业务数据审核工作,最后造成报销效率低,员工怨言多的问题,对出纳业务能力要求也很高。

4.1.5 资金控制失效。各项工作开销在年初已经作过预算,但是负责把关的领导在审核过程中无法查询前期的费用,很难判断资金支出的合理性,把关不严就使得资金控制失效。

基于上述问题的考虑,网上报销系统无疑是最好的解决方案。根据对同行业的调研结果,目前,很多 IT 企业使用 OA + ERP 的方案,即员工的报销工作在 OA 系统进行,再由财务人员将报销单依据对应的科目导入到总账。博汇公司没有采用大多 IT 企业的解决方案,而是直接采用 ERP 网上报销系统全套解决方案,这个方案好处有 3 点:首先,从企业信息化建设全局考虑,业务系统内部集成是必然趋势,应逐渐消除信息孤岛;其次,ERP 的网报系统完全按财务视角进行设计开发,比起用 OA 来处理财务数据明显要专业化很多;再次,ERP 网报系统可以无缝地与总账、网上银行、预算管理集成,减少了异构系统之间的集成开发工作。ERP 网上报销系统采用 B/S 结构,企业内部员工所有的日常借款、报销业务都可以在线上进行。系统主要实现的功能包括以下几方面。

(1)基础数据设置;依据公司的日常报销支付制度,整理出费用项目 300 多个,设计了 40 多个不同类型的报销单据,主体审批流达到 20 多个。

(2)报销业务;报销单填写界面设计周到,员工录入报销单时可以通过复制单据、复制数据行进行快速录入,也能实时查审流程当前的审批状态。

(3)借款、还款业务;支持借款的录入、审核、预算控制、多种借款方式、信用控制以及超信用借款的多种后续处理方式。

(4)提供借款报销一览表,支持按部门、人员查询借款及支出信息。

(5)提供方便快捷的网上填单、网上审批、网上款项划拨功能。

(6)严格的费用控制:主要从报销标准的控制和费用预算控制两方面来对企业的费用进行控制,从而做到对各项费用进行控制,并为事后的分析考核提供数据。

公司实施了网上报销系统后明显提高了各部门的报销工作效率,实现了按区域、按部门、按项目、按个人等实时费用统计报表;从财务工作层面,报销单据可直接生成凭证,进入总账,较过去的人工录入操作提高了工作效率,大大减少了管理成本。

4.2 供应链流程改造

供应链的流程因为涉及的员工比较多,出于系统成本考虑,早期相关的流程在 ERP 及销售业务系统同步进行,随着企业的发展壮大,这种模式已经不能满足供应链的管理要求,将所有业务流程集成到一个平台下是当前信息化建设刻不容缓要解决的问题,所以,在升级改造过程中还必须考虑新旧历史数据的切换问题。

4.2.1 重点流程优化。该阶段的工作是先对重点业务流程进入优化调整工作,每一个流程都经过详细的讨论、梳理、测试、试行、确定过程。最主要的流程包括:销售合同评审流程;销售订单下达流程,依据不同的销售类型建立不同的处理方法;销售发货流程;销售开票流程;退、换货流程;演示、试用、维护借用流程;生产材料及项目外购件的请购流程;采购付款流程。

4.2.2 历史数据处理及新旧系统切换。ERP 供应链流程调整完成后,停用销售系统中的原有的业务单和采购付款流程。由此减少操作人员的重复工作,同时保证数据的真实性、唯一性、实时性。这期间相应的岗位操作员不仅要适应新流程,也要处理大量的销售系统上历史数据,两套系统并行操作,虽然工作量很大,但是在预定的时间内完成了切换工作。

4.2.3 规范存货管理。过去我们对存货的定义相对宽松,这样直接影响成本核算的准确性、增加采购管理难度。且存货作为各种单据的基础数据,它的细化程度对业务流的各个环节都有直接影响。所以我们将存货进一步细化,按照自产软件系统、自产硬件、辅材、外购件等不同的存货类型落实到责任人,严格要求每一个存货规格型号、名称的准确性。

4.2.4 规范供应商管理。通过系统对供应商设定账期,所有付款申请严格按预定的账期付款,有效改善了公司现金流。

此外,这个实施期间配合财务的核算要求,进行了其他相关调整工作,如设置发出商品科目,按照实际收款比例确认成本,解决过去项目成本虚高的问题;自制产品与外购商品分离核算等。

4.3 固定资产管理

实施目标:加强固定资产的管理与核算。每项固定资产进行卡片式管理,记录增删减变动情况,按预制要求计提折旧费,自动生成财务凭证。可按部门核算固定资产费用信息。

完成情况:固定资产子系统是财务会计模块的一部分,前期整理了公司现有固定资产期初数据,系统上线使用后达到预期目标。

4.4 委托加工管理

实施目标:通过系统跟踪管理委外产品明细,包含各委外订单对应的加工费和发给加工厂商的物料明细等,从而加强对外协加工物料的控制。

完成情况:一方面,通过对委外存货、委外供应商、委外加工价格、委外材料出库、委外成品入库、委外核销的细化管理,委外加工管理达到预期的目标;另一方面,委外模块在实施过程中通过变通处理,间接实现了自产设备制造费用的核算,提高了存货成本核算效率。

5 实施体会

本次实施不是一次简单的升级工作,实际上是通过 ERP 系统对公司所有的业务流进行了重组改造,是系统新旧模块的重新实施。实施过程中坚持以财务成本为核心,始终用财务视角主导和引领 ERP 升级改造项目的进行,业务上所有的问题最终会体现在财务账面上,从而倒推业务部门进行整改。项目组在业务最繁忙的时期,同时,面临人员交替、新系统适应、流程重组、新旧数据过渡等等问题,要求项目成员能有一定的抗压能力。各个业务部门的关键用户,在期初数据整理、流程梳理和执行上发挥了重要作用。

参考文献

陈启申. ERP:从内部集成起步(第3版). 电子工业出版社,2012.9:21.

新常态下人民币国际化的意义及前景展望

● 焦 阳

(北京市旅游发展委员会)

摘 要 中国作为世界第一大出口国,第二大经济体,在世界经济舞台上已经占有举足轻重的地位。然而,中国的主权货币——人民币与中国的经济地位却并不相称,人民币的支付份额和外汇储备仍显不足。文章研究了人民币国际化的意义,借鉴了世界主要货币的国际化经验,在此基础上分析了人民币国际化的前景。

关键词 新常态 人民币 国际化

货币国际化是指货币跨越国界在境外流通,成为国际上普遍认可的计价、结算及储备货币的过程。一国货币实现国际化也意味着该国货币在价值尺度、流通手段、贮藏手段几个职能上的延伸,亦即成为世界货币或国际货币。它不仅反映了一国总体政治经济实力,也体现了一国在国际金融体系中的话语权及影响力。

1 人民币国际化的重要意义

中国是一个发展中国家,经济发展尤其依赖于资金财富。因此,一旦实现了人民币国际化,不仅可以减少中国因使用外币引起的财富流失,而且将为中国利用资金开辟一条新的渠道。

1.1 提升中国国际地位,增强对世界经济的影响力

货币是一国经济主权的象征,世界上的绝大多数国家都要求在本国境内的经济活动采用本币进行支付。世界上的各个主要经济体都在力争主导地位和影响力,扩大话语权,以争取无尽的商业利益。美元、欧元、日元等货币之所以能够充当国际货币,是美国、欧盟、日本经济实力强大和国际信用地位较高的充分体现。人民币实现国际化后,中国就拥有了一种世界货币的发行和调节权,对全球经济活动的影响和发言权也将随之增加。同时,人民币在国际货币体系中占有一席之地,可以改变目前处于被支配的地位,减少国际货币体系对中国的不利影响。

1.2 有效规避汇率风险,促进国际贸易和投资的发展

对外贸易的快速发展使外贸企业持有大量外币债权和债务。由于货币敞口风险较大,汇率波动会对企业经营产生一定影响。人民币国际化后,对外贸易和投资可以使用本国货币计价和结算,企业所面临的汇率风险也将随之减小,这可以进一步促进我国对外贸易和投资的发展。

1.3 降低外汇储备的需求,维护国家金融安全

对一个国家来说,持有适度的外汇储备,有助于防范金融风险带来的冲击。但外汇储备过多的话,既不利于一国国内货币政策的稳定和经济的持续稳定发展,同时,会造成巨大的资源浪费和居民福利水平的下降。我国的外汇储备资产主要是美元资产,当美国国债价格下跌或者美元汇率大幅度贬值时,都会引起我国外汇储备严重缩水。如果我国持有过多的美元资产,会使我国承担美国的经济损失,我国经济将因此受到冲击。

1.4 打造货币政策灵活自主新常态

人民币快速迈向国际化,为提升我国货币政策的独立性带来了良好契机。使用人民币进行跨境

结算,改变了以往基本上以单一美元作为结算货币的做法,有利于减轻因外汇占款过大而形成的基础货币被动投放压力,增强货币政策的自主性。同时,中央银行资产结构的多元化将使原来单一美元储备条件下货币政策操作空间日趋狭小的局面大大改观,中央银行可以依据经济金融的发展情况,在政策方向、政策力度等方面灵活开展政策操作,增强货币政策的灵活性。

1.5　获得国际铸币税收入

实现人民币国际化后最直接、最大的收益就是获得国际铸币税收入。铸币税是指发行者凭借发行货币的特权所获得的纸币发行面额与纸币发行成本之间的差额。在本国发行纸币,取之于本国用之于本国,而发行世界货币则相当于从别国征收铸币税,这种收益基本是无成本的。

2　世界主要货币国际化路径分析

货币国际化在地域上一般需要经历3个阶段:周边化、区域化、国际化。客观而言,人民币国际化进程尚处于起步阶段,即周边化,未来尚需扩展到区域化,从而最终走出去达到国际化。通过回顾目前三大主要国际货币的发展历程,我们发现人民币想要跻身世界货币,需要探索出一条既符合我国国情,又适应当前外部环境特点及未来发展趋势的全新发展路径。

2.1　美元的国际化路径

美国在两次世界大战中大发战争横财。大战期间,欧洲各交战国在世界市场上竞争力的削弱,以及其对军用物资的大量需求,给美国工农业生产的发展和商品输出提供的机遇。由于工业生产和对外贸易大幅增长,美国积累了大量财富。二战结束时,美国的黄金储备约占资本主义世界的59%。1944年的布雷顿森林会议,确立了以"美元—黄金"为中心的"双挂钩"固定汇率制度。1947年,美国推出马歇尔计划,以赠款和贷款的方式先后发放的援助达131.5亿美元。这些援助有效地帮助美元树立起了国际流通货币的地位。布雷顿森林体系崩溃后,尽管美元的国际地位有所下降,但是,由于其长期在国际货币体系中占有统治地位,依靠其在国际贸易结算中所占的巨大比例和在其他国家的外汇储备中占据的份额优势,依旧充当着世界货币体系中的霸主。

2.2　欧元的国际化路径

欧元的国际化走的是区域化路径。欧元的诞生,首先得益于欧共体的成立。欧共体国家经济发展水平、政治体制、文化背景都高度的相似,因此,为了打破美元在当今世界贸易结算中的垄断地位,方便欧洲各国直接进行货币和贸易的计价和结算,欧共体国家相互之间实现了强强联合。欧洲各国通过让出对货币主权和货币政策的独立性,从而最终实现了统一的货币体系。

2.3　日元的国际化路径

1964年日本正式接受IMF的第八条款,承诺本币的自由兑换义务,可谓日元国际化的开端。截至1984年,随着日本经济的飞跃发展,日本官方发布一系列重要文件确立了日元国际化方向,并采取设立离岸市场、开放境外金融市场、取消资本管制等一系列重要手段,使得日元开始在国际货币体系中崭露头角。然而,随着"广场协议"的签订及1996年东南亚金融危机的爆发,日本作为东亚"雁形模式"的头雁,自然无法避免金融风暴带来的冲击,日元不断升值导致的金融泡沫破裂以及经济周期下行,使得日元的国际化进程遭受挫折。

3　新常态下人民币国际化的前景展望

通过借鉴美元、欧元和日元的国际化路径,笔者认为,一个国家货币国际化可分为三个阶段。首先是为了便利地完成跨境贸易结算,成为贸易结算货币;其次是更多的国家和居民愿意持有发行国货币,从而使货币沉淀到离岸市场,成为可投资货币;最后是货币离岸市场的资金能够保值增值,或者回流到发行国分享到该国经济增长的利益中,成为储备货币。

3.1 把握新常态的历史机遇,促进经济可持续增长

回顾历史,我们不难发现,货币国际化最重要的基础在于国家的综合实力。一国货币在其国际化的过程中,如果缺乏宏观基本面可持续的经济增长,那么国外资本投资境内的动力将减少、国内资本投资境外的规模亦将无法保持。我国经济当前正处于转型升级和全面深化改革的关键时期,经济增长由过去的高速增长进入中高速增长,促进经济结构调整被提到更加重要的位置上。我们应把握新常态的历史机遇,深化经济体制改革,推动经济结构的转型升级,实现经济的可持续增长,为人民币国际化奠定坚实的基础。

3.2 抓住"一带一路"战略和亚投行成立的重大机遇

目前,"一带一路"战略已明确成为我国新时期国际合作的重大举措,将对全球 60 多个国家和地区产生深远影响,同时辐射更多国家和地区。"一带一路"战略喻示的我国国际合作新方向,将在基础设施、产业、金融等领域对人民币国际化的区域、路径和侧重产生影响。同时,由我国发起成立的亚洲基础设施投资银行,可以通过不断的对外投资提高人民币支付结算的比例,加快人民币国际化进程。"一带一路"的建设与亚行的设立,对人民币国际化是一个千载难逢的良机。我们应进一步促进与周边国家乃至世界各国的直接投资与贸易,提升我国实体经济的实力。

3.3 推进金融领域的各项改革,不断完善和开放境内金融市场

美元、欧元和日元国际化水平的提高,都离不开成熟的金融市场与金融体系的支持。发达的境内金融市场能为人民币国际化提供坚实的资金支持和市场基础。一方面,要求境内金融市场层次体系较为健全,有丰富的人民币产品种类、足够大的市场规模和稳定安全的运行机制,需要推进人民币汇率体制改革和利率市场化改革;另一方面,要求境内市场是充分开放的,能够与境外人民币市场进行双向流动,并能充分吸纳境外人民币资金流动的冲击,需要推进人民币资本项目可兑换开放改革。

3.4 循序渐进地进行周边化和区域化发展

目前,大陆地区以及港、澳、台使用 4 种不同货币。以大陆的经济总量、香港和台湾的金融发展水平和开放程度,若能实现货币统一,则是人民币国际化的重要突破。与此同时,人民币在东南亚地区已经得到了广泛的流通和使用。随着与东盟国家经贸金融往来的进一步密切,我们积极进行援助和投资,推行区域人民币结算,将进一步推进人民币区域化。这将是人民币国际化在空间维度发展的必由之路。

我国现阶段面临的国际环境与二战后美国实施"马歇尔计划"的经济背景相类似,同样表现为海外存在巨大的基础设施建设需求,且本国拥有充足的资金和较为过剩的产能。虽然当前美元的主导地位仍难以撼动,但美元"一枝独秀"的时代已经过去,多种国际货币并存的时代已经到来。中国的日渐强盛为人民币的国际化打下了良好的基础,当前的"一带一路"建设、亚投行设立,亦为人民币国际化提供了重要条件。我们应以史为鉴,循序渐进地推进人民币国际化。

参考文献

[1]林毅夫.展望未来 20 年中国经济发展格局.中国流通经济,2012(6).

[2]赵继臣.金砖银行与人民币国际化的机遇.国际观察,2015(2).

[3]王冠群.人民币国际化回顾与新常态初期展望.全球化,2015(4).

[4]刘洋,刘谦.国际货币的经验及"一带一路"、亚投行的设立对人民币国际化的启示.湖北社会科学,2015(5).

[5]陈建宇,陈西果.论新常态下中国货币政策的战略转型.南方金融,2015(1).

[6]黄卫平,黄剑."一带一路"战略下人民币如何"走出去".学术前沿,2015(3).

[7]丁立.人民币国际化路径问题研究.当代经济,2015(19).

[8]聂召,李明.人民币国际化:进展、现状与实施路径.国际经济合作,2014(11).

[9]胥良.人民币国际化问题研究.华东师范大学博士学位论文,2009.9.

我国科技银行发展的必要性和相关建议

● 花 维

(对外经济贸易大学国际经济贸易学院)

摘 要 为有效解决科技型中小企业融资难、融资成本高的问题,应加大金融改革力度,构建科技金融服务体系。我国科技银行已有初步发展,但由于体制机制等方面原因,还存在诸多问题,在学习国外成功经验的基础上,应逐步探索科技银行的风险控制、盈利模式和业务创新,并推动科技银行的"中国化",实现对科技型中小企业的实际金融支持。

关键词 科技银行 中小企业 融资 创新

随着经济领域改革创新的不断深入,中小企业逐渐成为中国经济发展的重要推动力量,并不断发展壮大。"十八大"以后,创新驱动发展战略上升为中国国家战略,科技型中小企业也成为创新驱动发展的重要抓手和主要扶持对象。然而,中小企业规模小、缺乏抵押物、财务信息不透明的特点以及我国商业银行在业务模式、风险控制等体制机制方面原因,加上我国多层次资本市场暂未发挥应有的作用,中小企业融资难、融资成本高的问题一直难以得到有效解决。

1 中小企业的融资渠道

在市场经济中,企业在发展过程中,当内部融资不能满足企业日常经营以及发展的需要时,往往借助于外部融资。企业的外部融资模式一般可分为债权融资和股权融资,针对债权融资,商业银行和金融机构为了有效控制风险和降低成本,一般要求债权融资方提供房产、地产或生产设备作为抵押物,而初创期和成长期和中小企业普遍缺乏可用于抵押的固定资产,往往智力资本在企业总资本中占据重要地位,因而在向银行申请贷款时受阻,形成"债务断层";针对股权融资,中小企业普遍缺乏透明健全的财务数据,信息的不对称使得中小企业在股权融资上举步维艰,且目前我国风险投资资本市场仍然不健全,形成"权益断层"。

由于中国多层次资本市场的不健全,中小企业的外部融资模式表现出明显的结构特征,债权融资远远多于股权融资,且银行贷款是企业的最主要融资方式。

2 设立科技银行的必要性

中小企业融资特点的独特性决定了,要想从根本上解决其融资难问题,必须从债权融资尤其是支持企业获得银行贷款的角度入手。由于目前商业银行的业务方式和运营特点很难为中小科技企业提供合适的融资渠道,因此,在商业银行的基础上设立科技支行,创新业务模式和金融产品,支持中小科技企业高效融资,是目前金融改革与创新的重点。

第一,在企业向商业银行贷款的过程中,商业银行对企业的成长性、科技项目的商业化前景无法鉴别,因而无法确定其风险控制范围,而企业则因对商业贷款程序不了解以及缺乏对其科技项目产业化的表现能力,导致融资失败。虽然国家相关政策大力扶持商业银行增加对科技型中小企业的扶持力度,但在现实的操作中效果不佳。

第二，科技型中小企业位于企业发展的初创期和成长期，是最有潜力、最需要资金支持的时期，但是营业收入少、缺乏现金流支持、缺乏抵押物的特点，与商业银行"低风险、高流动、稳定收入"的经营原则，形成不可调和的矛盾。同时科技型中小企业的专利、著作权等知识产权以及相关技术成果的价值无法得到充分确认，也导致企业融资失败。

因此，科技银行的设立，对于有效解决科技资源与金融资本的对接、创新各种金融产品、为中小科技企业提供有针对性的金融服务等方面起到积极的推动作用。同时，科技银行也是我国科技金融改革创新的重要抓手，其发展程度和规模直接影响着我国创新驱动发展战略的有效推进。

3 科技银行的创新特点

科技银行主要为处于初创期和成长期的中小科技企业提供融资服务，在业务模式、收益方式、风险控制等方面与传统商业银行相比，存在诸多创新点。

3.1 创新业务模式

科技银行对于中小科技企业，在发放贷款以外，可根据企业的发展阶段和融资特点给予股权投资。银行不参与企业的日常经营，但获得股权收益，与企业共同成长。对于暂时不愿意出让股权的企业，可采取"债转股"，根据企业的发展情况提供更加灵活的针对性服务。

3.2 创新利率收益方式

科技银行根据市场情况及贷款对象的风险程度，可设定更为灵活的贷款利率，在政策规定的范围内可以自主定价。

3.3 创新担保模式

在现行银行监管体制和风险控制模式下，中小科技企业由于房地、地产等抵押物的缺乏，同时，知识产权又难以得到有效的价值评估，导致贷款困难。科技银行则采取更为灵活的方式，将抵押、质押范围放宽至专利、著作权等知识产权，为企业开展知识产权质押贷款等创新金融业务提供了空间。

3.4 创新风险控制

科技银行在强调"高风险、高收益"的同时，仍需将其风险控制在一定范围以内，在经营准则和内控制度等方面有所创新，建立适合科技型中小企业的评价方法和评价标准，并加以规范。同时，科技银行可与专业投资机构和担保机构加强合作，在一定程度内分散风险。

4 美国硅谷银行的成功经验

硅谷银行是世界范围内科技银行的佼佼者，致力于为创新企业提供针对性融资服务，其成功的创新业务和盈利模式建立在美国完善的多层次资本市场和金融法律法规之上。

一是其目标客户定位处于高新技术产业领域内、拥有自主知识产权、初创期且拥有良好产业化前景的科技型企业。

二是独特的业务模式，使硅谷银行既可以通过灵活的贷款利率获得较高的利息收入，还可以获得股权收益，对冲了投资初创期企业的系统风险，并支持其可持续发展。

三是一般选择风险投资资金已投资过的企业作为贷款对象，借助风险投资机构的尽职调查等专业审核，降低其为初创期企业发放贷款的风险。

四是专注于为电子技术、计算机硬件设备、生命科学等高科技领域企业提供融资服务，对于高盈利但不熟悉的领域谨慎进入。

五是拥有一支熟悉科技产业发展、企业融资需求和专业金融知识的服务团队，可以为融资对象提供针对性服务。

六是根据中小科技企业的发展特点，允许企业用知识产权、应收账款等作为抵押担保。

5　我国科技银行的发展情况

2007 年，随着全国工商联在正式提案中提出设立科技银行，针对科技银行的业务模式、风险监管等方面的尝试和创新得到不断推进。2009 年，成都率先走上科技银行"中国化"之路，成立我国首批科技银行。2012 年，第一家拥有独立法人地位的"浦发硅谷银行"在上海正式开业，江苏、广东等地的科技银行发展也不断提速，商业银行根据区域科技创新情况，纷纷设立科技支行，创新金融服务和金融产品，支持中小科技企业加快发展。同时，政府也积极创造各种有利条件，为科技银行的设立和发展提供各种支持。

各地科技支行的成立，对于缓解中小科技企业融资难、融资成本高的问题，起到积极的推动作用。但由于我国金融环境、相关法律法规的限制以及专业金融人才的缺乏，我国科技银行的发展与美国硅谷银行仍然存在着巨大差距。

我国现行《商业银行法》中对商业银行混业经营以及贷款利率上下限的有关规定，使得科技银行只能开展贷款业务，既无法直接投资科技企业，也无法通过向非银行金融机构投资来间接投资科技企业；同时，贷款利率范围的硬性规定，使得无法通过差别化的利率定价来适应不同类型科技企业的融资风险。由于地方政府大力支持中小科技企业贷款融资，相当多科技支行对科技企业贷款实行低利率，加上政府提供的贷款贴息，我国科技银行的经营普遍未能实现真正意义上的市场化运作，硅谷银行"高风险、高收益"的经营思路暂时无法在我国实现。同时，知识产权折旧快、缺乏完善的评估机制等因素，也造成科技银行创新金融产品的困难。

6　支持科技银行发展的有关建议

在学习美国硅谷银行的成功经验的同时，我们应充分考虑到两国在金融体制、法律法规等方面的差异，并根据我国中小企业的融资特点和金融体制和创新环境，探索发展科技银行的中国之路。

6.1　设立独立法人的科技银行

应支持社会资本参股科技银行，如引进国外战略投资者和民营资本，采取由商业银行牵头发起，其他投资者参与的方式成立股份制科技银行；随着已设立的科技支行盈利能力和风险控制能力的不断提高、专业人才队伍的不断扩大、业务的不断成熟，应逐步支持其转型为独立法人的科技银行。

6.2　加强风险监控

科技银行应制定科学的内控制度，并在贷款发放的全过程，采取针对性措施，对贷款客户进行科学评估和跟踪监督。同时，加强同风险投资机构的交流与合作，利用风险投资机构对科技企业进行的尽职调查等基础性工作，提高对科技贷款风险的预判性。

6.3　拓宽盈利模式

目前，我国相当多科技银行设立在科技企业集聚的高新区内，拥有相当多的优质客户资源，科技银行应根据所在地的优势产业，确定服务对象范围，并根据科技型企业发展的不同阶段，提供针对性的金融解决方案。在目前分业经营监管模式下，可学习硅谷银行成功经验，设立股权投资公司，专门从事对科技型企业的股权投资业务。同时，应考虑扩大科技银行的利率浮动区间，为科技银行实现科技贷款利率差别定价创造一定条件。

6.4　落实政策扶持

政府应建立风险准备基金，完善针对科技银行科技贷款的风险补偿机制，对科技银行给予一定的税收政策扶持，同时，应加大金融改革力度，逐步改善金融生态环境，根据科技银行的运营特点制定出台相关法律法规，为科技银行的健康发展提供法律保障，形成科技银行和科技型中小企业相互促进的良好局面。

医患矛盾的卫生经济学分析

● 王　靖

（中国人民大学）

摘　要　随着我国社会主义市场经济体制的建立,市场这只看不见手对经济乃至社会生活的影响越来越深远,更悄悄地掀开了医患关系的伦理面纱,从而使医患关系的经济色彩和法律属性逐步显露出来。近年来,医疗纠纷频繁出现,医患诉讼时有所闻。因此,医患矛盾备受人们关注。医患关系是一种具有多重属性的人际关系,但它的本质属性到底是什么,目前尚无定论。本文从卫生经济学的角度对医患矛盾产生的原因进行探讨,以期寻找缓解医患矛盾的对策。

关键词　医患矛盾　卫生经济学市场

近些年,医患冲突不时发生,不少事件进入公众视野,仅2014年就有多起重大医患纠纷事件。

2014年8月10日,湖南省湘潭县妇幼保健医院一名产妇在做剖腹产手术时,因术后大出血不幸死亡。但医院没有及时告知家属,直到家属踹开手术室大门。最初媒体报道这样描绘了当时的场景:"妻子赤身裸体躺在手术台,满口鲜血,眼睛里还含着泪水,可却再也没有了呼吸。而本应该在抢救的医生和护士,却全体失踪了。"虽然随着院方回应和更多信息披露,事实和最初报道有一定出入,医院并没有耽误抢救,但确实存在信息不透明、沟通不到位等问题,家属也承认有打砸医院情况。

2014年8月15日下午,一名30岁的女性患者进入北京市宣武医院急诊室治疗。患者延髓有病灶,医生向患者家属告知病情并说明病重。16日凌晨2:00左右,患者经抢救无效死亡。其后,患者家属聚集30余名人员在急诊室,提出"要么偿命,要么赔偿",并把前来解释的医生数次逼到了角落里。当晚20:00,患者家属不顾规定强行将死者尸体抢出病房并放到车上想要拉走,在警察阻拦时,恶意开车撞向警察。最终五名闹事人员被警方带走。

2014年8月17日20:00许,福建省武平县桃溪镇卫生院副院长兰大隽,被发现坠亡在门诊楼旁。死前,他正参与一起医疗纠纷调解。患者家属要价25万元,他没有答应。随后,他从调解室"失踪",并被发现坠亡。目前,相关部门已基本排除他杀。

2014年8月20日,湖南省岳阳市一名男子因刀伤送医院抢救无效死亡。部分死者家属企图扭送医生至死者面前,并封堵住或锁住急诊科大门等。21日,200多名医务人员"静坐"抗议。岳阳市卫生局有关负责人确认,该事件属"医闹"[1]。

······

国家卫生计生委员会的统计显示,2014年全国医疗纠纷7万件左右[2]。

说到"看病难、看病贵",一方面,每个患者都有深切感受,"回扣"、"红包"、"医疗设备回扣"、"医疗建筑装修洗钱"等不正之风也在群众中造成了相当恶劣的影响;另一方面,过半的医师却认为自己的合法权益不能得到保护。日趋紧张的医患关系严重冲击着医疗服务市场,医护人员流失现象越来越严重,转行的逐年增多。医患之间缺乏信任和理解,医患关系日趋紧张,矛盾日趋激化。

卫生经济学是经济学的一门分支学科,是卫生部门和卫生服务领域中的经济学。卫生经济学研究对象是卫生服务过程中的经济活动和经济关系,即卫生生产力和卫生生产关系。[3]众所周知,经济基础决定上层建筑,卫生经济的基础地位,也将决定作为卫生上层建筑的"医患关系",也就是说,卫生经济决定着医患关系的基本属性。所谓卫生经济,是指"卫生保健服务全过程中的经济活动和经济关系的总称,包括卫生保健服务的生产、交换、分配、消费等方面的经济关系和经济活动"。

卫生经济是国民经济的重要组成部分。我国卫生经济经历了较长时间的彷徨,医疗服务市场化过程中,中共中央国务院作出了《卫生改革与发展的决定》。该《决定》中明确指出:"我国卫生事业是政府实行一定福利政策的社会公益事业","到2010年,在全国建立起适应社会主义市场经济体制和人民健康需要的、比较完善的卫生体系。"可见"一定的"福利性、公益性就是我国卫生经济的基本属性。我国卫生经济的这一基本属性,决定着卫生事业面临诸多问题的处理原则,它不仅决定着卫生事业自身发展的轨迹,而且也决定着卫生事业与社会各阶层的利益关系,其中,当然也包含着医患之间的利益关系。我国卫生经济要"适应"社会主义市场经济,可以适当地采用市场经济的部分规则来发展,但这些规则又要受到我国卫生经济基本属性的制约。

医疗是政府公共服务职能之一,与教育、科技、文化、体育等一样属于公共事业,攸关社会民生,所以,医疗本来应具有公共事业整体性、非营利性、规模性、垄断性、公益性的特点,但由于我国在医疗方面财政投入不足,无法实现其完全非营利性的特点,只能引入市场机制,就形成了目前我国政府部分投入而医院自负盈亏的局面。一旦引入了市场机制,那么医疗必然就具有了"商品"的部分特性,医院运营也必须遵循市场机制。作为"商品"的医疗的价格就由多种因素决定,首先是其真实价值(即所消耗的劳动时间),其次是市场的供给和需求。

医患关系不断恶化的原因及对策思考。

第一,医疗需求具有刚性。医疗服务需求是人类的基本需求之一,在一国居民收入增长的过程中,医疗服务需求通常会优先得到满足,从而使其具有明显的刚性消费特征。近年来,随着国民经济的发展和人们生活水平的提高,人们的健康意识不断增强,医疗服务需求不断增长,进一步强化了医疗服务需求的刚性特征。我国近年来持续增长的医疗服务需求促进了医疗服务市场的快速持续发展。

第二,患者的对医疗的期望值过高。人们对医疗的高期望值远远超出了医学科学实际所能达到的程度,如国内外一致承认,医疗确诊率仅为70%,各种急症抢救的成功率也只在70%~80%,与人们的期望有一定差距。只有实际效果超过期望效果时,居民才会满意结果,而一旦低于其期望效果,冲突就会发生。

第三,医疗支付比例过大也加重了医患关系紧张。目前,个人的医疗支付比例达到了53.6%,造成了大量的因病致贫,因病返贫的现象,加重了人们对医生的误解,如"趁你病,要你命"之类的俚语明显反映了人们的这种心理。

第四,医生的价值取向和情感疲劳。如果医生能够对患者进行人文关怀,多替患者考虑,医患关系也不会如此恶化。但社会的价值取向也必然会影响到医生的价值取向。在以金钱论成败、拿金钱作炫耀的社会风气里,医生也必然受到其影响,他们的道德防线很脆弱,有足够的条件损害患者的利益,为自己获取额外的金钱。另外,由于医生经常遇到各种各样的危急病患,遇到生离死别,长期在此环境中,容易造成其情感疲劳,对患者的疾苦不够关心,很容易引起患者不满。

第五,医患双方之间的信息不对称。信息不对称理论认为,交易双方之间的信息是不对等的,而信息又是决策的必要条件。因此,在利己动机的支配下,信息占优势的一方往往会利用自身的信息优势来增加自身的利益,在此过程中,信息劣势一方的利益往往会受到损害。信息劣势方为了避免这种损失,会采取自我保护措施,使得市场上只有质量差的产品可供选择,如果没有相应的外在保护机制,最终导致该市场的消失。这一过程也被称之为逆向选择过程。其在医疗市场上的具体表现就是:首先,医生在信息方面是明显优于患者的,医生能够相对准确地判断患者的疾病应采取什么样的方式来治疗,而患者一般对此并不清楚,这就使医生在选择具体的方式来治疗疾病时,有较高的自主权,如在可以选择高价或低价的治疗方式之中,为了获得更多的利益,而选择高价方式。其次,患者在接受治疗后,能够对治疗效果和治疗成本之间进行评价,会得到自己多支付费用的判断,从而在下次就医时就会谨慎行事,也会因此而改变对医生的看法,由于人们不可能生病不就医,所以,它不会导致医疗市场的消失,但它会通过其他方式来表现这种影响。黑诊所的普遍存在、医患关系紧张就是其表现方式。

第六,最后,相关医疗制度不完善。目前,医患沟通机制、医患维权机制、医务人员情感疲劳的解决机制、医疗保险机制、医院管理机制都还存在诸多问题,还很不完善,甚至不合理,这为医患矛盾的发展提供了土壤。

转变相关机制,使之对医患关系产生正面的影响,促使医患关系良性发展,让医患双方来面对共同的敌人——疾病。

首先,必须建立、完善相应的规章制度。信息不对称理论认为,可以通过建立中间机构来完善市场的运行制度或增加信息透明度来防范不利影响。在医疗市场上,由于其具有公益性和很强的专业性,制度就成为防范逆向选择最关键的保证,是理顺医患关系,促进其良性循环的根本。

第一,要完善医疗保险制度,对患者和医生双方提供保险,提高患者的疾病承受能力和医生的事故应对能力。

第二,要强化政府的监督职能和完善医疗市场准入、退出制度,以削弱双方的信息差距,为合理、妥善解决医患冲突提供依据,而完善医疗市场准入、退出制度也为提高医疗质量把好了第一道关。

第三,要完善患者申诉和维权渠道。完善申诉渠道,降低维权成本,有利于医患双方都能接受最后的结果,减少医患冲突。

第四,要强化医患沟通制的建设。

其次,对医生的心理健康状况给予关注,减弱其情感疲劳。由于各种因素,社会没有对此给予重视,使得医治医生的机制严重缺乏,是到着手解决这一问题的时候了。

最后,要进行宣传教育,提倡理性医疗。要引导居民建立起对疾病、医疗科学技术的理性认识。总之,使居民能够相对理性地判断治疗效果亦是当前的一项重要任务。

参考文献

[1]麦子. 医患相煎渐成全民之痛 我们每个人都将为此买单. 检察日报,2014.08.27.

[2]数据来自新华网.

[3]程晓明. 卫生经济学. 人民卫生出版社,2007.7.

熊彼特的创新理论以及对当前的启示

● 李兴琨　王守军

（嘉实财富管理有限公司　北京建筑工业印刷厂）

摘　要　本文首先介绍了熊彼特的创新理论的理论渊源和发展脉络，列举了创新理论的概念以及与经济增长、经济发展、企业家的相关分析，最后总结了创新理论在指导现实情况的意义，珍惜企业家精神、有秩序的进行经济结构调整、建立完整的创新生态体系。

关键词　熊彼特　创新　经济增长　经济发展　企业家

关于创新的经济学研究，我们不得不提到熊彼特的名字。熊彼特是最早把"创新"引入经济学的人，在他创立以"创新"为核心的经济发展理论之后的相当一段时间内，其描述资本主义经济发展规律性和解释世界经济不均衡增长的理论，并没有引起西方经济学界的重视。随着新技术革命的蓬勃兴起，人们越来越认识到技术进步对经济发展的显著作用。熊彼特的创新理论重又受到广泛重视，并得到进一步的发展。其理论在西方经济学的许多流派中都产生了重大影响。了解熊彼特创新理论的起源、内涵及其影响，对正确理解创新理论的演变过程和了解目前有关"创新"的热门话题，具有现实意义。

1　创新理论的起源

本世纪初，"创新理论"在美籍奥地利经济学家约瑟夫·阿洛伊斯·熊彼特1912年出版的《经济发展理论》一书中被首次提出来。熊彼特以"创新理论"为核心，研究了资本主义经济发展的实质、动力与机制，探讨了经济增长和经济发展的模式和周期波动，预测了经济发展的长期趋势，提出了独特的经济发展理论体系。

然而，在熊彼特之前，古典经济学家亚当·斯密在其名著《国富论》中明确地指出："国家的富裕在于分工，而分工之所以有助于经济增长，一个重要的原因是它有助于某些机械的发明，这些发明将减少生产中劳动的投入，提高劳动生产率。"斯密把经济增长定义为人均产出的提高，或者是劳动产品的增加，并认为劳动、资本、土地的数量决定一国的总产出，是经济增长的基本要素。

在熊彼特的一生中，最推崇的经济学家是瓦尔拉，其研究方法受瓦尔拉的影响最深。他认为瓦尔拉的一般均衡理论是经济理论方面的杰出成就。但熊彼特不满足于瓦尔拉的静态均衡分析，而用动态的方法创立了"动态的经济发展理论"。他认为经济发展不是由外部推动的，而是来自资本主义经济内部，即是"创新"的结果；而资本主义的灭亡和"社会主义"的胜利，正是由于"创新"的减退和消失。可以看出，熊彼特在研究经济发展时采用的主要是动态均衡的分析方法，并侧重于从事物的内部寻求原因。其研究方法一方面直接来源于瓦尔拉的一般均衡分析，同时，也受到了马克思的很大影响。

马克思关于科学技术、社会经济的相互关系的基本观点可概括为：科学和技术是社会经济或生产力发展的基本动力；反过来，社会经济又决定着科学和技术的发展，即科学－技术－社会经济的相互依赖、相互作用的辨证的发展过程。熊彼特十分欣赏马克思对技术发明和创新作用的观点，也在一定程度上接受了马克思剖析资本主义的观点和方法。正是在马克思关于技术发展和作用的观点的基础上,熊彼特深入地剖析了资本主义经济发展的过程的决定因素,创造性地提出了独特的创新理论。但要指出的是:熊彼特虽然在发展观上与马克思有一定的共同之处,但他却反对马克思的历史唯物主义,反对马克思的劳动价值理论和剩余价值理论,因而与马克思在世界观和立场方面有根本的不同,熊彼特夫人也指出了这一点,认为这一点导致两个"极不相同的结果:它使马克思谴责资本主义,而使熊彼特成为资本主义的热心辩护人"。

2　创新理论的基本要点

熊彼特以创新理论为其经济学说的核心内容,在经济发展、经济增长和经济周期等领域开辟了一条新的研究途径,其理论学说在西方经济学中自成体系。熊彼特创新理论的基本要点有如下四个方面。

2.1　熊彼特创新概念

熊彼特认为,"创新"就是把生产要素和生产条件的新组合引入生产体系,即"建立一种新的生产函数",其目的是为了获取潜在的利润。

所谓生产函数,是在一定时间内,在技术条件不变的情况下生产要素的投入同产出或劳动的最大产出之间的数量关系,它表示产出是投入的函数。每一生产函数都假定一个已知的技术水平,如果技术水平不同,生产函数也不同。例如,生产一种产品,原来实行手工劳动,需要劳动力较多,生产工具比较简单,现代科技和经营管理方法落后,即为一种生产函数。现在改用机器操作,劳动力较少,现代科技和经营管理方法得到广泛应用。这即是生产函数发生了改变,或是生产要素和生产条件实现了"新组合",其结果是后者可以比前者获得更多的利润。

这种"创新"或生产要素的新组合包括5种情况。

一是引进新的产品,即产品创新。制造一种消费者还不熟悉的产品,或一种与过去产品有本质区别的新产品。

二是采用一种新的生产方法,即工艺创新或生产技术创新。采用一种产业部门从未使用过的方法进行生产和经营。

三是开辟一个新的市场,即市场创新。开辟有关国家或某一特定产业部门以前尚未进入的市场,不管这个市场以前是否存在。

四是获得一种原料或半成品的新的供给来源,即开发新的资源,不管这种资源是已经存在,还是首次创造出来。

五是实行一种新的企业组织形式,即组织管理创新。如形成新的产业组织形态,建立或打破某种垄断。

熊彼特的创新概念主要属于技术创新范畴,也涉及了管理创新、组织创新等,但他强调的是把技术与经济结合起来,因而他所说的创新是一个经济学的概念,是指经济上引入某种"新"的东西,不能等同于技术上的发明,只有当新的技术发明被应用于经济活动时,才能成为"创新"。他把发明与创新分开,强调第一个将发明引入生产体系的行为才是创新。

2.2　创新与企业家

熊彼特指出:"我们把新组合的实现称为'企业';把职能是实现新组合的人们称为'企业家'"。企业家活动的动力来源于对垄断利润或超额利润的追逐,其目的或结果是实现"新组合"或创新。可以说,创新的承担者(主体)只能是企业家,企业家的创新活动是经济兴起和发展的主要原因。

发明者不一定是创新者,只有企业家才会有能力把生产要素和生产条件的新组合引入生产体系,实现"创新"。同样,资本家和股东也不同于企业家,资本家和股东是货币所有者,物质财富的所有人,而企业家则是资本的使用人、实现生产要素新组合的首创人。企业家可以同时是一个资本家或是一个技术专家或是一个技术发明者，但拥有资本的资本家或技术发明者如果不把他们的资本和技术用于生产方式的新组合，没有创新行为，那他们就不能成为企业家。

在熊彼特看来，企业家应具备3个条件。

一是有眼光，能看到市场潜在的商业利润；

二是有能力，有胆略，敢冒经营风险，从而取得可能的市场利润；

三是有经营能力，善于动员和组织社会资源，进行并实现生产要素的新组合，最终获得利润。

企业家之所以创新，是因为他看到创新可能带来的赢利机会，或使潜在的赢利机会变成为现实的利润。经济发展的动力是利润和企业家精神。

2.3 创新与经济增长

熊彼特认为，经济会由于创新而增长，但这种增长呈现周期性。

创新能够导致经济增长，是因为创新者不但为自己赢得利润，而且为其他企业开辟了道路，起了示范。创新一旦出现，往往会引起其他企业模仿。普遍的模仿，会引发更大的创新浪潮，于是经济走向高涨。当较多的企业模仿同一创新后，创新浪潮便消逝、经济出现停滞。如果经济要再度增长，就必须有新一轮的创新。只有不断创新，才能保证经济持续增长。

资本主义经济增长的过程是通过繁荣、衰退、萧条和复苏的周期过程而实现的，而创新是决定这种周期的主要因素。经济危机是创新过程中不可避免的周期性的经济现象，繁荣之后，便是衰退，衰退和萧条就是危机，摆脱经济危机只有通过创新。

2.4 创新与经济发展

熊彼特认为，经济发展是一种"质变"或生产方法的"新组合"，它与经济增长的最大区别在于经济发展是一个动态的过程，它是内部自行发生变化的结果。

用熊彼特的话来说，创新就是实现生产方法的新组合，创新就是经济发展。因此，"创新"、"新组合"、"经济发展"实际上是一个意思或同义语。

在熊彼特看来，创新是一种创造性的破坏。他注意到，创新的过程，是不断破坏旧的结构，不断创造新的结构的过程，是一个创造性的破坏过程。一批又一批企业在创新浪潮中被淘汰，一批又一批新的企业在创新浪潮中崛起，具有创新能力和活力的企业不断发展，生产要素在创新过程中实现优化组合，经济就会不断发展。持续创新，持续破坏，持续优化，持续发展。这就是创新的经济发展逻辑。

经济发展了，必然带动社会发展。所以，创新也与社会发展密切相关。

3 创新理论的现实意义

3.1 珍惜企业家精神

造就企业家队伍在熊彼特看来，创新活动之所以发生，是因为企业家的创新精神。

企业家与只想赚钱的普通商人和投机者不同，个人致富充其量只是他的部分动机，而最突出的动机是"个人实现"，即"企业家精神"。熊彼特认为这种"企业家精神"包括：①建立私人王国；②对胜利的热情；③创造的喜悦；④坚强的意志。这种精神是成就优秀企业家的动力源泉，也是实现经济发展中创造性突破的智力基础。企业家已经成为市场经济的最稀缺的资源，是社会的宝贵财富，它的多少是衡量一个国家、一个地区经济发展程度的重要指标。因此，许多发达国家和跨国公司都不惜代价、不择手段地网罗创新型人才，而我国尚处于社会主义的初级阶段，选拔人才的机制还不尽公正合理，"论资排辈"、"年龄一刀切"、"恨能"、"恨富"的现象还普遍存在，对人才的制度化激励还相当缺乏，鼓励冒险、容忍失败的社会氛围还十分稀薄，所有这些都严重地阻碍着我国企业家的孕育、培养和造就。因此，我国今后应对这些问题从根本上加以解决，努力造就一支优秀的企业家队伍，在多变的市场竞争中培养出独特的创新精神，培育出更多的实力雄厚、发展前景看好的企业。

企业家实现创新后,"创新竞争"打破经济循环流转方式,创新产品以垄断价格出售,企业获取企业家利润。随着创新产品扩散,企业对生产资料、新设备、新工厂等的需求和消费者对新产品的需求都增加,新兴产业成为主导产业,成为带动经济增长的主要动力,与此相伴随的是信用扩张、市场繁荣和经济景气,此为上升阶段;投资扩张到一定阶段,创新产品的普及率增长到极限,同时,人力资源、原材料、设备等成本提高,"价格竞争"加剧,垄断价格逐渐被打破,企业家利润逐渐降低,引起企业投资的减少,生产要素需求降低,企业亏损或破产现象增多,使得经济处于下降阶段。

3.2 有秩序的进行经济结构调整

根据熊彼特的创新理论,改变社会面貌的经济创新是长期的、痛苦的"创造性破坏过程",它将摧毁旧的产业,让新的产业有崛起的空间。然而,面对这个"创造性破坏过程",熊彼特特别指出:"试图无限期地维持过时的行业当然没有必要,但试图设法避免它们一下子崩溃却是必要的,也有必要努力把一场混乱——可能变为加重萧条后果的中心——变成有秩序的撤退"。这是一个很重要的观点。近年来,在我国存在一种自由追捧"新经济"的现象,有些人认为我国的传统产业已经毫无希望,应该把资源集中于"新经济",集中于信息产业,跳过漫长的工业化阶段,这是一种片面的认识。诚然,在发达国家高科技创新浪潮的推动下,全球正在展开一轮长期的、由机器经济转变为信息经济、工业经济转变为服务经济的产业变革。但是,应该清醒的认识到,即使在发达国家仍有一批传统产业在蓬勃发展,并与新兴产业相互渗透、相得益彰。从大趋势看,"新经济"只有与"旧经济"融合才有坚实的基础和广阔的前景,在传统经济结构的困境中寻求突破,确实需要进行结构调整,但同时应该做到"有秩序的撤退",注意利用信息技术,改造和提升国民经济不可或缺的那些传统产业的结构和素质,而不能顾此失彼,简单抛弃传统产业。如果进退失据,只是一窝蜂地关停,使所有传统产业一下子崩溃,那么,滚滚的下岗失业洪流,源源不断的低收入人群的涌现,供求总量、供求结构的严重失衡,必将迫使背离"创造性破坏"的初衷,变成只有破坏而没有创造,经济创新将被经济崩溃所代替。

3.3 通过一系列的科技政策,建立完整的创新生态体系

技术创新活动是一根完整的链条,这一"创新链"具体包括:孵化器、公共研发平台、风险投资、围绕创新形成的产业链、产权交易、市场中介、法律服务、物流平台等。完整的创新生态应该包括科技创新政策、创新链、创新人才、创新文化。根据国家创新体系理论中新熊彼特主义者——弗里曼提出的"政府的科学技术政策对技术创新起重要作用",为此政府的主要职责应该是通过科技创新政策来构建一个完整的创新生态,通过这个完整的创新生态,最大限度地集聚国内外优质研发资源,形成持续创新的能力和成果。针对当前我国创新动力、创新风险、创新能力、创新融资不足的问题,政府在政策架构上需要做的有:完善促进自创新的财政、税收、科技开发及政府采购政策;完善风险分担机制,大力发展风险投资事业,加大对自主知识产权的保护与激励;健全创新合作机制,鼓励中小企业与大企业进行技术战略联盟,实施有效的产学研合作,推进开放创新;重构为创新服务的金融体制,发展各类技术产权交易,构建支持自主创新的多层次资本市场。

参考文献

[1]亚当·斯密. 国富论[M]. 商务印书馆,1981.

[2]熊彼特. 经济发展理论[M]. 商务印书馆,1990.

[3]林衡博,陈运兴. 弗里曼的国家创新体系理论的改进初探[J]. 当代经济,2003(6).

[4]熊彼特. 资本主义、社会主义与民主[M]. 商务印书馆,1999.

[5]胡钰. 大力提升自主创新能力[N]. 科技日报,2005. 08. 03.

论现代物流与经济发展的相互作用

● 刘晶晶

(对外经济贸易大学国际经济贸易学院)

摘　要　在世界经济一体化及市场竞争日益激烈的大背景下,现代物流的发展水平逐渐成为一个国家或地区综合经济实力的评判标准和重要体现。现代物流对于优化产业结构、降低经济运行成本、促进区域经济发展、促进需求和投资的增长都有着积极的影响和举足轻重的作用。因此,要加快建立便捷、高效、安全的现代物流服务体系,促进现代物流与经济的融合发展。本文通过对现代物流和经济发展之间关系的分析,运用部分经济学原理有针对性地论述了现代物流助推经济发展和经济发展对现代物流行业的反向驱动作用。

关键词　现代物流　经济发展　需求

1　现代物流与经济发展之间的关系

现代物流与经济发展之间是相辅相成的,物流的发展助推经济的增长,经济的发展反向作用于物流,两者互为因果、互相影响。随着现代物流的不断进步,它必将成为经济发展最为核心的基础性产业之一。现代物流的发展,极大地提升了运输效率,加快了商品的周转速度,缩短了资金的占用时间,在一定程度上提高了物流运营效率,降低了企业的经营成本,从整体上促进了国民经济的发展。而经济发展为现代物流提供了必要的物质基础和技术保障,改善了物流行业的生存环境。从物流的需求着眼,随着经济的不断发展和人民生活水平的日益提高,消费者的需求将会从量变发展到质变,会从单一的物质化需求向服务性需求延伸,为了适应越发激烈的市场竞争,要求物流企业不断提高管理水平和服务水平,可见经济的快速发展对物流行业有巨大的推动作用。

2　现代物流助推经济发展

2.1　现代物流在经济发展中的重要地位

近些年,物流已经逐渐成为全球经济贸易发展的焦点,许多国家和地区依靠物流拉动经济,同时带动其他产业的发展,并称物流为企业的"第三利润源泉"[1]。从物流行业的构成角度来看,它涉及交通运输、仓储、邮政、通信等,均是国民经济的基础产业[2]。现代物流追求高质量、高效率的运作方式对提高国民经济运行质量起到了关键的推动作用。

首先,物流行业作为一种年轻的服务产业,现在已逐步成为衡量一个国家综合实力的重要标杆,随着现代物流的发展,物流运营成本的下降使经济的整体运行成本降低,促进了国民经济的健康发展。其次,物流行业发展可以间接带动第三产业的发展进程,有利于推动产业布局的升级,从而有助于优化调整经济结构。此外,随着物流成本的下降,我国的经济的发展不再依赖数量取胜,而是不断的提高经济的运行质量,进而带动了经济增长方式的转变。最后,物流业的发展可以有效地调控和平衡市场的供需,扩大地区间和企业间的分工协作,从而有利于社会主义市场经济的完善和发展。

2.2　现代物流的核心经济功能

2.2.1　现代物流促进产业链的整合和结构升级。现代物流作为联络型服务行业,向电子商务、交通运输、国际贸易、生产建设等领域辐射,是转变经济增长模式、调节经济产业结构的重要枢纽。现代物流的发展对经济的推动作用是立体性的,简单来说,现代物流发展直接拉动了包装、仓储、流通加工、公路、铁路、水运、航空、通讯等周边产业,促进基础设施建设,加大对钢铁、煤炭、粮油等需求的供应。从另一个层面来看,又能够促进创新,引导物流产业新技术、新材料、新理念的出现,提高活动效率,使物流产业内部不断分化,产业构成发生本质改变,促进了经济产业结构的优化和升级。

现代物流是维系当代经济的"毛细血管",串联起整个经济脉络,发挥着至关重要的整合作用。可以说,发达经济必然存在着完善的物流体系,现代物流的发展,可以形成上下游通畅的经济产业链,有利用于区域内物流资源的整合和重新配置,还可以将生产资料高效转化为产品和服务,推向市场,助力我国经济发展。

2.2.2 现代物流有利于控制和降低经济运行成本。现代物流融合了各种先进的科学技术,规避了早期物流所存在的弊端,它不断完善的根本性目标就是降低成本。关于降低成本,我们可以从两方面分析,一方面,在交易过程中,现代物流与信息化技术充分融合,实现对物流全过程的管理和控制,通过系统化智能化的手段降低因管理问题和人为失误带来的成本,从人工到智能的转变,让企业的运营成本降到了最低;另一方面,从交易主体行为分析,随着现代物流的发展,需要交易主体不断地学习先进的知识,了解最新的行业信息,通过知识与信息的掌握,可以有效地预防在交易中的一系列不确定损失。

2.2.3 现代物流促进消费升级。通过扩大内需拉动经济增长,是我国目前面临的关键问题,现代物流对经济的联通作用可以说是解决这一问题的重要手段。现代物流的发展使商品的流通速度加快,实体产业逐渐被网络化电子商务所取代,大大提升了便捷性和用户需求响应的时效性,进而扩大了需求总量,拉动了经济的增长。另外,现代物流的发展也加快了区域性流通速度,使得各地商品呈现出种类多样化、个性化的趋势,消费者不再满足于单纯的物质性需求,而是更加关注服务和质量,从而引发了社会需求的爆发式增长。

2.2.4 现代物流有利于资本的引入。现代物流的发展与投资的增长是相辅相成的,现代物流的发展能带动投资的增长,投资的增长也能反作用于现代物流的发展。在相同的条件下,为了利益最大化,资本的流向总是势力的,它更倾向于投入先进物流水平地区的怀抱,这是资本逐利性所导致的。因为健全发达的物流体系能降低企业的生产运营成本,在当下各种资源、劳动成本不断上升的社会,现代化物流的这一重要作用已经日益凸显。

2.2.5 现代物流有利于区域经济的发展。现代物流与区域协调发展之间有着紧密的联系,现代物流的快速发展能够促进各个区域之间的相互联系,细化分工,同时,提高区域市场的竞争力。区域内的核心企业能够带动物流产业的发展,形成系统的区域物流中心,区域物流的发展又相应地降低了企业的运营成本,并且区域物流的形成还会带动物流增值企业的诞生及成长,从而大大提升了区域内经济的繁荣。

3 经济发展对物流行业的反向驱动作用

3.1 经济环境决定物流模式

从根本上讲,一个产业的模式是由供需决定的,而供需关系又是由经济发展水平决定的。举个简单的例子,一个经济发展水平低下的地区,生产力水平无法满足消费者的基本物质需求,在这样的条件下,生产企业制造什么,消费者就购买什么,无从挑剔,也不用选择,即生产决定消费的经济模式。在这样的经济环境中,物流企业一般是从生产单位运送货品到销售单位进行倾销,属于简单而粗暴的经营方式。随着经济发展水平的日益提高,消费层次购买力逐步上升,商品种类也随之丰富,消费者的物质需求开始趋向于个性化、多样化,需求引导型的物流模式逐步发展起来。消费者会结合自己的需求,个性化定制商品,向生产单位和经销单位提出需求,然后生产单位按需进行生产,接着配套的物流产业提供全面的服务,将货品送到消费者手中。由此可见,物流模式是由经济环境决定的,发达的经济环境同时,也对物流模式提出更高要求。所以,随经济的发展,现代物流企业将迎来更大挑战。

3.2 经济发展引导物流行业质和量的增长

物流行业作为第三产业,它的发展很大程度上依赖地区经济的发展水平。如果区域经济发展迅猛,其消费水平提高,需求同步增长,其生产规模也就随之扩大,进一步促进市场的繁荣,为物流产业提供了良好的发展契机。相对的,需求差异化让行业竞争愈发激烈,迫使物流行业从内部管理入手,规范流程、加强管理,提升用户体验,提升物流产业的整体服务水平。

3.3 经济发展为现代物流发展提供必要条件

毋庸置疑,经济的发展为现代物流提供了多维度物质和技术资源。

3.3.1 基础设施保障。在经济发展的推动下,现代物流业的固定资产投资持续加快,基础设施网络日趋完善[4]。2015年公路、铁路以及水路投资稳步增长,物流中心建设仍是政府重点支持对象。

3.3.2 信息化基础。现代物流企业在运营过程中,具有流程长、管理难、信息量大的特征,高效的物流运营是以先进的信息化体系为前提的,可以说,信息化是现代物流发展的核心动力之一。经济发展带动了信息产业的腾飞,同时,也给物流信息化体系建设提供了必要条件。从最初的物流管理系统发展到移动互联技术,再到今天的智能物流技术,经济发展为物流信息体系的进化铺平了道路。

4 结语

综上所述,现代物流的发展与经济增长之间显露出相互融合、循环促进的良好局势。为了使现代物流产业与国民经济更进一步的健康稳步发展,应更加重视战略层面的规划,大力推动两者的协同发展,相信在不久的将来,我国现代物流和经济的融合发展,必定会上升到一个前所未有的高度。

参考文献

[1] 张平. 加快我国现代物流产业发展的对策研究. 产业经济学,2007.
[2] 胡绍山. 促进现代物流业发展的税收政策研究. 2011(12).
[3] 刘南,李燕. 现代物流与经济增长的关系研究——基于浙江省的实证分析. 2006.11.01.
[4] 周冬梅,张晶,尉吉兵. 现代物流与经济发展的关系. 2009(4).

一例高三男生职业生涯咨询案例

——是去上海读大专还是赴法留学

● *梅长瑜*

(山东师范大学心理学院)

摘　要　本文是一例运用已故卓越美国职业规划大师Holland霍兰德所提出的职业兴趣六边形人格理论及MBTI(麦尔斯—布瑞格斯类型指标)人格理论对一名高考后接到大专录取通知书后,是赴沪读大专还是先到北京第二外国语大学先读一年法语预科,通过TCF考试后,再赴法读本科,两者如何选择存在困惑的学生进行咨询的案例报告。通过帮助学生分析自己的兴趣、性格、感兴趣的活动和学科、高考分数、专业就业前景等因素,帮助其作出科学、理性和适合该生的决策,为毕业后的就业路径平坦开了一个好头。

关键词　高三生　选专业

1　一般资料

小孔,男、18岁,山师大附中高中三年级,家在济南,经济条件中等,父亲为审核员,母亲为职业规划师。没有患过重大的身体疾病和心理疾病,家庭教养模式为专治型+民主型。3岁时学过小提琴,3~6岁请过家教学过英语,也参加过奥数辅导班,上学前练过写字,小学、中学成绩中等偏上,高中成绩中等偏下。

HOLLAND职业兴趣和MBTI性格测评结果,分别如下图所示。

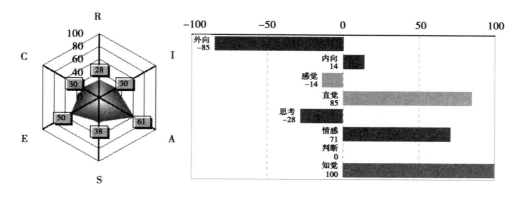

图　性格特征分布图

格测评结果为:Holland职业兴趣测评分值按高到低前3位的分别是:A艺术型:61分;E企业型:50分;S社会型:38分。得分最高的3个人格类型在六边形上紧邻,表示出很好的一致性。分值最高的艺术型人A 61分和分值最低实用型人R的差值是61 − 28 = 33分,表现出很好的区分性MBTI类型代码为ENFP维度名称及分值分别为外向:85、直觉:85:、情感:71、知觉:100。由于测评结果不一定完全正确,也和上一次做的测评结果在第三个维度上不同,于是通过事件访谈的方法对每个性格维度进行进一步的确认后表明:小孔的性格属于ENFP。

2 主诉

小孔最喜欢的功课是英语,高考满分150分题自己考了123分,高考总分是460分,已经拿到了上海工商外国语职业学院应用法语的录取通知书,小孔母亲则建议留学,认为去法国留学费用相对低,去上海读应用法语专科不如直接去法国,母子的主要困惑是希望我帮他分析一下学法语前景如何?二者哪个更好?老师快帮帮我吧。

2.1 诊断依据

该生困惑原因明显是由于现实原因引起的:高三时没有全力以赴,高考成绩比应有水平相差不少,另外,与语文老师关系僵化,造成高考语文成绩只有89分,对应试教育有一定的抵触情绪,自己对去上海上专科感觉没面子,想去法国留学直接读本科。该生有积极主动寻求帮助的主观意愿,乐观开朗,值得肯定。

2.2 原因分析

2.2.1 生物原因。高中教育阶段是指从14~19岁这一时期,也叫青年初期,这个时期个体生理和心理上都已达到基本成熟,并开始考虑如何选择未来的学业和生活道路,同时价值观初步形成。

2.2.2 社会原因。高中阶段孩子非常单纯,与社会接触很少,缺乏经验和判断力。可能一条新闻一条小道消息就能改变他一时的爱好。有的学生因为喜欢某个老师的课,所以高考报考就选择了对应的专业;有的学生受某个重要人物影响而产生了对某个学科的兴趣。

2.2.3 该生职业兴趣测评结果适合发挥的空间为:通过语言、动作、色彩和形状表达审美原则;单独工作;对友谊有特殊标准;解释和修正人类行为;长时间埋头苦干。考虑到你在兴趣测评上的其他维度得分,你可能更详细的兴趣特征如下:有热情,喜欢自由展开想象,做事倾向于追求完美,但也追求新意;胆大、爱冒险,希望有独立主见;对过程和目的都有兴趣,但对教条的制度并不感兴趣,喜欢随机应变,往往根据环境变化而变化个人的策略,具有强烈的内心感受性和言语表达能力;喜欢出入公共社交场所,喜欢说服和劝导他人的活动。

2.2.4 性格测评结果如下:热情而热心,富于想象力。认为生活是充满很多可能性。能够很快地找出事件和资料之间的关联性,而且有信心地依照他们所看到的模式去做。很需要别人的肯定,又乐于欣赏和支持别人。即兴而富于弹性,时常信赖自己的临场表现和流畅的语言能力

小孔适合的专业为广告学、传播学、网络与新媒体、物流管理、信息管理与信息系统、信息资源管理、编辑出版学,管理科学、工商管理、市场营销。

3 咨询目标的确定

依据以上的评估与诊断,经与该生协商,初步确定如下咨询目标。

3.1 近期目标(具体目标)

①了解职业生涯规划的流程。②根据职业兴趣测评结果了解自己是适合做与资料有关的工作?做与事物有关的工作?与概念有关的工作?与人有关的工作?倒推出自己适合学的专业。③学会自己掌控自己的人生,排除规划师可以为自己作出完美选择的错误理念,你必须自己来。④了解自己的性格所决定的某些行为模式可能导致的低绩效因素。

3.2 远期目标(终极目标)

3.2.1 重要性(宏观)。职业生涯规划是伴随整个职业历程的:从进入某个行业、岗位直到退休,长达30~55年之久,《美国新闻和世界导报》向人们调查影响生活质量最重大的3个因素时,美国公众的回答是:第一,职业或工作的满足感;第二,家庭关系;第三才是金钱,可见,职业对人生的重要意义是中外皆然的。

3.2.2 选对专业,成就未来(微观)。《坦桑尼亚的高中生职业选择的影响因素》表明:就读于随机抽取的5个学校的全部352名学生完成了前测的问卷——包含5个因素的24个项目。职业的想象(关

于专业人士工作的好的经历,吸引应答者的专业人士,团体中受到高度尊重的专业人士)被认为是大多数应答者(超过88%)在职业选择中的重要因素。

3.2.3 了解自己。了解自己的兴趣、性格、需求、价值观所适合的专业、职业,消除焦虑和迷茫情绪,努力提高动手、生活能力,提高做计划并按时完成计划的能力,帮他拥有一个理性、接地气、平和、守信的生活态度,促进人格完善。

4 咨询方式的确定

只有帮助小孔评估自己的兴趣和性格,才能帮助他了解自己的潜能所在,选择适合的专业,为毕业后选择职业搭好桥。具体方法是:引导求助者自我探索,找到自己在以往活动中感到快乐并取得成绩的领域,咨询师对此进行发问,提出质疑,启发求助者积极思考,帮助求助者发现自己的优势,自己作出是去上海读大专还是去法国留学的决定。

5 咨询过程

5.1 第一次咨询(评估诊断阶段)

目的:①通过倾听、关注、共情、理解等技术与求助者建立良好的咨询关系。②采用收纳面谈表收集资料,了解求助者的基本情况。③确定主要问题,澄清咨询目标。④进行咨询分析。

方法:事件性访谈、心理测验。

过程:①对收纳面谈表中的某些事件进一步追问,确定兴趣所在,性格代码,介绍咨询相关事项和规则;②做心理测验;③将心理测验结果反馈给该生,询问学生测评结果是否符合他的实情;④共同商定咨询目标;⑤让该生查阅百度上有关霍兰德职业兴趣的介绍并让其在当当网上购买了 MBTI 应用的读本:《做适合你的工作》《就业宝典》⑥布置咨询作业:一是评估并列出自己的霍兰德得分最高前两位的代码和 MBTI 性格代码。二是列出自己的 10 个积极品质,回忆以前学习成功时的成就感。三是列出自己的"财富"——社会支持系统。告诉该生,家庭作业是咨询的重要组成部分,对自己的问题思考、检查越认真、全面,咨询的进步就会越快。

5.2 第二次咨询

目的:对第一次布置的作业进行沟通。

方法:会谈。

过程:①反馈咨询作业。该生很认真地列出了自己的许多喜欢的活动领域,语言表达能力强,善于帮助同学。创造课上表现优秀,记忆力很好,地理课也学的不错等。②小孔认为兴趣、性格的测评结果的描述非常符合自己的情况。自己的兴趣比较广泛,自己是计划性不很强的人,即使做了计划也很难执行,并且以前在考试的时候总是喜欢临时抱佛脚,不是一个未雨绸缪的人,这也是不能学好那些需要平时积累的语言类学科的原因。③经过进一步了解上海工商外国语职业学院应用法语的师资及往届毕业生分配去向和法国某大学的专业设置后,结合该生的家庭经济状况和父母的想法,最后小孔的决定是先到北京第二外国语大学先读一年法外教预科,通过赴法考试后,再去法国留学读本科,学成后准备回国从事市场策划、营销类工作 或自己创业。(咨询结束)

6 咨询效果评估

知己知彼,才能百战不殆,该生在短暂的休整后,于 2008 年 8 月 27 日在父母的陪伴下去北京二外读法语预科了,一年后他将去法国读本科。

由著名经济学家道格拉斯·诺思提出"路径依赖"理论(诺思因为提出这个伟大的理论,而获得1993 年诺贝尔经济学奖。)指出:一旦人们做了某种选择,就好比走上了一条不归之路,惯性的力量会使这一选择不断自我强化,并让其轻易走不出去。选对专业,成就未来。

基于外部性的我国环境污染问题分析

● 张雪梅

(中国人民大学环境学院)

摘 要 人类工业化进程的日益加快,带来的不仅仅是经济的飞速发展和物质生活水平的提高,还伴随着大量排放的废气、废水和废渣,使得人类所处的生态环境日益恶化,进一步威胁到人类的生存和发展。本文针对我国目前存在的环境污染问题,引入外部性概念,运用经济学手段,探讨将环境污染外部性问题内部化的对策。

关键词 外部性 环境污染外部性 内部化对策

1 我国环境现状

随着我国经济的迅猛发展,人民生活水平的不断提高,环境问题越来越成为大众关注的焦点和热点问题。长期以来,我国在经济建设中,大多重视的是经济的数量增长,采用的多是"先污染后治理"的原则,往往是以自然资源的破坏、环境污染的加剧为代价的。直到近年以来,社会大众才逐渐意识到生态环境对人类生存和发展的重要性。目前,我国的森林减少,水土流失严重,沙漠化速度加快。空气污染、水体污染、固体废物污染以及噪声污染等问题都日益突出,寻求合理有效的解决途径已经迫在眉睫。这里,我们引入了经济学中的外部性概念。

2 外部性的含义

外部性的概念是由剑桥大学的马歇尔和庇古教授提出的。"某种外部性是指在两个当事人缺乏任何经济相关的交易的情况下,有一个当事人向另一个当事人所提供的物品束。"此处提到的外部性,强调的是两个当事人之间的转移是缺乏任何经济交易的情况下发生的。

2.1 外部性的特征

外部性也称为溢出效应、外部影响或外部效应。外部性的内在涵义在于它不是基于市场机制发生的,产生影响的两者之间不是买者和卖者的关系范畴。它不是发送者的主观愿望,也不受价格体系的支配,是独立于市场机制之外的客观存在。这种外部性的存在,往往带有某种强制性,而这种强制性,是不能通过市场机制进行削弱或者消除的。

2.2 外部性的分类

依据作用效果,外部性可分为正外部性和负外部性。正外部性又称外部经济,即正面的、积极的、有益的外部效应,指的是个体的经济活动或行为给其他社会成员带来好处,但自己却不能得到相应的补偿,即社会收益大于个人收益,社会成本小于个人成本。例如养蜂人在生产蜂蜜获得直接收益的同时,蜜蜂的活动也会给果农带来好处。负外部性也成外部不经济,即负面的、消极的、有害的外部效应,指的是个体的经济活动或行为给其他社会成员造成损害,但自己却不承担相应成本,即个人收益大于社会收益,个人成本低于社会成本。例如,造纸厂在生产纸的过程中,对周围河流造成污染,但是治理河流的费用并不直接体现在造纸厂的成本当中。

3 环境的外部性

环境污染问题实际上就是外部性问题,当决策者在做出某项环境决策时,那些处于决策之外的人并不知情,却不得不承担该决策的某些后果,由此产生了环境外部性。环境外部性亦有正、负之分。无论是正外部性还是负外部性,都会影响到环境资源的优化配置。

环境外部性产生的主要原因包括:

产权模糊是环境外部性尤其是负外部性产生的重要原因。环境主体是有限的,是一种特殊的公共物品。公共物品的属性使其在使用上有非竞争性和非排他性,产权是不明晰的。这样,私人对环境资源的使用所带来的损耗和破坏的后果是由全社会来承担的,因而会刺激单个主体对环境资源的过度使用,以谋求自身利益最大化,从而造成环境负外部性的产生,此时的社会边际成本等于私人边际成本与外部边际成本之和。

另外,市场失灵也会导致负外部性。古典经济学家认为市场是一双看不见的手引导,经济人在谋取自身利益的同时客观上促进社会福利,自利心对社会不仅没有坏处甚至比社会关怀更能促进社会福利。但是市场机制发挥作用要有一定的前提条件或者说有一定范围的,那就是产权首先必须是明晰的。公共产权是未加明确界定的产权,将带来市场失灵,导致很大的外部性。

环境的外部性在很大程度上限制了经济、社会的发展,降低了人民的生活质量,如何消除环境的负外部性是当前急需解决的重要问题。

4 环境外部性内部化的对策

解决环境外部性的问题,就是要使其内部化,并不断的优化环境的资源配置,这需要我们运用多种学科的综合知识加以解决。运用经济学的知识解决环境污染的外部性内部化问题可以通过经济、法律、行政等多种办法。

4.1 实行罚款、征税或补贴的经济政策

庇古针对外部性侵害提出过著名的修正性税(又称庇古税)方案,即污染者必须对每单位的污染活动支付税收,其目的是促进私人成本与社会成本相一致。庇古税的理念与现行有关国际组织、国家政府及大多数经济学家所倡导的"污染者付费"理念是一致的。因而,征收污染税是目前被各国政府采纳的一种最普遍的控污措施。政府对造成负外部效应的企业加大罚款和征税力度,其数额应等于该企业给社会其他成员造成的损失,使该企业的私人成本恰好等于社会成本,由此使其承担污染成本从而消除外部影响。这样,企业就会明白,任何给社会或他人造成损害的行为都是要付出代价的。反之,对于造成正外部效应的居民或企业,政府可以采取补贴的方法,使其私人收益与社会收益相等。

实行罚款、征税或补贴的经济措施,对纠正外部性问题行之有效,但这种措施也有其局限性。因为政府一般不具有设定最优税收或补贴的充分信息,或者即使政府获得了这方面的充分信息,但付出的成本巨大,从而使税收或补贴的效果有所降低。

4.2 实行明晰产权的法律手段

法律手段是纠正环境外部性的重要措施和途径。采取法律手段纠正外部性,要求界定产权,有效地防止和减少外部不经济这类现象的产生。产权是经济所有制关系的法律表现形式。它包括财产的所有权、占有权、支配权、使用权、收益权和处置权。

科斯定理中提到:只要财产权是明确的,并且交易成本为零或者很小,那么,无论在开始时将财产权赋予谁,市场均衡的最终结果都是有效率的,实现资源配置的帕累托最优状态。也就是说,外部性从根本上是产权界定不够明确或界定不当引起的,所以只需明晰并保护产权,而随后产生的市场交易就能达到帕累托最优。

采取法律手段纠正环境负外部性，同样存在局限性。调研结果表明，在那些污染地区较大但每个人造成的损失较小的地方。向法律起诉并不起什么作用，因为没有一个人认为他所花费的时间和钞票是值得的。因此，这种手段的实施效果受到很大的影响。

4.3　实行环境直接管制的行政手段

当采用经济政策和法律手段都不能纠正环境负外部性引起的资源配置问题的时候，就需要政府直接进行环境管制。政府可以采用禁令禁止某些生产经营活动、资源利用或者排污，甚至对重污染企业采取关停等强制措施，还可以采用行政许可制度，强制性的规定只有取得生产经营许可证才能生产或排污，限制污染数量。

目前，我国的排污许可制度实施的总体效果并不理想，表现为：各地发证工作整体推进不力进展缓慢；企业对排污许可证不够重视，其作用和影响有限，加上在环境监管上对违证排污企业缺少有力的惩治，企业觉得许可证可有可无；除局部地区外，许可证的实施基本上未对改善地区环境质量起到直接作用。因此，实行这种手段来纠正环境负外部性也是缺乏效率的。制定政策并强制执行的成本过高，信息不完全、行政效率、官僚主义等问题，都会影响政策的实施效果。

4.4　政府与市场相结合，实行排污权交易

排污权交易是政府部门利用市场经济行为进行宏观调控的过程。外部性的存在导致了市场机制的失灵。单纯的依靠政府或者市场机制，都不能有效地解决环境负外部性，必须两者结合，才能达到满意的效果。政府在相关环境专家的帮助下，在污染物排放总量不超过允许排放量的前提下，把污染废物分割成一些标准的单位，然后在市场上公开标价出售一定数量的污染权，每一特权利允许其购买者可排放一单位的废物，允许这种权利像商品那样被买入和卖出，以此来进行污染物的排放控制。在市场竞争中，一些能用最少的费用来处理自己污染问题的公司则都愿意自行解决，使之内部化。这样，利用市场规律，政府有效地运用了其对环境这个商品的产权，达到减少污染的目的。

由于生态资源和环境本身的复杂性和地域上的分散性，界定产权的成本往往很高。并且，排污权交易的有效性取决于管理者所能获取的信息是否全面以及企业的污染替代能力，管理者不仅要考虑排污种类，还要明确企业的技术状况，这无疑使效率大打折扣。

总之，以上所列出的纠正环境外部性的措施和手段各有利弊，要根据具体情况具体分析，采取某种或多种手段相结合的方式，统筹规划，最终达到减少污染的目的。

5　结论

环境污染是经济发展过程中不可避免而产生的问题。生态环境是人类生存的物质基础，也是经济系统运行的基础，采取确实有效的方法和手段，避免和纠正生产过程所带来的环境外部性，促进资源的优化配置，有利于经济和环境的协调持续发展。

参考文献

[1] 谢枫. 庇古和科斯对环境外部性治理研究的比较分析—以环境污染为例[J]. 经济论坛，2010(4)：221-224.

[2] 张鹏. 城市发展的生态环境平衡之路—生态环境外部性研究[J]. 中国国土资源研究，2013(5)：31-33.

[3] 孙钰. 城市环境外部性的经济分析与对策研究[J]. 财经问题研究，2003(3)：80-83.

[4] 叶卫华. 全球负外部性治理的困境[J]. 江西社会科学，2010(7)：85-89.

[5] 吴松强，石岢然，郑垂勇. 从环境外部性视角研究产业集群生态化发展策略[J]. 科技进步与对策，2009 4(8)：61-65.

[6] 宋晨. 政府在环境外部性问题上的角色转变[J]. 中国管理信息化，2010(2)：74-76.

居民金融投资行为与经济增长研究

● 展禹孟

（人民大学财政金融学院）

摘　要　随着金融市场的深化发展，居民的金融投资行为与经济的发展越来越呈现出一种双向影响的作用。本文具体分析了我国居民储蓄行为、保险投资行为以及证券投资行为与经济发展的双向影响。最后，本文指出促进我国居民金融投资与经济增长的良性发展需要做好以下几点：培养居民的科学金融投资思维、避免高风险带来的损害，宣传消费与投资合理安排的理财观念，政府部门应当完善相关的金融投资法律法规规范从而保障居民的利益与促进经济的发展。

关键词　金融投资　经济增长　对策

1　引言

随着改革开放的不断深入和市场经济的发展，我国金融市场也开始逐步完善起来，这给我国居民带来了更多的金融投资机会。在市场条件的作用下居民追求自己财富增值成为一种合理的利益需求。而从经济发展的角度来看，社会也需要有金融行业的发展支撑，合理的金融体系对于经济的发展也会产生促进作用。当前，我国学者在居民的金融投资行为的研究上往往是从居民的利益诉求角度进行分析。对于经济增长的因素分析往往是作为一种因变量来进行处理。随着金融市场深化发展，居民的金融投资行为与经济的发展越来越呈现出一种双向影响的作用。因此，在新的时代发展背景下研两者之间的关系，就显得具有现实促进意义。

2　我国居民的金融投资行为现状

2.1　居民金融投资定义

投资和居民金融投资是两个含义不同的概念，投资是特定主体为了获得未来利益或者是效用而进行的物质或者是精神上的投入。居民的金融投资只是投资中的一个部分，金融投资则是指投资者投入货币资产以获取未来金融收益的一种行为。居民金融投资则是指居民将留存的闲余资金进行投资从而实现财富增值和保值目的的一种金融活动。居民投资行为的具体表现形式多种多样，主要包括储蓄投资、保险投资、证券投资（包括债券和股票）、不动产投资（主要表现为购买房产）等。由于居民的不动产投资难以高效率的进入社会资本流动体系中，往往以实物的形式存储起来；因此，在本文的研究中居民的金融投资行为不包括不动产的投资行为。

2.2　居民储蓄存款现状

储蓄存款被称为是一种便捷的投资方式。受到我国传统财富观念的影响，我国居民的金融投资行为还是以存款储蓄为主。从改革开放以来，我国居民的存款储蓄增加了约 2 048 倍，截至 2014 年年底，我国居民的存款总额超过 43 万亿。根据我国银行部门发布的数据显示我国居民的存款率高出西方发达国家数倍，相对于日本而言也较高。我国居民存款率之所以较高，一是受到我国传统思想的影响，二是我国定期存款的利率较相对来说比较高，例如，日本的利率水平接近 0，因此，日本居民的投资观念与我国是截然不同的。三是我国居民的其他金融投资渠道较窄。除了储蓄之外,只有企业债券、股票和保险等,缺乏多样化的稳健的投资方式。从我国居民的储蓄行为变迁来看,我国居民在近几年来的储蓄意愿降低。从城乡居民的储蓄行为来看,我国农村居民仍然热衷于银行储蓄,城市居民开始越来越多的关注其他理财产品,由于定期储蓄的利息比较高,城乡居民的定期储蓄总额均高于活期储蓄总额。

2.3　居民保险投资现状

保险对于普通居民来说并不陌生,但在经济水平较低时期居民大多不会将资金投入到保险领域;进入 2000 年以后,特别是在 2010 年以后我国的保险业获得了大发展。目前,我国居民的保险投资已经超过 2 万亿元。以人寿保险为例,在 2013 年上半年中国人寿的保费收入达 2 000 亿元,全年保费收入约为 5 000 亿元。从居民投保的内容来看,已经从单纯的意外伤亡保险发展到医疗保险、健康险、养老保险等方面。居民保险投资整体表现出以下特征:第一,从整体上看我国居民的保险投资强度不大,缺乏保险理财的思维。第二,居民的保险投资以与人身安全、健康相关的内容为主。第三,从发展趋势上看随着居民经济收入的改善,居民进行保险投资的行为在不断增加。

2.4　居民证券投资现状

目前,我国居民的可以从事的证券投资种类较少,主要表现为股票、基金以及政府债券。在 2014 年 11 月,我国股市发展较好时期其市值约为 5 万亿美元。当前,我国居民从存款储蓄中转移出来的大部分资金(不考虑购买房产)都流入股市。而基金也是我国居民的一项重要金融投资方式,市场上的各类基金多达上千只。但是投资股票的最大特点就是高风险高收益,对于那些追求安全和适当提高收益的居民而言他们大多数会选择购买政府债券。政府债券即所谓的国债被称为是"金边债券",它相对来说是风险最小的。但是,由于政府债券的普及度不高,又受到发行时间的限制,从现状来看我国居民购买政府债券的行为在减少。

2.5　网络理财平台投资现状

随着网络技术的发展,各种网络理财平台的出现给居民的金融投资活动增加了新的途径。网络平台的投资行为与银行的存款储蓄较为相似,但是往往具有更高的收益率和风险,但是风险还是低于股票市场的。此外,目前出现的网络理财平台推出的产品往往购买方便,无需过多的管理,省去了很多中间环节和程序,并且资金的变现能力也较强,因此,受到了大家的欢迎,呈现出蓬勃发展的趋势。例如,由阿里巴巴推出的支付宝平台进行开发了较多种类的理财产品,其最为典型的就是时下非常流行的余额宝,它的利息远远高于银行定期储蓄,并且不存在较大的风险。

3　居民金融投资行为与经济增长关系

3.1　储蓄与经济增长

在我国经济不发达时期,我国政府会通过相对较高的存款利率来增加居民的储蓄投资意愿从而增加银行可以发放的贷款数量以此来实现经济的发展。储蓄与经济增长的关系根据所处的历史时期的不同可以进行如下分解。第一,当整体的经济发展水平较低时,居民的储蓄可以为经济的发展积累资金从而促进社会经济的发展。反过来经济的发展会增加居民的收入从而增加居民储蓄的绝对量。第二,当社会整体经济发展较好时居民过高的储蓄行为会增加社会的生产投资而抑制消费从而影响整体经济的发展,消费经济发展乏力也会反作用于经济收入能力从而影响居民储蓄的增加。因此,居民的储蓄与经济增长是一个相互作用的关系,在不同的发展时期相互作用的方式并不一样。当前我国正处于第二种情况,即居民抑制自己的消费行为而增加储蓄投资,从而使得消费经济的发展乏力。社会生产出现供过于求。

3.2 保险投资与经济增长

保险投资最主要的作用就是保障未来的生产、生活的顺利进行。居民的保险投资增加会减少居民在风险发生时的损失,从而在心理上给予居民一种安全感。增加保险投资以后居民对未来的基本生活有了信心,则会增加当前的消费支出从而促进消费经济的发展。而居民投保的增加被保险公司利用后有较大一部分会进入社会进行在流通,从而促进经济的进一步发展。而经济的发展会让居民对未来的生活更加充满信心,也会为居民提供更多的保险产品,从而增加居民的保险投资行为和投资总额。

3.3 证券投资与经济增长

我国居民进行证券投资的历史并不长,初期参与证券投资活动的也是少数人。但是,随着信息网络的日益发展、证券市场的不断规范我国居民参与证券金融投资活动的人数在不断增加。居民购买政府债券实际上是将自己的闲余资金借给政府来消费,政府取得借款以后将资金投入市场进行再流通则会促进经济增长。居民投资股票或者是基金则是直接将资金投资给具体的企业,那些企业则会利用这些资金进行再生产从而促进商品经济的发展。而经济的发展无疑会增加居民的收入,居民有了一定的存款以后往往希望其资金能获得更高的收益,于是又会重新投入证券市场从而促进经济的发展。

3.4 促进我国居民金融投资与经济增长良性发展的建议

居民合理的金融投资行为会促进经济的增长,与此同时经济的增长会增加居民的收入水平从而促进居民的金融投资行为;由此,两者将形成一种良性的发展。但是,如果居民的金融投资行为或者是经济增长任何一方出现不合理的发展,则会影响两者之间的良性循环。促进我国居民金融投资与经济增长良性发展可以从以下几个方面进行考虑。第一,培养居民的科学金融投资思维,避免高风险带来的损害。例如,居民一次性投入自己全部的财富进行股市投机,则很有可能引发居民的破产结果从而影响社会的稳定和后续经济的健康发展。第二,宣传消费与投资合理安排的理财观念。当前,有一些居民过分注重财富的积累却抑制了消费,这样不仅不利于经济的发展,对于居民个人而言也是不利的;而时下也有一些年轻人不注重金融投资理财,过多的进行消费也不利于经济的长期发展。第三,政府部门应当完善相关的金融投资法律法规规范,从而保障居民的利益与促进经济的发展。

4 总结

总而言之,居民从实现财富自由保障财富价值的角度进行金融投资活动是一种合理的利益追求行为;而居民的这种行为也促进了经济的增长。反过来,经济的增长使得居民的收入增加,提高了居民进行投资理财的资本和愿望。两种相互影响、相互促进。当前我国居民在金融投资上普遍存在储蓄投资占个人投资组成比例较大、投资产品不丰富以及对于风险的规避不熟悉等特点,居民的投资行为仍然比较谨慎。为了促进我国居民金融投资与经济增长的良性发展,应当对居民的金融投资思维和投资环境进行提高和优化,从而保障居民的利益与促进经济的发展。

参考文献

[1]方建武,李忠民. 个人金融投资行为制约因素的逻辑分析[J]. 经济管理,2012,20:71-75.

[2]于显成. 居民金融资产选择行为的中美比较分析[J]. 新金融,2012,03:51-54.

[3]叶德珠,周丽燕. 幸福感会影响家庭金融资产的选择吗?——基于中国家庭金融调查数据的实证分析[J]. 南方金融,2015,02:24-32.

[4]曹小艳. 国外央行居民问卷调查概况及其借鉴[J]. 华北金融,2014,05:40-45、61.

[5]李柄颉. 中国居民金融资产多元化问题研究[D]. 西北大学,2012.

[6]郭楠. 我国居民家庭金融资产选择行为的影响因素研究[D]. 暨南大学,2010.

浅议新形势下的企业员工培训

● 任宁宁

（对外经济贸易大学商学院）

摘　要　人力资源是企业的第一资源。现代企业间的竞争,归根结底是人才的竞争,因而对员工的战略性投资会为企业带来独特的、难以复制的竞争优势,而培训作为培养人才的一种重要手段,已成为企业在竞争激烈的市场上能否取胜的一项关键性工作。对员工培训工作的现状进行了阐述,分析目前存在的问题与矛盾,并对创新企业员工培训工作提出了思路,同时总结了深化员工培训的实践。

关键词　企业　员工　培训　员工素质

当今社会,人力资源已成为一个企业或组织获取竞争优势的主要因素,员工培训是人力资源管理与开发的组成部分和关键职能,加强员工培训,是关系到员工能否很好地适应工作、挖掘潜能,从而促进企业或组织的迅速发展的重要方法之一。

1　企业员工培训工作的重要性

当今社会,人力资源已成为一个企业或组织获取竞争优势的主要因素,员工培训是人力资源管理与开发的组成部分和关键职能,加强员工培训,是关系到员工能否很好地适应工作、挖掘潜能,从而促进企业或组织的迅速发展的重要方法之一。企业要生存和发展,必须重视员工培训。随着科学技术的进步、员工个人的发展以及企业发展的需要,员工培训越来越重要。

1.1　加强员工培训工作是确保企业科学发展的需要

纵观各类企业,凡是发展好的公司,无一不重视员工培训和员工素质的提高。当前,随着国有企业改革发展进程的加快,企业迫切需要加强经营管理、专业技术和技能操作型员工队伍建设。

事实证明,只有员工素质提高了,企业整体素质才会提高,企业的持续稳定发展才会有基础。什么钱都可以不花,但一线员工培训的钱不能省,中国石化每年投入大量的经费用于员工培训工作,高素质的经营管理人员队伍、专业技术人员队伍和一线员工队伍,推动了企业持续快速发展。

1.2　加强员工培训工作是提高企业经济效益的需要

由于受传统和计划经济体制的影响,一些大型国有企业对该工作存在诸多误区:成本能省则省、效益好时不需培训、效益差时无钱培训、高管人员不需培训等。

应该认识到,任何企业都是追求经济效益的,而人是生产力中最活跃、最积极、最具能动性的因素,员工的素质决定着企业的经济效益。只有搞好培训工作,提高员工素质,才能提高劳动生产率和经济效益。

培训不能只看到投入,还要看到产出,而且这种投入的产出比很高,只是见效不那么直接而已。美国训练发展协会调查显示,企业投资在培训及教育上的每一分钱,都能够从日后的经济活动中赚回3倍的利润,投入产出比不亚于投资在项目和市场开拓上。因此,企业要获得较高的价值回报和利润,就要有长远眼光,舍得在员工培训上加大投入。

2 国有企业员工培训工作存在的突出问题与矛盾

当前,越来越多的企业都注重通过培训来提高员工的知识和技能,从而帮助企业提升竞争力,获得持续而快速的发展。然而,由于多种原因,不少企业的培训工作流于形式,效果并不理想,还存在一些问题。

2.1 为培训而培训,培训效果堪忧

相对于机关处室,由于生产的特殊性,企业一线员工的培训工作相对较难开展。有些企业人员配置不足,生产节奏又快,很难专门组织一线员工参加各类培训,存在把培训当任务、走过场的消极态度,以致有些培训项目与参培人员不匹配、不对口,使资源浪费、成本增加、培训无用或低效。

2.2 培训方式陈旧、缺乏互动和参与、脱离实际

传统培训主要注重理论授课,而实际操作训练不足,这些非理论的实践经验和工作技巧等方面恰恰是一线员工培训最核心、最有价值的内容,致使一线员工参加培训的热情度和积极性不高。同时,很多单位在开展员工培训过程中,仍然沿用传统的方式,如填鸭式的理论灌输、我教你学缺乏互动和参与,甚至因内容陈旧,早与实际需求脱轨,而被员工所抵制、排斥,毫无效果可言。

2.3 缺乏有效的评估绩效机制

对员工培训过程及培训效果的评估,是对员工培训工作进行总体评价,进而发现问题、解决问题,为下一步开展培训工作提供经验、改进方法的重要办法。员工培训评估是培训工作整体环节中的重要内容,然而在实际培训工作中,往往把侧重点单纯放在培训上,忽视评估,有的培训单位简单通过调查问卷让参培员工或者单位,打个对勾提个建议就万事大吉,评估流于形式、毫无实质意义。还有的培训评估仅仅对培训课程中所授予的知识和技能进行考核,评估比较狭隘,停留在初级层面,缺乏对员工能力提高、态度改变、绩效提升的有效评估和督促。

2.4 学习动力不足,积极性有待提高

从员工角度看,目前厌学情绪还一定程度的存在,学习目的主要是为了应付各类考试和检查,缺乏真正主动求知的自发自觉性。

2.5 特殊工种的工学矛盾愈发凸显

岗位的特殊性导致特殊工种岗位的工学矛盾更加突出,员工若外出培训就会造成岗位工作无人顶替,致使基层单位没有外派员工参与培训的积极性。

3 员工培训重点工作

3.1 提升员工素质能力

思想决定意识,意识决定行动,行动产生结果。生产经营和思想工作相辅相成,企业首先要通过思想认识培训帮助员工树立正确的世界观、人生观、价值观,突出解决生产经营管理中发现的员工思想问题,统一思想,深化认识,提高员工归属感和向心力,进而促进企业健康有序发展。

有了思想上的转变,还要有真才实学作支撑,员工的素质是决定企业竞争力的一个重要因素。经营管理人员的管理能力、专业技术人员的技术能力、操作工人的标准化操作能力,都应列为企业培训的重要内容,企业应有针对性地开展各类培训。

另外,还要解决的是员工的知识结构问题。在知识大爆炸时代,员工必须依靠不断地学习,更新原有知识结构,以适应新装置、新工艺、新技术的要求,企业应结合自身生产经营实际,开展专题培训。

3.2 探索适应企业发展的信息化教育培训新模式

随着国企改革步伐的加快,企业迫切需要一支新型的复合型人才队伍,新的管理模式必然催生新的培训模式,因此,探索信息化教育培训新模式是时代发展的需要。企业应建设一支具有高度信息化

素养的教师队伍,构建完善的信息化培训网络,加强网络远程培训平台的搭建,探索现代远程培训。

4 关于改进完善国企员工培训工作的几点建议

在国企改革新形势下,建议企业按照"全面提升、突出重点、内外结合、确保质量"的原则,完善培训管理工作机制,采取多层次、多形式培训方式,形成生产和培训良性互动。

4.1 加强师资队伍建设,提升培训水平

加大专职教师队伍建设力度,实现教师由灌输型向综合服务型转变。采取在职进修、系统培训、现场调研、基层锻炼、外出培训等方式,不断拓展、更新教师知识。通过完善新课开发评价体系,加大激励力度,调动教师创新积极性。加大教研力度,定期组织公开课教学、专题研讨等活动,进一步提升专职教师的教学水平。

同时,优化整合兼职教师资源。通过完善兼职教师选聘制、考核奖励制,规范兼职教师队伍管理,充分发挥高技能人才的资源优势,提升师资队伍的整体水平。可将企业内部具备一定理论功底和授课能力的高水平人才,分门别类建立内部师资人才库,同时,通过外聘专家、高技能(技术)人才作为培训基地的兼职教师,从而建立稳定的涵盖内外、专兼结合的高素质师资队伍体系。

4.2 加强培训基地建设

优化整合现有培训资源,建立员工培训基地,是员工培训工作长远发展的"硬件"保障。应充分盘活利用好现有培训资源与设备,配套完善设施设备和相关的培训教材。有条件的单位,可建设完善标准化操作练兵场,配备相应的标准化操作示范影视设备,配齐标准化示范教程。

积极探索"模拟仓"、训练营、俱乐部培训等现代方式,推广行动学习法、研讨发、模拟与角色扮演法等新颖方法,灵活运用现场教学、考察实习、项目锻炼等实践方式,强化互动参与性,提升培训效果。

4.3 创新培训工作模式

以赛代训。依托中国石化集团公司定期开展的员工技术比武和职业技能竞赛为载体,以赛代训,以赛促训,通过"实战练兵",实现由竞赛带动练兵、由练兵带动素质提升。

套餐培训。避免"大锅饭"式的集体培训模式,为员工量身打造更精致、更适合的"培训套餐",员工可根据自身技能水平、发展方向和学习意愿,选择适合自己的培训项目,以激发学习热情,增强培训的针对性。

院校合作。对内可与中国石化党校建立培训联系,可主动与之建立针对性培训意向,采取"送教上门"等方式,开展专业培训。对外可充分利用本地教育资源,加强与中国石油大学(北京)的培训合作,开发"岗位培训+学历提升"培训项目,为优秀业务骨干提供进修学习机会。

网络培训。将"中石化远程培训教育系统"中的课程,纳入各企业员工培训学习范畴,让员工进行针对性、选择性学习,满足员工个性化、多样化学习需求。

4.4 加强培训管理考核

建立完善培训考核激励体系。在培训人员选拔过程中,依据员工绩效状况确定受培训机会的多少及所参与培训档次的高低,使培训成为福利,同时,落实"培训－考核－使用－待遇"相结合制度,切实增强培训效果。

员工是促进企业发展的根本资源,要充分认识员工培训工作的重要性,正视培训工作中存在的突出问题与矛盾,以创新自主培训为主,切实加强员工培训工作,提高整体综合素质,促进企业持续有效科学发展。

卢布下跌经济学原因及对策分析

● 谈 鑫

(国家珠宝玉石质量监督检验中心)

摘 要 卢布下跌是一个经济学现象,但是背后所折射的,是一个国家的经济结构和政治布局原则。由于单一化的经济生产体制,俄罗斯过于依赖原油出口,在国际油价因为种种因素动荡时期,自然出现卢布暴跌,汇率大幅波动的自然现象。因此,基于本论题的中心思想,本文将从卢布下跌的现状入手,采取资料调查、专家访谈的方法,对问题进行深刻的剖析研究,找到卢布下跌的市场原因和政府层次的机构建设问题,从而寻求适合俄罗斯国情的应对政策,相应的也为我国消除外汇影响,发挥储备韧性,确保能源进口的最大优势,作出理论性贡献。

关键词 卢布下跌 原因 对策 能源

1 绪论

1.1 选题的背景

单一化的经济生产体制,使得俄罗斯的经济能动力以及发展可操作空间被严重压缩,不可否认的,以美国为首的西方经济体为了遏制共产主义经济的发展,进行了一定程度的资本打压,国际原油的价格由最初的105.3美元每桶,直接下降到51.3美元每桶,将近55个百分点的原油价格下调使俄罗斯经济体的宏观运作几乎被严重遏制,确实苦不堪言。与此同时,不能忽略的是,俄罗斯近年来政治形势动荡不安,特别是乌克兰的政治纠纷,对于资源布局以及政府职能运作带来了雪上加霜的效果,因此,站在俄罗斯内忧外患,亟待原油价格稳定的基础上,本文提出了对于最为直接的表现因素:卢布下跌的原因分析,高度符合俄罗斯经济运作的整体实情。

1.2 研究的目的意义

基于俄罗斯的经济形势动荡不安,2013年11月21日,俄罗斯经济能源司司长在工作报告中,明确了目前其原油价格的不断下滑对于经济形势发展总体的严重冲击和巨大的潜在影响因素。卢布下跌不应该被单纯地理解为是维持经济活性的一个主观手段,因此,这是同等于亡羊补牢的效果。站在俄罗斯对于能源的自我理解和经济发展的现状基础上,本文的研究具有了社会价值和理论参考意义。随着新时代经济的发展,能源将成为工业化进程的严重必需品,它不仅影响着俄罗斯政治经济的稳定更是与国际能源能否长久的服务于世界各国的需求息息相关。故能源问题不只是出口国俄罗斯的问题,它还关系着国际各国的发展前景。

2 俄罗斯卢布汇率现状综述

2.1 卢布对美元汇率分析

卢布暴跌是一个经济现象背后的政治现象,涉及俄罗斯政府的种种对策以及不同层面的调控影响,其中,比较鲜明的是,2013年,俄罗斯加大黄金储备工作,当年黄金储备增长率高达57.5%,世界上任何一个国家都无法企及。直至原油价格不断下降,对于能源出口价格低额这一局面,俄罗斯国内的恐慌氛围不断加剧，特别是卢布暴跌的影响，已经上升到难以控制的局面。卢布的汇率问题，结合美元的汇率比较，具有国际研究价值。正如下图的基础百分浮动比例中显示所示，卢布汇率在对美元的波动中，竟然出现了1∶80.3的难以理解的暴跌比对，纵观近5年以来，暂且抛开政治形势的主观影响，卢布相对于美元的汇率不停暴跌，几乎25个百分点的下降速度，不得不重新审视卢布与原油价格所带来的大国资源之争背后的影响因素。

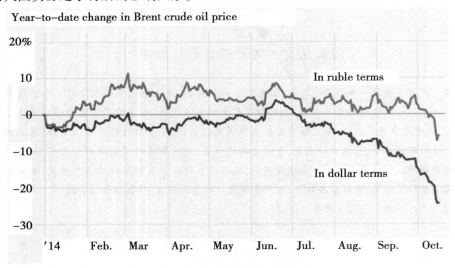

图　卢布汇率对美元汇率的比较

2.2 卢布汇率暴跌综述

卢布汇率的暴跌，相信在不同专家的解释中，一定会出现大同小异的特点。美国经济学家德范斯在经济周刊的言论中，它认为俄罗斯卢布汇率暴跌并不可以理解为西方经济体的牵制，只是一种自我寻求最佳发展策略的适应性过敏问题。然而，我国厦门大学经济管理学院刘云芳教授认为，卢布汇率暴跌，更应该倾向于政府政策以及发展态势的联动影响，卢布汇率暴跌明则是经济学市场问题，其实更应该归结于政府政策以及国家发展形势问题。2014年8月13日，俄罗斯启动了紧急经济部署案，对于黄金存储的客观现象进行实时处理解决；2014年12月起，俄罗斯政府及央行不断抛售外汇储备，频繁干预外汇市场。另外，对于西方经济体的遏制，卢布汇率过于受原油价格的波动性影响，俄罗斯政府正在积极筹划弱势卢布下的新一轮能源战略，确保卢布汇率风险的影响降到最低。

3 卢布下跌原因分析

3.1 美国为首的经济体打压

能源战争是近年来国际争端最为频繁的现象，因此，有理由相信，俄罗斯的能源出口格局，必然会在一定程度上的受到美帝国主义为主的西方经济体的压制，目的很简单，通过影响其命脉产业的发展，直接压制国家的经济和谐进步，从而实现对于能源的低价控制以及阻碍俄罗斯的经济良好运营，达到双层短暂性目标。当然，这不是唯一的因素，也有不少专家支持不存在经济打压，或者是影响会很小。这样的观点则站立在能源问题是西方国家与俄罗斯的共同需求角度上进行的，过度压缩对于双方发展都有不利影响，只能让别国坐收渔翁之利，这是不符合资本主义发展的。诚然，这种说法也具有理论基础，但是总体来讲，能源问题最终会上升到经济战争问题，美帝国主义经济打压会是一种客间接存在方式，发挥的影响作用要看具体的量化规范了。

3.2 俄罗斯经济过于依赖能源出口

俄罗斯的经济发展模式不能说是严重的不符合当下社会情况，因为毕竟有适合其生存发展的空间存在。俄联社在 2014 年 9 月的经济政策宏观调整的基础上,进行了具有针对性的能源问题部署研究,卢布汇率暴跌,对于贬值出口来说是一件好事,但是对于内部发展而言,预示着经济体的活力极具下降。而一直"被动"接受汇率结果,缺少了对未来市场的把控力度,则很容易丢失了政府的导向作用。若一直处于没有方向和具体策略研究的自我诊断过程中,那么对于经济体来讲无异于自生自灭,自我瓦解。

3.3 政府政策性决断失误连连

2013 年 7 月份,俄财政司在做出经济规划预案的同时,对由原油出口带动的政府经济增长进行了仔细的研究。通过比对分析,政府收入还是相对可观,因此,为了降低风险,并且最大可能维持发展的稳定,俄罗斯政府决定进一步维持现有的原出口现状,并且认为卢布汇率的下降也是经济调控的一部分,应当时刻变换应对才是最佳的对策。在这样的政策基础上,由于过于维护政府财政的客观性,相应的,也过于担心风险因素的大波动,俄罗斯政府采取按兵不动,以不变应万变的古老方针,表面上看是具有及时效应的,但是,2014 年的整体财政收入出现了 12.5% 的缩水,创造历史新低,俄政府不得不承认侥幸的心理是不可能的,政策决断的失误连连,将能源问题进一步的加剧拉大。

3.4 弱势卢布是维护经济体的核心

俄罗斯政府坚持,尽管能源问题被种种因素影响,包括国际上的价格波动影响,导致的直观现象,卢布汇率下降,连续暴跌,但是,对于以能源出口为命脉产业的俄罗斯,似乎并没有想象中的巨大影响,弱势卢布被认为是维护经济体稳定的核心。站在俄罗斯政府和俄罗斯经济发展的角度上去理解,正如俄罗斯财政大臣所预言的一样,未来的发展方向是逐渐淡化卢布与政府职能之间的关系,相应的,卢布对于俄罗斯市场经济的威胁程度也将其逐步降低。

3.5 俄罗斯 GDP 增长明显放缓

仔细分析 2006—2013 年俄罗斯 GDP 的走势,8 年间,俄罗斯给予我们一个变化多端的经济大国体制发展之路。俄罗斯的 GDP 增长速度具有很强的戏剧性。在 2010 年之前,由于国际上对于原油的需求逐步加大,俄罗斯进一步拓展本土业务,加大原油的开发和投入建设力度,以中国美国为首的能源需求大国,纷纷成为俄罗斯的能源合作伙伴,以中国为例,能源贸易占据了俄罗斯同比下的 35 个百分点,可以说是贸易的第一大股东。但是,伴随着美国为首的西方经济体制的相对压制,国际原油的价格一降再降,出现了近一倍的降幅,对于俄罗斯能源出口的打击甚为严重。俄罗斯的卢布汇率暴跌,也可以理解为为了应对能源价格危机而采取的一种自然应对策略,也是为了市场经济的长久发展所考虑。

4 基于卢布下跌的对策研究分析

4.1 基于俄罗斯经济体的对策研究

4.1.1 和谐处理美俄危机以及同盟国关系。为了能源市场能够有一个更好的贸易环境,消除传统的冷战因素,加大与美国为首的西方经济体的合作关系,建立长效运营机制,确保市场的鲜活性和持续性。另外,为了能源贸易市场的良好建立,战略一定要具有针对性,做到相互不侵犯相护尊重,最大化战略合作,消除政治因素的影响。只有走出去,打开市场占有领域,才能更好地实现经济交流的融通,不至于因为市场产业整体的缩水和下滑震动自身经济的发展。

4.1.2 提升市场经济活跃程度,去除消极停滞。市场的有力调节一定程度上是很依赖于自我调节的,类似于生态链的平衡,复杂程度决定着自我调节自我修复的能力。过于简单的构建,很容易因为某一环节出了问题而全线崩溃。俄罗斯这次卢布大跌的影响,只是一个对于单一市场体制的警醒,也预示着作为能源出口大国,不能单单以能源出口为唯一核心业务。如今市场需要的是持续性建设发展,因此积极探索适合自我发展的模式,实现产业链的重心转移,多层次的市场建设规划,将有助于俄罗斯经济市场的汇率稳定和长久发展。

4.2　基于影响我国经济发展的对策研究

4.2.1　做好基于汇率波动的补充协议准备。我国与俄罗斯有着深厚的能源贸易合作关系，作为最大的能源进口国家，卢布暴跌对于我国的能源进口的影响有着不小的负面作用。希望我国要充分认识到这个实际情况，要制定第三方预案，结合卢布汇率不停波动的实际情况，每次交易要以当下实际的卢布汇率进行，确保经济市场的公平公正性质，对于我国能源市场的经济稳定，做好外部贸易保障，从而从根本上做好基于能源贸易汇率风险的补充协议，这也是为了更好的更健全的为能源贸易做准备。

4.2.2　提升我国能源贸易的坚韧程度。卢布汇率的下跌对我国能源市场的进口格局产生了一定的冲击，对于我国能源市场的良性发展是一种考验。希望我国能够对于卢布汇率下跌现象给予一个自我量化分析的调控，提升我国能源贸易的坚韧程度。通过市场的调整，应对卢布下跌的影响，将市场的自我调节能力给发挥出来，从而降低能源贸易的风险，实现卢布下跌的中国式市场应对方法，从而充分发掘我国不规律性市场的坚韧程度。

5　结论

俄罗斯作为能源出口大国，卢布下跌对于市场整体的贸易合作带来巨大影响。通过上述的分析也足以看到，能源贸易问题不只是市场合作关系，它与政府职能有紧密的联系。如果没有合理及时的处理应对，可能导致的就是能源贸易的畸形生长，对于俄罗斯的国家经济发展将是致命打击。希望俄罗斯政府能够充分发挥政府的主观能动性，加强单一化市场调整，积极加强贸易融合政策的推广建设，确保能源市场的稳定。

参考文献

[1]高晓慧.中俄区域经济合作的理论解析[J].俄罗斯中亚东欧研究,2006(06).

[2]郭春田,冯雷.开展非贸易本币结算——促进边境旅游贸易发展[J].黑龙江金融,2008(07).

[3]中国人民银行牡丹江市中心支行专题课题组;论边境贸易发展的资源战略与金融支持[J].金融研究,2003(09).

[4]余超,郭雪姣,吴雄波.金融危机下的人民币汇率问题对我国经济的影响[J].才智,2009(14).

[5]石磊,王振宇.宏观经济冷却人民币升值速度——人民币汇率走势分析[J].国际金融,2008(05).

[6]黄燕君,陈鑫云,李光英.怎样看人民币汇率制度改革[J].浙江经济,2005(16).

[7]金融观察[J].中国市场,2009(50).

[8]许少强,如何看待人民币升值[J].沪港经济,2007(08).

[9]刘英丽.美元破"7":大国博弈的汇率镜像[J].新世纪周刊,2008(12).

[10]董萍.卢布对人民币汇率体制探讨[D].东北农业大学,2013.

活在乡土的父权制：探源、现状及改变
——以登封市周山村为例

● 高 涛

（天津师范大学政治与行政学院）

摘 要 父权制是一个源远流长且曾普遍存在的一种制度和文化,父权统治是男人对女人实行统治和控制的基本手段。社会性别是社会对男女两性角色、行为和群体特征的不同期待、规范的社会文化和制度的建构。社会性别关系的不平等反映出这个关系背后的文化和制度中的不平等。社会性别研究是从社会性别视角观察分析以往和今天存在性别不平等的制度文化看到父权制依然以各种形式 在不同的领域和场所顽强地抵抗社会平等、公正的实现。在我国现实生活中,农村遗留着农耕时代的父权制。本文通过梳理父权制的本土概念界定、理论框架,并结合本人所了解性别平等推动者与村民一起联手行动改变的新趋势。

关键词 父权制 社会性别 性别平等 行动研究

父权制,英文为 Patriarchy,源于希腊文,意思是"父权的统治"下,男人对女人实行统治和控制的基本和普遍的关系和地位,并体现在社会权力机构上,如家庭、法律和政府及合法意识形态和制度化。父权制是男人凭借他们的性别及与他人的血缘关系确立的男性统治,是以男尊女卑的意识形态确立和保护男性普遍优先权的性别关系秩序。现代社会,父权制也被用来泛指一切不平等的社会制度。父权制是一种以男性为主导的统治,它并不意味着作为个体的男性是一个"统治者",个体的女性是被动的"被统治者",作为一种制度形式,女性像男性一样参与到这种男性统治中,男性也像女性一样受到这种统治的限制。现代汉语词典对于父权制的解释:"原始公社后期形成的男子在经济上及社会关系上占支配地位的制度。由于男子所从事的畜牧业和农业在生活中逐渐起决定作用,造成氏族内男子地位的上升与女子地位的下降。又由于对偶制婚姻的出现,子女的血统关系由确认生母转为确认生父。这样就形成了以男子为中心的父系氏族公社。"

以上对于父权制的定义或概念中,不论概念的是否全面或与时俱进与否,可以看出父权制是一种制度,体现出男性对女性控制、支配和统治的地位关系。虽然父权制在不同时间和地区表现出来的形式不一样,甚至不同学者对父权制理解不同,但是父权制作为一个概念工具,"能够帮助我们理解社会现实,把女性从属于男性看作是社会制度的结果,而不是决定于男、女的生物本性"。可以从父权制中概括出的大部分人类社会中的两性关系的一般特征,挑战所谓的生物决定论导致的社会性别不平等以及公私领域性别分工,看出社会性别体系是通过父权制文化的建构性体现出来的。社会性别研究中的重要一步就是要研究社会性别是在什么样的父权制社会文化下被建构的。因此,做中国的社会性别研究,弄清中国的父权制的形成和内部构造以及运作非常重要。

在中国历史上父权制性别制度的正式确立始于西周初周礼的建制。在对周礼为标志的华夏父权制研究中,中国妇女史研究学者杜芳琴教授概括出"周代父权制运行与性别关系",发现了"支撑起周贵族家国一体的父权制制度体系的正是男性为中心的性别制度",如下表所示。

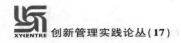

表　周代父权运行与性别关系

制度		原则	运作
	婚姻制度	男女有别；男尊女卑，男内女外，利内则福，利外取祸	男婚女嫁从夫居；一夫一妻多妾别嫡妾
	生育制度	尊尊；父系传统，男女有别	父姓父居，重生男
家（宗）族（庭）制度	继承（分封）制度	尊尊，亲亲	以尊尊经亲亲： 权力交接——立嫡子 利益分配——别嫡庶
	丧服制度	亲亲，尊尊，男女有别	别嫡庶然后别亲疏、别男女
	庙祭制度	亲亲，尊尊	以亲亲经尊尊，立庙（宗庙）祭祀追怀男系祖先
分工（域）制度		男女有别	男外女内；男主公外事女主中馈，男事农桑女事蚕织

从社会性别视角看，这套周贵族的父权制制度是男性为中心的性别制度，国（公）和家（私）两个场域遵循的是同质的男尊女卑、男主女从的等级原则。在婚姻制度上，严格地将男家界定为内、女方为外，实行的是男婚女嫁从夫居。在家庭制度中的生育、立嗣和继承制度方面，把传宗接代作为婚育的主要目的，传的是父姓的宗，接代的是男孩而不是女孩，也就是生了男孩才有后。在继承方面，不管是权力继承还是利益分配，都强调了男子得继承和得分配。可见由来已久的重男轻女、男孩偏好的认同和意识在周代就有制度依据了。既然男孩又能传宗接代、又可以继承权力和分配利益，又必须事外养家，在价值上必然高过女孩。周贵族的父权制制度是男性为中心的性别制度的男女不平等对中国社会产生的影响是深远的，渗透到人的价值观、寄居在法律和制度上、支撑着风俗，使人们处在男女两性的关系不平等中，却集体无意识，甚至内化为一种主体认同。

在我国，自近代以来，随着中国历史和社会的变迁，在不断兴起和发展的女性觉醒运动的进步力量推动下，试图通过包括倡导和立法的方式寻求解放妇女、男女平权，但是，究其根本时，父权制的社会性别制度并没有被撼动过。启蒙和新文化运动时期，启蒙和维新人士倡导的去女性"缠足"之恶习，兴女学，争取男女平权，把家国不富强的主要原因归为女子缠足不能强生，而且女子接受教育，可以"自养"和为社会"生利"，落脚点在于关注增强女性身体和生育功能，从而富家强国，还是在强调女性怎么对家庭的"种"更好的传承作用，同时也增加了一份对"国"的责任。民国时期1930年的"民法草案"，作为第一部现代民法，虽然承认"男女平等，婚姻自由"，但是，在婚居规定上仍然是从夫居。在财产规定上，妻子应把婚前财产归丈夫统一管理和使用。国共合作时期，1931年、1934年的婚姻法（条例）规定，"废除一切封建包办强迫和买卖婚姻制度，禁止童养媳。"实行"一夫一妻，禁止一夫多妻"，这部看上去挑战了父权制婚姻制度的民法，在当时苏区农村遭遇到有妇女提出主动离婚的现实问题时，却遭到农会男性骨干的极力反对而不能落实。新中国成立后，1950年的《中华人民共和国婚姻法》，提出实行男女婚姻自由，一夫一妻、男女平等；1954宪法中明确规定"妇女在政治、经济、文化、社会和家庭的社会生活方面享有同男子平等的权利。尽管有了男女平等的法律依据，但是这些抽象的平等法律条款并未在农村扎根生效，父权制的习惯法、风俗依然存在。在当前市场主义资本开路愈演愈烈中，男女不平等的父权制文化内核因缺乏反思和挑战而肆虐地剥夺妇女的经济权利和政治参与，从家庭规则来看，从夫居制、财产继承传子不传女并没有触动、没有挑战性别权力关系上的男主女从、并不涉及对男性为中心婚姻家庭制度（男主内女主外）进行彻底改造的细则，因此社会性别不平等问题依然由于男女不平等的父权制文化内核的继续存在和影响而存在。1995年，第四次世界妇女大会向世界宣告将"男女平等作为中国社会发展的基本国策"，20年落实并不尽如人意。1980年签署《消除对妇女的一切歧视国际公约》,消歧委员会在针对 2014 年的第七、八次报告的结论性性意见中,仍然提到"妇女和男子在家庭及社会中的作用和责任一直存在根深蒂固的陈旧定型观念",而且对"这些普遍观念继续贬低妇女价值和侵犯妇女权利"表示关切。其中主要的阻力是对父权制遗留缺乏社会性别敏感,因而治理改进不力。因此,社会性别平等要做得彻底,需要用社会性别视角透视父权制制文化和制度中的不平等和性别歧视是怎样还存活于家庭和社会、甚至寄居在法律和制度中的,进而采取针对性的改变行动和措施。

对父权制在中国社会农村地区的卷土重来,有学者用"活着的父权制"来概括其在农村的无所不在。因此,探索破除父权制在中国农村地区的影响、推动社会性别平等有着重要的本土实践意义。

中央党校妇女研究中心组建的"性别平等政策倡导课题组"通过执行国家计生委的治理出生性别比项目,在中原地区的河南省河南省登封市大冶镇周山村进行了从村内推动女到男家新婚俗到修改村规民约中性别不平等条约为切入点创造性尝试,是从撬动父权制的根基做起、真正推动性别平等的前无古人的创举。

2008 年前后,性别平等政策倡导课题组(下简称"课题组")在我国河南、河北、安徽、湖北、广东等存在严重出生性别比失衡现象的农村开展深入调研。调研发现,父权制制度和规则活在这些农村中,父权制内核中的"传宗接代"和"养儿防老"价值取向活在人们的思想和文化认同中,存在于村规民约中,因此导致了严重的"男孩偏好"。项目组在周山村进行的村民生男理由优先排序中发现"传宗接代稳居首位(100%),养儿防老排在第二(96%)"。村民中普遍存在的"后继有人是正事儿,没人传后,村上就没这一户"传宗接代思想以及"竞选干部、分配宅基地,谁家人(男人)多谁沾光"现实考量。同时,村民也处在"生个男孩是面子好,生个女孩是命好。儿子多了是罪孽。儿子越多越不养老。"的现实困惑中。这种支撑男孩偏好的传宗接代和养儿防老的观念,源于中国父权制中的重视男孩以及权力和利益由男性继承和分配的刚性规则。同时也可以看到养儿不一定防老的现实困惑,在中国父权制影响深入的农村,发展到今天出现了一个可以倡导破除它的影响的切口。课题组的调研也发现在 1996 年制定的村规民约以及在 2007 年的"兑现粮款原则"的"十三条"中规定"婚后姑娘户口未迁出者不论时间长短一律不给粮款。",就是说女性婚后是从夫居的,虽然户口没有迁出,但已不是村中人,不再享受村民待遇,而婚出男性迁回周山村却可以享受村民待遇。而且村中人的普遍认同在于"这很正常,男的可以回来,女的回来就不行,分钱就更不行!"可见,父权制中男婚女嫁从夫居的女性就成为村外人的原则,显然导致了村规民约中对女性村民身份的不平等界定,损害了女性的利益。

如何改变这些公开的父权制刚性原则规则和不成文的隐形的村庄民俗民约中(包括女到男家从夫居的婚俗、生育仪式中的男孩胎盘埋院中而女孩胎盘埋厕所旁的做法)潜规则?如何改变内化在村民头脑的传统观念?项目组在国家和地方计生委支持下,决定从需要从修订村规民约做起。2008年开始,项目组作为外部的推力,通过入心入脑的参与式培训催化村庄内村民主体性别平等意识的提升。在村民性别平等意识得到提升的基础上,由周山村妇女手工艺协会在村庄内首先进行了男到女家女娶男的新婚俗倡导。当时为大女儿主办"女娶男"的手工艺协会成员郝枝回忆说,"婚礼非常热闹,改变了男娶女嫁的传统观念,村民反响可大了。"村民都说:"周山村几千年几百年都没有这样的婚礼,婚礼办得真排场!从来都没有这么热闹过,真是生男生女都一样。" 2009 年起,借助于新农村建设推进的大环境,村两委需要选择工作推进的突破口的需求以及村民民主参与意识的提升的现实,周山村分别于 2009 年 3 月、2012 年 5 月以及 2015 年 3 月进行了三次《村规民约》修订。前两次的修订的主线针对落实男女平等、妇女权益保障、渐进地扩展,不断细化和深入。第一次的修订,针对性很强地对"兑现粮款原则"的"十三条"中男女不平等的规定进行了修改,如"男女婚嫁自由,多女户、有儿有女户可以招婿上门";"婚出男女因离婚或丧偶,将户口迁回本村者享受村民待遇";"独女户享受双份村民待遇。",这些修订打破了男娶女嫁和男性中心的资源分配的坚冰。第二次的修订,针对新修订的村规民约在落实中的情况,斟酌每个条款的完整和公正性,考虑了周山村媳妇或者上门女婿离婚后继续留在周山村的权益保障,第十八条规定"婚入男女离婚后愿意留村,户口仍在本村并常住者,继续享受村民待遇。若再婚,其配偶及所带子女将户口迁入者,可享受村民待遇。"这些修订是基于第一次修订中仅考虑了周山村女儿离婚后回村后村民待遇的拓展性修订,也是攻坚性修订,因为他保障了离婚男女以及子女继续留在周山村的村民待遇的权利。《村规民约》的社会性别不平等的修正更加客观和公正。第三次修订的村规民约,超越了维护妇女权益、推进性别平等,真正实现了依法村民自治的社区重建。从文本结构内容上看,村规部分不仅仅限于"集体资源管理",还增加了"总则""村民权利义务"和"村庄事务管理"三章。"总则"中明确规定了"依法、平等和民主"的村规民约修订原则。"村民权利义务"中对村民资格、权利、义务与荣誉村民做出明晰界定。"村庄事务管理"中对村庄自治管理机构和组织(包括村三委以及村民组长、村民代表和调解员)的职权范围、任务、自身建设与监督有明确规定,同时,对自治涉及的财务管理、低保评定、妇女参政和计划生育,提出了明确的操作、管理和监督原则。"集体资源管理"作为村规中关涉村庄资源和村民利益分配的重要章节,强调了村民对资源的保护义务和责任。在资源分配上,鲜明地指出婚入、婚出男女的分配条件,体现了平等和公正对待的原则。在民约部分设定了3个章节,包括"村民自我管理","环境保育"和"继良俗树新风"。"村民自我管理"中的"敬老和养老"部分明确规定"夫妻对双方老人都有赡养义务"。"继良俗树新风"中提出的婚俗、丧葬、姓氏改革,提倡新式婚礼,男到女家。葬礼中,女儿也可"打幡"和"摔盆",儿女可随父姓、也可随母姓,儿女平享有平等的财产继承权。第三次修订是周山村全面依法自治,在保障村民权利、淡化男孩偏好、推进男女平等、推动风俗变革,以及保护生态环境、促进村风文明等方面取得了全方位的进展。

周山村的创举,在于它所进行的新婚俗倡导和村规民约的修订,紧密地联系了中国农村的实际,撬动了中国农村社会性别不平等问题背后深层的父权制文化和制度的影响,解构中国几千年来父权制文化和制度在中国农村家庭和社区的社会性别不平等关系。更在于,它在破父权制不平等文化和制度对村庄的影响的同时,立出了一个有性别平等、管理有序、社区和谐、生态平衡文化和制度的村庄。在村庄的变革中,村民们发挥出建立和谐美丽家园的热情与主体创造力,过程的民主公开,学法用法、争论辩驳,达成共识,化为行动。目前,村庄志愿精神蔚然成风,没有外界号召,也会自主自觉行动。在创造周山村历史中一直活跃的妇女手工艺协会义务赶制价值5 000元共800个环保袋赠送给每家每户(每户2个),不但倡导环保意识,更增强村民凝聚力。在解"养儿不防老"的现实困惑,探索周山村养老多样化过程中成立起来的老年协会,筹委会6名成员各出资5 000元买树苗建立培育苗圃基地,免费供村庄树苗,外售收益半数作为老年公益基金,余下为管理费和成员分配。

周山村仅仅是中国千千万农村当中的一个,在目前"三农"仍是以经济为中心,对"村治"一些人在召唤"乡绅归来"精英治理的时候,周山村村民却用参与全面依法自治、建设美丽和谐社区的创造行动给我们多方面的启示。周山村的未来是充满希望的,因为它经历了父权制观念和制度破除的曲折和心动过程,在村庄内部形成的性别平等、管理有序、社区和谐、生态平衡文化和制度力量会以惯性的方式推动它的前进。

参考文献

[1]白路,杜芳琴.一个观察世界的新视角:女权主义关于男权制度的论述与运用评述.江西社会科学,2009(4).

[2]佟新著.社会性别研究导论.北京大学出版社,2003.

[3]满珂.社会性别研究中的"父权制"概念探讨.民俗研究,2013,2(108).

[4]中央党校妇女研究中心性别平等政策倡导课题组.悄然而深刻的变革 – 周山村村规民约修订纪实.河南人民出版社,2009.

浅议住房按揭贷款合同中存在的法律风险及其防范

——商业银行如何在我国目前市场形势进行下主动规避

● 孙 涛

（中国人民大学法学院）

摘 要 本文主要针对我国住房按揭合同存在的法律问题和风险进行了阐述,包括风险的种类及其产生原因,也进一步分析了同时提出几种风险的规避办法及风险日常管理建议。

关键词 个人住房贷款合同 风险 规避对策

我国目前房地产市场中个人按揭贷款现象已经非常普遍,但限于法律法规的完善程度,贷款合同中存在各种不规范现象和漏洞较为常见,尤其是商业银行作为借款方 是主要的风险承担者,对各种风险的熟悉、认知和规避,具有积极意义。

1 相关主体及概念

个人住房按揭贷款定义是指:商业银行向借款人发放的用于向开发商或者其他售房人购买房屋,供款人用所购买的房屋作为抵押物,还款方式采取分期付款的贷款。

它是由三方当事人参加的债权债务关系即按揭人(购房人)、房地产开发商、按揭权人(一般指银行)三方共同参加的买卖房屋的融资业务活动。

一般由购房人先与房地产开发商签订房屋买卖合同并预付部分购房款;然后购房人凭该合同与按揭权人(即银行)签订按揭合同,由按揭权人将余下的购房款付给房地产开发商;而由购房人演变而成的按揭人必须保证定期在按揭银行还款直到贷款全部还清给银行后按揭关系结束。

按揭权一经设定,房屋产权在房款由按揭权人(银行)付清给开发商后由开发商转给银行,其产权证先为银行所持有,按揭人归还本息后银行再将房屋产权转移给购房者。购房人即借款人到期不能偿还本息的,按揭权人即贷款人有权依法处理其抵押物或物质,或由保证人承担偿还本息的连带责任。

2 风险及防范归结

2.1 按揭合同的效力风险

2003 年最高人民法院《关于审理住房层买卖合同纠纷案件适用法律若干问题的解释》(以下简称《司法解释》)第二十三条规定:"住房买卖合同约定,买受人以担保贷款方式付款,因当事人一方原因未能订立住房贷款合同并导致住房买卖合同不能继续履行的,对方当事人可以请求解除合同和赔偿损失。因不可归责于当事人双方的事由未能订立住房贷款合同并导致住房买卖合同不能继续履行的,当事人可以请求解除合同,出卖人应当将收受的购房款本金及其利息或者定金返还买受人。"第二十四条进一步明确规定:"因住房买卖合同被确认无效或者被撤销、解除,致使住房担保贷款合同的目的无法实现,当事人请求解除住房担保贷款合同的,应予支持。"

此解释无疑对商业银行的个人住房贷款业务所要承担的风险作出了明确规定:即使银行与贷款人签订了有效的按揭贷款合同,只要住房买卖合同被确认无效或者被解除,银行的担保贷款合同也将随之解除,此时,银行的权益无法得到保证。

针对此种风险的防范主要可以采取的措施如下。

第一,针对贷款合同对买卖合同的依附性,银行应当在签订贷款合同前,充分了解买卖合同成立、生效和履行的具体信息。比如,期房按揭应考察开发商是否取得预售证;现房按揭应考察开发商是否取得质量合格证及房屋所有权证;还需仔细确认购房人是否确实支付完毕首付款,以及仔细做资信调查。

第二,要求开发商履行保证义务。为了降低银行因开发商不能完成房屋建设进而导致合同不能完全履行的风险,银行在承诺为商品房买卖提供贷款时,应当与开发商签订保证合同。

2.2 按揭抵押权实现风险及工程款优先权导致的风险

在住房按揭贷款关系中,银行通常要求借款人以住房所有权或"预售合同项下的权益"作为抵押(或质押)担保。在现实中,抵押物由于不可抗力和意外事件而导致的毁灭,比如火灾、风灾等自然损害、和城市规划拆迁等人为因素导致的抵押物价值贬损可能给抵押价值带来风险;在贷款发放评估过程中,由于评估人员的误差可能导致按揭物被高估,若楼市价格震荡走低可能导致购房人放弃按约偿还贷款,导致按揭物也不能偿还贷款本息。

《中华人民共和国合同法》第二百八十六条规定:"发包人未按照约定支付价款的,承包人可以催告发包人在合理期限内支付价款。发包人逾期不支付的,除按照建设工程的性质不宜折价、拍卖的以外,承包人可以与发包人协议将该工程折价,也可以申请人民法院将该工程依法拍卖,就该工程折价或者拍卖的价款优先受偿。"

此时,银行的抵押权收到建筑商价款优先权的冲击,导致银行债权足额兑现的可能性再次出现风险。

对此,银行在向某一个楼盘发放贷款之前,应提前调查该施工项目是否存在拖欠工程款;在房屋竣工验收合格交付购房人之后,应当要求开发商及时将产权过户登记在买房人名下,由此可以避免因开发商工程款拖欠所造成的与施工单位优先权冲突的问题。

2.3 抵押权实现的政策风险

除以上风险之外,我国法律法规中依然有其他对于银债权实现的限制性规定:

最高人民法院发布的《关于人民法院民事执行中查封、扣押、冻结财产的规定》第6条规定:"对被执行人及其所抚养家属生活所必需的居住房屋,人民法院可以查封,但不得拍卖、变卖或者抵债。"

《关于人民法院执行设定抵押的房屋的规定》的6条:"被执行人属于低保对象且无法自行解决居住问题的,人民法院不应强制迁出。"

此类风险的防范有赖于在放贷前加强审核,对客户进行分类分析,从源头上规避。国家公务员、教师、金融从业人员等应作为优良客户给予支持;对个体工商户、小公司职员等职业和收入不具备稳定性的客户,应根据其所从事行业和经营情况,实行不同的贷款标准。同时,应注重核实借款人资信的真实性,尤其是借款人提供的资信证明与其职业收入水平明显不符的,更要深入调查和核实,多渠道、多方面地了解其实际 收入状况。对那些职业及收入不稳定,无固定还款源的,放贷时要从严控制。

2.4 "假按揭"风险

"假按揭"通常是开发商利用员工或者假冒或者虚拟的购房人身份,与之签订不真实虚假的房屋买卖合同,再以这些购房人向商业银行申请按揭贷款,签订真实的贷款合同,从而套取现金。

"假按揭"带来的损害,除在贷款发放之前谨慎调查之外,也可以在"假按揭"导致的买卖合同无效时视实际情形采取救济措施:将贷款的真实主体认定为开发商,银行作为被欺诈方行使不撤销权,使贷款合同仍然有效,同时,买房人也承担一定的赔偿责任。

3 因果分析及思考

3.1 宏观考量

市场发育、制度不完善,信用机制缺失是个人住房贷款合同风险产生的基础原因。

现代经济制度中,信用机制的成熟与否和经济发达的程度成正比,信用制度是市场经济运行的基础,对于金融机构来说,掌握借款人的收入和信用状况,是防范金融风险的关键。信用被视为社会经济生活中的通行证。而我国目前还没有形成成熟的个人征信体系,个人的现金收入、支出,个人债权、债务的分布等无系统的数据资料,无法形成统一的个人信用档案,对个人的信用评估也无从下手。贷款行为中个人提供给银行的资料真实性和可信度较低,甚至出现单位为个人出具虚假收入证明。而信用体系缺失让违约对个人来说成本较小。这直接导致了发放贷款银行的风险。

3.2 微观角度:风险控制意识和防范制度的不完善

当前我国银行重贷款轻管理的现象非常普遍,贷款审查流于形式,随意简化手续,对材料真实性、合法性审查不严,对存在疑点的资料不深入调查核实。有些商业银行为扩大业务范围,竞相降低贷款人的首付比例,甚至出现了零首付,还放宽贷款人的审批条件。商业银行信贷风险意识弱,造成个人住房不良贷款不断增加。

商业银行个贷风险监控制度不成熟,银行风险监控及时性不足。个人住房抵押贷款的违约风险是随时间动态变化的,这就要求银行必须对贷款质量进行动态监测,对出现的违约贷款进行立即处理,以尽可能减少违约损失。但当前我国银行对个人住房抵押贷款难以进行贷后动态管理,风险隐患也就在所难免。

3.3 未来商业银行在个人住房贷款合同方面的进一步规范化及防范体系建设建议

其一、重视担保机制

住房问题关系国计民生,在我国目前个人信用水平低下的状况下,国家机构必然需要发挥调节机器作用,可以利用国家信用,设立专门的政策性住房担保机构,通过政策、资金手段,向购房中的中低收入者提供贷款担保。目前,此项机制尚未成熟,贷款银行可以重视此方面的政策进展。担保机制必将是未来保障商业银行个人住房贷款合同规范有效的新动向。

其二、重视保险机制。保险制度是分担银行贷款合同风险的重要措施。尤其是针对抵押物意外灭失、购房人履约能力即"断供"等情况。此时,可以引入保证保险对借款人的信用进行担保。保险对于获得个贷的借款人,银行可要求其失业和意外伤残保险,并注明贷款行为保险受益人。一旦发生保险责任以内事故影响还款时,银行可将保险赔偿金优先用于清偿剩余贷款。

论劳务派遣的现状与对策

(中企动力科技股份有限公司)

摘 要 劳务派遣是一种异于传统劳动关系的"非标准化劳动力"配置形式。《劳动合同法》将一直存在争议的劳务派遣纳入调整范围,试图严格限制,规范其发展。但现行立法存在的缺陷,使得劳务派遣成为劳务派遣单位和用工单位合谋规避法律规定的手段,劳务派遣出现了违背立法原意的异常繁荣,严重损害了劳动者的合法权益,影响了劳动关系的稳定,扰乱了劳动力市场秩序。我国必须完善劳务派遣的法律规制,强化对劳务派遣单位的监管,明确各方责任,修正博弈机制,进行专门立法,使劳务派遣中各方权益达到平衡。

关键词 劳动派遣 用工关系 派遣关系

1 现状

1.1 为降低用工风险和成本,用人单位私设劳务派遣机构

一些用人单位为规避与员工签订无固定期限劳动合同,规避为员工缴纳社会保险,甚至规避给付解除劳动合同经济补偿金,降低解雇成本,以社会化服务、股份制改革等为名,自己成立派遣机构,在解除或不解除与老员工的劳动关系的情况下,将全部低端劳动者的劳动关系整体转移至私设的劳务派遣机构,员工虽然仍在原来的岗位从事同样的工作,享受同样的报酬,但原用人单位却"金蝉脱壳",成了不相关的第三方。如某人民医院将所有从事后勤工作的员工全部划到单位下设的某商贸有限责任公司,一些老员工直到办不了退休手续或发现签约主体不一致,才知道自己已被划到单位下设的劳务派遣机构进行管理。说到底是为了"不求所有,但求所用"——想用人的时候,就用;不想用了,就可以随时让你走人。而且既不用提前告知,也不用担心经济补偿金,当"甩手掌柜"。劳务派遣市场运作不规范,监管不到位,严重损害劳动者权益。

1.2 劳务派遣外延扩大,适用混乱

劳务派遣本应是一种非典型、灵活就业方式,它设立的宗旨就是填补大量失业人员、无业人员就业机制的空缺。但目前的状况是对其大批量、广范围地使用。如某市的邮政局与某劳务派遣公司的派遣合同中约定:"派遣公司从2008年1月1日起派遣542名劳务人员到市邮政局,从事投递员、储蓄营业员、报刊分发等。派遣期3年,试用期六个月。"在邮政、联通等大型企业中,劳务派遣工已占到一半左右,在长年稳定需求的工作岗位,也使用劳务派遣工。甚至个别企业,除了管理人员是正式职工之外,其他岗位都用劳务派遣工。如果不对这一用工形式加以规范,任其发展,劳务派遣很有可能在不久的将来成为企业用工的常态,劳动者的合法权益将无法得到应有的保障。

1.3 派遣机构多为"皮包公司"

"皮包公司"就是"一部电话、三把椅子、2~3个人"型的派遣机构,这样的派遣机构大量存在,劳务派遣机构根本没有人力、物力、财力对受派劳动者实际管理和承担责任。一旦大量劳动者被用工单位退回或发生劳动争议,派遣机构就会关门,不承担责任。

1.4 劳务派遣机构的收入方式多样

第一种是以用工单位支付的劳务派遣"服务费"为主营收入,除员工应承担的食宿、社保等费用外不扣员工任何费用;第二种是从员工工资、福利、社保中扣留一定费用;第三种是从劳动者的劳动报酬中赚取差价后,再向劳动者发放,主要是"劳头"等劳务机构针对工种较差、无技术要求的岗位。

1.5 不同工同酬

有的用人单位把干同样活的职工分成三六九等,什么"正式工"、"临时工"、"派遣工"等等,每个工种分别执行不同的薪酬标准,虽然他们干得是同样的工作。如某钢铁企业,原有职工和派遣工干同样的工作,原有职工月平均工资3 000元,还有数额不等的奖金,而派遣工月工资只有1 700元,且没有奖金。

1.6 不给增长工资的机会

虽然劳动合同法第六十二条明确规定"连续用工的,实行正常的工资调整机制",但许多用人单位在派遣协议中故意回避,有的把责任推给派遣单位。如果派遣职工找他们说理,要么"有问题回派遣单位说",要么以"退派"相要挟,或者干脆在考核中做手脚,让你"不合格",有苦说不出。

1.7 克扣工资和社会保险费

某保洁公司从各用人单位收取费用是每人每月1 200元,而实际每月发给保洁员的工资只有800元。而扣了400元的理由,则是这笔钱用于公关费、管理费和服装补贴等。在社会保险费缴纳方面,有的劳务派遣公司也是做足了文章:一是故意晚缴费,把本该从2008年1月1日参保缴费,改成2008年1月参保,3月缴费,从而扣下两个月的保费;二是减少缴费险种,有的只参加养老保险和工伤保险,不让派遣工参加医疗、失业和生育保险,以达到"节省费用"的目的;三是降低缴费基数,有的不按《社会保险申报缴纳管理暂行办法》的规定执行,实发工资高出社会平均工资的,不按实发工资缴费,而是按最低基数缴费,从中"节约"基数差。

2 劳动派遣

2.1 劳务派遣的立法规制

第一,在《中华人民共和国劳动合同法》相关规定的基础上,建议在以后的立法或解释中作如下补充规定:第一,严格劳务派遣机构设立条件,对新申请开办的劳务派遣机构,除了增加注册资金数额,收取50万～100万元的风险金外,还要全面考查申请人的业务素质和综合实力。首先,劳务派遣机构必须有固定场所,具有相当数量的固定资产,有一定承担风险的资金和能力,不能是居无定所的"皮包公司"。其次,从事劳务派遣的人员必须有较高的专业素质。第二,严格执业资格证制度,在从业之前,要对所有申请人员进行全面系统的培训,培训后要在上级鉴定机关主持下,进行统一考试,考试合格的方可取得"劳务派遣职业资格证",必须持证上岗,证书一年一检。

第二,劳务派遣运行实行行政许可制度。由劳动保障行政部门对劳务派遣企业的资质进行审查,符合设立条件的,颁发劳务派遣经营许可证,并经工商行政部门登记注册,方可营业。如果不经行政许可擅自派遣,对派遣单位和用工单位均应给予行政处罚。另外,劳动保障行政部门应对已注册公司运作的规范性、实绩表现进行检查评估,建立派遣机构诚信等级评估制度。对严重违反规定的应建议工商行政部门吊销其营业执照。

2.1.1 规制劳务派遣的职业、工种和期限。如果《中华人民共和国劳动合同法》不只是粗略规定"劳务派遣一般在临时性、辅助性或者替代性的工作岗位上实施",而是对用人单位使用派遣员工的具体条件、工种以及占用工总数的百分比等做出更明确的规定,企业使用"劳务派遣"规避新法的手段就不可能像这样任意而为,情况也许就会好很多。劳务派遣作为一种补充性的就业方式,其派遣的职业和工种,主要应该是一些小批量的、特殊的、辅助和服务性的工种和职业,大批量的产业工人不应该在派遣之列,而应该直接雇佣,可使用劳务派遣工的岗位须为企业非主营业务岗位;企业正式员工临时离开无法工作时,才可由劳务派遣公司派遣工人临时替代,但劳务派遣期不得超过一定时间(比如6个月),否则应当用本企业正式员工。从这个意义上讲,建议对派遣业务范围采取列举的方式,允许一些季节性、临时性和一些特殊行业使用派遣劳工;同时明确禁止一些传统制造业、采矿业、建筑业和政府部门、事业单位的特殊岗位使用派遣劳动者,以保护劳动者的合法权益。

2.1.2 正确界定用工单位和派遣单位的义务和责任。《中华人民共和国劳动合同法》第92条仅规定当劳务派遣单位"给被派遣劳动者造成损害的",劳务派遣单位与用工单位承担连带责任,但用工单位是否与派遣单位连带承担所有的义务和责任以及二者的内部责任如何划分,法律并没有做出明确的规定。因此,这条的实施仍有待于立法部门做出解释。

2.1.3 规定"连续计算劳动者的工龄",遏制假派遣。在《中华人民共和国劳动合同法》实施前夕,很多公司纷纷采取将劳动者"工龄归零"后,转"劳务派遣"的形式规避《中华人民共和国劳动合同法》,最终劳动者所在岗位和待遇基本不变,唯一变化的就是"用人单位"主体和工龄,员工的合法权益受到"合法形式"下的侵犯,由此凸显出该法对很多用人单位的无奈。建议在以后的立法或解释中规定"用人单位与劳动者解约后一年内,劳动者又与派遣公司签约,'逆向派遣'到原用人单位;或者再与原单位的母公司或子公司签约的,均应连续计算劳动者在原单位的工龄"。只要劳动者继续在原用人单位工作,其劳动关系就是连续的,即使形式上采取了"主动辞职"、"自愿协议"等方式改变劳动合同,也改变不了劳动关系连续的事实,用人单位无权使劳动者的工龄归零。

2.2 劳务派遣的行政规制

2.2.1 推行"阳光合同"。所谓推行"阳光合同",就是把一份劳动合同、一份劳务派遣合同合并简化为一份劳动合同。即:在具体签订劳务派遣的相关合同时,可实行劳务派遣单位、用工单位和派遣员工三方共同签一份劳动合同,在该份合同中可将劳务派遣合同和劳动合同的内容同时约定,以增强劳务派遣用工的透明度,明晰各方的权利义务,只有三方都在合同上签了字。

2.2.2 建立劳务派遣合同格式文本制度、备案制度和劳动年审制度。劳动保障行政主管部门可以要求派遣机构在签订劳务派遣协议之前,应领取盖有当地劳动和社会保障部门印章的格式文本;签订劳务派遣协议后,派遣机构将其与派遣工人签订的劳动合同以及和用工单位签订的劳务派遣协议报劳动主管部门备案;劳务派遣公司每年必须向主管部门提供证明其已经为派遣工人支付工资和法定社会保险项目费用的证据后才能通过年度审查。劳动合同才被认为是有效的。

2.2.3 对劳务派遣进行分类规制,推行公益化的劳务派遣运作模式。坚持分业经营,劳务派遣机构不得同时经营劳务承包、劳务中介和劳务代理。目前,各地劳动就业服务机构为基础,特别设立公益性劳务派遣机构,作为促进下岗职工再就业、吸纳破产关闭企业职工、失业人员就业的有效途径,并享受相应的优惠政策。

总之,劳务派遣是完全新兴的行业,有别于传统的人力资源服务,当然劳务派遣更需要加快法制化的进程,使得劳务派遣行业迅速进入有序发展的轨道,以科学的发展观来引导这个行业的健康发展,尽快同国际市场接轨,建立符合我国国情的人力资源派遣体系和制度。

熊彼特增长理论评述

● 樊利兵
（北京登通律师事务所）

摘 要 20世纪90年代以来,熊彼特增长理论(Schumpeteri2 an Growth Theory)的兴起极大地丰富和发展了经济增长理论,其不仅为内生的技术进步和经济增长提供了一种新的解释,而且为我们研究其他问题提供了一个更为一般性的分析框架。熊彼特增长理论的核心特征是内生的研发和创新是推动技术进步和经济增长的决定性因素。本文从代表性的熊彼特增长模型、熊彼特增长理论的应用、基于熊彼特增长理论的实证研究、熊彼特增长理论面临的挑战与未来发展等几个方面较为详细地回顾了近20年来这一领域发展中较为重要的文献。

关键词 熊彼特增长理论 研发 创新 知识

20世纪80年代中期以来,以Romer(1986)、Lucas(1988)为代表的新增长理论(New Growt h Theory)的兴起极大地丰富和发展了经济增长理论。新增长理论突破了新古典增长理论(Neoclassical Growth Theory)关于技术进步外生性的假设,强调技术进步是内生的,资本积累和创新都是促进技术进步和经济增长的重要力量。

相对于新古典增长理论而言,新增长理论的两个突出特点是:①经济增长率是由经济参与者(包括消费者、厂商和政府等)的最优化行为决定的,从而是内生的;②政府政策可以通过影响经济参与者的最优化行为,进而影响经济增长。根据Romer(1993)、Zeng(1997),我们可以将新增长理论区分为资本为基础的(capital2based)增长理论和思想为基础的(idea2based)增长理论。其中前者强调资本(物质资本和人力资本)积累是促进技术进步和经济增长的重要力量,而后者则强调创新和知识积累在技术进步和经济增长中的突出作用。

20世纪90年代初期,以Romer(1990)为代表的一些经济学家在动态一般均衡的框架下(Dynamic General2equilibrium Framework)将创新、研发与内生经济增长联系起来,提出了内生的研发和创新推动经济增长的作用机制,从而奠定了熊彼特增长理论的基础。需要说明的是,我们这里借鉴了Dinopoulos(2006)、Dinopoulos and Sener(2007)。

关于熊彼特增长理论的定义,将具有以下两个特征的增长理论称为熊彼特增长理论:①内生的研发和创新是促进技术进步和经济增长的决定性因素;②企业投入研发和创新是为了获取垄断利润。

这类增长理论较好地拟合了熊彼特(1942)关于经济增长是通过内生的新产品、新方法来实现的思想。其中,熊彼特(1942)关于内生新产品、新方法推动经济增长的论述主要包含以下3个方面的内容:①企业追逐垄断利润的动机促使其创新,从而生产出新产品或发现新方法。②创新的过程也是一个创造性毁灭(creative dest ruction)的过程,企业创新一旦获得成功,就会将别的企业排挤出市场,从而独自获得垄断利润。当然,这些创新成功的企业也只有暂时的垄断权力,其又会被将来创新成功的企业排挤出市场,以此类推。③创造性毁灭是推动资本主义发展的动力。值得注意的是,我们这里定义的熊彼特增长理论并不要求创新过程一定是一个创造性毁灭的过程:在垂直创新(vertical innovation)的框架下,创新过程是一个创造性毁灭的过程,新产品会将旧产品排挤出市场;而在水平创新

（hori2zontal innovation）的框架下,新旧两类物品可以同时存在于市场上。

需要提及的是,本文所说的熊彼特增长理论是指新古典熊彼特增长理论,而非演化熊彼特增长理论,关于这两个概念的更多论述,请参见 Mulder *et al*.（2001）。熊彼特增长理论成长于 20 世纪 90 年代,其中 Seger st rom *et al*.（1990）、Romer（1990）、Grossman and Helpman（1991a）、Aghion andHowit t（1992）做了开创性的工作。熊彼特增长理论的核心特征是内生的研发和创新是推动技术进步和经济增长的决定性因素。需要说明的是,我们这里之所以说研发和创新是内生的,是因为研发投入量以及创新速度是由经济参与者的最优化行为决定的。熊彼特增长理论强调创新、研发和知识积累在推动技术进步和经济增长的突出作用,因此,这类理论也被称为研发为基础的增长理论（R &D2based Growt h Theory）、知识为基础的增长理论（Knowl2edge2based Growt h Theory）、创新为基础的增长理论（Innovation2basedGrowt h Theory）和思想为基础的增长理论（Idea2based Growth Theory）。熊彼特增长理论强调的实现经济增长的作用机制是,厂商为获得垄断利润不断增加 R &D 支出,这又增加了知识存量从而推动了技术创新,技术创新又进一步推动了新产品和新方法的实现,进而促进了经济增长。因此,我们可以通过下面的关系表述熊彼特增长理论强调实现经济增长的作用机制:垄断利润、R &D 支出、知识存量增加、技术创新、新产品（新方法）、经济增长。

熊彼特增长理论强调经济增长主要是通过水平创新和垂直创新两种模式实现的。水平创新是指通过研发使得生产投入品的种类不断增加,这又进一步促进了专业化,进而促进了技术进步和经济增长。垂直创新是指通过研发使得产品质量不断提高,质量高的产品逐步将质量低的产品排挤出市场,进而推动技术进步。水平创新模型也被称为种类扩张模型（variety expansionmodel）,而垂直创新模型也被称为质量梯子模型（quality ladder model）。

相对于水平创新框架而言,垂直创新框架具有以下两个特点:①垂直创新框架中有不确定性（un-certainty）,通常的,我们假定创新发生率（innovation arrival rate）服从泊松过程,而这种不确定性使得理论与现实经济更相符;②垂直创新框架下的创新是一个创造性毁灭的过程,创新成功的企业会将原来的企业排挤出市场,成为新的垄断者。因此,企业在做投资决策时,必须将其创新成功的概率以及其被将来被排挤出市场的概率考虑到,也即企业具有完美预期（perfect foresight）。水平创新框架的优点在于其简洁性,这使得其成为分析一系列问题的重要框架。当然,也正是因为其简洁性,使得其分析在一些问题时受限。例如,相对于水平创新框架而言,垂直创新框架更适合分析经济增长过程中“领导者”（leader）与“追随者”（follower）的竞争问题等。

Aghion and Howitt（1998）给出了人力资本与知识区别更多的论述。Romer（1994）关于经济增长方面的五个基本特征事实是:①市场上存在很多厂商;②知识具有非竞争性,可以同时被很多人使用;③物质活动（physical activities）是可以被复制的,生产函数对竞争性投入品满足常数规模报酬;④人们的经济活动引起经济增长;⑤个人和企业可以从发现新知识、新产品中获得垄断利润。

与新古典增长理论、A K 理论、Uzawa2Lucas 理论相比,熊彼特增长理论有如下几个突出特点:①强调经济增长的源泉不同,熊彼特增长理论认为内生研发推动的创新和知识积累是促进技术进步和经济增长的决定性因素;②突破了完全竞争市场的假定,假设中间物品部门的厂商具有一定的垄断权力,企业可以获得垄断利润;③不同于资本,知识具有非竞争性,即使经济中总的资源（资本、劳动等）是有限的,且没有外生技术进步,经济仍可以通过知识积累而实现持续增长;④在模型设定上,熊彼特增长模型通常假定经济中存在最终物品生产部门、中间物品生产部门和研发部门三个生产部门,且各部门具有不同的特征;⑤更加强调实现经济增长的微观基础,在该框架下可以更好地研究一系列与产业组织理论紧密相连的问题。事实上,根据 Romer（1994）,熊彼特增长理论可以同时满足经济增长方面的 5 个基本特征事实,而其他几类增长理论只能部分地满足这些特征事实。

本文以熊彼特增长理论为主线,对近 20 年来这一理论发展过程中较为重要的文献作了回顾。熊彼特增长理论不仅为内生的技术进步和经济增长提供了一种新的解释,而且为我们研究其他问题提供了一个一般性的分析框架。

相对于其他几类增长理论而言,熊彼特增长理论更加强调实现经济增长的微观基础,也启示我们从更多的视角分析一些其他问题。理论假说还带动了相关实证研究的发展,这些研究主要是检验理论的假设是否与现实经济相一致的。

熊彼特增长理论在理论假设和现实依据两方面都面临着较为尖锐的批判,而这些批判也促进了熊彼特增长理论的进一步发展。我们认为如何通过熊彼特增长理论来更好地解释经济增长的差异,以及将熊彼特增长理论与产业组织理论和信息经济学结合起来分析问题是今后熊彼特增长理论发展的重要方向。

经济增长理论反映了人们对经济增长源泉的认识。经济增长理论在强调经济通过何种传导机制实现增长的同时,其本身也蕴涵着较强的政策含义。

熊彼特增长理论强调的一系列思想对于现实经济同样具有较强的政策含义。例如,熊彼特增长理论认为追求利润的企业家活动是推动创新和技术进步的重要力量,因此,政府应采取一系列措施鼓励企业家创新。这又包括加强知识产权保护,创建良好的法律环境,建立公平合理的市场经济秩序,从而使创新成果得到有效保护。熊彼特增长理论强调知识和 R &D 资本具有较强的溢出效应,因此,政府应加大对知识生产的政策支持力度,同时,鼓励企业对高科技、高附加值产品的进口等。

需要说明的是,各种经济增长理论都存在一定的局限性,但我们不能因为这些局限而完全否定经济增长理论。正如 Temple(2003)对经济增长理论与现实经济不相一致以及经济增长理论中包含过多强假设的论述:"经济增长模型总是过于简化,因此,简单的运用经济增长模型来分析过去或是预测未来都是错误的。那么,经济增长理论的作用是什么?理论模型的作用在于其为我们提供了一个思考的实验室(thought laboratory),这使得我们可以分析并量化参数变化以及政策干预对经济的影响。理论模型的结论往往取决于一些强假设,但这并不意味着理论模型是无用的,因为这些必要假设可以为我们提供重要的分析素材。这有利于简化分析,而且即使放宽这些假设,我们也会面临同样的问题"总之,理论模型设定的各种强假设有利于我们更好地分析问题。同样的,尽管熊彼特增长理论与现实经济存在差距,但它反映了人们对经济增长实现机制的认识,也为我们研究问题提供了一个重要的分析框架。

参考文献

[1]熊彼特. 经济发展理论[M]. 商务印书馆,1990.
[2]熊彼特. 资本主义、社会主义与民主[M]. 商务印书馆,1999.

借助参数法分析豪华汽车应有成本

● 罗 平

（中国人民大学）

摘 要 通常来讲,在分析豪华汽车利润空间和经济性中通常需要关注的一点就是汽车的实际成本,目前,社会上有两种主流的测算方式,即反向推导和正向测算。由于汽车的市场定价机制,所以,市场上常见的分析方式是采用目标价格法(Target Cost),从价格、税费、平均利润空间,反推车辆成本,但这种方式对于利润的预计非常关键,通常利润率估计的不准确会导致汽车成本分析大幅度的偏差。另一种方式是从正向计算,累积每一个成本单元的工时费与材料费,通过逐层累加获得成本,这种方式是汽车制造商的成本测算方法。但这种方式需要非常详细的设计数据,工时定额,材料定额等,作为非汽车厂商的人很难获取这些数据,所以,本文引入的第三种方式,利用参数方法对汽车的应有成本进行分析。

关键词 应有成本 参数法实际应用 豪华汽车经济性 豪华汽车成本分析

1 应有成本定义以及参数法原理

根据参数估算之父弗里曼的论点,目前,世界参数领域的主流认识是从根本上来说,决定成本最核心的因素是产品本身的技术复杂性和制造商的生产力水平。其中产品本身的技术复杂性阐述的是造一个产品的困难程度,而生产力水平阐述的是受制造商本身流程、管理水平、工程水平、工艺水平以及人员经验程度等对成本的影响。通常,这两个因素通盘考虑时反映的是产品的或有成本(Will Cost),这个成本能够直观的反应某个制造商实际将要发生的成本,但正如或有成本的定义,生产力水平的评判是要通过大量历史数据的积累来总结的,所以,作为一个非生产厂商,我们具备定义条件的只能是一个产品本身的技术复杂性。那么基于这个技术复杂性所形成的成本我们通常称为应有成本(Should Cost),这个成本阐述的是在社会平均生产力下,某产品的成本。这个成本是一个共性成本,可以用于做行业范围的分析。

本文中采用的成本分析方法被称为参数法,或者以数据为基础的方法,这种方法的原理是通过总结过去数据,发掘规律,套用新的数据来获取测算结果,简单来说就是"发现规律,总结规律,应用规律"的一种方法。这种方法通过对大量数据的分析,明确影响成本的因素(通常被称为成本驱动因素),应用统计学的方法,回归发掘各个因素对成本的影响,形成成本估算关系式"CERs",通过这些关系式,将欲分析的产品信息带入关系式,从而计算出应有成本。由于需要能够正确的反应成本,所以,所选取的影响因素非常重要,通常包含两大类影响因素,即以性能为基准的参数组,例如排量,最高速度,加速能力等,这类参数组的优势在于便于使用,数据容易获取,不需要专业知识。但这类参数也有劣势,试想两辆同排量,同速度的车,成本可能并不相同,所以这也就造成了这种方法拟合出的公式拟合优度不高。甚至难以找到规律。所以,现在参数界更多的还是应用技术参数组作为成本驱动因素,即诸如材料、工艺、精度、去材率等。这些数据是实现性能参数的根本,因此,根据这些数据形成的关系式更加具备可信性。但这种方法也存在问题,即所需要的参数组获取难度相对较大,需要一定专业知识,或者有相关专业人员的辅助,本文采用的方法是第二种方法。

限于篇幅，本文并不做积累数据回归的论述与分析，而是选用现有的参数法工具，对进口豪华汽车的成本进行分析。

2 豪华汽车应有成本测算

本次分析中拟采用 PRICE 软件作为分析工具，PRICE 软件是目前世界最知名的参数估算软件，可以支撑本文的分析过程，PRICE 软件的特点在于能够通过两种过程对成本进行分析；其一是基于内置数据库，在社会平均生产力的前提下对汽车应有成本进行分析；其二是基于企业内部历史数据库，在企业独特的生产力前提下对汽车或有成本进行分析，考虑到我们评价对象是整个汽车行业，所以，采用第一种方法，对汽车的应有成本进行分析。

PRICE 软件中需要对汽车的相关参数进行描述，最主要的包括重量、数量以及其他的一些信息。所以，针对于这些主要描述参数对豪华汽车进行假设：车身重量 2 吨，根据全车重量 10% 为发动机重量的前提，取 200 千克发动机重量，1 800 千克，目前的豪华车铝的占比为 30% ~ 75%，所以，取中间值作为测算数据，即 55% 铝。45% 钢与其他，车身精度取自由公差，工艺为铸造为主。数量方面全球销量领跑的是宝马的 180 万辆，但考虑到此次测算是以社会平均水平为主导，故采用 15 万辆这个品牌销量密集区作为分析的假设，表述货币采用 2015 年 1 月美元固定货币。

超级跑车并不在本文论述范围之内，因为无论从工艺、自动化程度、材料构成，销售数量等方面，超级跑车与量产车，甚至同属超级跑车的另一车型都有很大的差距，很难测算社会平均水平，只能具体分析，故本文仅针对于量产豪华车进行分析。

计算过程不进行过多阐述，通过输入数据后，经 PRICE 模型的运算，获取到了需要的输出结果：其中单辆生产成本为 30 410.65 美元，15 万辆的总生产成本为 4 561 597 019 美元。

根据结果可见，成本大约在 3 万美金附近，这一费用不包含诸如音响、座椅、中控等电子部件的费用以及一些行政管理费的摊销，仅为车身以及发动机的费用。同样，也不包含生产线相关的费用，但包含了必要的工装测试设备以及生产过程中设计部门跟产的费用。

如果要获得汽车完全成本还需要通过对电子部件等进行估算以及带入行政管理费用的方法。其中，电子部件的测算与车身、发动机部分相同，但要考虑电子部件的功用、电路复杂程度、电路集成程度等信息，开展计算，而行政管理费用则需要根据下列公式开展计算：

$$分摊行政管理费 = （产品工时 / 企业总工时）× 企业总管理费用$$

将这两部分费用合入生产成本中，同时，加入利润率和税费即可算出该车型上市的价格。或者根据上市价格以及税费反推企业利润空间。

此外，还有一点文中并没有突出说明，即学习曲线效应。学习曲线也叫熟练曲线，是在 1936 年由"怀特（赖特）"提出，大意是当某一产品产量翻倍时，其单件费用也会以一个固定比例下降。所以，实际上本文中的产量估计非常重要。由于汽车行业属于一个比较成熟的行业，所以，学习曲线效应不会很明显，根据 SCEA 行业协会的统计，老式福特 T 型车的学习曲线在 86%，而目前的量产车学习曲线大多在 95% 以上。那么可以看出，宝马 180 万辆车比文中的 15 万辆车大约翻了 3 倍还多，也就是说宝马车要比一般豪华车的成本还低 15% 以上。当然，这只是一个推断，宝马车高产量也要有相应的代价，例如返修率增高，生产线投入，管理人员投入等，所以这个 15% 只是一个片面估计值，具体降低程度还需要具体分析，不在本文中过多赘述。

本章节的估算结果是点估算结果，之所以称为点估算是由于估算是由一套数据，直接生成一个结果点，但形成这个结果点的数据由于并不一定绝对准确，很多输入参数都是假设值，所以，必然存在不确定性。如果想要提高整体测算的精度，就需要通过分析过程将上文的点估算变成一个范围估算。这里就需要用到风险分析的方法。

3 豪华汽车应有成本风险分析

风险分析实质上是分为 5 个步骤的,包括识别风险、定性分析、定量分析、制定风险计划,监控风险。但由于本文主要涉及的是对豪华汽车的成本分析,而风险因素可以视为与上一章节的参数相同,故只需要针对于结果开展定量风险分析,以确定由于参数输入的不确定性对结果造成的影响。针对于预先假设的变量来说,其中,质量因素、重量以及技术复杂程度的不确定性最大,最容易对成本产生影响,故选取这 3 个参数作为风险分析的驱动因素。

通常风险分析方法以蒙特卡洛、拉丁超立方等仿真方法为主,本文为了节约时间,所以,采用矩法(Method of Moment)的方式对不确定性进行快速分析。矩法的大致原理是认为大量三角分布拟合的结果是对数正态分布,所以,通过计算三角分布的标准差、均值以及平均值的和等于和的平均值这一原理,推导出大量三角分布拟合而成的正态分布的标准差、均值,进而再推导对数正太分布的标准差以及均值,这样就可以绘出曲线以及各点对应的置信度,从而直观的读出每一个成本点对应的置信度数值。

文中选取重量的误差范围,质量要求设置按照小批量(非量产)豪华车到大批量(量产)豪华车型作为质量区间,各个豪华车型重量基本在 1.8 ~ 2.5 吨,故取,即 ±20% 作为重量的不确定范围,技术复杂性由于铝、钢的配比不同以及假设的不准确,故取偏差范围 ±10%,通过风险分析分析得到结果.

结果显示,可能的成本范围从 22 812 美元一直到 56 461 美元,通常取 75% 置信度对应成本为最可能成本,即 43 217 美元,而 50% 置信度成本为管理水平较高企业能达到的成本,即 35 889 美元。

4 结束语

本文只是一种方法,其中,采用的数据均是假设出来的,其合理性还需要进一步分析。其实市场上对于进口汽车成本的快速估算方法有很多,有些简单的如"一升排量对应 100 000 人民币"这种,也有很复杂的需要从零件层级累加。具体选取哪种方法并没有固定的答案,而是要结合估算后的工作来说。例如,说当开展国内豪华品牌整体利润空间分析时,可以采用文中的方法,对行业进行分析,而对于豪华汽车未来 10 年价格走势这类大命题,也可以通过简单方法获取结果。当涉及具体的品牌例如奔驰车经济性提升这类命题,则需要更加详尽的估算方式。总之,成本估算本身并不是一个结论,而是一个过程工具,如何应用估算结果进行经济分析,才是真正的应用方式。

电子制造企业的供应链管理模式

● 王 静

（对外经济贸易大学在职研修班）

摘 要 本文以电子制造企业为行业背景,分析企业内部的管理模式,依靠供应链为主线,从经营模式、业务类型、产品种类、客户群体等方面剖析了企业供应链管理方法和现状及挖掘解决目前问题的对策,运用新兴的供应链理念为电子制造企业提供高效,便捷,科学的管理方法。

关键词 供应链管理 电子制造业 管理模式 制造企业

制造行业背景

制造企业类型和涉及领域多种多样,主要分为3类:第一类是轻纺工业,包括食品、纺织、皮革、木材加工、家具等,第二类是资源加工业,包括石油加工、化学纤维、医药、橡胶等,还有一类为机械,电子制造业,专用设备,交通工具等。本文主要浅谈电子制造企业的供应链管理体系。电子制造企业主营业务集研发、生产、装配,仓储、销售为一体的企业,供应链管理在企业内部尤为重要,客户分布较为广泛,多地设厂,员工人数庞大,部门分工明确。根据客户的需求,研发生产多样化高质量产品,开发不同类型的客户群。随着业务的不断扩大和发展,电子制造业公司多数拥有了现代化的制造中心,先进的自动生产流水线及高效率的供销体系。

电子制造业公司主要供销流程如下:接到客户订单或需求预测后,作出生产计划及物料需求计划,采购原料,物料到厂检验合格后按照工艺流程发放到生产线,依照生产工艺及流程从生产、装配,仓储及最终的产成品交付到客户端。它有着完整的供应链流程,从原材料采购、生产流程,仓储管理,到最后的成品发货整个供应链体系都很流畅,但是面对日益激烈的竞争市场,但在某些方面也有待改进,才能完全提高企业在行业内的竞争力。

1 供应链的需求与预测计划

电子制造企业非常重视如何准确把握客户需求与预测,100%满足客户的需求,赢得客户满意为公司的企业目标。但是面对客户上下波动的订单量,预测时间越长,参考性和真实性越欠佳,很容易造成由于预测不准确而造成的大量的原材料和半成品库存积压过多,甚至囤积呆滞物料,尤其是单价高,采购提前期长、化学品类有效期限制的原材料。

企业主要采取定量预测分析方法,根据以往的历史数据,对每一种产品需求因素(产品的市场占有率,需求的周期性、趋势性及随机性等)进行分析,作出有效可靠的需求预测。原材料的采购计划和生产计划完全依据需求预测展开,使得生产进行和材料订购有条不紊。此外,销售部门定期拜访客户,了解当前每种产品在市场、客户端的实际销售情况,结合定性分析法预测某一种产品未来的需求。

2 供应链管理环境下的生产管理

一是在生产部门实行精益化生产,杜绝人力、物力、财力、时间等方面在生产过程中的浪费现象,提高生产效率,降低生产成本,全面提升在行业内部的竞争力。例如,改善前在装配生产线生产一个零件需要 15 人,工位 12 个,经过工艺简化,统一标准作业,提供标准作业时间,减少人员数量到 12 人,有效地提高了生产效率。实行看板式管理,每小时记录投入数、产出数和良品数量,及材料在线数量,这种方式不仅节省库存成本,更重要的是提高流程效率。二是强调实时存货,在生产线不放置过多的生产物料,实现 JIT 管理模式。生产线物料严格管理,产成品检验合格后及时入到成品库房,减少各种状态的不确定性产品,避免造成生产环境混乱。三是作业流程标准化,生产工艺工程师对生产内容、顺序、工位和事件所有的工作细节都制定明确的规范,大大节省了工作时间,提供生产率。四是逐渐实现自动化,自动化的机械手取代人工动作码放产品,自动清洁设备清扫生产线 5S 区域,尽可能减少人员活动来创造价值。

在生产计划方面,以销定产,建立主生产计划(MPS)。主生产计划将销售计划具体化,是以产品数量和日期表示的生产计划,把市场需求转为对企业的实际生产需求,实现销售计划与生产计划同步。然后再根据主产品计划,分别制定分车间的生产计划,分计划考虑更细节的因素(如产能,人员效率,报废率等),适当增加半成品库存,为突如其来的订单做好缓冲,同时,解决成品挤压成本高的问题。

根据客户订单量和企业实际情况,将部分生产线(小部分非核心技术的组装线)实现外包带来了低成本高收益。如果接到客户大量的订单,现有的生产已经进入了满产能,高负荷的生产状况,果断采取了部分非核心生产线的外包,有效解决了这一困难,从而分担风险,以更低的成本获得比自制能高价值的资源,从而专注于主营业务,创造价值的核心力,短时间实现了按期交付达到了客户满意。

3 供应链管理环境下的库存管理

电子制造企业以原材料、在制品、半成品、成品的形式存在于企业运营的各个环节,库存是经营的必要基础,并且也是企业生产经营过程中不可或缺的重要部分,每个公司都以零库存和小贱存货积压为目标,实现企业价值的增值,积压的库存金额和侵占库房很大空间,往往就是一个令人头疼的难题。

根据原材料的采购提前期优化了库存周转率,例如,装配成品使用的某种零部件采购提前期为 14 天,我们将库存可用的周转天数为 7 天,这样让供应商根据需求每周出货一次,可以降低库存数量及金额。对某些产品质量异常(如有些触摸屏产品有着极高的质量要求,极易出现轻微划伤等情况)或生产工艺不稳定的原材料(例如,化学品用量问题,可能会有调试生产线造成用量过大),设定安全库存,保证在固定可用库存的基础上,还有安全库存,如有异常情况不会造成停线待料。此外,还对库存进行分计划管理,根据原材料的价格(有些关键部品采购价格高)、材料体积(包装材料所有库房面积过大)等具体情况,实行 ABC 库存管理方法,定期核查原材料,半成品的周转率,这样有效地降低了库存金额和缓解了库房空间紧张的问题。

此外,为了提供客户服务水平,满足客户的紧急订单需求,公司设立了分库房管理模式。在客户周边设立临时库房,100% 满足客户需要。

4 电子制造业企业供应链管理的未来发展趋势

面对现有的供应链流程企业虽然有着自己的供需体系,能够满足现有企业的运作,但是,以下方面还需改进。

4.1 高级计划与排程系统的概念(Advanced Planning and Scheduling,APS)是一种有效的供应链管理工具

制造企业的工艺比较繁琐,材料清单错综复杂,订单变化不可预测,通过有效的信息软件解决这一难题就要通过物料需求预测及合理安排生产计划。使用 APS 这一工具,它可以用来指定供应链上

各个业务环节的计划以及排程、排产和调度。由于 APS 具有优化的功能在于能过解决企业中的瓶颈问题,降低库存和提高客户服务水平,使得两个目标达成到最优组合。

采用 APS 方法在制造业中可以发挥着举足轻重的作用:①在制订计划时,同时考虑制约因素,如供应物料、机器产能、人员效率和工作场所等,使得计划更加细致精准。②信息双向传递,在供应链双向传送变化信息。例如,当计划人员决定将一个生产订单延期执行时,这个信息将会双向传递,该结果会影响到下游的活动,如产成品完工时间和最终交付给客户的计划有效性;同时,也会传递给上游,如其他订单的延迟或提前的可能性,部分库存水平和未来的采购需求是否变化等。③评价成本,做出计划后,根据"APS"的成本评价标准,自动可以对所做的计划进行成品评估,与企业的财务指标进行对比和衡量,进一步核实其可行性。④实现供给与需求的同步,无时间差。一旦一件意外的事情破坏了需求供给之间的平衡,APS 就会接到一个预警信号,通过逻辑性操作 APS 执行,重新恢复供需平衡,发挥着供应链断链的警示作用。

4.2 推出供应商管理库存项目(Vendor Manage Inventory,VMI),大幅削减渠道的库存和循环时间

最有效的成本缩减、服务水平改善方法是实行供应商管理库存方法,这样缓解了需求的不确定性,解决了存货水平和服务水平的冲突。从供方角度来说,通过信息共享,能够更准确了了解需方信息,简化了配送预测工作,可以实现及时补货以避免缺货,同时,结合需求信息进行有效的预测可以使生产商更好的安排生产计划。对于需方而言,VMI 实施提高了供货速度,减少了缺货,将计划和订货转移给了供货方,降低了运营费用。

在企业实行的过程中,如果对大部分供应商实行 VMI 管理方法,供应商,企业都会通过一个系统平台自由连接,实行信息共享,通过各自的窗口权限登录到一个系统平台,有效合理控制库存,物料发生实际物权转移再付费,这样有效提高企业的资金周转率。

4.3 建立完备的供应链绩效评价体系企业经营绩效

目前,很多企业使用绩效度量的方式对企业经营绩效的度量,可以通过此方法发现供应链上问题,找出解决方案。

从供应链体系方面来看,绩效考核从以下几个方面度量:客户服务水平,成本管理,产品质量,资产管理等。客户服务,以订单完成比率(订单完成比率 = 完全交付给客户的订单数量/客户订单数量)和价值完成比率(价值完成比率 = 完全交付给客户的总价值/客户订单的总价值)来度量。同时,实行管理成本,对物流只能进行有效的管理,如运输,仓储和订单处理成本等进行监控。运用有效的评估方法度量绩效,计算产率,资产管理,使用库存周转率等方法评估资本利用。在长远的战略合作伙伴关系上,供应商和企业双方是互赢的关系,主要表现在企业对供应商给予支持协助,协助供应商降低成本,改进产品质量,加快研发进度,通过建立长期信任关系提供效率,降低成本,长期战略合同取代短期合同和频繁的信息交流。

参考文献

[1]霍毅姝. 供应链管理思想下的采购管理[J]. 机械管理开发,25(1).

[2]陈艳珺. 信息技术推动下的企业供应链管理[J]. 现代商业,2009(17).

[3]夏春玉. 物流与供应链管理[M]. 东北财经大学出版社,2007.8.

[4]邹辉霞. 供应链物流管理[M]. 清华大学出版社,2009.4.

[5]苗云飞. 物流供应链管理时代的机遇与挑战[J]. 现代物流,2009(9).

企业人力资源绩效考核

● 张立秋

（中国人民大学商学院）

摘　要　绩效管理考核是企业对人力资源进行管理的重要管理内容,也是对本公司的人力资源的充分利用。绩效考核不仅可以提高员工的整体水平,还能完成公司的年终业绩。本文阐述了绩效管理在企业人力资源当中的积极作用和实施绩效考核带来的问题。

关键词　人力资源　绩效管理　企业

序言

随着经济飞速的发展,我国企业的人力资源管理体系建设中面临着很多问题。由于缺乏相对可行、科学的管理手段,这样的问题直接关系到企业在人力资源管理中的水平高低,缺乏科学的手段对企业的生存有着致命的作用。所以,在企业发展的过程中很多企业都把绩效考核作为企业在人力资源管理方面的重要武器。构建和谐、科学的绩效考核可以提高员工的工作效率,还可以提高企业竞争的软实力。

1　企业人力资源绩效考核的主要内容

企业领导在对公司人力资源进行整合和安排时,引入绩效考核作为整合资源的重要手段之一。顾名思义,绩效考核就是对员工的工作进行评价;总体包括对员工工作质量的考核、对员工出勤质量的考核、对员工工作态度的考核等等从各个方面来评价员工的整体素质。

具体来说分为对企业员工工作成绩和工作行为的考核两个方面。员工的工作成绩考察就是企业员工在自己的岗位上对企业作出的实质性贡献,简而言之,就是员工实际完成的工作数量以及质量。这其中包括员工能否及时、保障质量的完成本职工作、企业下发的规定任务以及企业员工在科技创新上的突破考核。员工的工作行为的考核,则是更为高级的绩效考核。工作行为的考核主要是对员工工作态度、职业操守、工作纪律性、工作积极性、工作责任心、与人相处关系等等各个方面进行考核。但是精神层面的考核主要依赖主观评价,这并不能很好的发挥绩效考核的作用,关于更好的评价方法我们会在下文中提及。

2　企业人力资源绩效考核遵循原则

好的企业大多都会有先进的管理模式,绩效考核的指定也符合一定的发展规律和原则。这样才能从根本提高员工的办事效率,提高企业的整体水平。

人力资源绩效考核公开化、公平化原则。企业的人力资源管理必须要有明确的考核标准,并严格根据考核标准进行考核工作。另外,企业进行的绩效考核信息一定通过公司的公告栏告知员工保证绩效管理的平稳实施。公开、公平的绩效考核是企业能够管理员工的主要法则,信息公开能够提高员工的工作积极性,让员工明白自己是公司主人是企业发展的核心动力。

人力资源绩效考核的客观性和反馈原则。所谓客观性就是要求企业的人力资源绩效考核严格按照公司规定实施,不能有"睁一只眼闭一只眼"的现象发生,也不能因为个人原因诋毁个别员工的能力。而反馈性主要是激励企业员工的一种考核形式,企业一定要积极的将考核结果反馈给员工,这样不仅能够激发员工的工作效率也能给那些落后员工一个警示。

人力资源绩效考核应遵循直接上级考核原则。直接上级考核是绩效考核相对公平和快捷的考核,可以由企业的领导人组成考察团对每一位员工进行绩效考核。企业的各个管理部门的主管无疑是最好了解员工工作质量的人。

人力资源绩效考核的差别原则。为了更好地让企业运转,我们高管一定要设计一套合理的绩效考核。差别原则也是绩效考核需要重视的原则之一,在考核过程中我们不能以一概全;先进员工的素质并不能代表所有员工,一个部门与另一个部门的工作不同衡量手段也就不一样。所以,绩效考核一定要遵循等级差别,对于这种工作质量上的差别企业要在员工薪金、额外奖金上有所体现。遵循以上原则,才能让一个企业的绩效管理更为实际,才能真正激励企业员工为企业创造价值。

3 现有绩效考核出现的问题

近年来,我国很多企业加强了企业的自治能力。为了提高本企业的核心竞争力越来越重视企业绩效考核管理,并让自己的人力资源管理部门制定出相适应的政策,确定严格的奖惩制度,使得公司员工的工作积极性大大提高。但是,在这运行的过程中,我们却发现了不少的问题。主要表现有以下4个方面的问题,分别是绩效考核的考核标准、绩效考核的考核机制、绩效考核的考核过程以及考核结果。

3.1 绩效考核考核标准出现问题

绩效考核的考核标准不严格是大多数企业存在的主要问题之一。企业制定的绩效考核要按照不同岗位的岗位需求划分考核标准,由于各个职位的工作要求、工作量不同评定的标准也应该不同。但是,部分企业却为了方便,在公司制定了统一的考核模式,那些高风险性的员工往往由于自己的失职拿不到公司的奖励甚至还要损失自己的薪资。其次,我国企业的考核标准比较单一,在考核标准上不能"以人为本"体现人性化的标准也是个问题。员工对于考核标准的制定不清楚,就会造成员工的逆反心理,也会给企业带来人才的流失。

3.2 绩效考核考核机制出现问题

绩效考核机制是考核能否顺利实施的重要保障之一。结合资料,我们不难发现我国企业考核机制难以与实际情况相结合不能真正的发挥考核的作用。造成这种问题的主要原因是,企业人员的任务是上级下达的,而在这过程中没有实施岗位分析法,导致企业的考核机制不切实际,甚至当企业经济衰退难以发现考核机制出现问题。

3.3 绩效考核考核过程出现问题

企业绩效考核过程当中会出现很多问题,会因为考核的标准难以区分,运行机制的不完善造成考核过程的假、大、空现象。例如,企业在考核过程中往往都是由各部门的高管,对员工的工作进行评价;在考核过程中有些员工利用不法手段讨好高管以此赢得最后的奖励。这种情况屡见不鲜,这些非法获得奖励的事例出现就会导致员工之间的妒忌心理,最终会拖垮企业的经济效益。所以,各位高管一定要严格控制考核的过程杜绝此类现象的发生。

3.4 绩效考核考核结果出现问题

有些企业高管往往只重视考核结果,却没有重视员工在工作中的问题。例如,很多高管为了自己的利益,不惜用各种手段要求手下员工达到企业规定的目标,却没有重视在获得成本的过程中出现的问题。这样不仅蔑视了绩效考核,也不利于员工的成长和工作的完成。

4 对现有绩效考核模式的改进办法

绩效考核是企业在人力资源管理环节的重要手段之一，制定一套适合企业员工、科学的绩效考核有利于企业经济的持续增长，能进一步加强企业竞争的软实力。针对以上在考核中提出的问题，主要提出了以下几个解决问题的办法。

4.1 员工主动参与制定考核标准

企业制定的绩效考核一定要本着"以人为本"、人性化的科学考核体系，企业还要鼓励员工积极参与考核体系的制定，侧面加强企业员工的积极性；让所制定的考核标准得到员工的认可和支持，这对于企业的经济效益也有良好的促进作用。其次，这种全民参与的考核形式制定的考核标准，能够自上而下或者自下而上两种实施途径，从而为考核的反馈和相互监督提供合理的依据；最后，我们企业在制定考核体系时，一定要利用岗位分析法对不同部门的不同职能进行分析，并在考核结果认定时期给予不同的奖励；企业还要注意考核标准的可控性，不能超过企业控制的范围造成不良影响。

4.2 企业对考核结果的利用

绩效考核的最终目标是促进员工工作的积极性，以此提高公司的整体实力。因此，企业在一定要重视考核结果，并让考核结果充分发挥作用。首先，专门负责绩效考核的人员要定期的把统计结果报给高管，然后高管针对员工的考核结果分析企业当前的问题以及今后需要改进的地方；其次，将考核结果告知高管，让高管积极与员工沟通提出需要改进的策略；最终，企业需要这些考察的结果给予相应的物质鼓励和精神奖励，让员工更爱自己的企业不断为自己的企业创造出更多的价值。

4.3 企业高管要加强绩效考核的重视

绩效考核的顺利实施不仅仅是要员工的积极配合，也是需要企业领导的积极支持。企业领导的关注度越高，那么企业绩效考核的实施程度就越深、效果就越明显。为此，企业要建立一个新的管理部门专门负责企业的绩效考核，这些成员应该由有知识、有素质、品德良好的高层管理人员组成。在绩效考核当中，企业的"一把手"一定要高度重视，给下面的员工做出积极榜样，在每季度的考核结果公布之后领导一定要仔细研究，嘉奖那些工作积极的员工并根据现有结果总结出下一届阶段的发展规划。在此过程中，领导还要积极管理考核工作组的成员，严格要求他们不能出现非法的行为。例如，领导要经常召开关于"考核体系"的研讨会，了解公司当前考核模式是否合理，不要不闻不问不在乎这个小小的考核体系，一定要保证考核的公平、公正进行。

结语

绩效考核作为企业的管理手段之一，其最终目的是提高员工的积极性，促进公司不断发展达到员工增收、企业增收的共赢局面。所以，企业在绩效考核的制定过程中一定要制定适合自己企业的考核体系，对自己本企业出现的问题进行深入思考，并不断完善自己的考核机制充分发挥考核的作用。企业还要不断加强对考核体系管理，增加考核的公平性和透明化充分发挥绩效考核的作用。

参考文献

蒋婷,胡正明. 基于内部营销的战略性人力资源管理运行模式研究[J]. 商业研究,2010(10).

如何从衍生品交易亏损看银行风险管控机制

● 王　旭
(对外经济贸易大学)

摘　要　最近几年,金融市场凸显了快速递增的总倾向。金融特有的衍生品占到了更大范畴的这一市场,产品类别复杂。依循杠杆效应,突发态势下的风险会附带着严重后果,损伤市场秩序。衍生品交易凸显出来的亏损应被注重,经过辨别亏损来拟定最适宜的管控及查验机制,以便缩减潜在的这一风险。

关键词　衍生品交易　亏损　银行风险管控机制

辨别交易亏损、识别潜在的亏损成因,可以供应风险管控的必备参照。在新时段内,银行构建起来的风险查验日渐完善,创设了运行路径下的新颖体系。考量真实风险、变更管控理念,提升了固有的管控水准。然而,在体制变更中,很难规避凸显的新疑难,难以彻底回避。采纳衍生品交易特有的视角来查验风险,解析亏损根源,有助于识别出本源的风险隐患。在这种根基上,妥善着手调控。

1　解析亏损成因

1.1　缺失管控职责

现有市场之内,有些银行预设的管控部门没能明晰自身职责,监控风险失职,基本等于虚设。例如,巴林银行特有的实例之中,里森管控着平日内的经纪业务,替代客户去售卖多样的衍生品。依照委托予以交易,然后着手平盘,以便获取点差。真实情形下的平日行为并没能吻合预设的管控职能,存在职责偏差。银行常规情形下的交易有着背对背的特性,可以规避风险。然而,银行选出来的交易主体留存着偏少比值的风险敞口。里森违反规程,构建多头头寸,总数超出了6万份。

神户地震以后,东京市场凸显的日经指数被缩减,多头头寸遇有偏大的损失。法兴银行特有的操作者预设了虚假指数,设定套利交易。从实际看,他们拥有着偏多比值的多头合约,最高数值的多头头寸常常超出了700亿美元。风险敞口过大,风险管控拟定的部门没能发觉它,缺失应有职责。

1.2　没能分离岗位

巴林银行之中,里森被设定为前台售卖衍生品的特有主体,兼顾后台清算。因此,他也可被看成职责主体。针对日常交易,交易执行被划归为前台,它紧密关联着风险调控。风险调控部门、清算必备的后台应被分开,彼此呈现独立,同时彼此牵制。然而,银行设定出来的多重岗位仍没能被分离,若持仓超出了拟定好的规程,职员仍可轻松去获取金额,填补交易空缺。

1.3　信息查验之中的漏洞

银行在监管时,中台职责主体应能参与构建起来的总团队。投行部管控着日常的查验风险,针对管理工具。跨部门架构下的日常业务,让职员熟识了拟定出来的管控机制。这种情形下,借助这种熟识即可盗取设定出来的密码,然后予以登陆[2]。这样顺利登陆,掩盖住了造假获取的单边头寸,掩盖真实动机。

2 选取交易实例

2.1 法兴银行实例

法兴银行被创设的时间很早，拥有多年历史，是欧洲范畴内的老牌银行，归属最大集团。截至1997年，它累积了超出4 400亿美元这样的总金额，跃居法国首位，排行世界前列。法兴银行密切关联着东京、巴黎及纽约，在证券市场予以挂牌上市。拥有多名雇员，布设了超出2 600个的总网点，含有私人客户、各类企业客户。金融服务可被分成多样，涵盖全面服务、专业特性服务。衍生品交易依托的主要场所就含有这一银行，它善于管控风险。

2008年，某期货交易员没能获取明晰的授权，就购进了偏多数额的某一股指期货。购进大量期货，带来巨大亏空，超出了70亿美元。这一亏空凸显了最大数值的单一交易损失，它根源于职员违反预设的规程予以操作。银行遇有损失，带来整体震荡。市场延展的震荡波及着更广范畴的股市，带来股市暴跌。从总体规模看，交易欺诈可被看成金融范畴的悲剧一幕，伤害银行利益。

2.2 巴林亏损实例

1763年，巴林银行被创设。在伦敦历史上，它拥有着凸显的优良声誉，历程也很悠久。银行稳步进展，累积信誉优良。在很长时段内，银行管控着多重企业的融资，专门管控投资。银行布设了多重的网点，分布各个区域。截至20世纪末，巴林创设出来的税前金额仍可超出1.3亿美元，拥有辉煌历程。例如，路易斯安那特有的构建金额都来源于它的供应；皇室也归属于它的用户。由于经营优良，巴林获取了世袭爵位，创设了地位根基。

但在1995年，巴林却破产了，带来很大震惊。破产关联的直接成因为：期货经理预设的误差判断，他错误辨识了股市这一时段的总走向。详细而言，在那一年起始，日本经济凸显了复苏的态势。里森很看好这一势头，在东京选购了偏多的期货，拟定期货合同。他希求经由这样的选购予以获取利润，期待股市上升。但接着突发了地震，股市没能回升，反而持续跌落。巴林银行耗费掉了13亿美元这一巨大金额，消耗全部资产，因此走向垮塌。

2.3 贝尔斯登亏损

历经次贷危机，贝尔斯登这一首位投行被廉价售卖，卖给摩根大通。与此同时，美林及雷曼、摩根士丹利及曾经鼎盛的高盛也变更了属性，变成控股公司。华尔街之内的巨大投行接续垮塌，造成金融震荡。经由剧烈淘汰，留存着的银行更应着手予以规范内在，严格管控风险。到2012年，摩根大通也凸显了巨亏，源于职员预设了错误的"赌注"。依照职员口述，他设定这一衍生交易，本意为审慎规避风险。然而，出于暗藏着的成因，每日累加得出的亏损数额却超越了几亿美元；截至同年5月，亏损累加20亿。市场因此恐慌，开盘股票暴跌，蒸发了应有的市值。曾经最为优良的这一股票凸显了缩水倾向。

巨亏延展的影响，直至今日仍没能予以消除。它颠覆了应有的常规认知，变更思维方式。衍生交易日常的管控暗藏着弊病，掀起了严格查验金融、指责华尔街这一浪潮。但历经偏长时段后，华尔街仍被信奉，高期权及常见的高薪金融也慢慢回转。在去年及前年，摩根大通选出来的投资官仍能获取奖励。巨亏警醒我们：次贷风暴特有的本源成因应被归结为贪婪欲望；针对于衍生品，缺失必备管控。经由慎重处理，危机仍没能被彻底去除，还会随时发作。

3 创设更为完备的管控机制

各类银行机构都应注重内在范畴的交易管控，侧重建设内控。风险管控可被分成多层，要依循银行自带的特性来拟定严格规程。经由慎重管控，职员要增添固有的风险认知，主动配合管控。不可擅自决断,而应明晰宏观态势下的行情走向,维护最优秩序。

3.1　创设优良氛围

提升内控成效,应能注重创设最优的管控氛围,构建内控文化。长时段以来,巴林针对聘用进来的职员都给予信任,信任他们拥有的辨别能力。然而,交易员却逾越了预设的权能去售卖衍生品。这是因为,企业单纯考量了市场范畴的最优收入,忽略识别风险。依照现有规程,日常证券交易、期货类的交易都拟定了明晰的金额限度。只要细心审验,核对交易清单,即可察觉这一违规苗头。但是,违规附带着很厚重的收入,追逐最大利润,从而放松警惕,带来了震荡及悲剧。从这一视角看,内控氛围不够优良,银行以内的一切职员都会受害。

金融悲剧折射出现今态势下的贪欲弥散,贪欲支配之下的人们更易去冒险,埋下交易祸根。反观我们现有的商业银行,在很长时段以内也侧重去发展,把业务设定成首位。针对银行高管,单纯注重延展业务,忽略道德水准。内控不可脱离创设出来的严格规程,督促职员去自主管控自身,广泛引起重视。这样一来,职员就增添了平日内的自觉性,主动去参加内控。

3.2　强调外在的查验

强化外在查验,即便内控缺失了效能,也能纠正潜在的这一偏差。详细来看,外在管控含有如下。

首先,依照市场状态,适当创设最适宜的新颖产品。银行的强大不可脱离预设的创新激励。但应注重的是:创新应被涵盖在可调控的风险范畴内。监管主体应能辨识这一时段的潜在威胁,及时消除隐患,妥善跟进这一监管流程。

其次,监管主体应能明晰自带的职责,例如,交易所、银行清算所等,都要查验常规交易。信托及保险特有的部门要延展更广范畴的彼此关联,慎重选购产品。密切协同监管,规避依托金融工具来移转风险,不可逃避管控。

再次,增设存款保险,构建配套规程。伴随市场变更,利率被调控为市场化的。针对金融机构,竞争日渐变得剧烈,很难规避去淘汰劣势、留存优势主体。增添存款保险,把它设定成外在的缓释。这样一来,风险就被管控在可接纳的范畴内。

3.3　搜集归整信息

银行监管主体常常熟识了拟定的流程,获取相关知识。捏造交易状态,遮掩了非法情形下的售卖交易,逃避常规监管。侵入布设好的微机体系,摆脱了设定出来的交易总量。操控造假交易,逃避了日常查验。

近些年,商务操控提升了原有的电子化水准。在这种根基上,构建更为适宜的科学防控,随时查验监管。风险防控整合了业务主体、软件设计主体、操控以及维修。明晰彼此权限,严禁越权操控。信息互通时,都要设定口令并留存必备的日志。

结束语

银行平日运作之中含有多样风险,包含各类隐患。依循新的体制,强化了常规路径下的内控监管,风险查验被融汇于平日内的管控进程。为了适应市场,不断识别风险,应能审慎辨别衍生品交易架构内的亏损,有序构建平衡。拟定明晰的规程,贯穿日常流程。唯有如此,银行才可紧密衔接着多重的操控流程,贯穿管控环节。慎重规避亏损,维持常规秩序。

参考文献

[1]李琳.浅议商业银行法律风险管控机制的完善——基于无边界理论视角.农村金融研究,2014(02):46-49.

[2]王静.加强操作风险管控、抓住银行合规机制建设的关键.当代经济,2014(24):40-41.

中日房地产法律制度比较分析

——由"借地权"看日本的不动产权属保护制度

● 潘 正

(西南财经大学)

摘 要 近期,大陆地区即将开征房地产税的消息一出,可谓"一石激起千层浪",引起各方激烈讨论。有人认为,征收房产税是大多数国家通行的做法,有助于增加不动产持有成本,打击"囤房"投机者;同时,也有人认为,在我国土地"非私有"的特殊国情下,业主购置房屋时已经向政府缴纳了土地出让金,另行征收房地产税无疑是"雁过拔毛"式的重复征税。抛开是非不论,日本的"借地权"制度就突出了对借地权人,即土地使用权人的特殊保护,对完善我国产权制度有着重要借鉴意义。

我们通常所说的房屋所有权,严格意义来讲应该包括两个部分:即土地的所有权和地上建筑物、构筑物的所有权。但我国是社会主义国家,法律上并不承认土地的私有制。《中华人民共和国宪法》第十条明确规定"城市的土地属于国家所有","农村和城市郊区的土地,除由法律规定属于国家所有的以外,属于集体所有"。也就是说,在中国大陆地区,房屋所有权并不包括土地所有权,权利人仅取得地上权部分。但土地与其地上的建筑物、构筑物有着天然的不可分性,"土地国有"制度下产生的"房屋所有权"实际上是一种权利的不完整状态,从某种意义上讲,这更像是一种用益物权。土地使用期限届满之后,能否继续使用该土地,又是否需要再次缴纳土地出让金?各部门法的规定又不尽相同。从而导致社会大众对未来房屋权属的不确定性产生普遍担忧,在此情况下,十二届全国人大常委会又将《房地产税法》正式列入立法规划,无疑更加深了这种忧虑。

所谓"房地产税",究其实质属于"财产税"的范畴,是向财产的所有者征收的,调整社会财富存量的课税。世界上许多国家和地区都有征收"房地产税"的先例。值得我们注意的是,这些国家通常所征收的"房地产税"实际上是一种"土地税"的概念。对于不动产来说,建筑物的价值会随着建造年限的增加逐年降低,增值的往往是土地的价值,因此,大多国家都采用"地价税"的方式,每年按土地价值向所有人征收一定比例的税费,实现社会财富的调节功能。但从1986年国务院颁布的《房产税暂行条例》来看,我国"房地产税"的征收对象是房屋的计税余值或租金收入,这在其他国家一般通过消费税和个人所得税加以解决,通常并不列入"房地产税"的征收范围。尤其在我国土地所有权和使用权分离的情况下,权利人在取得国有土地使用权的时候,已经向国家缴纳了土地出让金和相关契税,再另行征收基于"土地价值"的税费,确实有待商榷。在此情况下,如何解决这一矛盾,最大限度保护权利人利益,促进房地产市场健康发展呢?日本的"借地权"制度,其实就给我们提供了一个很好的借鉴与参考。

"借地权"是指以建筑物的所有为目的的地上权或者土地租赁权(《借地借家法》2条1号)。借地人对土地所享有的权利,并不等同于承租人基于一般租赁关系所享有的权利。在一般租赁的情况下,承租人只对土地及地上建筑物享有占有、使用、收益的权利。而借地人在借地权存续期间内,除了可以对土地及其建筑物进行占有、使用、处分和收益,借地权本身也可以被转让或继承。事实上,这是一种将土地所有权和房屋所有权分离的制度,它并不在乎土地归谁所有,反而更加注重如何提高土地的使用效率。在"借地权"制度的研究与探索方面,日本走在了世界的前列,也凸显出日本民族务实的心态。

日本是实行土地私有制的国家,明治维新以来的140余年间,形成了一套相当完善的土地制度。"土地私有制"意味着所有人(以下简称"地主")可以永久享有土地的权利,即使他去世,子孙后代也享有世代继承该土地的权利。私人一旦取得土地所有权,政府除了依照《土地收用法》的规定,在法例中明确列举的特殊公益目的外,不得随意征收、征用或者限制土地的使用。到了现代,随着都市化的发展,土地私有制也带来一定的僵化。人口的膨胀产生大量住房需求,而可供开发的土地却越来越少,大量掌握在私人手中的土地又得不到充分利用和开发,导致供需紧张房价飙升。在此大背景下,为了提高土地利用率,保障房屋的供应,平抑房价,平成三年(1991)颁布的《借地借家法》,进一步完善了大正时代以来的"借地权"制度,后经多次改正,该制度已经日趋完备。

"二战"以前,日本城市居民整体收入水平并不太高,购买完整产权的房屋成本高昂,普通家庭无法承担。借地、借家(借房)居住便成了最为常见的形式。就东京而言大约90%的家庭采用此种住房模式。大家并不拘泥于土地的所有权。地主和借家、借地人(房客、租客)的关系也非常之融洽。通常情况下,地主会在自己的土地上建设两栋独立的房屋,一栋留归自住,一栋出租给城市平民;当然也有直接将土地租借给他人自建房屋居住或出租的情况。大正十年(1921)颁布的《借家法》、《借地法》就对"借地权"制度进行了初步确认。但此时的"借地权"大体相当于长期租赁的性质,借地权人的权利还十分有限。

到了昭和十六年(1941),随着上述两部法案的改正,借地、借家人与地主之间的关系发生了极大改变。尤其到了战后,围绕借地权的纠纷也不断出现,地主与借地、借家人的关系变得十分恶劣。改正后的法案使得借家人的变更非常容易,大多地主都倾向于提供面积狭小的房屋。但随着借家人生活的日益富裕,家族人口的增加。狭小的"借家"房屋,已无法满足日益增长的生活需要。促使借家人开始倾向购买具有土地所有权,更大、更舒适的房屋。加之为了适应时局的需要,避免从战场回来的退役军人因借地权到期没有房屋居住,造成社会混乱,昭和十六年修法时特别加入了"正当是由制度",强化了对借地、借地人权益的保护,要求在借地期限届满后,地主若无正当理由不得拒绝借地人的更新(续期)请求。收回土地时,也必须支付借地人土地价值50%~90%的立退料(退地补偿)。对于地上建筑物,借地人还享有"建物买取请求权"(房屋回购请求权)。这就变相形成了一个半永久的产权制度,与完整的不动产所有权已经没有太大的区别了。

昭和十六年(1941)改正后的法案对借地权人的保护已经十分完备了,但此时的借地人对建筑物租赁权的转移,建筑物的改建、增筑、重建还受制于地主。昭和四十一年(1966)这法令再次改正,规定当借地人租赁权的转移,建筑物的改建、增筑、重建等请求得不到地主许可时,可以直接向法院申请许可。另外,当地主增加土地使用金的要求无法同借地人达成一致的情况下,借地人可以将自己认可的土地使用金提存,法院也不能以此为由认定借地人债务违约,从而进一步强化对借地人权利的保护力度。

至此,"借地权"制度可谓是初具规模,法律对借地人的保护已经达到空前的高度。凡事都有两面性,过分保护借地人的利益也产生了一些弊端:①"正当事由制度"与"法定更新制度"使得借地权无限延期,形成事实上的半永久状态;②"立退料"的规定导致地主在收回土地时至少将地价的一半支付给借地人,土地增值带来的收益地主无法享有;③即使地价上涨,若无法与借地人达成一致,地主也很难增加地代(土地使用费)。这无疑大大打击了地主"借地"的积极性,导致战后新增"借地"严重不足。

针对上述弊端,平成三年(1991)颁布了新的《借家借地法》。原《借家法》和《借地法》同时废止。

新法对旧法借地权实施改正，进一步明确了地主在借地权到期后可以拒绝更新的事由。改正后的借地权被称为"普通借地权"，继承了原旧法借地权的属性，且更加完备，在一定时期内与旧法借地权并存。在此基础上，新法又增加了"定期借地权"的内容。根据不同用途，定期借地权分为"一般定期借地权"、"建物让渡特约付借地权"（建筑物转让特别借地权）和"事业用借地权"3种，旨在解决过去对地主权益保护较弱的情况。与旧法借地权不同，定期借地权在期限届满后无法更新（续期）。同时，按照旧法的规定，借地权存续期间若发生建筑物重建的情形，借地期限自动复位重新计算。不定期借地权则取消了此项规定，且借地人也无法行使"建物买取请求权"。一旦借地期限届满，必须将土地恢复原状（拆毁建筑物），归还地主。也就是说，如果借地权期限为30年，在第29年的时候地上的房屋拆毁重建，旧法借地权的情景下，重建之日起，借地期限自动复位为30年，但在不定期借地权的情景下，借地期限仅剩余1年，到期之后哪怕是新修的房屋也要拆毁后将土地归还地主。新法实施以后，旧法借地权（普通借地权）与不定期借地权同时存在，当事人可以根据实际需要选择借地类型，"借地权"制度的内容更加完善。

最后我们再来看"借地权"的房屋课税方式。由于借地人并不取得土地所有权，地价的上涨原则上与借地人无关。不论是在旧法借地权还是定期借地权的情形下，地主都享有土地的最终权益。故此"地价税"的课税对象依然是土地的所有人，包括自然人和法人（《地价税法》4条）。正因为不需要负担高额的土地税金，借地的房屋通常比产权完整的房屋便宜30%~40%的价格，相当受上班族和都市平民的青睐。尤其在旧法借地权的保护下，权利人相当于取得了半永久性的房屋产权，比一味追求"土地所有权"更加经济实惠。定期借地权的出现也消除了地主对土地出借后无法收回的疑虑。"借地"的供给也得到极大缓解，使得房地产市场更加多元化。随着老百姓的选择权增多，居住权也更有保障。

我国的"建设地使用权"，实际上非常类似日本的"借地权"，但在具体制度的构建上显然远远落后。作为社会主义国家，我们本来应该更加注重公民居住权的保障，但现实情况确实有些令人担忧。笔者认为，普通借地权制度着重于保障住房者的权益，定期借地则侧重于地主权利的保护。就我国而言，对于国家未来可能需要收回重新开发的土地，不妨借鉴"定期借地"制度，期限届满便于收回。而那些稳定、成熟的生活社区则可以采用"普通借地权"模式，没有法定事由政府不得任意征收或征用，充分保障公民居住和财产权益。至于征收房地产税的问题，笔者认为在目前土地国有制度下，尚无充分法律依据。如果仅是为了平抑房价、降低房屋空置率，调节社会财富总量的目的，可以通过征收房屋空置税、房屋消费税、房租个人所得税的办法加以解决。记得有篇文章《人民日报谈征税：拔鹅毛又不让鹅叫唤》，其中说到"税收是一种拔鹅毛的艺术，鹅毛肯定要拔，高水平的表现是：既把鹅毛拔下来，又不让鹅叫唤，或者少叫唤。"笔者想说的是，税收的根本目的不在拔毛，也不在于拔毛时候鹅叫或不叫，而是在于拔毛之后鹅群整体是否能够过得更好！这是需要我们研究与深思的问题。

参考文献

[1]沈宏峰著.《日本借地权制度研究》.上海社会科学院出版社有限公司,2011.

[2]国土交通省.借地権の解説.http://tochi.mlit.go.jp/.

[3]ガイドの不动产売買基础讲座　No.44 平野雅之（日）.

[4]国立国会图书馆.日本法令检索.http://hourei.ndl.go.jp/.

关于伺服供应链的分析及优化

● 许姗姗

（对外经济贸易大学）

摘 要 文章以自动化产品中的伺服为例,阐述伺服产品从研发,生产,运输到最终客户的供应链管理过程,针对以前手工统计经历计算机时代后,转为系统计算,然后指出供应链管理手工统计与系统自动计算的优缺点,最后逐渐完善系统,实现真正的品牌效应,对供应链的管理逐渐进行完善。

关键词 伺服 供应链 完善分析 供应链优化

21 世纪的竞争是非常激烈的,已经不是企业之间的竞争了,而成了供应链之间的竞争,单纯的某个企业强大,后面一定会有一个强有力的供应链体系支撑。随着经济的不断地发展,自动化产品中的智能产品逐渐在某些领域取代了传统产品,从 2000 年开始,伺服在中国的销售,在自动化产品中已经逐渐增加了比重,近几年更加以突飞猛进的速度增长,国内的品牌如雨后春笋般迅速出现发展,占据了很大的市场份额,竞争也就开始了,只有在良性的供应条件下,才能更好地维护客户,从而打开市场,这样也就对供应链的管理有了要求,这个要求也就会随着发展在不断的提高. 供应链的打造,可以让企业的在众多的对手中有更强的竞争力,又可以跟客户拉近关系,不但可以争取更多的订单,还可以给一些需要提升工作的人提供更多的就业机会。

供应链的概念是从扩大的生产概念逐渐发展起来的,产品生产和流通过程中通过对商流,信息流,物流,资金流的控制,从采购原材料开始,制成中间产品运输、制造以及生产成成品最终到达客户手中,是通过销售网把产品提供给客户的一个完整的过程。供应链管理也就是对整个供应链系统进行计划、协调、控制和优化的各种活动和过程。以世界上最大的零售商沃尔玛为例,沃尔玛之所以能从 1962 年创业时的小杂货店,很快发展成了当今世界上最大的零售商巨头,与它采用的高效的供应链管理关系密不可分, 早在 1982 年沃尔玛就开始实施采购销售时点系统研究,到 1985 年就实现了与制造商的订单的明细单和受理付款通知的数据交换系统运行,提高了订单的及时性和准确性,节约了相关的业务成本,在销售时具有极大的优势。

以某一品牌的伺服为例,随着大市场的趋势,从 2000 年开始逐渐增加销售,因为刚刚进入市场,供应链方面完全的不成熟,从研发－生产－运输－客户端,都是摸索阶段,所以会有很多弯路要走,但是,市场需求增加了,众多品牌同时涌入市场,对这个品牌的伺服考验也就更严峻了,如果要在众多品牌中能立足,这就要求供应链有所提高,才能够在众多的品牌中赢得一席之地,传统的手工订单,统计销售,统计库存,工厂按照滞后的信息生产,严重影响了供应链的运作,当这个企业发现这个问题时,开始逐渐进行改善,这时,初步的供应链开始逐渐形成了。为了能够建立一个一体化的高效的供应链,使上下游的供应链伙伴成员之间建立相互信任,互相依托的组织合作关系,以便使整个供应链的利益在尽可能的情况下,实现利益最大化,实现凡是有参与环节的都有很好收益的局面。供应链的优化,就变得尤为重要,其成果也是大家共同关心的。

最初的伺服供应链的模式：伺服的供应链模式旨在以提供伺服为目的,集研发,设计,生产为主,物流配送和销售为后备力量等组成的供应链,伺服的生产流通由上游的供应商,中间的工厂,报关单位等相关单位组成,上游供应商包括各种原材料供应商,有成品的原材料和配件的原材料,中间的报关单位负责将采购的原来料处理送到工厂,工厂按照成品和材料,进行初步的打板,组装,测试,包装等流程,最后出厂,通过物流公司配送到全国各地,乃至世界各地的代理商供应商处,再由代理商提供给所负责的客户,这个过程,最初是每月或者某一固定时间里完成的,但是伺服的需求量在不断的逐年提高,对供应链的要求也在逐步增高,传统的供应链的模式无法跟上现有市场的即时需求,它不能及时反馈相关的信息给工厂,以致工厂不能在客户要求的时间内,及时有效的提供客户需求的产品,这样信息获取不及时,导致利益不能最大化,这就促使新的逐渐改善的良性的供应链诞生。

优化伺服供应链,可以从整体进行优化,也可以从局部进行优化,从整体进行优化,就是从大量的优化方案中选择一种最适合这家公司的方案来进行优化这家公司的供应链管理,从局部进行优化,是因为在众多的优化方案中可能每种方案都有其的利弊,直接套用那种方案都不是最合适的,所以会从最优方案中可以针对公司某个问题进行改善的方案中选取一份最合适的环节进行采用,因此,不同的方法也会产生不同的结果。对于这个伺服企业不论从整体进行优化还是从局部进行优化,都会存在问题,在衡量利弊以后,公司决定参考以下几点进行优化。

第一,搭建一个完善的信息系统,使信息可以共享。

信息的沟通,是一个供应链管理各项活动实施的基础,信息化是保障伺服供应链的同步化。信息流可以驱动供应链的流畅管理,凭借先进的沟通技术和信息,使各个节点成员可以在供应链的传递中,实现畅通,无滞留。目前的信息共享,主要是凭借 internet 这个平台,另外,不同的公司还会辅助配以不同的系统,使信息处理起来更及时,高效,有助于供应链上的各个环节的人员了解情况,及时对产生的问题给予反馈,处理。避免因时效造成不必要的损失,同时,信息共享,可以提高企业与企业之间的信任度,使负责人员及时的决策,还帮助工厂准确快捷的备料,缩短供货周期,提高客户的信任度,加快市场客户需求的响应度,降低交易活动的处理周期与成本,可以提升内部人员的项目管理技能,此外,信息化系统还能够促进供应链上下游的信息共享,加快整条供应链对市场需求的响应速度,有利于提高供应链的运作效率。

第二,提高伺服的品牌效应,加大力度对其进行宣传。

随着信息的高速发展,人们对品牌效应的关注度也越来越高,一个产品能否在消费者的购买备选清单中,跟这个产品的品牌效应也有或多或少的关系。因此,一个公司要树立自己的品牌,应该适时适当地为产品进行宣传,可以让人们更便捷地了解产品,使用产品,促进销售量,品牌效应也能从某些方面展现出消费者的一个消费层次,所以,品牌效应对有些消费来说,是地位和身份的一个体现,如果可以适度宣传,让品牌影响客户的选择,也是对供应链环节中销售这个环节的一个推广,整个供应链之所以要密切联系,很好的配合,目的只有一个:达到每个环节利润的最大化,如果品牌效应可以起到增加利润的作用,那么品牌效就算发挥得淋漓尽致了。因此,品牌是一个企业的无形资产,加大力度进行宣传,提高品牌的知名度,可以影响各个环节对公司的信任度,从某种程度上说,可以影响供应链的顺畅。

第三,建立良好的伙伴关系,使供应链的上下游关系成员能够利益一体化。

良好的伙伴关系有助于增强成员之间的合作,有利于实现共同的期望和目标,减少外在因素的影响和相应的风险,增强冲突解决能力,实现规模效益在合作伙伴选择。伺服供应链管理的目的就是要在供应商,客户间,物流等都建立起密切的合作关系,减少伺服在采购原材料数量,价格的不确定性,实现资源优质化配置。将成本尽量压低,使利润最大化,是每个企业所追求的目标。当然,如果一个运行良好的供应链是可以压缩成本,使每个环节上的企业从中获利,这就要求供应链上的企业都要加强供应链的管理,思想和目标要一致,这样才能促使整个供应链上下游所有关系成员的高效工作。

第四,加强工厂的生产能力,充分利用供应链资源。

不论哪个产品的销售,必须有生产工厂作为最强有力的后盾才能取得想要的业绩,工厂作为供应链的前端,如果可以充分发挥其领头羊的作用,那么后面的销售,运输环节相对就可以轻松一些,如果工厂不能及时保质保量的提供客户所需产品,销售就会受到很大的影响,从而影响业绩,所以,工厂是核心,前端是原料的供应,后端是业务的产品销售,如果可以形成一个利益共存的供应链,那么就有机会形成一个高效的供应链,因此,工厂要结合前端业务提供的需求资讯和历史的销售以及经验,来提前预计和准备客户可能购买的产品原料甚至是半成品,以应对客户急且多的订单,保证销售能在最短时间赢得客户的订单。工厂的生产能力提升了,再加上供应链每个环节信息共享,且都希望利益最大化,那么整个供应链成为一体,加强了核心企业能力,从而保证资源的最优配置。

结束语

21 世纪以来,伺服产品的发展飞快,种类和品牌日益增多,流通渠道也日益复杂,要打造一个高效的供应链需要面临很多的困难,客户对价格,质量,服务的要求不断提高,尤其是时效性,更是严格,优化供应链管理,已经迫在眉睫,一个企业能否在众多的竞争对手中脱颖而出,就在于这个企业能否从原材料的供应,生产,运输,分销,零售过程环环紧密结合,对环节中包括物流,资金流,信息流等进行有效控制,保障伺服的质量。同时,因为不同客户,对伺服有着不同的功能要求,针对不同的需求,不可能使用一成不变的供应链管理模式,这就要结合具体的情况和实际需求区别对待,才能在优化伺服供应链管理中实现,优化没有尽头,市场环境和客户是在不断变化的,因此,企业需要持续优化供应链,不断进行基础建设,诊断,优化的供应链优化过程,只有这样,才能不断提升整条供应链的竞争力,才能提升企业在其所在行业中的地位。

参考文献

[1]孙玉琴,王秀丽. 猪肉食品供应链分析及其优化.
[2]苏兵,胡信布,陈金亮. 供应链管理的发展和研究内容概述.
[3]陈晖,罗宾. 加强供应链管理.
[4]王道平,侯美玲. 供应链库存管理与控制.

浅析股票注册制发行对我国证券市场的影响

● 李肖寒

（中国人民大学财政金融学院）

摘　要　2015 年五月获批的《关于 2015 年深化经济体制改革重点工作的意见》，强调要在证券市场实施股票发行注册制改革，一石激起千层浪，这一改革方案的出台对我国证券市场必将产生深远的影响。当前我国证券市场在经历了久违的短暂的牛市热浪后进入了罕见的剧烈震荡阶段，在此背景下，我国证券市场的新股发行被迫暂停。然而暂停不是永久之计，新股发行始终是我国证券市场绕不开的重要议题，注册制改革的是未来股票发行规则中不可逆的历史趋势。

关键词　股票　注册制发行　证券市场

1　股票发行制度历史沿革

每一个发行制度都是跟它的历史相结合的产物，我国新股发行制度从一开始的审批制发展到核准制，但由于核准发行带有较为浓重的行政权力色彩，其实跟审批制还是没有完全脱钩，所以，现在的新股发行有点像审批制，有点像核准制，从趋势上来看接下来就是面向注册制方向发展。各国对公开发行股票的审核标准在趋松，审核标准在不断降低，也就是说，监管者权力将被放置在一个较轻的地位，只要拟上市公司不违法违规，股票发行的选择权交给市场，只要市场愿意接受，公司怎么亏损都可以，同理 IPO 定什么样的价格都可以。

回顾我国股票发行制度的演变可以划分为以下几个阶段。

第一阶段是从 1990—2000 年的审批制。简而言之审批制就是由政府政策层面来决定哪些股票上市。

第二个阶段是从 2001 年开始至今实施的核准制。核准制就是拟上市公司提交上市申请，再由证监会发审委进行审核，审核证券发行不仅要以真实状况的充分公开为条件，且必须符合证券管理机构指定的若干适于发行的实质条件，审核通过后既可上市发行。这一制度的目的在于禁止质量差的证券公开发行。但是，核准制也存在它的弊端，主要表现在以下 4 方面。

第一方面是核准条件严苛，容易导致财务做假。我国《公司法》第 137 条规定公司发行新股的条件有 4 项内容：其一是前一次发行的股份已募足，并间隔一年以上；其二是公司在最近 3 年内连续盈利，并可向股东支付股利；其三是在最近 3 年内财务会计文件无虚假记载；其四是公司预期利润率可达同期银行存款利率。对于一些新兴产业、新兴行业的创业型公司来说，通常很难满足这样的要求。同时由于条件严苛，部分企业为了能够顺利过会，往往采取修饰财务资料的手段，对拟上市资产进行过度包装，导致估值偏离。

第二方面是时间成本高。时间成本主要体现在以下几个阶段，首先企业需要准备供核准的相关资料，这个过程比较漫长，可能需要一年甚至更久；然后送交发审委过会，这里通常需要排很久的队；最后是正式上市，这个阶段同样也需要排队。因此，从递交核准申请到最终上市的过程非常漫长，很多公司递交申请四五年都上不了市，耗费了企业经营管理者大量的精力。

第三方面是超额募资屡见不鲜。由于发行条件严苛,核准时间漫长,从拟上市公司的角度来考虑,既然上市如此不易,那么不论其真实盈利能力如何,都存在足够的动机在上市成功后在资本市场使劲圈钱。超额募资能够盛行的主要原因就是因为一级市场普遍存在"承难销易"现象,新股一旦发行出来,认购倍率是极高的,从资源配置角度来说,这种方式显然绝非最妥当的。同时广大证券投资者在政府机构的发行审核机制做背书的前提下,很容易将国家误认为上市新股的"背后担保人",往往低估投资风险,更增加了股票市场的不稳定因素。

第四方面是核准审批容易导致腐败。核准发审制度使得上市资格成为一种极度稀缺的黄金资源,上市就意味着巨大利益的兑现,从而导致股票发行审批中极易出现权力"寻租"现象。

2 股票发行注册制解读

正是由于股票发行注册核准制的以上种种弊端,新股注册制的到来让人们充满期待,从审批到核准再到注册,中国股市走过了20年,对于不远的将来要实行的注册制,我们应该做更多的了解。在注册制的框架下,股票指发行人申请发行股票时,应当依法将公开的各种资料完全准确地向证券监管机构申报,证券监管机构的职责是对申报文件的全面性、准确性、真实性和及时性进行形式审查,而并不需要对发行人的资质进行实质性审核和价值判断,最终将拟发行公司股票的良莠留给市场来决定。简单来说,证监会只会要求拟上市企业提出最基本的材料,只要这些材料的形式要件都符合要求,那么企业就可以找承销商上市。具体到什么时候上市,在哪个交易所上市,找哪家证券承销商,企业都可以自主进行选择。如果市场反应火热,就有可能出现几百家企业同时上市的盛况,如果市场不好,就有可能出现没有企业上市。从发展趋势来看,注册制改革并不会马上一步到位,较为理性的判断是从新三板、中小板这些比较基础的、影响力也比较小的市场里开始,最后才是主板的注册制。从本质上看,注册制施行的目标是两个,一个是通过平衡供求关系,来完善高 IPO 价格、高市盈率和高超募现象;二是通过减少审批环节去行政化,提高发行效率,减少腐败。

目前,我国的行政审批制度改革正在如火如荼的全面铺开,证监会作为股票市场的主要监管单位,也势必将简化行政审批纳入到发审工作计划中来,证监会的职能将发生重大的转变,今后可能只需负责审查发行申请人提供的资料是否履行了信息披露义务,而新股发行的规模、时间和价格则交由市场决定,总而言之从管理上更加强调对证券发行申请人信息公开的监督和事后控制。同时,我们可以预计在注册制改革的道路上,法律元素必将起到重要作用,这主要体现在以下 4 个方面。

一是信息披露制度,迫切需要政策设计层面将虚假信息的惩罚严格规定执行。二是与之相匹配的集体诉讼的法律援助框架,在注册制的大环境中,市场中所有的投资者都应同时扮演监管者的角色,如果一个投资者发现公司造假的证据,起诉并获胜后,所有的其他相关投资者都可以获得赔偿,在这样的背景下,由于造假的后果非常严重,那么必然极大的遏制了此种行为的发生。三是新股退出机制的健全,如果一个公司经营惨淡,从市场的角度看,它就应该逆转板到中小市场或者新三板去,反之亦然。这将极大的净化目前在我国股市中存在的投机味道浓重的环境,使得投资者更加愿意去关注公司的实际业绩和成长空间,而不是短期的炒卖热点。四是中介机构的职能和相应的约束机制也要加强。在满足了以上这四方面的机制建设之后,才可以说我国的注册制的发展相对成熟了。

3 注册制未来对我国证券市场的影响

新股发行注册制的出现必然对我国的证券市场产生影响,从现在来看的市场预期来预测,会带来以下几个方面的影响。

一是导致证券市场结构发生变化,新三板和创业板将迅速扩张。当前新三板企业的数量有 4 000 家左右,而美国的 OTC 市场有 18 000 家公司,主板才 2 000 多家,中国是反过来,主板市场最大,新三板数量较小。但是，转板机制将提高新三板和创业板的吸引力，证券市场最终将逐渐变为主板、三板、OTC 的正金字塔结构。

二是带来退市制度。注册制还会带来真正的退市制度。其实，我国并非没有退市制度，但真正退市的公司寥寥无几。退市最大的障碍就是没有注册制，俗话说，"吐故才能纳新"，但在中国股市，其实纳新才能吐故。在核准制的游戏规则下，上市非常不容易，不仅仅是上市公司会拼命保，地方政府也不愿意看到自己的属地企业退市，所以，最后就变成交易所、证监会跟地方政府在博弈，在这种情况下，正常退市是很困难的，而如果不能退市就只能不断地炒作，于是就有了壳资源。IPO 实行注册制以后，退市就会很容易，因为企业只要符合上市标准就可以挂牌，上市就不再稀缺，也就没人去花大价钱购买壳资源，所以，一个上市公司只要没有价值就可以退市了。

三是私募市场将重新回归到价值投资的正确轨道上。证券市场结构发生根本性的改变以后，私募市场也将随之会发生一些变化。现在私募投资都等着企业上市，一旦上市，投资就退出，投机性很强，而对扶持新的技术、扶持创业者的兴趣很淡。注册制以后，股权投资基金对实体项目的介入时点前移，风险投资的专业性提高，投机性下降，整个私募市场的收益率会更加市场化，而对创业和创新的促进作用会加强。

四是中国资本市场的竞争力和吸引力将会提高。很多创新型企业由于受限于国内法规的种种掣肘，不得已选择远赴海外去上市，从某种意义上，这是由于我国目前的股票发行制度缺陷造成的，注册制以后会有相应的制度竞争力改善。

结语

总体而言，尽管实施注册制改革后我国证券市场开启的不一定是牛市，但它一定会给中国整个资本市场带来一个历史性的转折，资本市场将在国民经济发展当中扮演愈发重要的角色，而所有的这一切都很值得我们期待。

参考文献

[1]罗安国．推进我国股票发行注册制改革的思考[J]．企业导报，2014(21)．

[2]姜博强．我国 IPO 注册制改革分析[J]．财经界，2014(05)．

[3]朱铭晗．我国新股发行注册制改革的现实与策略研究[J]．北方经贸，2014(08)．

[4]周友苏，杨赵鑫．注册制改革背景下我国股票发行信息披露制度的反思与重构[J]．经济体制改革，2015(01)．

[5]李淼．注册制改革迫在眉睫 VC_PE 面临发展机遇[J]．中国战略新兴产业，2014(14)．

美国量化宽松政策的退出对中国经济影响初探

● 白 新

（中国人民大学）

摘 要 2011年6月,美国联邦政府提出退出量化宽松政策的原则。通过控制到期资本的再投入,实现资金的稳定控制比例,在此基础上提升联邦基金利率,最后通过抵押贷款,实现对证券发展的稳固支持。随着现今国际金融环境的发展变化,原先的经济政策已经很难适应经济负债规模的需要,因此,在2014年9月17日,美联储提出了新原则,本文将着重从美联储退出量化宽松政策的具体现状入手,分析其对我国经济发展的负面影响,并且在晓以利弊,合理规划,正确预控的基础上,提出符合我国社会实情的应对策略,从而为我国规避风险,实现经济链条的稳固发展,奠定良好外部基础。

关键词 量化宽松政策 影响 对策

1 美国退出量化宽松政策介绍

量化宽松货币政策是国家对市场经济进行宏观调控的一种方式,是指一个国家以印制大量钞票、购买国家公债或者企业债券等形式,向市场投入大量资金,用以降低市场利率,从而提高经济的增长速度方法。这种经济政策,存在着流动性缺陷,一般只有在常规的货币政策刺激市场经济无效的情况下,才会被实施的非常货币政策。2008年全球金融危机爆发,美国经济受到重创,为挽救美国经济,美国联邦储备委员会于2009年3月18日首次在国内实行了量化宽松货币政策,购买了总金额超过1.15万亿美元的长期国债、抵押证券以及美国住房抵押贷款机构"房地美"(Freddie Mac)和"房利美"(Fannie Mae)发行的住房抵押债券,使得美国发行的货币数量猛增,强劲的刺激了美国经济增长,当年的GDP增幅超过7%,远远超出了金融危机爆发前10年的年均1.7%增长幅度。2010年11月15日,为继续保持美国经济的强劲增幅,美国又实行了第二次量化宽松政策,美国联邦储备委员会又在2011年6月底前购买了6 000亿美元的长期国债,加大了对美国经济刺激,逐渐把美国经济拉出了金融危机的泥潭。在此之后,除了美国国内的财政支出外,美国的就业率、家庭收支、工商投资、房地产市场、通货膨胀等各方面表现良好,因此,2013年年底,美国解除量化宽松货币经济政策。

2 量化宽松政策在美国本土的影响综述

2.1 实现多边经济条件下的发展

美联储综合考虑了对外贸易以及本土债务等等情况,最终通过退出量化宽松政策来实现对于经济发展方向、规模、水平的整体把控,从2009年的基准利率在3.9%,发展到2014年,美联储首次实现了基准利率过10的愿望,特别是对于出口总额的市场占有,直接导致了12.3%的基准利率,创历史新高。其实对于美国退出量化宽松政策,早在2008年奥运会期间,不少经济学家已经有预言会发生,也正常的,美联储必须通过自我的宏观手段来维持外债的不利影响,对于拥有高端科技为一身的美国,通过技术出口,高端科技产品贸易,退出量化宽松,实现自我方式的经济收入最大化,无疑是当下最佳的战略手段。

2.2 减轻外债负担

美国在发展过程中，为了实现自我经济的最大价值，不同的通过所谓的国际融资实现经济的健康运行，例如，在美国经济发展遇到困难的时期，国家以投资建设各种高新技术项目来吸引国际投资，但是，实际的投资又不能获得预期中的经济效益，因此，在高新技术支持的背后，政府源源不断的资金投入，是达成项目得以实现的根本途径，作为一个经济型大国，世界第一大经济体，与不同经济体之间的经济贸易存在巨大的利益差距。当时有一个人说法，美国作为全球最大经济体，自我的发展是建立在对同盟国以及周边国家的步步蚕食之上，从一个侧面体现了美国的"借钱"本领，因此，我们有理由相信，此次美国联邦政府的QE退出，是对经济体稳定性的维护，减少了大部分的外债负担，依赖程度减小，自我可调节能力逐步提升。

2.3 提升出口总额

从当初的11.5%的经济市场份额，到2014年12月的25.5%的市场占有率，这也可以认为是美联储自我经济拉锯战争的制胜法宝。作为一个大的经济体，进出口总额是一个很重要的衡量数据，美国以高新技术为主的海外加工工厂的建立，使得出口总额得到了有效地巩固提升，相应的，退出QE，海外代工机构具备了更大的经济决策权力，自然而然地提高了对于出口总额的敏锐嗅觉以及全方位提升，这是符合当下美国经济发展需求的，是充分建立在联邦政府的信任机制之下的。

3 美国退出量化宽松政策对我国的影响及对策

3.1 经济影响

我国作为东方发展中的最大国家，与美国存在着很多的经济贸易关系，特别是近年来，建立在国家政府层面上的融冰政策的逐步实行，使得我国与美国之间的贸易往来空前加大，因此，也直接导致了我国成为美国最大的债权国。美国退出两轮的QE政策，对于我国有不小的国际经济形势冲击，影响也从利率调整到贸易逆差，最终也影响到了我国货币价值和经济市场的整体波动把控，因此，对于我国的影响分析是很有必要的。

美国退出QE对我国的影响是相对集中的，基本上可以分为贸易、货币利率、房地产发展3个层面来进行理解。首先不容忽视的一点，美国退出量化宽松政策，使得我国的货币不停升值，对外利率中枢水平近两年不断攀升，最为直接的体现就是人民币兑美元汇率的表现，它所带来的是一系列连带性的影响，见下表所示。

表　2014 年人民币兑美元明细表

日期	中间价	钞买价	汇买价	钞/汇卖价	涨跌额	涨跌幅
1 月	614.0700	615.1900	620.1600	6 22.6400	0.1200	0.0195%
2 月	613.9500	615.3800	620.3600	622.8400	0.2500	0.0407%
3 月	613.7000	614.4900	619.4600	621.9400	0.0000	0.0000%
4 月	613.7000	614.4900	619.4600	621.9400	0.0000	0.0000%
5 月	613.7000	614.4900	619.4600	621.9400	0.3200	0.0522%
6 月	613.3800	614.3000	619.2600	621.7400	-0.0700	-0.0114%
7 月	613.4500	614.0300	618.9900	621.4700	0.4000	0.0652%
8 月	613.0500	613.6000	618.5600	621.0400	-0.4300	-0.0701%
9 月	613.4800	613.1100	618.0600	620.5400	0.0000	0.0000%

（续表）

日期	中间价	钞买价	汇买价	钞/汇卖价	涨跌额	涨跌幅
10 月	613.4800	613.1100	618.0600	620.5400	0.0000	0.0000%
11 月	613.4800	613.1100	618.0600	620.5400	− 0.4800	− 0.0782%
12 月	613.9600	613.5000	618.4600	620.9400	− 0.3800	− 0.0619%

通过 2014 年的利率明细表中,很显然地看出美国退出两轮的 QE 政策后对我国所产生的影响,利率水平在两个季度内一直居高不下,中枢水平的过高,直接导致我国的纺织、制造等等贸易的对外出口连连受挫,换一个角度而言就是一种经济的打压。

美国退出量化宽松政策对于我国的贸易影响也实为不小,大大增加了我国通货紧缩的压力,以出口为主的国际贸易收到了一定的生存空间挤压,本身就贸易水平不够平衡的中国对外市场而言,在量化宽松政策退出之后,基于美国的贸易往来以及世界性的美元为基础货币交易的国际贸易,差距在不断被加大,贸易逆差对于我国经济市场的平稳构建是极其不利的。

房地产行业的发展在我国有着特殊的发展历程,作为经济体的全面发展战略重要组成部分,美国退出 QE 政策,对于我国房地产的平稳过渡以及海外市场扩建带来了巨大的压力,伴随着改革开放的不断转型和深入,我国的民族产业和外资产业得到了充足的发展空间。房地产行业正是在此阶段孕育而生并且不断发展壮大的。房地产行业的起源跟传统制造业不无关系,后者的发展需求承接了前者的发展特点。

21 世纪是一个信息大繁荣的时代,任何性质的企业如果远离这个背景自我发展,那么终究会被信息化市场淘汰。不难看到,在 20 世纪末期的制造业行业分析中,近 6 成的传统制造业公司业务不断缩水,市场份额逐渐下降,传统制造业正在被新兴的以信息化为支柱的产业挤压并且不断被占领。只有少部分的传统制造业意识到了危机所在,加快研究新世纪的互联网思维,统筹全局,把自己的传统经营向新的信息时代传略转移。所以在以居家为主要目的的现代人世界观里,能带动并且弥补制造业不足的,就是住宅。因此,房地产行业在我国经济体中发挥的作用是不能轻视的,美国对于整体利率水平的提升以及我国自我发展的不足性质问题的产生,都可以直接或者间接的发现对于房地长行业的宏观影响,这也是美联储相当关注的一个问题,也是影响到国民 GDP 的一个重要因素。

3.2 应对策略

通过上述分析,对于美联储退出 QE 政策的宏观影响,进行了较为全面的本土化分析,我国将如何应对,实现利弊合适,将不利影响降低到最小,这是我们很关心的问题。综合分析,主要手段应放在对于经济水平的调整上来。加强外汇结算管理、提升出口力度,促进贸易平衡、加大技术引进,丰富实体经济发展、维持人民币币值稳定是最为基本的做法,也是为了维持利率中枢水平,减小房地长行业的辐射影响,实现国际性贸易的逆差平衡,全面突破经济条件的外在束缚,从而实现对于自我特色经济市场的干预调控,这也是在十八届三中全会中被多次提及的核心问题。

3.2.1 维持人民币币值稳定。加强外汇结算管理,是具有针对性的经济干预应对。在此其中,受到一致认可的模式,通过对于一定额度的本土贷款,支持相应房产行业的自我内在完善发展,从而在自我找问题,自我谋方向的指导下,实现房产行业的稳定增值发展。小额贷款公司便是最好的针对性解决手段,是市场经济活跃进步的产物。打破了传统垄断的正规金融信贷机构的模式化运作,小额贷款公司具有了更强的针对性和主观能动性。定量分析这些风险的影响和比例因素,从而为房地产行业更好地规避风险,减少损失,最大化个人利益和服务价值奠定基础。

3.2.2 加强贸易逆差的维持和调整。需要加强宏观调控,采取针对性的应对方式。其中,结合十八届三中全会的精神指导,当下混业经营对于扭转贸易逆差是十分有利的,这也是我国经济体的自我成熟的一种表现。混合经营中与之相关最紧密的就是针对市场模式化规律下的营销策略,首先,市场营销战略的核心在于如何去执行,把一个好的营销策划案执行到位,取得最大的营销效果,就是最好的营销模式。在企业的营销理念中,品牌联播一直是企业营销的重点。在实行品牌联播营销的过程中,我们一般把它分为线上营销和线下营销,而由于线下营销投入比较大,难以监控效果,所以,企业一般会以传播迅速、准确定位的线上传播为主。

3.2.3 加强自我经济品牌实力营销。品牌联播的线上营销可以分为新闻营销和口碑营销两个方面。品牌联播在官方媒体、一线门户用最具权威的、最广方的方式进行立体式、多方位的宣传,从而产生最大化的传播效果,可以为企业实现最大化的营销价值。在此基础上,综合市场的营销策略,就形成了我们的市场营销核心。所以,混业营销必须解决分业经营的市场弊病,才能更好地适应市场的发展环境。在综合发展的基础上实现对于经济贸易的局势把控,从而将房地产行业的辐射影响相互抵消,也是我国目前最为推崇的整体调度手段,具体的实施会有不少的经济市场问题产生,规避风险,合理应对,发挥最大价值便是最为根本的决策手段。

参考文献

[1]韩雪.从货币供应量变化看量化宽松货币政策的效果[J].上海金融,2011(5).

[2]李青.量化宽松下的通胀输出[J].中国金融,2010(23).

[3]李亚丽.量化宽松货币政策的理论基础、政策效果与潜在风险[J].金融探索,2011(2).

[4]马成功.对美国量化宽松货币政策的经济学分析[J].武汉大学学报,2011(5).

[5]孟俊.量化宽松货币政策的理论、实践与影响[J].山东经济学院学报,2011(3).

[6]穆飞.金融危机下的量化宽松货币政策之分析[J].经济师,2010(9).

大数据在银行业务中的应用与实践

● 王海龙　王　鹏

(中国人民大学财政金融学院)

摘　要　大数据被认为是继信息化和互联网后整个信息革命的又一次高峰。云计算和大数据共同引领以数据为材料,计算为能源的又一次生产力的大解放。在业界人士看来,云计算主要为数据资产提供了保管、访问的场所和渠道,而数据才是真正有价值的资产。

关键词　大数据时代　大数据平台　平台建设　银行业务　金融服务

1　大数据概览

1.1　定义

　　大数据被认为是继信息化和互联网后整个信息革命的又一次高峰。云计算和大数据共同引领以数据为材料,计算为能源的又一次生产力的大解放。在业界人士看来,云计算主要为数据资产提供了保管、访问的场所和渠道,而数据才是真正有价值的资产。最早提出"大数据"时代到来的是全球知名咨询公司麦肯锡,麦肯锡称:"数据,已经渗透到当今每一个行业和业务职能领域,成为重要的生产因素。人们对于海量数据的挖掘和运用,预示着新一波生产率增长和消费者盈余浪潮的到来。"由此,麦肯锡率先提出"大数据时代"正在到来。当然,麦肯锡的定义着眼点在于数据的性质上,随着大数据的应用和扩展,业界出现了广义层面的大数据定义。

　　大数据是"数据化"趋势下的必然产物,数据化核心的理念是:"一切都被记录,一切都被数字化",它带来了两个重大的变化:一是数据量的爆炸性剧增;二是数据来源的极大丰富,形成了多源异构的数据形态,其中,非结构化数据所占比重逐年增大。牛津大学互联网研究所 Mayer – Schonberger 教授指出,"大数据"所代表的是当今社会所独有的一种新型的能力——以一种前所未有的方式,通过对海量数据进行分析,获得有巨大价值的产品和服务,或深刻的洞见。

　　《大数据时代》作者舍恩伯格指出,大数据带来的信息风暴正在变革我们的生活,工作和思维,开启了一次重大的时代转型,他明确指出最大的转变就是放弃对因果关系的渴求,取而代之关注相关关系,颠覆了千百年来的思维管理,对人类的认知和与世界交流的方式提出了全新的挑战。大数据的核心就是预测,它将为人类的生活创造前所未有的可量化的维度。大数据已经成为新发明和新服务的源泉,而更多的概念正蓄势待发。

1.2　特征

　　"大数据"这个词,光从字面来看,可能会让人觉得只是容量非常大的数据集合而已。但大数据是一个综合性概念,容量只不过特征的一个方面。大数据指的是因为数据量巨大,而导致无法在用户可接受的时间内,无法通过目前主流常规的软件工具,在合理时间内达到撷取、处理、并管理以帮助企业经营决策。

　　(维基原文:"Big data" refers to datasets whose size is beyond the ability of typical database software tools to capture, store, manage, and analyze.)

大数据具备 4V 的特征。Volume：指大规模数据集，一般在 10TB 规模左右，但在实际应用中，很多企业用户把多个数据集放在一起，已经形成了 PB 级的数据量；Velocity：具有快速的数据流转和动态的数据体系，获取数据更为灵活、快速，处理速度非常快，遵循"1 秒定律"；Variety：数据来自多种数据源，数据种类和格式日渐丰富，已经冲破了以前所限定的结构化数据范畴，囊括了半结构化和非结构化数据。但是要注意的是价值密度低，需要高度提炼提取，但是商业价值高；Value：大数据的数据多样性越高，数据量越大，增长速度越快，数据的潜在价值就越大。如何从大量数据中快速获取有价值的信息将成为一个新的挑战。

一个完整的大数据解决方案，它不仅包括因具备上述特征而难以进行管理的数据，还包括对这些数据进行存储、处理、分析的技术以及能够通过分析这些数据获得实用意义和观点的人才和组织。

1.3 技术发展

适用于大数据的技术，包括大规模并行处理（MPP）数据库、分布式文件系统、分布式数据库、内存数据库、列式数据库、云计算平台和可扩展的存储系统等关键技术。用于分析大数据的工具主要有开源与商用两个生态圈。

1.3.1 开源大数据生态圈。Hadoop HDFS、HadoopMapReduce，HBase、Hive 渐次诞生，早期 Hadoop 生态圈逐步形成；Hypertable，存在于 Hadoop 生态圈之外，但也曾经有过一些用户；NoSQL，membase、MongoDb 等。

1.3.2 商用大数据生态圈。一体机数据库/数据仓库：IBM PureData（Netezza），OracleExadata，SAP Hana 等；数据仓库：TeradataAsterData，EMC GreenPlum，HPVertica 等；数据集市：QlikView、Tableau 等。

2 大数据应用

2.1 与传统 BI 的区别

传统 BI 的分析已经在金融业和其他相关行业应用很多年了，不管是业务分析人员，还是专职数据分析师，都已经熟练掌握了不少的工具，实现了常规的业务统计、分析报告等功能。但当大数据时代来临的时候，我们一定要认识到在以下 4 个方面它们是存在一些差异的，而且这些差异可能就是将来基于大数据实现银行业务创新、流程创新的重要基础。

2.1.1 分析对象和内容。之前传统 BI 的分析对象和内容基本都是系统数据库中存储的结构化数据，来源是银行内各个产品业务处理子系统。而在当今的大数据年代，数据类型得以最大化的扩展，借助不同的平台和工具，可以非常高效地处理各类数据，包括非结构化的视频、音频、文本、图像等，其来源也更加多样化和具有广泛性，所有可能产生数据的地方都可以成为分析数据的来源。

2.1.2 分析手段和工具。之前传统 BI 的分析手段和工具大多拘泥于数据库查询语句 SQL，再辅助于一些报表工具，实现基本的统计分析和灵活查询。在大数据时代，随着工具、产品、平台技术的发展，分析人员可以利用的手段更加多样和高效。除传统分析手段和工具之外，深度挖掘、文本识别、视频捕捉、规则引擎、可视化等技术都将助力于各类业务分析，SAS 等高级分析工具将得以更为广泛的应用。

2.1.3 时效性。之前传统 BI 分析大多是 T+1 的数据，甚至部分数据还有 T+2 甚至更晚，无法支持一些对时效性要求很高的应用（例如欺诈侦测等）。在大数据时代，因为，有了更先进的平台和数据存储处理技术，可以很便利地从产生数据的地方快速、简捷地获取数据，通过对文件系统或者流数据的处理，筛选出有价值的信息，从而实现准实施的各类业务应用，比较典型的应用领域就是"风险欺诈侦测"、"准实时营销"等。

2.1.4 对业务的驱动方式。之前传统 BI 的分析大多是在业务发生以后，通过统计数据发现业务的一些特征,从而寻找业务发展的规律,或者在明确业务需要查询的内容后利用工具实现,大多还是属于被动型应用。而在大数据时代,因为,获取数据的类型、时效以及分析工具的强大,更有可能将数据应用方式转为自助型为主,从而更为主动地为业务推送有价值数据,实现数据驱动业务。

大数据时代的核心能力是整合,不仅是银行内部数据的整合,更重要的是和大数据链条上其他外部数据整合,越是完整的数据,能够产生的作用就越大。由于各行业的数据标准和格式存在差异,如何逐渐统一数据标准以便更方便地进行数据交换和融合,也将是业界所面临的巨大挑战。

2.2 大数据与银行管理

大数据提供了全新的沟通渠道和营销手段,可以更好地了解客户的消费习惯和行为特征,及时、准确地把握市场营销效果。涉及对商业银行具体的经营管理,主要体现在以下4个方面。

2.2.1 提高营销水平。借助大数据将使银行更加了解自己的客户、了解客户的经济行为、了解客户的企业、了解银行的利润增长点和成本点,对其特征进行较为深刻的分析,更有针对性的对客户进行产品的营销和管理,从而更好地为客户服务,更好的经营企业,客户体验也会更好,并帮助银行赢得市场先机,占据市场竞争优势,提高营销成功率并且不易被同业模仿。

2.2.2 提高风险防范能力。借助大数据可以完整判断出个人或企业的信用等级和综合状况,从而改善目前个人、企业与金融机构之间信息不对称的状况,便于银行业对授信客户的经营情况和还款能力做出精准判断,这必将大幅降低银行业的经营风险,有可能改变目前银行授信业务的贷前、贷中、贷后模式。此外,增加对高效客户使用额度监控频率,降低管理成本,对异常交易数据与其背后的客户关联企业进行跟踪和监控,形成对银行资产的数量化监控,逐渐达到 basel III 的风险管理要求。

2.2.3 降低运营成本。大数据可使决策层条理清晰,目标明确,使银行营销和管理更系统化、智能化,同时,通过定义清晰的各项数据指标,准确定位内部管理缺陷,制定有针对性的改进措施,使内部流程更加清晰,提高组织的工作效率,更加如实的反应银行运转情况。

2.2.4 提高管理水平。运用科学分析手段对海量数据进行分析和挖掘,可以更好地了解客户的消费习惯和行为特征,分析并优化运营流程,提高风险模型的精确度。研究和预测市场营销和公关活动的效果,从每一个经营环节中挖掘数据的价值,使银行进入全新的科学分析和决策时代。随着银行业务种类的不断丰富,业务规模的不断扩大,银行内部决策和风险管理对数据的准确性、及时性和全面性的要求也越来越高,大数据条件下信息安全保密与隐私数据访问等问题,将成为银行业大数据时代所面临的新挑战。

3 大数据实践

3.1 大数据平台建设

3.1.1 平台规划。我们想要建设的是一个什么样的平台?一个开放、自由、可扩展的平台,可容纳各钟来源数据,同时,为各类不同用户提供便利的数据服务。

我们在这样的平台上存储什么数据?能快速、便利、低成本地采集、存贮大量结构化、非结构化、流等不同类型、不同来源的数据。在这样的平台上有什么业务价值?通过引入数据挖掘、云计算等技术,实现精准营销,需求预判,流失预警,批量授信等应用,全面提升数据的业务价值。

3.1.2 平台层次。①来源区,指大数据的来源,主要为来自于银行内部的结构化数据,以及从不同渠道获取的文本、音频、视频、网页等非结构化数据。此外,还要融入类似"点击流"、"交换机日志"、"地理位置"的流数据;②整合区,该区域主要是为更高效提供应用服务,预先将一些常用的、重要的关键数据进行了按照业务主题的整合,并保存了较长时间的历史数据;③云服务,该区域是大数据的应用区,有的是复杂加工的报表,有的是用户按照需要自行提取,有的是按特色需求构建专题的应用。

在大数据应用领域,云计算、云管理承担了重要的角色。没有大数据的信息积淀,则云计算的计算能力再强大，也难以找到用武之地。没有云计算的处理能力，则大数据的信息积淀再丰富，也终究只是镜花水月。

3.2 大数据平台实施

明确了大数据平台的目标，基于大数据平台的整体架构的实施路径如下。

3.2.1 业界厂商调研。整理业界对大数据的各种认知，统一大家的认识，并与业界成熟厂商、咨询公司进行沟通、调研，了解发展趋势、实施案例以及同业的探索和实践。

3.2.2 内部需求调研。通过培训、交流、问卷等多种方式，在银行各机构间进行调研，了解业务对大数据的需求和应用场景。

3.2.3 平台架构搭建。根据银行自身的现状和特点，结合业界先进的解决方案和思路，设计整理的大数据平台架构，并推动实施。

3.2.4 推行标准工作流程。在平台建设的推进过程中，对银行内部工作流程进行再造，让内部的工作更加规范、高效，最大化复用现有的工作成功，降低成本。

3.3 大数据平台应用场景

3.3.1 配合大零售交叉营销。根据业务需求，整合零售、小微、信用卡、基金、村镇银行等与零售客户相关的数据资源，建立客户360度全息画像，统一价值评估体系，实时营销，流失路径及流失评分等。实现集团层面的交叉营销，挖掘已有存量客户的价值，同时，提升客户体验。

3.3.2 对公客户生态圈实践。结合外部数据和平台内部详细交易数据、授信关联数据等，实现对公客户的信息识别，在此基础上构建产业链分析、供应链分析、交易链分析，逐步形成完整的生态圈。

3.3.3 客户化运营。客户化运营关注的重点是网点资源配置、作业流程效率和客户服务以及自主、自助办理业务的流程体验。借助大数据平台可以支持客户化运营指标的加工和计算，为客户化运营提供量化分析基础，实现科学的绩效考核。

3.3.4 风险管理。通过广泛渠道调查和掌握借款人的信息，结合更多外部数据（如通讯运营商、公安、司法、民政等），降低信息不足、不对称的问题，通过整合内部数据和各类外部数据形成合力，及时甄别中小客户、中小业主、私人高端的关联性，便于及早发现授信风险，预防和降低不良风险形成，提高风险模型精度。增强统一限额管理，完善预警分析、优化评价体系，分类建立打分卡、自动化小额授信/批量审批作业优化、实时在线欺诈侦测等。此外，还可以根据信用评级分类制定贷款价格、构建客户信用档案库等，让数据真正发挥威力，提高风险管理和防范能力。

3.3.5 名单营销实践。在实现客户统一分层和价值评估基础上，有针对性地选择某些重点产品进行名单制营销的实践，并通过与传统方式的比较进行培训推广。

3.3.6 金融产品营销。设计产品关联模型、购买倾向模型，支持多样化营销渠道（微博、微信、社区、微关系、生态圈等），准确获取市场动态、焦点产品，提升客户体验、咨询、高效投诉处理效率。

尽管大数据的应用在不同的行业领域已经有了一些非常成功、经典的案例，非常的引人注目，但在金融业目前还没有一个完整、成熟的应用方案。各个科技公司与金融业客户共同摸索、实践，构建的维度和方式也存在很大的差异。通过以上论述，笔者用分类、比较等研究方法，从大数据平台定位、数据、业务场景等角度综合考虑，系统客观地分析银行在打造大数据平台时所应具备的功能及适用性，并对可能的应用场景进行了描述。

未来大数据将全面颠覆金融服务形态，引导金融服务向虚拟化发展。数据技术对商业银行营销、管理必将产生深刻影响，通过对大数据的应用和分析，银行能够准确地定位内部管理缺陷，制订有针对性的改进措施，实行符合自身特点的管理模式，进而降低商业银行的管理和营运成本。银行业务的管理涉及领域极其宽泛，如果能使每个领域都充分利用海量的各类数据以及之间的关联规则，并恰当配合关联外部数据、银行大数据，必将会发挥出更大的价值。

以实文化为主的中小茶文化企业
现状及发展对策研究

● 田 彤

（北京联合大学旅游学院）

摘 要 以实文化为主的中小茶文化企业是我国茶文化产业中的新生力量,它们的发展壮大有助于增强我国茶文化产业的活力。本文针对我国茶文化产业中以实文化为主的中小茶文化企业的特点及现状进行了分析,并提出了促进以实文化为主的中小茶文化企业的发展对策。

关键词 茶文化产业 中小茶文化企业 现状 对策

近几年,随着我国茶文化产业的蓬勃发展,涌现出了大批以实文化为主的中小茶文化企业,这些企业在发展过程中面临着一些问题。找到应对策略,促进这些以实文化为主的中小茶文化企业成长,有助于增强我国茶文化产业的活力。

1 我国茶文化产业的发展变化

1.1 茶文化产业的概念

茶文化产业是人们在与茶的接触、生产过程中,有意识地创造出的有文化内涵的茶产品和以茶文化服务为主的产业以及相关事业的集合,泛指茶文化产品和文化服务的生产、交换、分配和消费直接相关的行业以及其他能够较多体现茶文化特征的行业。

1.2 我国茶文化产业由“以虚文化为主”向“以实文化为主”发展变化

“以虚文化为主”主要是指以茶文化为虚、以茶文化为附加、以茶文化为帮衬,文化处在隐性状态。从某种意义上说,是人们为开拓传统产业或茶物质产品发展道路而把茶文化引进市场,以加快经济发展,把茶文化作为媒介,以茶文化带动经济发展为出发点和归宿而发挥茶文化作用的表现形式和留给人们的印象。

“以实文化为主”主要是指以茶文化为实、以茶文化为主体、以茶文化为内容,文化处在显性状态。也就是说,人们为迎合社会对茶文化的需求而将茶文化引进市场,而茶文化进入市场的原因则是基于人们对某种茶文化形式的需求,茶文化进入市场后直接产生经济效益,即茶文化资源直接转变成资本。

2 以实文化为主的中小茶文化企业的特点

2.1 企业规模小,企业职能少

按照我国的相关规定,从业人数不高于300人的视为中小文化企业。大型文化企业通常同时具有研发、生产和营销3个职能。中小茶文化企业由于企业规模小,一般会侧重于某一两个只能,如有的侧重设计研发,有的侧重营销服务。

2.2 文化主题突出,经营内容多样

茶文化是这类企业的核心文化主题,企业的创意主导或产品设计紧密围绕这一主题,文化特色十分鲜明。以实文化为主的中小茶文化企业经营内容多种多样,如茶文化主题空间设计(茶艺馆装饰装修设计)、茶服设计、茶具及茶礼设计、茶文化教育与培训、茶文化主题网站、茶文化出版物(图书、

报刊、音像制品等)出版、茶文化旅游等等,以满足现代人对茶文化的对方面需求。

2.3 市场灵敏度高,产品个性化强

随着人们对茶文化的深入了解,消费者的需求也越来越个性化。以实文化为主的中小茶文化企业由于贴近消费者,能够及时发现消费者的个性化需求,有针对性地设计产品。如一些以茶文化教育与培训为主的企业根据不同的培训对象开办女子茶艺培训、亲子茶艺培训、少儿茶艺培训;培训地点除了在本企业开展培训外还可以送培训到企业、到学校、到社区,甚至到学员家里进行一对一的培训,充分满足消费者的个性化需求。

3 以实文化为主的中小茶文化企业存在的问题

目前,我国以实文化为主的中小茶文化企业大多处于创业初期,普遍存在盈利模式不清晰、融资困难、人力资源不足、知识产权保护力度不够等问题。随着茶文化产业的发展和升级,这些企业发展将面临的更大的压力。

3.1 盈利模式不清晰,盈利能力较低

企业要赚钱,最重要的是要有清晰的盈利模式。一个好的盈利模式必须能够突出一个企业不同于其他企业的独特性。这种独特性表现在它怎样界定顾客、界定客户需求和偏好、界定竞争者、界定产品和服务、界定业务内容吸引客户以创造利润。目前,一些以实文化为主的中小茶文化企业盈利模式不清晰,市场竞争能力弱;品牌意识和商业竞争不强;无序竞争且内容同质化泛滥。

有许多中小茶文化企业老板出于对茶文化的热爱进入到行业中,根本没有想明白要做什么。别人做培训,他也做培训;别人办雅集,他也办雅集;别人组织茶山游,他也组织茶山游;别人做素斋他也做素斋。忙了一通之后发现,培训做不过专业培训公司;雅集做不过文化圈里有人脉的公司;茶山游做不过旅游公司;素斋做不过餐饮公司。总之很难赚到钱。

3.2 融资渠道有限,融资难问题突出

按照行业惯例,银行或担保公司要给一家企业发放贷款,首先要看这家企业的现金流量,是否超过贷款额;其次要看这家公司的有形资产。通过这两个方面对这家公司的还款来源进行评估,而这两个方面是一些实文化为主的中小茶文化企业的弱点。

这些企业固定资产少,抵押贷款难;知识产权评估难,无形资产变现难;再加上一些企业处于发展的早期或中期阶段,自身盈利模式不成熟、抗风险能力差,融资难就成了普遍现象。

3.3 企业人力资源不足,高素质文化人才难觅

文化企业以无形产品为主要生产对象,茶文化产品设计、茶文化活动创意、茶艺表演、茶艺服务都是需要以人为载体,人是企业技术信息与文化知识的载体,是企业竞争力和创造力的集中体现。

以实文化为主的中小茶文化企业现有的人才结构、类型、素质与层次不能适应企业文化传播、观念创新的要求,企业对高素质文化人才需求迫切。企业人力资源不足,高素质文化人才难觅是大多数企业面临的突出问题。目前,这些企业普遍存在以下问题:员工薪酬水平不高、员工职业发展上行空间不足、员工培训不到位,企业人力资源管理存在诸多问题,这些都使得以实文化为主的中小茶文化企业对高素质文化人才缺乏感召力。

3.4 知识产权保护意识薄弱,知识产权保护力度不够

目前,在申请国家知识产权保护方面,以实文化为主的中小茶文化企业主要有以下几种状况。

一是处于起步阶段的企业处于简单模仿其他企业经营模式的状态,尚未形成自主知识产权。

二是发展比较成熟的企业,已经有了自主研发的茶文化产品,如独具特色的茶文化活动形式、茶文化培训模式、茶艺表演形式等,但由于企业自身知识产权保护意识薄弱,没有申请自主知识产权保护,使得自己的茶文化产品在行业中被随便盗用。

三是一些知识产权保护意识比较强的企业,将自己的茶文化产品申请了国家知识产权保护。如北京唐密茶道文化交流中心,该中心是一家具有自主知识产权的唐密茶道培训机构和传统文化交流

机构,该中心已经将"唐密茶道"课程全部内容申请了国家知识产权保护,包括教材教案和教学大纲、唐密茶道展示的程序、服装、人物动作、各种器物及其布设、背景音乐等。

在我国,整体文化产业中,侵权盗版问题一直存在,以实文化为主的中小茶文化企业同样面临这一问题。除了企业知识产权保护意识薄弱外,缺乏完善的知识产权保护法律体系,造成知识产权保护力度不够。

3.5 专业管理人员缺乏,管理水平有待提高

多数以实文化为主的中小茶文化企业是在文化理想的驱动成立的。企业的老板及管理人员是怀着相同的文化理想走到一起的,他们大多是相同的茶文化爱好者。企业缺乏专业管理人才,管理水平不高。

4 促进以实文化为主的中小茶文化企业发展的对策

4.1 增强创新能力,提高核心竞争力

以实文化为主的中小茶文化企业应注重增强自身的创新能力,通过观念创新、内容创新、管理创新,打造自身茶文化品牌,提高企业管理水平,增强企业的核心竞争力。

4.2 制定企业投融资策略,提高融资效率

以实文化为主的中小茶文化企业应转变经营理念,把企业投融资作为长期战略谋划。根据企业自身的条件选择不同的金融工具和融资方式。

4.3 创新人才激励机制,注重人才培养

要解决以实文化为主的中小茶文化企业人力资源不足,高素质文化人才难觅的问题要从两方面着手。一方面是创新人才激励机制,吸引高素质文化人才进入企业;另一方面是找准企业的培训需求,对各级各类企业员工进行精细化培训,提高员工的素质和层次,培养企业骨干。同时,还要做好员工职业生涯规划,培养员工对企业的忠诚度,使高素质文化人才能够在企业留住。

4.4 呼吁完善知识产权保护方面的立法,加强知识产权保护力度

知识产权保护是以实文化为主的中小茶文化企业创新发展的保障,企业在增强自身知识产权保护意识的同时,要呼吁归家进一步完善知识产权保护方面的立法,有效打击侵权盗版行为,以便更好地维护企业创新发展。

4.5 聘请中小企业职业经理人,提高企业管理水平

由于以实文化为主的中小茶文化企业中高层管理者普遍缺乏现代管理知识和思维,会造成决策失误、资源配置不合理、企业效率低下等问题。聘请中小企业职业经理人,能够更好地发挥企业的管理职能,有效整合企业的各种生产资源使之发挥最大效益。

结束语

随着我国人民生活水平的不对提高,人们对文化产品的需求不断提升。以实文化为主的中小茶文化企业的发展,将进一步增强我国茶文化产业的活力。中国古老的茶文化将通过更多的途径走进人们的生活,起到净化心灵、美化人生、善化社会、文化世界的作用。

参考文献

[1] 龚永新. 弘扬茶文化-推动茶文化产业建设. 湖北广播电视大学学报,2006,7,23(4).

[2] 龚永新. 略论新时期茶文化产业化趋势——由以虚为主向以实为主的茶文化产业发展. 三峡大学学报人文社会科学版,2006,3,28(2).

[3] 吴群. 中小文化企业发展面临的困境及应对策略. 经济纵横,2012(11).

[4] 范增平. 中华茶艺学. 台海出版社,2000.

A 股市场"黑天鹅"现象、成因及对策浅析

● 习潇潇

（对外经济贸易大学金融学院）

摘　要　本文通过 2015 年 A 股市场两周内大幅下跌近 2000 点的现象，引入人类历史上的"黑天鹅"事件，分析了近年来恶性"黑天鹅"事件频发背后的原因，并从市场监管、市场体系和投资理念 3 个层面，给出了改进建议，提醒读者需要换个角度正视"黑天鹅"事件，应对引发"黑天鹅"背后的脆弱性给予更多关注，引导市场朝着健康、理性的方向发展。

关键词　"黑天鹅"　脆弱性　A 股市场

2015 年 6 月中旬，A 股市场遭到潜伏杠杆资金的突然袭击，瞬间从天堂落入地狱。人们经历了从欣喜、彷徨、侥幸、惊恐、绝望，到艰难反转之后的喘息，又一次对"黑天鹅"的降临愕然，而愕然之余，人们又一次开始了对历史上"黑天鹅"事件的回顾。

1　"黑天鹅"的历史

据说在人们发现"黑天鹅"之前，认为天鹅都是白色的。随着第一只"黑天鹅"的出现，这个不可动摇的信念崩溃了。从此，"黑天鹅"也有了另一重寓意：不可预测的偶发重大事件，即在意料之外，而发生了却又改变着一切。

在人类历史上，"黑天鹅"事件层出不穷，它的出现，总在瞬间给人们带来巨大改变。从泰坦尼克号事件，到"9·11"恐怖袭击、汶川大地震、福岛核电站泄露、MH370 失联、再到 2015 年 8 月 12 日又突发的天津滨海新区爆炸。近年来，恶性"黑天鹅"事件频发，而在"黑天鹅"面前，人们显得如此脆弱，不堪一击。

回到经济事件上，暂不论 1929 年爆发的经济危机，近年来，"黑天鹅"群则像是突然受惊，从华尔街飞向世界的各个角落。2008 年突然袭来金融风暴，当人们熬过寒冬，在各国的刺激政策下重拾信心之际，欧债危机又爆发了，此后，印度、阿根廷、巴西等国家出现外汇市场剧烈波动……中国的股市、汇率、甚至银行体系是否也面临着严峻考验？

人们不禁自问，在不断优化的当今世界，人们为何还被"黑天鹅"频繁突袭？

2　"黑天鹅"的背后

既然"黑天鹅"事件是造成广泛的、严重后果的，不可预知的、不定期发生的大规模地对人们造成伤害的事件，于是人们不断地开发模型、理论或表述方式来捕捉"黑天鹅"。但不幸的是，"黑天鹅"却反过来绑架了人们的思维，人们每次都感到差不多、几乎预测到了它们，却没有意识到那是因为它们都可以进行回溯性解释而带来的错觉。我们的头脑更倾向于将历史以更平稳、更线性的状态呈现出来，却导致我们忽略了随机性。而一旦我们看到随机事件时，却会心生畏惧并反应过度。

事实的真相是，复杂系统内部充满着难以察觉的相互依赖关系和非线性反应。举例来说，当你的薪酬提高两倍，你所得到的快乐并非正好是几倍，可能很多，也可能很少。如果反应能够被确切的描

述并绘制成图,很显然,它至少一定会呈现出一条曲线,而非直线。人的反应尚且复杂如此,现代世界技术、知识和信息的不断增长和相互作用,让事态变得更加不可预测。特别是人造的复杂系统一旦失控,往往会引发多米诺骨牌效应,有时甚至消除了可预测性,导致特大事件。

同时,人们在面对"黑天鹅"问题时,也有一个不容忽视的方面,实际上也是一个很核心的方面,即罕见事件的发生概率根本是不可计算的。我们对百年一遇的事件的了解、统计及分析,远低于 5 年一遇的事件,而以预测五年事件的模型来预测百年事件发生的概率,其误差也许并不在同一数量级上。事件越罕见,越难以追踪。

虽然不可预测的"黑天鹅"事件使复杂系统变得脆弱,但不应单凭这一点,久掩盖复杂系统原本偏好压力和波动性的事实。重要的是,反过来思考一下这个问题,可能会对我们更有利:弄清楚什么是脆弱的,比预测"黑天鹅"事件是否会发生要容易得多;与其计算重要的罕见事件的风险、预测它何时会发生,不如观察事物对波动性的敏感性,以降低脆弱性。这也为"黑天鹅"问题的解决提供了一个可参考的方案。当你寻求秩序,你得到的不过是表面的秩序;而当你拥抱随机性,你却能把握秩序、掌控局面。

那么针对 A 股市场,"黑天鹅"事件又是如何发生的呢? 根据以上分析,如何应对"黑天鹅"事件,或者更确定的说,如何降低脆弱性呢? 笔者提出以下建议。

3　A 股市场脆弱性对策分析

3.1　加强市场监管,消除市场销量和监管之间的不对称性

市场需要流动性,如果流动性缺失,一旦因恐慌导致连续强制平仓,在没外力来阻止的情况下,连续强平的恶性循环很难被打破,严重时就会使银行出现问题,进而使信用收缩,整个宏观经济运行下行压力增加;而宏观经济下行,又导致整个国际大宗商品市场剧烈波动,导致国内输入性通缩风险,并最终导致投资者财富缩水,资本外流。这当然不是危言耸听,这是人们可预见到的市场"黑天鹅"现象,只是无法预测它何时发生而已。而这个不难理解的链条也说明,一旦危险发生,人们失去的比得到的更多,不利因素比有利因素更多,说明市场本身存在不对称性,市场是脆弱的。

如果说市场本身存在着不利于我们的、负的不对称性,那么市场监管则存在正的不对称性。短期来说,加强监督必然会影响流动性,但长远来看,加强市场监管,人们的付出是有限的,潜在的收益却是巨大的。削弱负的不对称性,利用正的不对称性,是复杂系统反脆弱性的第一要义之所在。

而现实的情况是,市场销量与监管之间也存在着严重的不对称性。即便在目前资本项目处在比较严格的管制下,风险预警也存在着比较大的漏洞。首先,我们缺乏对资金来源的监测。大量资金通过正规的银行渠道、不正规的地下渠道,甚至还有一部分黑钱通过各种渠道进入股市。在 A 股的这一轮上涨中,很多大股东用股权和银行质押融资,拿钱后又去炒股。股权质押的时候,很多是对折融资。而在暴跌中,质押的股权价格跌到 3 折甚至 4 折,对银行来说,就成了不良资产。而且,这一波牛市和上一轮很不一样,是一个杠杆市。目前,A 股融资流通占整体市值的比例,在国际上都处于比较高的水平。因此,必须加强对资金来源的监管,尤其是对杠杆资金的严密监管。其次,跨部门的危机处理方式不能遏制市场的迅速恶化。"一行三会"对于市场监管和协调确实缺乏必要的协同。股市的很多钱都来自银行,但我们银行业、证券业进行分业监管,部际协调没有那么及时、有效。再加上互联网金融的发展,加剧了市场销量和市场监督之间的不对称性,对市场监管提出了前所未有的挑战。以上这些,还都是目前资本项目还未放开状况下的情况,如果资本项目放开再出现这样的危机,后果自然将不堪设想。因此,加强市场监管,势在必行。

3.2　建立成熟投资理念,削弱、利用市场体系的脆弱性

此轮 A 股的大幅快速下跌,虽然有涨幅确实较大的原因,总市值已超过了 60 万亿,跟 GDP 比重

已经接近 1：1，但在市场体系和投资理念方面也值得所有参与者反思。

首先，现行的新股发行制度对市场冲击很大。从 2014—2015 年 6 月底，IPO 冻结了 11 万亿，占用了大量资金，导致市场波动性过大。其次，上文中提到的杠杆市，也对市场影响很大。人们虽然意识到了杠杆市中隐藏着很大的风险，但在彪悍的上涨和下跌中，人们还是显得心浮气躁和不知所措，因此，人们又一次怀疑了自己的投资理念。因为公募基金有很多限制，对仓位有要求，不能做空等，在这一轮快速大幅下跌中，机构认为市场的走势超出了的自己理解和预期框架，呈现散户化心态，而散户被微信、微博中各种信息、段子充斥着，更易形成羊群效应。

这些风险人们虽然也意识到了，但缺乏了正视风险的理性：这里隐藏着一个浅显易懂但也很容易被忽略的原因，不合理的市场体系加剧了市场的脆弱性，而脆弱性本身是非线性的。非线性效应是无法直接估计的，呈现非直线幂指分布。因此，对于本身极其脆弱的事物，人们就应该在它的崩溃上下注。当然，进一步完善市场体系，利用脆弱性也是不错的选择。人们可以考虑多策略、多资产、跨市场、杠铃化的资产配置方式。任何消除毁灭性的风险的策略都属于杠铃策略。例如，如果你的 90% 的资金以现金形式持有，或以所谓的保值货币储存起来，而剩下的 10% 的资金则应投资于风险很高或者极高的证券。因为这样，你的损失不会超过 10%，而收益却是没有上限的。杠铃策略就是这样弥补了罕见事件的不可计量的风险。

以上是笔者对 A 股市场"黑天鹅"现象、成因及对策的浅显分析。恶性"黑天鹅"事件的频发，提醒我们需要换个角度正视"黑天鹅"事件，应对引发"黑天鹅"背后的脆弱性给予更多关注，引导市场朝着健康、理性的方向发展。

参考文献

[1]李吉利. A 股"黑天鹅"事件研究. 决策与信息,2013(11).

[2]纳西姆·尼古拉斯·塔勒布. 反脆弱. 北京:中信出版社,2014.

移动互联时代事业单位人力资源管理创新研究

● 杨玉梅

（对外经济贸易大学公共管理学院）

摘　要　移动互联时代对人力资源管理工作提出了新的要求,然而,我国事业单位的人力资源管理工作一直以来受传统管理观念的影响较大,管理模式及方法落后,缺乏创新。本文就当前事业单位人力资源管理中存在问题进行深入的研究和分析,并提出了对策建议。

关键词　移动互联　人力资源管理　创新

随着社会的发展进步,人类已进入移动互联时代。在这个时代,"互联网＋"行动计划,已经在人力资源领域广泛应用。"互联网＋"时代,重视人的创造性发挥,强调人才是推动社会发展的动力,这就对人力资源管理提出了更高的要求。近年来,随着事业单位改革工作的逐渐深入以及人民物质文化需求日益增长,人们的思想观念及价值取向都发生了重大变化。作为承担公共服务职能的事业单位,应建立健全符合时代需求的人力资源管理制度,满足政府、社会、市场对于事业单位职能的要求。

1　事业单位人力资源管理现状分析

目前,我国大多数的事业单位在人力资源管理方面都还停留在传统的人事管理阶段,管理理念缺乏前瞻性,管理模式滞后。当前事业单位人力资源管理现状,主要体现在以下几方面。

1.1　管理理念比较落后

在各类调研和访谈中,笔者注意到3个方面的现象。第一,许多事业单位的管理者对人力资源管理工作的重要性认识不足,不少事业单位的管理者将人力资源管理工作归为事务性的工作,甚至还存在没有设立人力资源管理专业岗位的现象。第二,传统的人事管理思想还大行其道。相当多的事业单位重视执行现行人事管理制度,严重缺乏人力资源管理的思维,即使有人力资源观念也缺少配套政策支撑而受限制。第三,在"铁饭碗"、"大锅饭"等观念的影响下,事业单位员工个人成长发展受到阻碍,造成人员因循守旧,缺乏创新观念和竞争意识,工作效率不高,抑制了事业单位公共服务职能的发挥,也损害了事业单位的形象和公众利益。在社会主义市场经济不断发展的背景下,单位与单位之间的竞争已经上升到人才的竞争,只有拥有大批的高素质人才才能推动事业单位的蓬勃发展。如何培养、引进和使用符合单位需求的高素质人才? 是事业单位需要重点研究解决的课题。

1.2　绩效考核缺乏科学性

绩效考核是事业单位人力资源管理中较普遍的管理方式,通过绩效考核,调动员工的积极性,发挥创造力,为实现组织战略目标奠定基础。然而,大多数事业单位的绩效考核工作主要存在以下四方面问题:第一,考核形式单一,考核内容量化程度不够,缺乏科学性和可操作性;第二,考核指标设置不尽合理,简单的对德、能、勤、绩、廉五方面的考核,已经远不能有效评价一个员工的真实情况;第三,绩效考核存在走过场的现象,开展绩效不仅不能激发干劲,由于考核指标设置不合理,不能客观真实反映员工的工作情况,反而挫伤了部分员工的积极性,产生消极情绪,影响了工作的开展;第四,过分强调考核结果,不注重过程,对考核结果也仅是作为奖金发放依据,对于低绩效的员工未采取任何的绩效辅导改善措施，考核结果没有得到充分的运用。

1.3 激励机制不够健全

"遣将不如激将"在管理上可以理解为"命令不如激励"，讲的是激励的作用。随着事业单位改革的不断推进，现有的激励机制已不能满足人力资源管理的工作要求，大部分事业单位的激励方式单一，多以物质激励为主，忽视了对员工的精神激励。激励机制不完善是多数的事业单位普遍存在的问题，这与对员工需求的调查分析工作不到位有直接关系。大家知道，要做好激励首先要了解员工的真正需求，单位不重视员工的需求信息的调查，就很难满足员工的需求。要充分发挥人力资源管理激励的优势和作用，就需要认真对待员工的差异化需求，这样才能激发员工的潜能，为单位创造最大化价值。激励机制的缺失，不利于内部人才进行有效开发。

1.4 人才培养重视不足

培训工作不到位是事业单位在人才培养方面的普遍问题。一方面，许多事业单位在人才培养方面处于被动和盲动状态，在人才培养的思路、制度和措施上体现不出其组织制度的优越性；另一方面，一些单位的人才培养与事业单位的特点和战略发展方向不匹配，针对性不强，特别在高学历、高素质的人才的培养方面，难以做到深入的职业指导，使得个人才能的发挥受到影响，人才的创造力和工作积极性受到抑制。从以上现象来看，相当多的事业单位依旧尚未形成科学有效、符合本单位特点的人力资源培养机制，这与如今所提倡的建立学习型组织是不相符的，这就需要我们的管理者更加重视人力资源，不断创新思路，把人才培养纳入组织发展战略规划之中。

2 创新事业单位人力资源管理的对策研究

2.1 转变思维，重构人力资源管理理念

随着"互联网＋"时代的到来，人们的需求也逐渐多元化、个性化，这促使事业单位必须改变传统人力资源管理的思路和模式，对人力资源管理理念进行创新。首先，作为事业单位领导者，应及时转变传统的人力资源管理的思维，将人力资源管理纳入单位发展战略之中。其次，作为人力资源管理者，更要具有"互联网＋"思维，要成为管理者和员工的伙伴，通过移动互联网，建立沟通渠道，搭建沟通平台，为员工之间的交流与合作创造条件，并且充分利用现代的微博、微信、电子邮箱等各种沟通工具，让员工参与人力资源管理，例如，为单位的薪酬福利方案提供意见和建议、通过微博来宣传组织文化、利用微信朋友圈发布招聘信息等等，目的是实现全员参与人力资源管理，这将有力地促进人力资源管理工作的科学化。

2.2 科学考评，健全人力资源绩效评估体系

科学合理的人力资源绩效考核评估体系，是事业单位人力资源管理工作能够顺利开展的重要制度保障，不同类型的事业单位需要制定符合自身特点的评估体系。在绩效考核体系设置中，应注意以下几方面：第一，考核目标的设定要具有针对性，考核内容要紧紧围绕岗位工作展开，考核指标要有明确的量化标准，确保考核工作的规范性和严谨性，避免走过场；第二，考核的方式根据单位性质、组织架构、人员构成进行合理运用，将领导评价和群众评议相结合；第三，考核应遵循公平、公正、公开的原则，参与考核人员，如部门负责人，不能以个人的主观感受作为衡量标准，需根据考核指标，客观地评价员工的实际表现；第四，考核结果应及时进行公开，达到鼓励先进鞭策后进的目的。绩效考核工作结束后，需将考核结果归档，作为员工工资调整、落实奖惩及发展晋升的重要参考依据。

2.3 积极激励，完善人力资源管理机制

完善事业单位人力资源管理机制，主要包括完善选拔任用机制和激励机制等方面。完善选拔任用机制是为合理的人才配备提供条件，建立健全激励机制是提高职工工作积极性的重要措施和手段。事业单位应根据实际，结合职工需求，建立公平合理的激励机制，采用多样化的激励方式，如物质激

励、精神刺激、目标激励等。还可以根据激励对象,将多种激励方式进行组合,找到最佳激励搭配,使员工的核心需求得到最大满足,并且根据变化及时调整激励的方向,使员工的付出得到充分肯定,发挥更大积极性,提高单位整体工作效率。移动互联时代,通过科学的激励机制、灵活的激励方式来满足员工个性化需求,将在事业单位人力资源管理中发挥越来越重要的作用。

2.4 重视培养,提升人力资源整体素质

事业单位需重视人才培养,要制定长远的人才培养计划并且与单位整体发展战略相结合。培训应考虑不同员工需求,注重实用性。对于新入职员工,可以通过入职培训和导师制工作的方式让员工尽快熟悉工作环境和岗位要求。对于老员工,应根据需求分析开展全方位的培训,重视对人才素质和能力的培训,在提高业绩的同时实现员工的自我提升。在"互联网 +"时代,培训方式方法也更加多样化,可以采用线上和线下相结合的学习方式。如今,事业单位领导者,已经认识到了人力资源管理的重要性,人力资源管理的地位和作用也得到了提升,作为人力资源管理者的综合素质和个人能力也需不断提升,这就是所谓的"能本管理"。"能本管理"理念倡导重视员工的个人能力,通过各种方法使员工的能力得到最大化发挥,实现员工价值最优配置。

3 结语

移动互联时代,人力资源管理的发展已经进入一个崭新的阶段。不论作为组织还是个人,都要及时把握人力资源管理在互联网时代下的发展趋势,在大数据思维下,实现各自价值。随着事业单位人事制度改革的推行,《事业单位人事管理条例》的出台,将对激发事业单位活力、提升事业单位公共服务水平将起到极大的促进作用。作为事业单位的人力资源管理,应抓住机遇,紧跟时代发展,不断研究先进的管理模式,运用科学的管理方法,提升员工的整体素质和服务能力,充分发挥事业单位公共职能作用,更好地满足社会公众对服务产品的需求,促进社会文明进步。

参考文献

[1]谢朝阳."互联网 +"时代人力资源管理研究.经管空间,2015(5).
[2]徐海燕.人力资源管理发展的新趋势及其启示.经管空间,2015(1).

以北京为例探讨邮政物流业务发展新模式

● 曾阿婷

(北京市邮政速递物流有限公司)

摘　要　文章以北京邮政发展物流业务为例,对邮政物流业务发展历程中经历的五种业务模式进行了梳理和总结。通过对邮政物流业务发展的优势与劣势分析,建设性地提出了北京邮政物流业务发展的新模式,即以差异化为前提,开辟高端物流市场,同时,可通过发展物流金融及供应链金融业务激发供应链上下游活力,以抓住跟多商机。

关键词　邮政物流　新模式　采取差异化战略　物流金融　供应链金融　高端物流

引言

中国邮政速递物流股份有限公司作为物流和快递行业的国家队成员,早在 20 世纪 90 年代便在全国范围内开展业务,但正式成立专业化公司进行全国统筹、协调运作是在 2010 年。5 年的发展历程中,邮政物流业务一直经受着来自风云突变的经济大环境的严峻考验和同行业间残酷而激烈的竞争。在物联网,移动互联网,云平台,大数据挖掘技术飞速发展的背景下,智慧物流时代的大门正迅速开启,邮政物流业务面临的挑战大于机遇。如不加快改革、创新步伐,不迅速调整战略,在市场进一步开放,信息技术飞速发展的时代,仅凭借传统的运作模式及现有资源,将难以与民营企业抗衡,并必将受到致命的冲击。

笔者以北京市为例,试图在对当下邮政从事物流业务存在的优势与劣势的分析基础上,探讨邮政物流业务发展的新思路、新模式。

1　邮政物流业务发展经历的五种业务模式

以北京市为例,自邮政物流业务开办至今,大致经历了以下几种业务发展模式。

1.1　简单的仓储、运输模式

20 世纪 90 年代至 2007 年,50% 以上的物流业务收入都来源于这种环节较为单一的功能性运作模式。仓储通常为简单的存储货模式,运输配送由全部运用邮政自有车辆,逐步发展为以邮政车辆资源为主辅以社会车辆资源的模式。

由于各项成本环节的逐步透明化,盈利空间逐步变窄。在这一阶段,邮政物流处在与竞争对手在价格的"红海"中厮杀的境地,整体议价能力偏低,难占优势。

1.2　项目服务模式

该种服务模式与客户合作环节少,与客户粘合度不高,可供客户选择的供应商众多,如中铁、DHL、辛克、德邦等都是该领域强有力的竞争对手。随着经济环境的不断变换,客户会根据公司战略方向的调整,随时更换更适合其战略发展的物流服务供应商,且该类项目前期开发阶段攻关工作较难,历时较长,而合作往往不具备长久性。

1.3　一体化物流模式

包括货品存储管理 + 库内操作 + 仓储增值服务 + 成品干线运输 + 区域配送 + 末端最后一公里 +

逆向物流等多环节的一体化合同物流,并通过信息化手段实现与客户数据对接。公司与客户合作环节较多,互信度较高,客户粘合度较好,但前期开发工作较为漫长、艰巨,后期必须依靠服务质量提升客户体验。

1.4　电商模式

为适应市场发展需求,物流模式逐步转型以适应电商业快速响应的需要。邮政物流将互联网思维与传统仓储模式相结合,构建全网可视化的"云仓储"运作模式,即在高度信息化、自动化、精细化、协同化的总分仓模式下实现快速响应。

1.5　物流金融模式

自 2012 年下半年,北京邮政物流试水物流金融业务,主要通过与银行进行紧密合作,盘活中小企业存量资产,以缓解中小企业融资难问题,并以较小的规模获得了良好的收益。该项业务为北京邮政物流业务带来了新的经济增长点。2012 年至今,北京邮政速递物流有限公司已与包括邮储银行、华夏银行在内的多家银行签订合作协议,以仓单质押业务为主,客户涉及轮胎、酒类、化工等多个领域。该种商业模式发展潜力巨大,利润率相对较高,但也存在不容忽视的风险。

2　北京邮政物流业务发展的优势、劣势分析

2.1　劣势分析

2.1.1　目标产业集群少,竞争激烈。北京邮政速递物流公司地处发展能力最强的总部经济区,据不完全统计,2013 年北京一级总部企业数量达到 1 300 余家。但多数总部企业在北京不设实体工厂,由于各省邮政速递物流公司按规定不能跨界经营,导致北京邮政物流业务目标客户集群少,"狼多肉少"的情况下还要面临国内外众多知名物流企业的激烈竞争,发展压力较大。

2.1.2　成本居高不下,利润空间狭小。自有资源成本偏高已逐渐成为邮政物流业务发展进程中的巨大阻力。不同于以利润最大化为目标的社会商业化公司,首先,其作为国有企业必须承担提供普遍服务的社会责任,包括函件、包裹及农村投递线路,从商业角度看无盈利点,但从社会公众利益角度考虑仍需要开通。其次,人工成本偏高,在企业总成本中占比较高,主要由于体制问题,机构设置臃肿,企业人员基数较大,冗员较多。第三,车辆资源成本偏高。成本偏高直接导致利润空间狭小,在尽可能保证不亏损的前提下对外服务价格居高不下,丧失了在"价格红海"中厮杀的优势。

2.1.3　信息化技术应用程度较低。据统计,全国 31 个省邮政速递物流公司共有物流仓配项目近 400 个,但系统覆盖率不到 30%。北京邮政物流公司物流和电商仓配项目共百余个,但系统应用率不足 35%。总体信息化应用程度较低。

2.1.4　各省存在"诸侯经济",整体协调存在难度。由于各省实行独立核算,受利益驱动,存在"诸侯经济"现象,难以实现全国一盘棋的理想化模式,全国统筹、协调存在一定难度。

2.2　优势分析

2.2.1　网络优势。尽管顺丰等民营快递公司已开启布局农村战略,但截至目前,邮政物流网络从深度和广度两个维度看,依然具有明显优势。包括北京在内的全国 31 个省公司可充分依托网络资源,从全网出发,为客户提供全国范围内的供应链解决方案。

2.2.2　品牌优势。百年邮政品牌,良好的信誉给客户充分的安全感,信赖感,能够增强需方的交易信心,达成合作。尤其为发展与金融相关的业务奠定了良好的信誉基础。

2.2.3　平台优势。借助中国邮政集团广阔平台,各版块业务可形成联动,协同发力提高竞争优势。尤其与邮储银行在金融领域以互信互惠为前提的合作将更为顺畅。

2.2.4　整合优势。依托品牌优势及货量带优势,拥有较强的下游渠道供应商整合能力。下游渠道供应商资源与邮政资源相辅相成,为客户提供灵活,多元化的服务。

3 北京邮政物流业务发展新模式探讨

邮政物流业务发展必须认清优势,合理规避劣势,才能在业务发展中大做文章。首先要明确发展目标,找准市场定位,在物流业务发展上尽量不与社会公司拼价格,不涉足利润率较低的功能性物流业务,应充分利用优势在夹缝中寻找新的细分市场。

以北京市为例,物流业务发展如何从"红海"中跳脱出来进入"蓝海"领域,在新经济常态下,笔者认为,可以通过开辟高端市场,实现差异化战略,同时以物流金融及供应链金融业务为抓手,转变发展思路,创新业务发展模式,进一步获得新的经济增长点。具体可有以下几种发展思路。

3.1 在涉足高端行业供应链,成为行业领导型供应商

北京邮政物流业务差异化经营策略之一是应努力开辟高端物流市场。汽配行业作为邮政物流业务重点开拓的五大行业之一,项目创收与盈利能力名列各行业前茅。作为生产工艺复杂,对库存及生产边线零部件配送时效要求较高的行业,可以成为北京邮政物流实现差异化战略,入主高端物流行业的良好切入点。同时,可通过供应链金融业务为汽车企业上游零配件制造商提供融资服务,逐步提高与客户黏合性,提高地位,逐步成为其下游主导型供应商。

3.2 着重发展以输入型监管业务为主的仓单质押业务

物流金融的运作模式可分为资本流通模式、资产流通模式及综合模式,仓单质押模式是资本流通模式中的一种典型模式。也是北京邮政物流运作时间较长,客户数占比较大的物流金融业务。北京公司以往的运作模式是以货主企业提供场地为监管库房,由于货主企业库房环境参差多态,给作为第三方监管企业的北京公司带来诸多监管困难及监管风险。在此种情况下,为合理的规避监管过程中出现的风险,仓单质押业务的发展应考虑以输入型监管业务为主。所谓输入型监管业务即以第三方物流企业自有仓库为监管场地,实现对质押物的入库监管。该种模式的优点:一方面,自有库房可控性强,便于统一监控技术及手段,能合理规避运营风险,有效保障货品安全;另一方面,进一步提高了自有库房资源的使用率,提升企业效益。

3.3 以物流企业作为供应链的关键环节,通过供应链金融业务带动下游渠道供应商和上游商贸企业、生产企业协同发展

供应链金融业务主要涉及3个运作主体:金融机构、核心企业和上、下游企业。一般运作模式是由核心企业带动上、下游中小企业,由金融机构提供融资服务,由物流企业为贷款企业提供仓储、配送、监管等业务。在实际的运作过程中,供应链金融业务运作模式可以根据合作银行推出的产品不同,有不同形式的演变。其中,一种创新的运作模式是以物流企业为信息流、实物流的纽带环节,由金融机构通过对实物流、信息流、资金流三流的监控,为物流企业的下游渠道供应商,提供融资服务(图1、图2)。

新竞争态势下,北京邮政物流公司通过对新型供应链业务运作模式的摸索,已初步形成了传统合同物流业务与供应链金融业务相结合的新型业务模式,也在探索中取得了初步成效。该种模式能充分调动下游渠道供应商与邮政物流协同发展的积极性,一方面增强了邮政物流的营销力量;另一方面成为邮政物流运输资源的有力补充。对于北京邮政物流业务,未来3~5年内,创新型的供应链金融物流业务模式将与常规的供应链金融物流模式并存,成为带动合同物流发展的有力抓手。

综上,邮政物流业务发展挑战与机遇并存,但只要合理借助优势,有效规避劣势,以市场为导向实现差异化战略,终将走出一条属于自己的特色化物流发展道路。

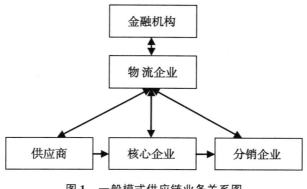

图 1 一般模式供应链业务关系图

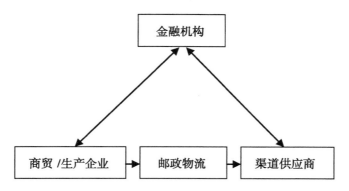

图 2 新型供应链业务关系图

参考文献

[1]王之泰.中国"物流"的三十多年[J].中国流通经济,2014(12).

[2]丁俊发.中国物流业发展的新动力新机遇新模式[J].中国流通经济,2014(2).

[3]张璟,朱金福.物流金融和供应链金融的比较研究[J].金融理论与实践,2009(10).

[4]张秋彬,王锐.邮政物流发展第四方物流SWOT分析[J].中国物流与采购,2008(8).

[5]蔡超彦.中国又增物流业务发展对策初探[J].邮政研究院,2013(01).

中国民用飞机制造市场发展战略浅析

● 李耐锐

（对外经济贸易大学国际经济贸易学院）

摘 要 我国民用飞机产业正面临着前所未有的机遇期。通过对民用飞机研制市场经济规律的分析,结合国内民用飞机制造企业的技术和经营管理创新、金融行业对航空运输和航空制造业的支持以及区域经济优惠政策和全球后经济危机时期对航空运输需求增量的情况分析,阐述了我国民用飞机制造商应把握市场机会,进行全方位、全产业链的快速发展,以期在国际寡头垄断市场中找到突破口,逐渐实现国际民用飞机制造领域第三极的地位。

关键词 民用飞机 市场发展战略 竞争模式 技术创新 经营管理 资本运作

1 民用飞机市场环境

1.1 国外四大民机制造商垄断干支线飞机市场

全球经济的复苏企稳和中国经济的持续增长,给民用飞机产业带来了旺盛的需求。波音在2014年创下了交付最多民用飞机的全球行业纪录,即一年内交付723架飞机,连续第三年保持了其作为世界最大飞机制造商的市场地位;同时,波音收获了1 432架净订单,按照目录价格计算价值2 327亿美元;波音公司的储备订单也创历史新高,达5 789架。2014年空客公司全年新增订单为1 456架,新签合同金额为1 746亿美元,储备订单达到6 386架。波音的宽体飞机家族——747－8、767、777和787梦想飞机占到了全世界去年交付双通道飞机的60%以上,进一步增强了公司作为宽体飞机行业领袖的地位。在单通道喷气飞机这一细分市场主要包括波音的737系列和空客的A320系列,在现有航空公司的市场份额和未来订单中,波音737系列和空客A320系列平分秋色、垄断市场。

在通用飞机领域,在环球系列及里尔70/75的强力推进下,加拿大制造商庞巴迪公司2014年的公务机交付量比2013年多出24架。2014年巴西航空工业公司公务机交付量为73架,比2013年多出13架。

1.2 全球民用飞机市场展望

全球经济的持续增长和油价的下行趋势增加了航空运输业的需求,也带动了各类型号飞机的需求增长。波音公司预测,未来20年(2013—2032年),全球需要35 300架新飞机,总价值4.8万亿美元。其中单通道飞机(90~200座)占数量的70%,价值的47%。未来20年中国民航机队规模将达到现有机队规模的3倍,增加新飞机5 600架,总价值7 800亿美元。其中,单通道飞机3 900架,价值为3 700亿。中国所需新飞机数量约占全球总数的16%,其中,3/4为新增长需求,1/4为替换旧机型。2030年,中国将超过美国成为全球最大的航空市场。空客公司也有比较接近的预测,未来20年,航空运输增长4.7%,新飞机需求29 200架,总市值4.4万亿美元。

2 我国民用飞机制造企业参与市场竞争的模式

2.1 民用飞机研制成本的经济学解释

民用飞机研制的技术要求极高,且投入大、周期长,属于资本密集型产业。通过波音公司和空客公司每年庞大的、不同系列的飞机采购订单以及销售额的统计,可以看出两家垄断企业在几十年的民用飞机研制过程中,已实现了民用飞机研发、生产的规模经济和范围经济。两家垄断企业已在全球建立起了专业分工明确、生产规模庞大的协同研制共同体,这其中包括提供零部件、子系统的依附性企业,也包括有较大话语权的模块领导企业(提供大的系统产品,如发动机供应商)。随着生产规模和民用飞机产量的不断扩大,两家垄断企业作为领导企业与其他联合企业共担风险,也降低了平均成本。下图是1986年美国商务部与道格拉斯飞机公司合作模拟出的150座大型客机平均成本曲线,即公式所示。

平均成本 =(生产成本 + 研制成本)/生产飞机架数

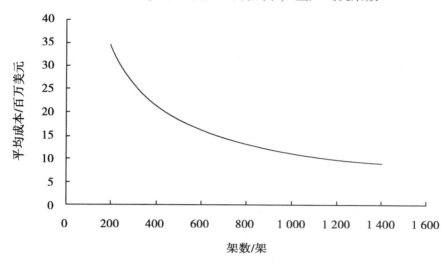

图　大型客机平均成本曲线

民用飞机的研发、生产不仅需实现规模经济,还需追求范围经济。随着某一型号民用飞机衍生型的研发、生产,形成系列机型,即不同系列、不同型号的飞机针对不同的市场需求和竞争对手;同时,营销、研究与开发、设备与工艺装备、零部件、系统和客户服务等核心资源将得到共享,进而使企业平均成本下降,保证企业在竞争激烈的民用飞机市场中取得成功。

2.2　我国民用航空"一干两支"产业规划下的竞争模式

中国大飞机项目是建设创新型国家、提高国家自主创新能力和增强国家核心竞争力的重大战略决策,也是与国家战略安全密切相关的核心产业。中国民用航空业既要面对全球大型民用飞机制造市场处于美国波音和欧洲空客双寡头垄断的境况,又要在支线飞机和通用飞机领域中与加拿大庞巴迪宇航公司、巴西航空工业公司等在位企业展开激烈竞争。中国商飞的C919、ARJ21将直接面对波音和空客同等机型(737系列、A320系列等)的直接竞争,中航工业集团公司的新舟60、600系列飞机已批量进入市场,在国内上百条航线上安全运营,2013年年底启动研制新舟700飞机,并开展客户化升级,以应对国际航空运输业复苏所带来的市场竞争和客户需求。

按照国家对民用航空产业"一干两支"的发展规划,C919、ARJ21和新舟700将共同构成我国的民用飞机谱系。依据国际民用航空产业链整合的通行策略,应在技术研发、项目管理、成本控制、适航取证、市场开拓、客户服务等领域实现产业链融合,并构建其相应的民用飞机产业集群。我国民用飞机制造企业正在按照"主制造商 – 供应商"的项目管理模式,构建或优化民用飞机产业集群,以促进国内航空制造资源的合理配置,带动国内一批零部件供应商、系统分包商的快速发展;同时,也应合理利用国外成熟供应商,并纳入产业集群中。产业集群不仅使我国民用飞机主制造商逐渐壮大,同时,也加强了产业集群内外的知识交流和企业间商业合作,进而促进规模经济与范围经济体系的形成。

3 技术创新是竞争优势的核心驱动力

在全球经济一体化的发展趋势下,国外航空先进制造企业依据国际贸易中的比较优势原理,将一些技术含量不高、低附加值的航空产品分包给别国的依附性企业,以降低生产成本。我国航空制造业属于劳动密集型产业,从改革开放以来,利用自身的低的劳动力价格,参与到了波音公司、空客公司的转包生产中,积累了大量的技术、管理经验,并应用到了国内民用飞机研发、生产中。

我国的航空工业在民用飞机的制造工艺、零部件生产、大部件的组装以及全机最后结构的总装等许多领域都比较成熟,但是在航空发动机,新材料特别是复合材料技术、系统集成等关键技术方面仍需长足努力,同时,我国大飞机如何取得国际适航审核,也是需要应对的关键难题。

技术创新不仅是民用飞机制造商技术成功的核心要素,同时也是保证商业成功的内在根本动力,更是国家整体科技水平和经济增长的原动力。当民用飞机市场竞争日趋激烈时,航空公司和飞机制造商的竞争策略往往是加快飞机的更新换代,以打击竞争对手和阻止新的进入者,而这又往往是依靠航空技术创新来实现的。例如,面对民用飞机市场来自亚洲的强劲需求和欧美的经济复苏,波音公司和空客公司都采用结构设计优化、绿色环保等新技术,分别研发了737MAX和A320neo新一代窄体喷气机,性价比和运营效率进一步提高。中国民用飞机制造商应不仅加快发动机技术、先进复合材料技术研发以及飞控、航电、液压等系统的研制,还应不断提升飞机系统集成技术水平。

4 经营管理水平提升是确保实现企业特定优势的重要因素

一种系列(或型号)民用飞机研制成功,不单是依靠技术突破就可以实现成功,同时还需凭借贯穿市场调查与分析、研发、生产、供应链、适航、市场营销以及客户服务等全价值链活动的高效运营管理能力。

鉴于民用飞机研制的市场化、国际化运作模式,国内民用飞机制造领军企业越来越注重内部组织管理、资源配置等能力的建设,以期在参与国际民用飞机市场竞争中保持自身的特定优势。

在市场调查与分析阶段,以客户需求为导向,以市场规律为准绳,深入研究国际民用飞机市场,分析宏观经济对航空运输市场的影响、机队运行现状、市场发展前景以及航空公司、租赁公司和金融机构等方面信息,积累翔实的市场数据,并将其转化为技术指标导入总体设计方案中;利用流程管理方法,梳理、优化研发和生产流程,建章立制,并利用信息化手段实现在民用飞机系统工程中的管理效用的增值;完善供应商评价管理体系,提高供应商管理能力;建立符合国际通行要求的适航管理体系,密切配合型号研制进程和批量投入市场后的持续适航要求;构建符合现代民用飞机研制管理要求的全生命周期经济性管理体系,完善成本管控机制;客户服务是一个长期建设的过程,从长远来看,全球飞机产业的竞争力很大程度上来自客户服务。为适应国际化的民机客户服务体系,在维修工程、培训、工程技术支援、备件支援、供应商管理等方面进行国际合作,形成完善的、商业化的民用飞机客户服务系统。

5 资本运作是实现民用航空资源优化配置的关键途径

民用飞机制造行业作为技术密集、资本密集型行业,具有典型的高投入、长周期和高收益资本特性,也需要较大的资本进行长期投入。以往,我国航空制造企业新机型的研制需依靠国拨资金和其他渠道融资补充方能开展,这种发展模式实际上已落后于时代,对企业发展和新型号研制都极为不利。为了应对未来风云变幻的民用飞机市场,国有民用飞机制造商如何进行产业整合和资产收购以及通过资本市场募集资金就成为企业保证项目商业成功的一个重要课题。

国有企业上市,一方面是为了吸纳社会资源;另一方面是资本市场将对国有资本的实现形式进行优化。目前,已有国内航空制造企业采用完全面向市场定向增发的方式募集社会资本,即增发股票全部由非关联方认购。而投资者将对企业的运营效率、管理规范等各个方面进行一系列的考察和要求,所以满足资本市场要求的国有企业,一定是透明的、高效的国有企业。

另外,在目前国际民用飞机市场垄断格局下,市场的突破必须依托模式创新和跨界经营。中国民用飞机的市场发展之路,必定以国内庞大的市场为依托,并瞄向国际市场,借助金融支持实体经济模式创新不断扩大国内外市场。建立飞机制造商与航空公司、租赁公司之间的新型金融合作模式,不断扩大市场基础。

6 结论

中国民用飞机制造商应深入开展市场研究、系统分析发展环境,遵从市场经济规律,加强航空技术创新和大力提升自身经营管理水平,创新资本运作模式,加强与航空公司、金融租赁公司的合作,构建符合国际民用飞机全产业链运作与发展模式的产业集群,做大做强中国民用飞机产业。

参考文献

[1]李小宁. 大型客机的市场竞争与发展战略. 北京:北京航空航天大学出版社,2009:1 – 25.
[2]多米尼克·萨尔瓦多. 国际经济学. 北京:清华大学出版社,2011:30 – 39.
[3]菲利普·马拉沃,克里斯托夫·本那罗亚. 北京:航空工业出版社,2009:141 – 152.
[4]赵巍. 双寡头垄断下中国大飞机的战略选择. 改革与战略,2014,9.
[5]2011—2030 年民用飞机市场预测. 航空制造技术,2011,23/24:112 – 113.

新常态下行业市场结构与产能过剩研究
——基于国内钢铁业的分析

● 田 野

（中国人民大学）

摘 要 本文从影响我国钢铁行业市场集中度水平低的主要原因入手,分析了钢铁行业产品差异程度和准入制度对我国钢铁行业产能过剩的影响。最后,针对目前我国钢铁行业的现状提出了相应的政策建议。

关键词 钢铁行业 市场结构 产能过剩

1 影响我国钢铁行业市场集中度水平低的主要原因

1.1 市场规模的持续扩大

随着我国生产力水平的提高和市场多样化的发展,越来越多的企业涌入到钢铁行业,导致我国钢铁行业的规模在持续扩大。早期的钢铁企业为了赢得较多的市场份额,开始不断地扩张,顶端企业的市场份额受到较大的威胁,钢铁企业的不断扩张导致市场的集中度降低。据《中国钢铁工业统计年鉴》的相关统计结果显示,我国的钢铁行业在20世纪初的前10年内取得了高速的增长,但是排在前几位的钢铁企业却出现增长速度减慢的情况,新兴的钢铁企业取得了较大的增长势头,对钢铁行业的市场造成了较大的影响,致使我国钢铁行业的市场集中度急剧下降。可以说,我国钢铁行业市场规模的持续扩大是导致市场集中度降低的主要原因。

1.2 我国钢铁行业发展历史的特殊性

长期以来,我国的许多省份都把钢铁行业作为主要的支柱产业,如上海的宝钢,江苏的沙钢集团,武汉的武钢集团,他们对本省或者是直辖市的经济贡献率都是非常大的。因为,我国区域经济发展的不平衡,不同地域对钢铁的需求量也有着较大的区别。钢铁行业的发展和运输系统有着密切的关系,生产出的钢铁只有通过铁路才能运输到需求的地方。因此,我国铁路系统的发展状况严重影响着钢铁行业的远距离运输。然而我国的铁路系统并不完善,其运输能力严重不足,导致许多地方的钢铁企业之间不能进行有效的整合和规划,形成了大大小小的钢铁区域市场。虽然承受的市场压力较小,但是,这种市场集中度水平低下的状况,严重影响了我国钢铁行业的发展。

1.3 我国大型钢铁企业发展较为缓慢

目前,我国大型钢铁企业的发展速度远远低于市场钢铁行业的发展速度。特别是排名在前几位的大型钢铁企业,出现这种现象的原因主要是大型钢铁企业受到市场多元化的影响,在市场利益的驱动下,将企业的部分资金投入到市场的其他领域中,实行多元化的经营方式。这种以钢铁为主业,同时,兼顾其他行业的现象导致企业在多元化的经营方式上越走越远,不仅没有获得市场利益,而且还严重影响了钢铁主业的发展。

1.4 中小钢铁企业的不断崛起

随着我国工业化和城镇化进程的不断加快,我国的基础设施建设也取得了长远的进步。我国建筑行业和汽车行业的飞速发展也在一定程度上刺激了我国钢铁市场。钢铁行业利润的提高吸引了大量的民营企业涌入到钢铁行业,国有钢铁企业不再独占钢铁行业市场。因为,中小钢铁企业的规模较大,技术水平低下,难以进行企业之间的融合和规模的扩大。但是民营中小钢铁企业的钢铁产量是以市场为导向,满足了市场对钢铁材料的需求,在很大程度上削弱了国有钢铁企业的行业竞争力,从而降低了钢铁市场的集中度,其中,最为典型的就是江苏张家港的沙钢集团。

1.5 地方政府对中小钢铁企业的大力支持

地方政府对民营中小企业的支持成为降低钢铁市场集中度的主要原因。虽然我国政府出台了一系列的政策以防止出现地方企业投资过热的现象,但是地方政府为了提高政府政绩,对地方企业实行开放通行的措施,特别是像钢铁企业这种能够为政府带来巨大税收的企业,甚至还出现了违规的情况。据有关统计数据显示,我国在 2009 年全面 5.68 亿吨的钢铁产量中,只有 3 亿吨是政府审批的合法钢材。我国地方政府还在信贷、税收和土地等方面给予钢铁行业较大的优惠政策,导致助长了民营企业在钢铁行业的投资热情,盲目的扩大生产,加剧了我国钢铁行业市场的集中度低下现象。

1.6 钢铁企业重组融合障碍重重

目前,我国大中型的钢铁企业都是国有控股的企业,进行钢铁企业的融合和重组需要首先考虑国有产权的变更问题。国有企业的人员大都倾向于维护国有资产的独占情况,不希望出现钢铁行业被社会市场重新优化分配的现象。国有控股的另一方面缺陷就是对市场中的竞争压力敏感度较低,不能认清钢铁行业发展的趋势,缺乏进行行业重组的动力。利益分配问题也是阻碍钢铁行业进行重组的主要因素,我国的钢铁企业具有地域性,跨地区进行重组的钢铁企业如果出现经营不善的情况,不仅不能增加当地的政府财政收入,而且还严重影响地域钢铁企业的发展。同时,也不会取得地方政府的支持。我国从事钢铁行业的人员较多,进行企业之间的融合和重组必然会安置大量的退休人员,由于我国目前的社会保障体系还不健全,企业和地方政府还不能妥善处理这些问题,因此,严重影响阻碍了钢铁行业的重组。我国劳动力成本较低,在环境保护方面的要求和规定也不完善,导致地方钢铁企业的利润较国有企业高,成为许多地方企业不愿和国有企业兼并的主要因素。

2 我国钢铁行业目前状况对产能过剩的影响

2.1 钢铁行业产品差异程度低对产能过剩的影响

消费者对于钢铁产品外包装的要求比较低,钢铁行业的产品在内在的质量上没有明显的差异,导致产品之间的竞争愈发激烈。因为,企业在钢铁产品的竞争上没有较大优势,导致消费者不会对企业形成忠诚度,许多技术低下的民营企业纷纷涌入到钢铁市场中。低附加值的线材产品虽然在钢铁的生产中占据较大的比重,但是在市场中却没有较高的市场份额,具有高质量的板材产品却出现供不应求的状况。线材钢铁产品受到建筑行业的影响较大,建筑行业对于线材需求量的降低会导致这类产品出现供过于求的状况。企业之间在产品上具有较小的差异性,企业为了赢得较多的市场份额,往往会采取价格战的营销措施,在激烈的市场竞争环境中有的钢铁企业甚至会将产品的价格降低到接近或者低于平均水平,在这种价格战中,企业在低利润的生产中会扩大生产规模,这种竞争环境会进一步加大钢铁行业过度供给和产能过剩。

2.2 钢铁行业准入制度对产能过剩的影响

我国钢铁行业的准入机制还不完善,准入门槛较低。还没有形成完善的钢铁行业经济机制和制度性机制,这种低门槛的准入情况导致大量技术水平低、生产规模小的民营钢铁企业涌入,在这类规模小的钢铁企业中主要使用淘汰的生产设备,产业结构严重不合理,产能水平低下。钢铁行业准入门槛低下降低了目前的钢铁企业市场份额和市场集中度状况,加剧了产能过剩。我国地方政府为了提高政绩,大力支持和保护在竞争中处于劣势的小型钢铁企业,我国企业的社会保障制度还不健全,对于企业兼并之后的职工安置处理还存在一定的难度。国有资本市场的不健全,使得中小钢铁市场不能通过市场手段进行兼并和转移,地方政府鼓励企业进行自主建设,增大了相关钢铁项目的规模,导致出现钢铁行业产能不升反降的情况。

3 减少我国钢铁行业产能过剩现象的措施

3.1 提高市场的集中度,重组我国钢铁行业

我国对市场环境实行的是宏观调控政策,尽量减少对市场的干预,但是如果市场的动力较小,就应该充分发挥政府的主导作用,出台相应的产业政策,推动钢铁行业的快速发展。我国政府应该采取积极的措施,整合国有钢铁企业的技术、资金、设备和人才优势,对钢铁企业集团进行统筹规划,保障企业内部人员的最大利益。推动地区和区域重组的进程,与此同时,还应该提高钢铁市场的集中度,实现区域的合理布局。

3.2 以市场化原则为主,推动中小企业的重组

民营中小钢铁企业在钢铁市场中占有重要的份额,我国政府应该加大对这些企业的重组,特别是在省域范围内的中小企业,通过减少税收的措施有效解决跨地区进行钢铁企业重组的状况,政府还应该对其进行适当的经济补偿,在组织上和金融上给予大力的支持。依靠全社会的力量妥善安置重组后企业职工的过剩问题。

3.3 完善我国的资本市场,提高企业资产证券化的程度

我国政府应该针对钢铁企业减少行政审批的程序,为企业的重组创造良好的条件,完善行业的准入标准,保护新入企业的政策取向。对企业形成强有力的行政保护,利用价格机制将落后的企业排挤出市场,优化经济结构,升级和调整钢铁产业结构和产品结构,引导企业进行自主创新,为钢铁企业的发展提供完善的外部制度环境。

4 总结

总而言之,我国钢铁行业的市场结构面临市场集中度水平低的问题,钢铁行业产品差异程度低和准入门槛低成为导致我国钢铁行业产能过剩的主要因素。我国政府应该积极采取措施,通过改善产能过剩的不利局面,促进生产钢铁资源的优化配置,为钢铁行业的健康稳定发展保驾护航,从而在新常态的经济战略下,促进我国经济的又好又快发展。

参考文献

[1]韩国高. 行业市场结构与产能过剩研究——基于我国钢铁行业的分析[J]. 东北财经大学学报,2013(4):17 – 24.
[2]王晴. 我国钢铁行业的市场结构分析[J]. 中国外资(下半月),2011(10):197.
[3]赵玥. 钢铁行业产能过剩重点评价指标运行动态、成因及对策研究[J]. 中国经贸导刊,2014(15):69 – 72.

浅析我国利率市场化改革的利弊

● 韩文婧

（山东大学经济学院）

摘　要　随着经济全球化的日益深化和我国市场经济体制改革的逐步深入,利率市场化已经成为我国建立社会主义市场经济体制的必然要求,是对我国的经济体制进行改革的必经之路。对利率进行市场化的改革,是我国金融界长期以来一直关注的问题。利率市场化的内涵、我国实施利率市场化的必要性和利率市场化对于我国经济发展的利弊影响,都是在实施利率市场化改革的进程中不容忽视的问题。认识到改革的必要性和困难之所在,才能找到更好的应对策略,使改革后的利率定价机制在市场经济运行中能发挥其最大的作用。

关键词　利率　利率市场化　商业银行　利弊

1　利率市场化的产生

利率市场化是近些年来由美国斯坦福大学经济学家罗纳德．I．麦金农(R. I. Mekinnon)提出的相对于利率管制而言的新生词汇。利率管制是指一国政府将资金利率控制在一定范围之内的(一般高于或低于市场均衡水平的)一种政策措施,麦金农定义的金融抑制包含政府所有形式的隐性税收,进行利率管制就是金融抑制中的一种形式。利率管制这一概念自从被麦金农正式提出以来,一直被国内外大多数经济学者所反对,究其原因主要源于利率管制会对金融市场带来以下一系列的不利影响:首先管制利率会导致利息成本与收益之间的扭曲,从而导致信贷配给制或者逆向选择等一系列由于资金供需不平衡造成对金融市场的不良影响;其次是狭隘的利率管制制度会扭曲利率对社会资源配置的调控作用,可能造成储蓄抑制、降低资本产出比率以及降低商业银行经营效率等后果;再次利率管制制度反映在规模经济方面,会阻碍金融市场规模的有效扩张,从而影响到一国整体经济的发展。基于对利率管制产生的以上这些弊端的分析和认识,经济学家们对利率市场化进行了科学的定义,利率市场化就是政府放弃对利率的管制,让其在市场经济条件下,受市场供求关系以及价值规律的调整,由其自发地进行调整,从而达到优化资源的目的。

更具体来说,利率市场化就是指金融机构在货币市场进行经营融资的利率水平,它由市场供求来决定,包括利率决定、利率传导、利率结构和利率管理的市场化。事实上,它就是将利率的决策权交给金融市场,让其在市场经济条件下,受市场供求关系以及价值规律的调整,由资金供求双方根据资金状况和对金融市场动向的判断来自主调节利率水平,最终形成以中央银行基准利率为基础,以货币市场利率为没接,由市场供求决定金融机构存贷款利率的市场利率体系和利率形成机制。

2　进行利率市场化改革的必要性

2.1　国际环境的发展趋势,市场经济发展逐步发展成以利率市场化为基础

从国际金融市场来看,从 20 世纪 80 年代至今,利率市场化已成大势所趋。曾经的世界第一大经济体美国最早于 1986 年完成了利率市场化,我国所在的亚洲地区之中日本也早在 20 世纪 90 年代中

期成功实行了利率市场化的改革。

2.2 利率作为重要的经济杠杆,对国家经济体系起着不可替代的调节作用

市场经济学说告诉我们,价格是市场机制的核心,价格反映供求关系,为资源流动提供信号,最终引导资源的优化配置。而在现代市场经济中利率是资金的价格、资本的价格,可以说利率是现代市场经济中最重要的价格。因为资金作为一种投资、生产、消费等一切经济活动都必须使用的生产要素,其价格机制影响的不是某一局部市场的供求平衡,而是整个社会的供求状况和资源配置效率。因此,在市场经济条件下,利率作为一个重要的经济杠杆,对国家宏观经济管理和微观经济运行起着不可替代的十分重要的调节作用。利率具有引导资金投向、调节社会储蓄与投资、调节国民经济结构、促进社会资源合理配置等重要功能。利率升高时,储蓄收益增加、投资和消费收益减少,市场主体对资金的需求随之减少,经济过热就会缓解。当资金需求过淡,资金市场供大于求,供给方又会降低利率,从而激发资金需求再度增加,投资和消费随之兴旺。有市场主体即资金供求双方在市场竞争的环境下调节资金的价格更加能够发挥利率的调节作用,从而使资金作为市场经济中一个最为重要的组成要素,能够更加充分的发挥其作用并得到最高效的利用。

2.3 我国银行业的健康稳定发展,离不开利率市场化

我国加入世界贸易组织之后,依据其对我国金融业的要求,应逐步放开对政府利率的管制取消金融壁垒,即对银行业务进行彻底开放。对于彻底开放银行业务后的中国银行业来说,习惯了被保护在管制利差中的国内银行必须通过利率市场化改革的逐步深入,尽快适应市场竞争状态下的发展要求改变原先的落后状态,通过自身服务、管理和业务的不断创新深化改革,从而尽快适应在市场竞争环境中的生存与发展。通过银行业内部的优胜劣汰实现资源的最优化配置,才能使我国银行业长期健康稳定发展并应对国际竞争与国际金融危机对我国金融市场的各种冲击,从而促进我国经济的健康发展。

2.4 利率市场化是人民币走向国际市场的不可或缺的基础

要实现人民币的国际化,就要实现人民币在国际范围内的基本兑换并使其成为国际上普遍认可的计价、结算及储备货币。利率市场化的程度体现了我国金融市场和金融体系完善和发达程度,影响着货币跨国流动的规模和方向,同时,利率市场化的加深也会降低由于金融壁垒而造成的套利机会及预期,有利于人民币国际化的稳健推动。

3 浅析利率市场化的利与弊

3.1 我国利率市场化的有利之处

3.1.1 有利于提高信贷市场金融机构的效率。生产最重要的要素之一是资金,而利率是资金的价格,利率水平的高低直接反映了资金作为生产的重要资源的稀缺程度。实现了利率市场化就意味着国内利率的数量结构、期限结构和风险结构都由市场中的交易主体来决定。利率水平对于国内的居民投资、消费决策以及汇率水平和社会总产出等等都起着十分重要的影响作用,因此,利率政策是国家调控宏观经济运动最重要的工具之一。实施利率市场化改革之后,资产定价过程将会更加透明,商业银行利息差由市场供需决定更加有利于银行间的竞争及优胜劣汰,增加了商业银行等金融机构进行经营模式转型的压力,加速传统银行业务向投资银行、财富管理型银行的转变,从而有力地促进了银行等金融机构的效率。

3.1.2 能够增强金融机构的储蓄及盈利能力。利率市场化的改革的实施,赋予了我国商业银行及其他金融机构对于利率的期限结构及定价方面更大的自主权。一部分银行将会选择上浮贷款利率来获得更多的贷款利息收入,增强自身的获利能力;在选择放贷对象时,对于经营状况不稳定或者偿债能力较弱的企业或者行业,银行可以增加更严苛的贷款条件,而对于发展前景良好的朝阳产业提供优惠

的贷款条件和利率,给予了银行等金融机构创新服务项目增强市场竞争能力的机会。在储蓄存款利率方面,为了吸引广大储户(主要是居民)手中更多的闲置资金,部分商业银行可以选择提供更高的存款利率,不但提高了自身的储蓄存款比率也能够给资金的提供者带来更多的利息收入,进而增强了社会闲置资金的集中程度,优化了资源配置。

3.2 利率市场化是我国进行金融改革的重要手段,对我国金融体制有着重要的意义

实施利率市场化改革有利于加快我国金融统一市场建设,促进货币市场和资本市场的协调发展。推动金融机构创新经营理念、经营目标、经营行为和经营方式,完善货币政策的微观传导机制,是我国金融市场能够更加有能力与国际市场接轨、抵御国际金融危机的冲击并参与国际市场的竞争。

3.3 我国利率市场化的弊端

3.2.1 利率市场化将会增加银行经营风险。实施利率市场化改革后,银行的传统信贷利差经营的盈利方式受到冲击。为了吸引更多的闲散资金和资金需求者,原有的利差经营模式会被打破,银行迫于竞争压力会缩小存贷利差。对于获利途径单一部分银行、特别是中小商业银行来说,高昂的存款成本和被迫减少的贷款盈利会使他们的经营压力有所增加甚至是倒闭,短期内可能会有大批管理体制落后、经营业务单一以及创新能力较差的银行面临倒闭的风险,从而给广大储户造成恐慌,甚至发生挤兑现象,对我国金融市场的稳定造成一定的冲击。

3.2.2 利率市场化将使潜在的信用风险逐步增加。由于金融市场的信息不对称现象,随之产生的逆向选择和道德风险将会随着利率市场化的进程而日益彰显。利率的选择功能使得企业来说,风险越高,收益越高,因此,对于每一个借款利率,存在一个对应的收益和风险水平。如果商业银行提高贷款利率,由于贷款成本的增加使得低风险项目的借款人无法得到资金,同时,吸引到高风险的项目借款人,从而提高了信贷市场的平均风险,高利率的结果是高风险项目驱逐低风险项目,产生逆向选择。在利率市场化进程中,如果缺少相应的风险控制措施,商业银行可能为了追求短期收益过于强调通过提高利率来弥补风险损失,其结果会增加风险偏好者的贷款需求,同时,挤出正常利率水平下的合格贷款需求者,提高贷款人的道德风险,使信贷市场贷款项目质量的整体水平下降,另外,银行面临的未来违约风险增加,这就可能导致银行不良资产的进一步增加,商业银行进一步甄别信用风险的压力也随之增大。

3.2.3 利率市场化使商业银行的利率风险骤然增加。存贷款利率市场化后,商业银行不仅面临着传统的信用风险,而且利率风险也随之增大,流动性管理将会更加困难。在实施利率市场化前的利率管制体系下,商业银行按照中央银行规定的利率水平吸收存款、发放贷款,此时的利率风险并不明显。而利率市场化改革实施以后,利率风险会逐步增加,管理利率风险的难度也逐步增加,在这种情况下,商业银行不仅要考虑利率波动对自身头寸的影响,还要考虑利率风险对经营策略的影响,这无疑对商业银行的经营和应变能力乃至整个金融系统的健全程度,提出了更严苛的要求。

4 如何应对利率市场化带来的弊端

4.1 加强金融创新,调整业务结构

商业银行想要规避利率风险、为资产提供增值保值机会必须通过持续有效的金融创新。贷款业务方面的创新主要包括贷款证券化、贷款出售、银团贷款、并购贷款以及应收账款抵押贷款等。目前,我国绝大多数商业银行仍然是依靠传统的存贷款业务,经营收入主要依赖资产负债业务,如前文所述,银行所承受的利率风险将会越来越大。为了扭转这种不利局面,商业银行应该发展原先不够发达的中间业务和表外业务,增加规避利率风险的有效手段,为银行提供了更大的利润空间,从而使银行改变单纯依靠大资金量获取贷款利息收入的局面,增加银行经营的灵活性和适应性。

4.2　逐步提高定价能力

在利率市场化进程中,商业银行应当逐步研究出一套可操作性强的资金定价体系。利率市场化使贷款利率成为贷款市场竞争的关键因素,贷款定价过高会在同业竞争中处于劣势甚至失去市场,反之又会使贷款业务无利可图甚至出现亏损。借鉴外国银行经验,建立科学合理的贷款定价机制,是商业银行应对利率市场化的迫切需要。

4.3　提高利率风险管理能力

随着利率市场化改革的深入,利率波动的频率和幅度将会大幅提高,利率的期限结构也将变得更加复杂,从而影响商业银行的整体收益和风险管理能力。虽然市场经济条件下的主要利率风险在我国已逐步展现,但由于治理结构不完善、信用风险仍然占据主导地位以及缺乏有效地防范风险工具等多方面的原因,利率风险管理问题至今尚未列入国内商业银行的日常经营管理中,在商业银行的基层行表现得尤其突出。因此,对商业银行而言,必须从单纯关注流动性风险和信用风险转移到既关注流动性风险和信用风险同时,又关注利率风险的轨道上来,实施全面风险管理战略。

参考文献

[1] 邵伏军. 利率市场化改革的风险分析. 金融研究,2004(06).

[2] 麦金农(Ronald I. Mckinnon). 经济自由化的顺序——向市场经济转型中的金融控制. 2010.

[3] 谢平. 我国近年利率政策的效果分析. 金融研究,2010(5).

[4] 周小川. 逐步推进利率市场化改革. 中国金融家,2012(01).

[5] 朱仕宁,吴际琨. 积极推进利率市场化的策略选择. 中国发展观察,2012(06).

浅议行政处罚简易程序中的问题与对策

● 郭 菲

(中国人民大学)

摘 要 行政处罚简易程序,是指行政处罚实施主体对事实清楚、情节简单、后果轻微的行政违法行为给予当场处罚所遵循的步骤、方式、时限和顺序。对部分案件正确使用简易程序,不但会迅速、及时地化解纠纷,大大提高行政效率,而且也会节约社会管理成本。但是,由于法律规定简单,执法人员法律素质差异等因素,在实际适用简易程序的行政处罚中存在随意性大和操作不规范等问题。鉴于此,本文梳理了简易程序中存在的问题、出现的原因,初步探讨了完善行政处罚简易程序的对策和可行方案。

关键词 行政处罚 简易程序 执法程序 执法人员

相对一般程序而言,简易程序具有简便、快捷、高效等特点,这不仅节约行政资源,提高行政效率,而且方便了被处罚人,减少了被处罚人的违法成本。但在执行过程中仍存在许多问题。

1 简易程序中存在的问题

1.1 证据制度模糊,证明标准未做规定

《公安机关办理行政案件程序规定》(公安部令第 125 号,以下简称《程序规定》)第六章简易程序对证据要求是"违法事实清楚、证据确凿"。对调取证据和证明标准没有作出具体的规定,造成部分执法人员不注重搜集证据,不考虑证据链的完整性。《行政诉讼法》第三十二条规定:"被告对作出的具体行政行为负有举证责任,应当提供作出该具体行政行为的证据和所依据的规范性文件。"在行政诉讼阶段,行政机关不能对被处罚人进行调查取证,对行政处罚认定事实、实体过程、程序过程、法律依据承担证明责任,不能因为法律上对行政处罚简易程序证据要求规定上的欠缺而忽视证据的重要性。发生行政诉讼或行政复议,执法人员所认定的违法事实被处罚人拒不承认,检验检疫机构又不能提供以法律规定的形式固定下来的证据,处罚决定将不能得到维持。

1.2 处罚程序不具体,不重视保护当事人的程序性权利

《程序规定》第六章简易程序对实施步骤没有具体规定,实践中各级检验检疫机构有不同做法。部分执法人员把简易程序理解为简单的处罚,不按程序实施,在执法中不亮证执法,不履行告知义务,不听取当事人陈述和申辩,未依法搜集证据便直接进行处罚,剥夺了被处罚人应当享有的合法权利。《行政处罚法》的规定:不遵守法定程序的,行政处罚无效。即使是简易程序,也必须按法定的程序进行,不遵守程序的行政处罚都是违法的。有的虽然遵循程序,但因无相应笔录证实,无法证明程序合法,这都造成一定法律风险。

1.3 执法人员存在滥用自由裁量权现象

行政自由裁量权是行政执法机关依法定权限在法定幅度与范围内做出具体行政行为的权力。《程序规定》没有对自由裁量权做出统一、明确的规定。行政处罚所依据的法律规定较为原则,随意性较大。如《进出口商品检验法实施条例》第五十六条规定:擅自调换、损毁出入境检验检疫机构加

施的商检标志、封识的,由出入境检验检疫机构处 5 万元以下罚款。法定罚款幅度从 0 ~ 5 万元。检验检疫执法人员拥有极大的裁量权。可以选择一般程序,也可以选择简易程序,如何规范、制约执法人员的自由裁量权是一个值得研究的问题。

1.4 不严格执行罚款收缴分离制度,导致处罚程序违法

行政处罚法第四十六条规定:作出罚款决定的行政机关应当与收缴罚款的机构分离。

除依照本法第四十七条、第四十八条的规定当场收缴的罚款外,作出行政处罚决定的行政机关及其执法人员不得自行收缴罚款。当事人应当自收到行政处罚决定书之日起 15 日内,到指定的银行缴纳罚款。银行应当收受罚款,并将罚款直接上缴国库。我国法律法规规定了罚款除交通不便地区外,行政执法机关应当告知被处罚人限期将罚没款缴至指定银行,但某些行政机关处罚的对象处于交通便利地区,居然也收取被处罚人的现金,并且不给行政管理相对人开具法定票据。有的虽然开具了票据,但开具的却是旧式收据,没有使用新式法定收据。

1.5 不告知或不正确告知行政管理相对人的复议、诉讼权

告知被处罚人或者行政管理相对人行政复议、行政诉讼权利,是行政执法机关的法定义务。一些行政机关在处罚过程中不告知、不完全告知或者不正确告知行政管理相对人的复议、诉讼权利。一是只告知被处罚人有复议、诉讼权利,但不告知复议机关、受诉法院。二是错误的告知行政管理相对人行政复议、诉讼期限,如告知行政复议期限为 2 个月、诉讼期限为 90 天等等。三是只告知行政管理相对人向实施处罚的行政机关的上一级申请复议,而不依法告知向地方政府申请复议,故意规避地方政府的监督。

2 简易程序中问题出现的原因

2.1 执法程序意识淡薄,执法程序缺失

一些执法人员想当然地认为,简易程序就可以“一简到底”,在执法中三步并作两步走,没有出示证件、表明身份、说明理由等便直接进行处罚,使被处罚人应当享有的合法权利,如了解执法人员身份的权利,当面被告知处罚事实、理由和依据的权利,当面陈述与申辩的权利等被“简易”掉。而根据行政处罚法的规定,行政机关即使在适用简易程序时,也必须按法定的程序进行,缺失任何一道程序的行政处罚都是违法的。

2.2 官本位思想严重,服务意识差

“官本位”思想表现在错误地认为执法就是管人、执法就是“罚款”的思想上。在行政执法中只重视自己的权利,忽视自己应尽的义务。依据《行政处罚法》的规定,执法机关在简易程序中所承担的主要义务有:向被罚人当面表明身份的义务,查清事实的义务,处罚决定作出前告知被处罚事实、理由、依据、权利的义务,当面听取被处罚人意见的义务,当面交付处罚决定书的义务等。执法人员在行使处罚权时必须履行这些义务,热衷于权力而忽视义务势必造成执法违法。

2.3 执法程序制度不健全,操作性不强

《行政处罚法》对简易程序作了比较原则的规定,在具体执法过程中还需要有关部门根据法律作出详细的规定。否则,执法人员很可能无所适从,难免犯些错误。此外,执法机关在创造新的执法方法和模式时,也可能由于执法程序制度不健全,而损害行政管理相对人的合法权利。

2.4 监督不到位,执法行为得不到有效监督

一方面,行政执法责任制没有完全落实,政府法制工作在基层的力量不足,县、区政府法制机构多数只有 2 ~ 3 名工作人员,与当前推进依法行政的实际要求不相适应,层级监督制度难以真正建立起来,缺乏有效地约束机制,导致基层执法人员在行政处罚过程中的随意性较大;另一方面,外部的监督力量也难以发挥应有作用,特别是由于行政处罚内容和程序公开不到位,社会力量缺乏对执法部门和

执法行为进行有效监督的制度保障。

3　进一步规范简易程序的对策和思考

上述问题的存在,不仅降低了行政效率,而且损坏了行政机关的形象,对经济社会发展极为不利,为解决以上问题,可以从以下几点进行改善。

3.1　建立完善简易程序证据制度

适用简易程序不必经过单独的调查取证程序,但在作出行政处罚决定前,应当收集完整的证据,把案件事实通过证据固定下来,为行政处罚决定提供完整的证明力。检验检疫行政处罚简易程序的证据要求,可参考一般程序,从证据收集、证据种类、证明标准、证明责任等方面进行系统的规定。

3.2　规范执法程序,切实保障当事人的合法权益

《行政处罚法》明确规定:不遵守法定程序的,行政处罚无效;拒绝听取当事人的陈述和申辩的,行政处罚决定不能成立。这是法律对于行政处罚应当遵守法定程序和保障当事人陈述申辩权的具体规定。类似程序应当在简易程序中作出明确具体的制度性规定,以让执法人员明确简易程序所应当遵循的程序和要求。规定当事人的程序选择权,即当事人可以选择适用简易程序或一般程序。实践中,当事人可能因利益权衡,对认定的事实同执法人员发生争议,提出陈述与申辩,行政机关就应当慎重对待,给予其程序选择权。

3.3　规制自由裁量权,落实行政执法责任制

在适用行政处罚简易程序时,要对自由裁量权的行使依法进行规范和制约,保证行政处罚决定结果的合法性、合理性及裁量的连贯性,不得违背检验检疫法律法规的立法目的、基本原则和精神。同时,加强监督,健全行政执法责任制度,明确当场处罚权限,制定并执行行政处罚自由裁量细化制度。

3.4　完善监督制约机制

继续完善政府层级监督机制,全面推行行政执法责任制,抓好责任分解和落实。一是加大监督检查力度。把行政执法监督检查作为一项常规工作来抓,通过日常检查、专项检查、联合检查、随机检查以及行政案件个案检查等形式,及时发现和纠正执法中的问题,认真分析研究存在问题的成因和解决问题的办法。二是增强行政执法的透明度。注意发挥各种监督资源的整体力量,在法律规定的范围内主动公开执法情况,自觉接受社会监督,努力提高行政执法监督的质量和效果。三是建立顺畅的监督反馈机制。通过民意测验、问卷调查、座谈听证、受理举报等方式,广泛听取社会各界对政府依法行政的意见和建议。

3.5　强化培训学习,提高依法执政的水平

我们可以广泛开展法律、法规的宣传教育,进一步强化行政执法人员特别是一线执法人员的法律意识;加强一线执法人员的业务知识培训,尤其是要对行政处罚简易程序中暴露出来的问题,选择正反两方面的典型事例,有针对性地搞好分析,杜绝违法现象的重复发生;对执法人员必须要求把好五关:立案标准关、调查取证关、履行告知义务关、依法提出处罚决定关、规范法律文书关,并进行严格的考核,合格者上岗,不合格者待岗。在执法人员中明确执法就是服务的思想,依法执政,文明服务。

参考文献

[1]罗豪才.行政法学[M].北京:中国政法大学出版社,1999.

[2]杨惠基.行政执法概论[M],上海:上海大学出版社,1998.

[3]姜明安.行政执法研究[M].北京:北京大学出版社,2004.

[4]陈平.行政执法不公的成因及治理对策[J].兰州学刊,2001(3).

吉林省城镇化与产业结构优化的互动关系研究

● 李 慧

(中国人民大学)

摘 要 不论是发达国家还是发展中国家,产业结构演进与城镇化都是其经济发展的两大主题,对于我国而言,城镇化的健康发展和产业结构的优化升级更是深化改革所面临的双重任务。城镇化和产业结构调整之间并不是各自独立,而是相互联系,相互促进的。近年来,吉林省以新型城镇化内涵为指导,深入贯彻科学发展观,本着"以人为本"为核心,积极推进全省产业结构战略性优化调整和发展方式转变,努力实现经济的可持续发展。但是与全国整体水平特别是东部发达地区相比,城镇化发展和产业结构优化调整对于吉林省这样一个传统的以农业和重化工业为主导的省份来说,无疑需要付出更多的努力,虽然2014吉林省城镇化水平已达到54.81%,但是城乡二元结构矛盾突出,产业结构方面仍存在三产结构较不合理的现象。吉林省若想发挥后发优势,实现产业优化升级,进一步加快城镇化发展进程,必须要考虑城镇化与产业化的互动发展关系。

关键词 吉林省 城镇化 产业结构 互动关系

1 吉林省城镇化发展和产业结构的现状分析

1.1 吉林省城镇化发展现状分析

建国初期,吉林省作为粮食大省和工业化基地,得到国家的高度重视,城镇化得到了良好的发展,从图1中可以看出,1996年吉林省城镇化率高于全国水平16个百分点。近年来,吉林省城镇化率一直处于递增趋势,并且始终领先于全国平均水平,但是领先程度近年来逐渐缩减,而2014年仅高于全国水平0.04个百分点。

"十一五"期间,吉林省注重城乡统筹稳步推进,在城镇化建设方面取得了可喜成绩的成绩,城镇化率保持稳定增长态势;有力地促进了经济增长,扩大消费,拉动投资;提升农村居民收入,缓解"三农问题"。

1.2 吉林省产业结构现状分析

1.2.1 吉林省产业产值结构分析。改革开放以来吉林省的各产业结构随着经济社会发展、政策导向变动,也发生了较大变化。从表1和图2可以看出吉林省产业结构中第二产业一直处于主导地位,并且显现出第一产业比重逐步下降;第二产业波动发展;第三产业比重逐步上升的总体态势。1988年,第三产业比重超过了第一产业,产业结构开始由"二、一、三"向"二、三、一"转变。2010年,全省三次产业结构为12:52:36,与1978年相比,第二产业比重几乎没变,但是一产和三产分别下降和增加了约18个百分点,产业结构发生了根本性变化。

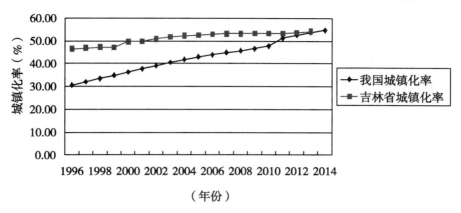

（年份）

图1　1996—2014年吉林省及全国城镇化率

数据来源:国家统计局网站及吉林统计信息网

表1　吉林省1978年至2014年三次产业产值及比重

年份	地区生产总值(亿)	三产产值(亿)			三产比重(%)		
		第一产业	第二产业	第三产业	第一产业	第二产业	第三产业
1978	82.0	24.0	43.0	15.0	0.30	0.52	0.18
1979	91.1	25.3	49.2	16.6	0.28	0.54	0.18
1980	98.6	27.2	52.2	19.1	0.28	0.53	0.19
1981	111.2	34.3	56.5	20.3	0.31	0.51	0.18
1982	121.7	38.4	60.4	22.9	0.32	0.50	0.18
1983	150.1	56.7	65.4	28.0	0.38	0.44	0.18
1984	174.4	60.0	80.5	33.9	0.34	0.46	0.20
1985	200.4	55.7	97.2	47.5	0.28	0.48	0.24
1986	227.2	64.4	104.3	58.5	0.28	0.46	0.26
1987	297.5	80.6	139.4	77.6	0.27	0.47	0.26
1988	368.7	92.6	173.6	102.5	0.25	0.47	0.28
1989	391.7	80.5	181.0	130.1	0.21	0.46	0.33
1990	425.3	125.0	182.2	118.1	0.29	0.43	0.28
1991	463.5	120.5	203.0	140.0	0.26	0.44	0.30
1992	558.1	130.8	257.0	170.2	0.23	0.46	0.31
1993	718.6	156.1	351.0	211.5	0.22	0.49	0.29
1994	937.7	259.4	396.9	281.4	0.28	0.42	0.30
1995	1 137.2	304.0	475.2	358.0	0.27	0.42	0.31
1996	1 346.8	376.0	537.1	433.7	0.28	0.40	0.32
1997	1 464.3	368.2	567.0	529.2	0.25	0.39	0.36
1998	1 577.1	429.5	585.7	561.9	0.27	0.37	0.36

(续表)

年份	地区生产总值(亿)	三产产值(亿)			三产比重(%)		
		第一产业	第二产业	第三产业	第一产业	第二产业	第三产业
1999	1 682.1	423.5	654.5	604.1	0.25	0.39	0.36
2000	1 951.5	398.7	768.9	783.9	0.21	0.39	0.40
2001	2 120.4	409.1	852.5	858.7	0.19	0.40	0.41
2002	2 345.5	446.2	943.5	958.9	0.19	0.40	0.41
2003	2 662.1	488.2	1 098.4	1 075.5	0.18	0.41	0.41
2004	3 122.0	568.7	1 329.7	1 223.6	0.19	0.43	0.38
2005	3 620.3	625.6	1 580.8	1 413.8	0.17	0.44	0.39
2006	4 275.1	672.8	1 915.3	1 687.1	0.16	0.45	0.39
2007	5 284.7	783.8	2 475.5	2 025.4	0.15	0.47	0.38
2008	6 424.1	916.7	3 064.6	2 442.7	0.14	0.48	0.38
2009	7 203.18	980.5	3 491.96	2 730.72	0.14	0.48	0.38
2010	8 577.06	1 050.15	4 417.39	3 109.52	0.12	0.52	0.36
2011	10 530.71	1 277.4	5 601.2	3 652.11	0.12	0.53	0.35
2012	11 937.82	1 412.11	6 374.45	4 151.26	0.12	0.53	0.35
2013	12 981.46	1 509.34	6 858.23	4 613.89	0.12	0.53	0.35
2014	13 803.81	1 524.56	7 287.26	4 991.99	0.11	0.53	0.36

数据来源:《吉林统计年鉴2013》及吉林统计信息网

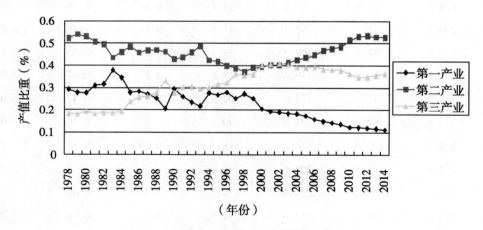

图2 吉林省1978—2014年各产业产值比重
数据来源:《吉林统计年鉴2013》及吉林统计信息网

1.2.2 吉林省产业就业结构分析。从改革开放至今,吉林省第一产业就业人员数和比重一直处于领先位置,这主要是由于吉林省得天独厚的土地和环境资源,在改革开放初期就发挥出农业的比较优势。1978—1992年,第一产业就业人员增加272万人,随后第一产业就业人员数趋于稳定,维持在560万人上下,这也说明随着经济的发展和产业结构的调整,第一产业吸引就业人员数趋于饱和,剩余劳动力被第二、第三产业吸收。

在未来的一段时间内,第一产业就业人数将继续下降,第二产业就业人数占比趋于稳定,而吸引劳动力的重任落在了第三产业上,这也进一步表明第三产业在城镇化中的突出影响,并说明产业结构调整和升级的重要性。

1.2.3 吉林省产业结构状况与全国及东三省的比较。2003 年,国家对东北老工业基地实施振兴计划,这对于整个东北地区都是一个难得的发展机遇。客观地比较吉林省产业结构、就业结构和东北相邻二省以及辐射全国的相对水平,认识到自身差距,有利于吉林省师夷长技,调整产业结构,寻找经济可持续增长的新动力(表2)。

表 1-2 2012 年吉林省三次产业产值和就业结构与东北各省及全国的比较

		全国	吉林省	辽宁省	黑龙江省
产值比重(%)	第一产业	9.5	12	8.7	15.4
	第二产业	45	53	53.2	44.1
	第三产业	45.5	35	38.1	40.5
就业比重(%)	第一产业	33	41	28.7	60.9
	第二产业	31	21	26.9	16.8
	第三产业	36	38	44.5	22.3

数据来源:《吉林统计年鉴 2013》《辽宁统计年鉴 2013》《黑龙江垦区统计年鉴 2013》及国家统计局数据库

在经济新常态中,服务业发展水平及占 GDP 比重是国家或区域经济发达程度的重要标志。但是,针对吉林省而言,目前,处于工业化后期,虽然第三产业就业人员已超过全国平均水平,但是产值却相对不足。尽管近几年来吉林省服务业内部结构有所调整和改善,但仍处于较低层次,现代物流、商务服务、科学研究等需求潜力巨大的现代服务业发展不充分。

2 吉林省城镇化与产业结构演进存在的问题

2.1 城镇化综合质量水平低

2.1.1 城镇化水平虚高。吉林省属东北老工业基地,非农就业比重较高,但是从城镇人口内部结构分析,达到实际城镇生活水平的非农业人口并没有占到这一比例。省份东部城镇化指标偏高,除人口基数小外,一些工矿镇、林业镇和农场镇的职工及家属也被统计为城镇非农业人口。但是,大部分人仍从事第一产业,生产生活方式更接近于乡村。

2.1.2 城镇化增长放缓。吉林省城镇化率在 1990—2000 年,上升了 7.39 个备份点,年均递增 0.74%;在 2000—2008 年,仅增加 3.55 个百分点,年均增长 0.44%,只相当于同期全国平均增长速度的近 1/5,增长明显放缓。

2.1.3 城镇体系结构不完善。吉林省目前城镇体系结构并不完善,城市规模较小,未形成大中小协调发展的梯次结构,中心城市的集聚、辐射能力较弱。全国 332 个地级以上城市动态竞争力排名中,吉林省入围城市多数排名靠后,且下降趋势明显不同级别城镇的资源配置权限、管理权限不同,且严格服从行政级别的高低。这种下级城镇严格服从上级城市"领导"的城镇管理体制,有助于上下级城镇间的协调,但也带来了资源的集中配置,导致吉林省城镇规模体系两极分化现象严重。

2.2 产业结构矛盾突出

2.2.1 农业现代化程度低。吉林省是我国的粮食主产区和重要的商品粮基地,在稳定国家粮食安全和保障民生方面具有举足轻重的地位。但是,与发达国家和地区的现代农业产业相比较,吉林省的农业产业体系还存在着基础不牢、总量不大、结构不优、功能不强、效益不高、后劲不足等许多问题。

2.2.2　重工业比重过高。2012年,吉林省重工业占工业总值比重为72.5%,约占3/4,轻重工业结构有待进一步完善。与此同时,工业化质量不高,导致工业及相关产业集聚能力有限,对就业拉动的能力较低,因此对城镇化发展的带动有限,两者之间互动性较差。

2.2.3　服务业发展滞后。虽然近年来,吉林省积极调整产业结构,相继制定并出台了一系列鼓励和扶持第三产业发展的政策措施,实现了第三产业的较快发展,但是总体发展仍然相对滞后,也从一定程度上阻碍了吉林省城镇化的发展。

3　政策建议

城镇化的发展和产业结构的调整都是长期的、艰巨的战略任务,要取得好的成效,必须认真贯彻国家各项产业政策,综合运用经济、法律和必要的行政手段,加大工作力度,把各项措施落到实处。结合以上各章的分析,针对吉林省城镇化和产业结构优化调整互动关系所存在的问题,提出如下政策建议。

3.1　完善制度,推进城镇化进程

借助市场力量,完善体制,解除人员流动的限制,以促进劳动力资源的优化配置。应加大改革力度,突破城乡分割的户籍限制,有条件的放开省内户口迁移政策。

3.2　加快产业内部结构调整

产业结构内部的促进产值增长方式应由主要靠物质消耗向主要依靠科技进步和管理创新转变。跟踪国内外科技和产业发展趋势,大力发展以新型环保能源、新型材料为重点的节能环保产业,积极发展新一代信息产业,加快发展新材料和生物产业;大力推进产品创新,提高产品技术含量和附加值。坚持走集团化、规模化发展的路线,支持重大企业做大做强,支持优势企业兼并重组落后企业和困难企业,鼓励优势企业强强联合,鼓励中小企业向专、精、特、新方向发展。

3.3　推动产业结构优化升级

推动吉林省城镇化进程,就要加快城市经济的结构升级,注重优化三次产业结构,促进第一、第二、第三产业协调发展和整体提升。按照"竞争力最强、成长性最好、关联度最高"的原则,着力构建以产业集聚区为载体,现代农业、工业主导产业、高新技术产业、现代服务业、基础设施和基础产业相互支撑、互动发展的现代产业体系,壮大战略支撑产业。

"一带一路"背景下中国政府推动跨国公司发展的战略选择

● 孙永军

（山东大学经济学院）

摘　要　随着中国政府"一带一路"发展战略的实施,中国跨国公司的跨国经营活动明显活跃,对外投资规模持续扩大,境外企业收入不断增加。但同时我们也应看到,中国跨国公司还普遍存在着国际化程度偏低、盈利能力较弱、品牌影响力不高、创新能力不强以及境外投资外部环境不理想等问题。为此,本文提出政府应采取有力措施助力企业在海外的发展壮大,例如加强政策创新、构建中国资本输出通道、加大对民营跨国公司的金融支持力度、完善中介服务体系等,以使企业更好地融入"一带一路"发展战略。

关键词　一带一路　跨国公司　战略选择

2014 年《财富》杂志评选的世界 500 强企业中,中国上榜公司数量创纪录地达到 100 家。随着中国"一带一路"发展战略的实施,中国跨国公司的跨国经营活动明显活跃,对外投资规模持续扩大,境外企业收入不断增加。同时,我们应该看到,中国跨国公司还存在国际化程度偏低、盈利能力较弱等问题,需要引起高度重视,并采取有力措施助力企业海外发展壮大,以更好地融入"一带一路"发展战略。

1　跨国公司融入"一带一路"发展战略过程中存在的问题

1.1　境外投资的外部环境不理想

1.1.1　审批流程繁琐。中国跨国公司境外投资项目的审批程序过于繁杂,政府部门需要对每个投资项目的可行性进行审查,审批环节多、时间长,一定程度上影响了企业境外投资的积极性,甚至有些企业放弃了境外投资。

1.1.2　体制机制滞后。中国跨国公司对外投资管理体制严重滞后,存在部门分割、各自为政的现象。具备境外投资实力的企业往往因审批程序繁杂而难以进行境外投资,不具备境外投资实力的企业往往利用政策之便投机取巧,躲避相关部门的监管,进而导致中国国有资产的外流。

1.1.3　配套措施欠缺。境外投资的相关法律和金融、外汇、财政等诸多方面的政策和制度还不够完善,缺乏境外投资相关的中介机构、境外投资的保障机制以及保险制度,企业难以及时获取境外投资所需的国际市场信息,阻碍了中国境外投资的发展。

1.2　国际化程度偏低

中国企业联合会、中国企业家协会发布的 2014 年中国 100 大跨国公司及跨国指数数据显示,中国 100 大跨国公司的平均跨国指数为 13.60% ;2014 年世界 100 大跨国公司的平均跨国指数为 64.55% ;2014 年发展中国家 100 大跨国公司的平均跨国指数为 54.22% 。这充分表明,中国跨国公司的跨国指数普遍偏低,国际化程度有待进一步提高。其原因主要是,一方面,中国跨国公司与很多世界知名跨国公司相比,所有权优势、内部化优势和区位优势差距较大;另一方面,中国多数跨国公司经营活动更多地依赖于国内市场,仅能依靠国内市场的资源优势参与全球竞争,其在全球范围内利用资源的能力十分有限。国际化程度低导致中国跨国公司在相关产业领域的话语权不足,难以参与到行业标准制定的行列,在跨国经营中受到其他国家的辖制。

1.3 盈利能力较弱

目前,中国入围世界500强企业的平均收入和资产与其他国家世界500强比较接近,但利润和人均收入这些能体现企业竞争力的关键因素与其他国家的入围公司相比还有一定差距。以2014年《财富》杂志公布的榜单为例,中国入围公司(包括香港企业,不包括台湾企业)平均利润额为32.2亿美元,低于世界平均数39.1亿美元,企业雇员人数达19万人,高于总体平均员工人数13万人,总利润和人均利润水平都表明中国企业"大而不强"。一是从资产投入效率看,世界500强前10位的国外企业资产收入比的平均水平为1.17,即1美元资产带来的收益是1.17美元。而中国前10位跨国公司的平均水平为0.84,即1美元资产带来的收益为0.84美元。二是从员工生产效率看,前10位国外世界500强企业每名员工的劳动生产率平均为2.74百万美元,而中国排名前10位的企业只有平均0.44百万美元。

1.4 品牌影响力不高

世界知名品牌是跨国公司重要的无形资产和高级要素,能否拥有世界知名品牌是跨国公司国际竞争力的重要体现。中国企业缺乏世界知名的全球品牌,2014年Interbrand发布的全球企业品牌价值排行榜中,华为排在第94位,是唯一闯入百强的中国企业。品牌附加值较低,导致中国许多产品通过低价的方式竞争,企业利润和市场声誉受到影响。

1.5 创新能力不强

中国跨国公司以传统垄断性行业的大型国有企业或国家控股企业为主,这些公司的竞争优势大多集中在劳动密集型制造领域和传统服务业,如银行、通信等领域,而这些优势主要依赖于国内市场中的行政性垄断地位或低成本优势获得,创新能力尚未得到普遍认可。而美、日等国家的世界500强企业则多是处于高度竞争性行业的私营企业、股份制企业,其50%以上的营业收入来自于海外市场,通过在全球各地设立研发中心、整合全球研发资源,进一步推动企业技术创新。

2 推动中国跨国公司发展的战略选择

2.1 加强政策创新,健全法律体系

一是成立专门的跨国公司委员会。通过该委员会对跨国公司发展进行集中指导和支持,加大国有企业海外分支机构监管考核力度。二是进一步调整完善支持企业海外拓展的相关政策。随着越来越多企业自身实力的增强和参与国际投资机会的增加,迫切需要国家层面的政策支持,因此,应抓住当前深化经济领域改革的契机,对不适应当前发展形势的管理体制加快进行改革。要结合国内不同类型企业海外拓展的实际需求,出台产业培育、税收支持等一揽子政策,把打造龙头跨国企业与加强中小企业政策扶持结合起来,进一步加大对自有品牌的支持力度,帮助企业在境外设立区域总部等职能机构,鼓励企业建设海外工业园、对外贸易合作区等,打造一批具有全球影响力的产业集群。三是进一步健全完善跨国公司相关法律法规。必须加快形成完备的境外投资法律体系,提高与国际法规的接轨程度,保障中国跨国公司的经济利益和投资行为。同时,建立海外经营法律顾问制度和法律援助制度,为企业海外拓展营造良好的法律环境。

2.2 构建中国资本输出通道,助力"一带一路"建设

"一带一路"建设时空范围广,跨度大,是一项规模宏大的系统工程,需要政府、企业、金融等机构的积极参与。政府应采取"智库+联盟+展会+园区+基金"五位一体的新型工商组织合作模式,支

持企业利用多种方式开展国际合作,重点支持发展一批交通运输、基础设施建设、装备制造等行业的跨国公司。支持企业在境外开展并购及创业投资,建立研发中心、生产实验基地、全球营销及服务体系,依托互联网开展网络协同设计、精准营销、媒体品牌推广,建立全球产业链体系,尽快提高资源配置效率和国际化程度,以便未来能够更好地把握"一带一路"这一重大投资机遇。

2.3 加大对民营跨国公司的金融支持力度

目前,中国民营企业海外拓展面临着突出的融资难问题。民营企业对外投资的融资渠道以公司自有资本和银行借款为主,海外融资通常缺乏信用基础,融资时经常遇到贷款门槛高、额度少、利率高、期限短等障碍,开展境外投资和跨国经营的资金压力很大。因此,政府有关部门应加强对民营企业对外直接投资的金融支持力度,鼓励金融机构创新海外相关金融产品,支持金融机构在海外布局业务网点、拓展业务领域。同时,不断完善企业海外投资征信制度、企业海外投资保险制度和担保制度,鼓励设立海外投资基金,建立海外投资金融风险评估体系,构筑民营跨国公司海外发展的"保障网"。

2.4 完善中介服务体系,为企业跨国经营提供全方位中介服务

由于中介服务不完善,导致中国企业跨国经营过程中获取真实市场信息和相关服务的成本过高,为此,必须采取多种措施对中介体系进行完善。一是建立完善中介网络。建立包括会计、法律知识、产权管理咨询等方面的中介服务网络,为企业跨国经营提供全方位的中介服务。这种跟随式的服务有利于中国服务业跨国公司的兴起,有利于提升国际产业分工地位。二是加强国际合作。鉴于本土中介服务机构跨国经营经验不足,必须与国外高水平的中介服务机构开展多种形式的合作,提升本土中介服务机构的服务水平。三是提升信息服务水平。充分发挥驻外使领馆、涉外政策性金融机构、行业协会、商会、企业家协会等部门的信息采集作用和海外华人华侨的桥梁纽带作用,进一步加强与驻华使领馆和商务机构、东道国当地中介机构的联系,全方位为中国企业跨国投资提供资信调查、信用评级、市场分析等服务。同时,及时收集和发布有关境外投资合作项目、工程承包、市场开拓等信息,为中国企业融入"一带一路"发展战略提供高水平的咨询服务。

参考文献

[1]财富中文网.2014年财富世界500强排行榜[EB/OL]. http://www.fortunechina.com/fortune500/c/2014.07.07/ content_212535.htm,2015.07.17.

[2]李珮璘.我国跨国公司竞争力的国际比较及对策[J].经济纵横,2015(3):57-61.

[3]陈杰斌,刘莹莹,魏铭.打造世界水平跨国公司策略研究[J].发展研究,2013(7):15-19.

[4]李洁.如何培育世界水平的中国跨国公司[J].经济纵横,2013(10):68-87.

[5]王征.基于跨国公司模式的我国企业海外拓展路径探析[J].冶金经济与管理,2014(5):46-48.

[6]陈静,卢进勇,邹林.中国跨国公司在全球价值链中的制约因素与升级途径[J].亚太经济,2015(2):79-84.

[7]张玉洁.我国跨国公司发展现状问题及对策[J].长江大学学报(社科版),2014(3):89-90.

浅论家庭养老模式

● 廖少容

（中国人民大学）

摘　要　第六次人口普查结果显示我国的人口老龄化进程在不断加速，而我国的社会未老先富，在这种情况下，我国应该将老年人生活改善列为现在的主要任务之一，并且用多种方式对家庭养老予以足够的支持。

关键词　家庭养老　社会辅助　未富先老

1　选题背景

人口老龄化已经成为全球性的社会问题。作为世界上唯一一个老年人口过亿的国家，我国人口老龄化具有数量多、速度快、高龄化趋势的特点。老龄化带来的直接问题就是养老问题，如何妥善解决老龄人口的养老问题，实现"老有所养"，已经成为关系国计民生和社会稳定的重大现实问题，而由此引发的对养老模式的研究和探讨，也日益成为人们关注的焦点。

2　我国养老模式基本状况

所谓养老模式，是指人们进入老年阶段后如何安度晚年生活的制度安排与机制保障，它包括老年人的经济保障、起居照料与精神慰藉3个层次，但核心是满足老年人的生活照料需求。家庭养老、机构养老和社区居家养老是我国目前存在的3种基本养老模式。家庭养老是传统的养老模式，机构养老和社区居家养老则同属于社会化养老的范畴。这3种养老模式的产生不是偶然的，而是受社会生产力发展水平、社会结构和家庭结构等因素的影响，具有一定的历史必然性。在新的历史条件下，随着我国现代化进程的加快，各种新问题不断凸显，这3种养老模式基于各自的优势与不足，也必将产生新的发展和变化。

3　三种养老模式及其优势与不足

3.1　家庭养老

家庭养老又称家庭照顾，是指赡养老人、照顾老人的活动统一于家庭之中，在家庭内部完成，家庭既提供养老的经济保障，又担负着老年人的日常生活照料重任，直至老年人生命终结。

3.1.1　优势。

（1）家庭养老具有深厚的历史底蕴，植根于中华民族伦理道德观之上，符合中国人根深蒂固的传统与习惯，利于尊老爱老、养亲敬亲等良好风气的传承与弘扬。

（2）家庭养老利于代际交流，满足老人对亲情的需求，给予老年人精神归属感。赡养老人，不仅是指为老人提供物质生活保障，更重要的是为老人提供心理上的慰藉。人上了年纪，对物质生活的追求不再强烈，更多的是需要心理和精神上的充实和愉悦。一家人平平安安，团团圆圆地生活在一起，儿女孝顺、子孙绕膝享受天伦之乐是每一位老人最大的理想和心愿。

（3）家庭养老社会成本低。家庭养老的成本主要由家庭成员承担,基本不需要什么社会投入,因而社会成本很低。此外,家庭养老把社会的养老负担转化为子女的负担,一旦政府的社会保障职能不能兑现,可以规避社会养老在基金管理方面的风险,同时,也不存在服务和交易费用支出问题。

（4）家庭养老是"反哺"式养老模式,在经济供养上,代际间的取予互惠均衡,养老基金的缴纳、积累增值以及给付过程天然形成,其保障功能的实现自然而然完成。

（5）家庭养老利于代际间的互助,利于亲情的促进。

3.1.2 不足。

（1）社会经济发展水平制约家庭养老的发展。社会经济结构的转型导致家庭生产功能淡化,老人在家庭中的主导性和权威性逐渐丧失,现代人在追求现代生活方式过程中,独立自由的小家庭日受青睐,几世同堂的大家庭越来越缺少向心力和凝聚力,传统家庭养老模式已无法满足社会发展的需要。

（2）未富先老,家庭养老面临资源供给严重不足问题。改革开放以来,特别是近 20 年来不合理的分配制度,导致绝大多数人口收入过低,加之住房、教育、医疗等负担的加重,极大地增加了普通家庭特别是中青年人的生活成本,家庭养老的经济功能大幅度下降。

（3）计划生育政策带来家庭结构的变化,削弱家庭养老的基础。严格的计划生育政策控制了中国人口的发展速度,中国社会的家庭结构也随之发生了巨大变化。"421"家庭模式作为中国今后几十年的主流家庭模式,是一种风险型的家庭架构,对养老而言更是如此。

（4）社会环境变化引起家庭养老功能的弱化。首先现代社会生活和工作的高压力快节奏让人们身心俱疲,很难抽出更多时间和精力去关心照料老人,严重影响家庭养老的质量。其次,随着市场经济的快速发展和城市规模的扩大,人口的流动性也越来越明显。

（5）养老观念的转变影响家庭养老的发展。改革开放以来,中国经济社会发生了重大变革,对公民的个体价值给予了多方面的承认,并从道义上肯定了追求个人幸福的合理性,个体价值的确立动摇了传统家庭伦理的基础。

3.2 机构养老

机构养老是指老年人以社会机构为养老地,依靠国家资助、亲人资助或自助的方式,由养老机构统一提供全方位的生活照料服务,以保障老年人安度晚年的养老方式。

3.2.1 优势。

（1）机构养老能够为老人提供优质、高效、专业的全方位服务。对老人的照料除了满足老人衣、食、住、行等基本生活需求外,还要满足老人医疗保健、精神文化、社会参与等需求。专业的养老机构拥有齐全的医疗设备和完善的生活设施,并配有专业的医护人员,24 小时为老人提供高效可靠的医疗保障,即使老人突发意外情况也能在第一时间得到专业救治;专业的养老机构里有专业的营养师负责老人的饮食,一日三餐营养又健康;有专门的护理人员照顾老人的起居,陪护老人进行室外活动,卫生又安全;还能够提供科学的康复训练帮助老人恢复身体机能,强健体魄,普通家庭是不具备这样的条件的。此外,在精神层面,养老机构有条件组织丰富多彩的适合老年人参与的活动。

（2）机构养老省时、省事、省心,让老人与儿女在养老问题上实现双赢。在机构养老模式下,养老机构是养老服务的主要提供者,子女则扮演"配角"。

（3）机构养老利于老人生活质量的改善。养老机构一般都建在郊区等相对偏僻清幽的地方,生态环境良好,适合老人颐养天年;其生活设施也针对老年人的特点设计,安全舒适,再加上专业化的服务,能够为老人提供高质量的生活条件。

3.2.2 不足。

（1）传统观念的束缚让现代人对机构养老望而止步。中国几千年的养老传统和习惯不可能一朝改变,即使在现代社会"养儿防老"的观念依然在很大程度上束缚着人们的思想。

（2）亲情的缺失让机构养老遭受多方责难。机构养老属于异地养老,选择机构养老意味着老人将告别自己熟悉的生活环境到一个陌生的新环境中去生活。远离老邻居老朋友,与亲人聚少离多,"儿女绕膝,享受天伦之乐"的梦想从此化为泡影。

（3）机构养老社会成本巨大。开办养老机构需要进行大量的基础设施建设,不仅投资额巨大,还要占用大量社会资源加大城市建设负担。

3.3　社区居家养老

社区居家养老,是指老人居住在自己家里,付费获取由社区养老服务机构提供的各种专业化服务以解决日常生活困难的养老方式。

3.3.1　优势。

（1）社区居家养老符合中国养老传统和国情。社区居家养老以家庭为核心,社区为依托,老人居不离其家,养借助社区,享受专业化服务的同时也满足了对亲情的需求,在一定程度上既解决了家庭养老能力不足的困难,又解决了机构养老亲情淡薄、环境适应障碍等问题,是符合中国养老传统和国情的一种新型养老模式。

（2）社区居家养老社会成本较低。开展社区居家养老不需要太大的基建投资,可以整合社区资源,低成本运作。一个社区只要有几间房屋略加改造即可成为养老护理服务中心。

（3）社区养老服务机构提供有针对性的专业化服务,方式灵活多样,能够满足居家老人多元化的养老需求。

（4）社区居家养老促进社区发展,创造就业机会。社区居家养老需要大批养老护理人员,从而为社会创造了大量的就业机会。同时,社区养老服务的蓬勃发展也必将促进社区的建设和发展。

3.3.2　不足

（1）社区服务机构精神慰藉功能偏弱。社区居家养老模式中,老人精神上的慰藉主要来自于家庭,社区服务机构提供的服务以生活照料为主,精神慰藉功能偏弱。对于空巢老人、失独老人而言,其精神需求的满足仍旧是一个难题。

（2）相对机构养老,社区居家养老安全性较差。社区居家养老模式中老人的日常生活照料以家庭为主,社区服务机构按需提供服务,老人身边不能保证24小时有人守护,突发意外情况时难以得到第一时间的救助。

（3）护工队伍与社会需求不匹配。世俗眼中护理工作是伺候人的差事,社会地位较低,而且工作辛苦薪酬也不高,人们从事这一工作的意愿较低。

4　我国养老模式未来发展趋势

传统家庭养老模式具有深厚的社会基础,符合中国传统观念和老年人的心理需求,目前,仍然是我国最主要的养老方式。然而从社会发展的角度看,家庭养老是一种适应较低生产力水平和落后生产方式的养老模式,随着社会现代化进程的快速推进其不适应性将越来越多的凸显出来,家庭养老的前进之路会越来越窄,并将最终退出养老模式的主流舞台。

社区居家养老结合了家庭养老和机构养老的优势,符合我国当前的国情和发展现状,受到了社会的普遍认可,在国家和社会的大力倡导和推动下必将蓬勃发展起来并逐渐成为养老的主流模式。

机构养老目前作为养老服务体系中的重要补充,其辅助地位还将长期保留。然而从更长远的角度来看,随着社会生产力的不断发展,物质水平和精神文明的极大提高,人们的观念将更加开放和多元化,对独立、自由、个性化及高品质养老生活的追求会更加强烈,再加上一些无法避免的社会问题,机构养老的发展前景无限广阔。养老社会化是社会发展的必然趋势,完全社会化也未必没有可能,机构养老所占的比重会越来越大。

电子类产品对外贸易中的自主知识产权问题研究

● 潘永旭

(对外经济贸易大学)

摘 要 近年来,知识产权作为企业在市场中竞争的关键,得到了越来越多企业的重视,而知识产权对于高新企业更是尤为关键。因此,本文以电子类产品对外贸易中自主知识产权的作用为课题,针对我国企业实力参差不齐,电子类产品不仅技术开发能力、品牌培育能力较强,而且产品战略中涉及知识产权也较多,把知识产权战略的研究放在电子产品技术企业身上能够及时发现共性的问题,并找出恰当的解决方法。

关键词 电子类产品 对外贸易 自主知识 知识产权

1 电子类产品对外贸易中自主知识产权的理论基础

1.1 知识产权的概念

"知识产权"一词最早17世纪中叶提出,根据英文进行翻译而来,后期演变为各个技术领域研究的智力成果所享有的权利,是尊重人们劳动成果而应享有的特殊民主权利。言而简之也就是说人们可以凭借其创造的智力劳动成果而应享有的民事权利,与一般智力成果有着很大的不同,知识产权是受法律保护具有特定权利人的特殊智力成果。

1.2 知识产权战略理论

自主知识产权战略,是一个企业从长远的战略目标,充分和有效地利用知识产权制度,专利技术,专利情报信息,以技术创新和市场竞争,保持和加强其主导地位,并排除采取的对策策略。它的立足点就是知识产权制度为基础,它的最终目标是提升企业核心竞争力,同时,它也是企业战略中不可分割的一部分。而对于电子产品技术行业,自主知识产权的作用更是较其他行业明显。

企业自主知识产权战略拥有以下的特点。首先是法律性,知识产权战略的基础是法律制度,没有法律的保障,知识产权战略是不可能实现目标的。其次具备实时性,知识产权战略必须时刻根据外部情况和自身条件进行调整,以适应行业标准和市场环境的变化。

2 电子类产品在外贸易中自主知识产权中存在的问题

2.1 知识产权成本加重企业经济负担

一国知识产权保护水平在学术界普遍是以国家和企业的专利申请量和授权量为典型代表。为了做好知识产权保护,要求国家和高新技术企业必须去申请专利和注册商标和品牌。在注册费和国内外专利的成本和商标的成本,对高新技术企业来说,这无疑是一个沉重的经济负担。而且,随着我国知识产权水平的提高,对于知识产权的保护越来越完善,也就意味着国外先进技术也受到了高标准的保护。如果我国高新技术企业也想生产这种产品,必须支付昂贵的专利使用费,使得生产成本增加,相比而言没有价格竞争优势,削弱了我国高新技术产品出口的竞争力。

2.2 导致社会成本增加

知识产权制度的建立,一定程度上阻碍了知识和技术的流通。因为知识产权保护就意味着要想使用该项技术或生产消费该产品,所以,这一战略的实施会阻碍知识和技术的传播,增加了社会成本。而且,知识和技术的特性就是在前人的研究基础之上有新的创造和实践,知识产权保护就会使后研究者不能无成本或低费用的使用之前的技术和知识,从这一点来说,知识产权保护也阻碍了新知识产权的产生。

2.3 导致贸易利益重新分配

各国之间技术创新和知识水平的差距随着科学技术和知识经济的迅猛发展变得越来越大。在发达国家和发展中国家之间这种表现尤为突出。以中美为例,我国和美国分别是发展中国家和发达国家的典型代表。

美国的知识产权制度和知识产权体系经过200多年的不断发展和完善,已经相当成熟。相对而言,我国会因这种保障的存在丧失更多的贸易量和贸易额,因而,贸易利益需要重新分配。长期来看,知识产权保护会刺激我国企业进行技术创新和自主研发,这是对我国后期的经济发展积蓄力量,那时我国高新技术产品就会拥有国际市场竞争力和获得更大贸易利益。

3 加强电子类产品对外贸易中自主知识产权的对策

3.1 完善对外贸易中的知识产权保护基础设施

经济全球化与知识产权国际化趋势下,一国要想在开放市场和自由贸易中受益,必须完善国内的基础设施建设,与国际接轨。对外贸易中的知识产权基础设施主要包括知识产权法律制度以及知识产权管理体制。一方面,要把知识产权制度放在知识产权战略中的重要位置,完善知识产权法律体系。为适应知识经济发展,民商事立法领域应逐步转变为以知识产权法律制度为重点,不断优化法律体系,修订在知识经济中起关键作用的知识产权保护制度,如发明专利、商业秘密、计算机程序、驰名商标等,填补知识经济不断涌现的新型知识产权的立法空白,避免已有法律规范之间的交叉冲突;另一方面,建立有活力的管理体制。通过制度创新,从相对集中知识产权司法与行政管理及行政执法,向建立一个行政机关统一管理过渡,建立知识产权法院,民事、刑事和行政案件中的知识产权,由专门法庭审理知识产权。这样做的好处是减少防止"冲突判决"的产生,方便权利人维权,节约有限的司法与行政资源,更有效地保护知识产权;还要破除地方保护主义,随着法律体系的健全与经济政治体制改革的逐步推进,加强执法力度。

自主知识产权战略的根本是自主知识产权的开发和获得。企业可通过以下几种方式来获得知识产权。

3.2 知识产权保护与创新

知识产权保护制度是一种利益补偿和驱动机制,具有鼓励研究开发和创新的作用。但是,知识产权保护制度本身并不产生发明创造,相反,创造性劳动是获得知识产权的前提。创造性劳动包括创造性技术成果和识别性标志,只有创造性技术成果才与创新有关,因此,也并不是所有的创造性劳动都是创新。创新成果中,有些发明创造不适合用现行法律确定知识产权形式加以保护,因此,也不是所有创新都能最终形成知识产权。这种分析表明,知识产权战略中要明确同一目标下知识产权保护和创新的不同功能,树立以知识创新和运用为核心、以知识产权保护为维护手段的知识产权战略体系。

为有效发挥知识产权制度促进创新的作用,中国知识产权制度建设应适应国家和产业发展与竞争的要求,以促进创新和公平竞争为目标,以市场为导向,促进产权合理流动,鼓励创新和运用相结合,加强知识产权服务体系建设,培育全社会的知识产权保护文化。

3.3 建立自主知识产权管理体系

在企业的知识产权战略中,知识产权管理体系是非常重要的一环。完善的知识产权管理体系,对于企业最终实现知识产权战略目标至关重要。

3.3.1 建立自主知识产权的申请和保护机制。

（1）专利战略。首先,电子类产品企业应该鼓励员工进行自主创新,在企业内形成自主知识产权意识。知识产权意识是企业文化的重要环节。为了在公司贯彻知识产权意识,电子类产品企业的知识产权工作还应进一步完全地融入企业整体工作,成为公司正常生产经营活动不可缺少的一部分。其次,企业通过制定专门的专利管理办法,规范专利的管理工作,并为员工编发国内外专利申请流程等相关文件,以保证员工申请专利的顺利获得。

（2）商业秘密保护战略。企业可以从以下几方面来进行商业秘密的保护工作:①与接触商业秘密的职工签订保密合同;②与接触企业商业秘密的非本人企业人员订立保密协议;③在商业秘密的实施许可中保护商业秘密;④网络环境下企业自身商业秘密的保护策略。

3.3.2 建立自主知识产权的市场运作机制。电子类产品企业,特别是拥有自主知识产权的电子类产品企业,应当重视知识产权的内在价值和附加价值,采取适当的战略措施促使其发挥更大的作用,实现知识产权价值化。

知识产权作为一种无形资产,其资本化市场运作一般可采用以下几种方式:利用技术优势吸引风险投资,或者利用技术资源实现低成本扩张,或者通过技术参股入股的方式进行投资,也可通过专利权的许可与转让获得资产增值。

3.3.3 建立知识产权冲突应对机制。首先,我国企业应该接受多边规则,虽然这些规则的大部分内容都是由发达国家主导的,但我国企业为了保护知识产权,知识产权和避免不必要的冲突,我们必须接受这些协议。同时,当中国企业进入国外市场时,也应遵守外国法律。当遇到知识产权冲突时,积极地利用法律和协定等保护自身的权利。

另一方面,一旦出现了知识产权冲突,我国企业也应该具有一套可行的应对策略。其中主要包括以下几步,一是组建应诉团队,形成应对策略。应诉团队应该有公司的各个部门参与,包括知识产权部门、法律部门、研发部门、市场部门以及公关部门,这样可以做到既从法律上进行应对。也能从舆论媒体上进行应对。二是详细调查,摸清应诉要点,先对于原告所起诉的知识产权的界定范围和所有人等基本信息有了详细的了解,然后结合国外实际情况,对原告所提出的应诉弱点进行反击。三是寻求知识产权的相互许可,很多时候,企业提起知识产权诉讼,并不是想严格禁止你使用它的知识产权,而是可能你具有它想使用的知识产权,希望与你进行知识产权的相互许可。因此,双方能够有效地节约成本和最大限度的利益。

4 总结

对外贸易中自主知识产权保护,是国家和电子类产品企业参与国际竞争的有力武器,知识产权保护已被许多国家重视并利用知识产权战略来发展本国经济。发展中国家更应该积极完善知识产权相关制度体系,足够的知识产权人才,较强的知识产权保护意识等,都是提升本国自主知识产权保护水平的重要手段,也是促进本国电子类产品出口的关键所在。

参考文献

[1]邹薇. 知识产权保护的经济学分析[J]. 世界经济,2002(02).

[2]高鸿业. 西方经济学[M]北京冲国经济出版社,2002.

[3]李燕. 国际技术外溢与产业结构的关系[J]. 商业时代,2007(11).

[4]侯高崴. 后发优势理论与经济趋同理论的比较分析[J]. 发展研究,2003(02).

[5]武振山. 国际高技术产品出口[M]. 大连:东北财经大学出版社,2001.

浅析互联网金融监管政策出台对 P2P 平台影响

● 和瑜美慧

（对外经济贸易大学）

摘 要 7月18日中国人民银行等十部委联合印发了《关于促进互联网金融健康发展的指导意见》针对整个互联网金融行业出台具体的监管政策。互联网金融近年来蓬勃发展,监管措施尘埃落定,行业面临新的挑战。

该文章首先分析指导意见出台背景及其具体含义,然后运用经济学观点解析我国 P2P 平台发展现状、问题原因分析,最后分析 P2P 行业在监管政策下面临的挑战并针对行业发展提出一些建议。

关键词 互联网金融 P2P 监管措施 发展前景

1 互联网金融监管政策出台背景及政策含义

1.1 互联网金融监管政策出台背景

2013 年是互联网金融的崛起年,随着互联网行业的发展传统金融业不可避免的受到冲击。有效结合两者的"互联网金融"顺势而起。网络技术的更新换代,催生了一大批金融创新业务,第三方支付、P2P 网贷、众筹、余额宝、理财通等模式给用户带来便利的同时也存在一定的安全隐患。此前我国的有关金融法律法规的对象主要是传统金融领域,随着互联网金融的快速崛起,相关的法律政策未能及时切合互联网金融特性,使不少企业有机可乘。

P2P 网络借贷平台依托互联网优势将 peer to peer 的借贷流程全部线上化,将借款人与投资者有效地结合起来。相对于其他互联网金融创新业务来讲,P2P 在我国的发展尤为迅猛。根据第三方网贷资讯平台"网贷之家"数据显示,截至 2015 年 7 月,我国 P2P 行业累积数量达到 3 031 家,与此同时,出现跑路、提现困难等问题平台 895 家,问题爆发率约为 30%,互联网金融监管政策出台刻不容缓。

1.2 《指导意见》背后含义

2015 年 7 月 18 日,由中国人民银行联合十部委推出的《关于促进互联网金融健康发展的指导意见》正式出台。此前关于互联网金融行业的监管政策已陆续有出,监管原则从观察到鼓励创新并加以扶持。

《指导意见》规定 P2P 行业由银监会负责监管,行业被定位为信息中介, 即 P2P 作为投资者与借款人的沟通平台,提供信息等中介服务。《指导意见》强调,P2P 不得提供增信服务,不得非法集资。继《指导意见》发布后,央行官网发布了《非银行支付机构网络支付业务管理办法》征求意见稿,"意见稿"规定支付机构不得为金融机构以及从事信贷、融资、理财、担保、货币兑换等金融业务的其他机构开立支付账户。P2P 必须建立客户资金第三方存管制度,必须选择银行作为资金存管机构。银行为 P2P 平台的资金进行存放但并无监督资金流向的义务。对于 P2P 平台来说寻求银行存管也是提高行业准入门槛的手法之一。

除此之外,最高人民法院发布了《最高人民法院关于审理民间借贷案件适用法律若干问题的规定》,"规定"再次重申 P2P 平台仅提供媒介服务,不承担担保责任,限制了 P2P 行业的部分业务范围。"规定"详细解释了年息在 24% 以内的收益率属于司法保护区,年息超过 36% 的则为无效区。对目前的 P2P 网贷平台来讲,相继推出的若干政策使行业面临大洗牌。

2 我国 P2P 行业现状及问题解析

2.1 我国 P2P 平台发展现状

P2P 行业作为连接投资者和借款人的中介,本质上来讲还是信息平台工具。P2P 企业提供的收益率纯市场导向、企业参与门槛低、投入成本低、主要服务于银行"抛弃"的小微企业及普通用户,从经济意义上来讲一定程度减少了市场上的信息不对称、拓宽了融资渠道。但另一方面又贷款额度较低、有些企业资信较差、P2P 平台对用户信息收集不足、把控力度不够也给行业发展带来很大风险。

我国的 P2P 平台由线下借贷中介发展到线上,大概分三类。一是纯信息平台,这一类也符合《指导意见》定位,借贷双方通过在 P2P 企业上接触完成借贷过程。平台不承担担保责任,通过线上与线下审核的手段对用户进行信息收集,这也是下一步 P2P 平台发展方向;二是作为第三方参与在借贷关系中,P2P 企业本身为投资者的资金安全提供保障并承担相应风险;三是与其他担保机构合作,由担保机构对在 P2P 平台上选择投资的投资者的资金提供安全保障并承担风险。第三种身份由于第三方担保机构对 P2P 的选择门槛使 P2P 企业本身可合作范围有限。

2013 年是 P2P 爆发增长的一年,各类 P2P 网贷公司在业内涌现,根据网贷之家发布的《2014 年中国网络借贷行业上半年报》显示,2013 年网贷平台增长达到 400%。由于准入门槛低、行业标准不明确、监管不到位,陆续出现一些诈骗、跑路现象使行业发展减缓,到 2014 年年底网贷平台增至 1 575 家(图 1)。

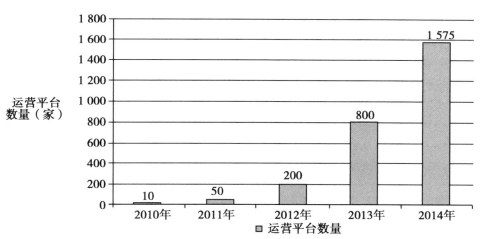

图 1 2010—2014 年各年网贷运营平台数量(图片来源于网贷之家)

伴随新平台不断涌现、资本巨头进入,加上监管空白,伴随着网贷平台增长的还有问题平台频现。截至到 2014 年年底,可查据的问题平台达到 275 家。(数据来源于网贷之家)早期行业内出现较多问题的多是"诈骗""跑路"类,随着业内发展不断规范化,"提现困难""延迟兑现""财务漏洞"等现象频出(图 2)。

2.2 P2P 平台问题频现的原因分析

除去本身就是为了骗钱进入行业的企业,发生问题的多是对行业缺了解、风险把控不足、缺乏资

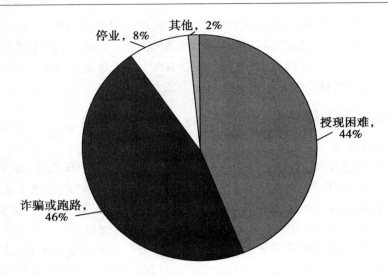

图2　2014年问题平台事件类型（图片来源于网贷之家）

金、周转不灵的平台。在尚未对 P2P 行业定位前，业内本身做第三方承担或与资质不足的第三方机构做风险承担的企业不在少数。

两个著名案例：

一、2014 年 4 月深圳 P2P 平台"旺旺贷"上线 5 个月后整体"跑路"，前期利用高收益率、低投资门槛、第三方信用担保等手段吸引近千名投资者后平台所有人员失踪，第三方担保公司查为虚假公司并不存在，投资者损失近千万元无法追回。

二、在 P2P 行业内颇有名气的"红岭创投"是第一批进入业内的 P2P 平台，2014 年红岭创投自爆坏账达到上亿元，由于抵押物不足所有借款到期由平台提前垫付。这种对风险把控不足、缺乏资金周转的问题随着业内竞争也逐渐显露。

我国 P2P 平台虽然问题频现，但整个行业的发展脚步不停。2006 年注册的目前是全球最大的 P2P 平台的美国 Lending Club（LC）在 2013 年获得了 1.25 亿美元的投资，于 2014 年在纽交所上市，上市首日涨幅高达 56%。LC 的上市为互联网金融尤其是 P2P 行业注入了巨大活力，也给国内网贷行业发展带来了巨大信心。

3　《指导意见》的出台对 P2P 行业的影响及建议

3.1　监管政策出台下 P2P 行业面临的挑战

《指导意见》明确指出 P2P 平台作为信息中介不得承担担保责任，"去担保化"为行业发展提供一定的安全保证，降低了风险系数，企业可以将更多的精力放在打造沟通借款人与投资者的信息平台，增加市场信息透明度，减低投资信息不对称的风险。另一方面规定 P2P 行业由银监会进行监管，建立以银行为资金存管机构的第三方存管制度，这就意味着提高了行业准入门槛，P2P 企业必须在银行开立资金存管账户，以银行成熟的风险把控能力可降低企业诸如流动资金不足、周转不灵等问题，但银行在接受 P2P 存管资金时也相应地会考察企业的相关能力，所以银行对于 P2P 企业的选择对行业的发展就尤为重要。第三方面，法律规定的司法保护区内的年息收益率也使得一些 P2P 企业在营销方式的选择上更为谨慎，对于市场上的投资者来说，打着过高收益率幌子的 P2P 企业将会逐渐被淘汰。整个行业将有一个规范化的标准。

3.2　P2P 行业下一步的发展方向

从经济学的角度来分析，P2P 的平台用户主要是面对一些小微企业以及被银行"忽略"的个人用户,由于主要服务于单笔成交量较小的交易,所以,在用户服务上应建立完善的信息审核制度,借款人、投资者提供的个人信息有公正的渠道验证,数据来源有保障,信用评价体系应更完整。之前提到的 P2P 行业巨头"Lending Club"就以 FICO 信用评分等数据为评估标准,有相对完善的征信体系,为平台交易提供了基本的标准,并且提升交易成功率。

继风险评估体系的完善后,P2P 企业也要考虑风险防范。监管政策的出台对行业也指明了方向。P2P 平台秉承"沟通桥梁"作用,在银监会的监管下寻求银行代为资金存管业务,同时,也可以与第三方支付机构合作,通过第三方支付机构向银行转账。继《指导意见》出台后已先后有一些 P2P 企业与保险公司达成合作意向,根据"网贷之家"数据显示,截止 2015 年 7 月底就有 43 家 P2P 平台与保险公司进行增信合作。由保险公司为 P2P 企业履约保证险,平台投资人本金及收益由保险公司承担,若发生借款人不履行还款问题由保险公司按照合同进行赔付。由保险公司承担担保作用,降低了P2P 平台融资成本以及相应风险。

监管政策的出台要求 P2P 行业寻求银行作为资金存管,对 P2P 的"去担保化"虽然为企业转移了一定的风险,但 P2P 借贷业务的核心还是风险控制。例如,国内比较知名的"拍拍贷"就有一条比较完整的风险管控。拍拍贷会设定最高的法定借款利率,要求投资者分散投资,这样就将风险也一并分散,投资者本身以及平台承担的风险都较小,一定程度减少了平台坏账率。除了靠分散投资降低风险外,企业在竞争中想要脱颖而出也必须有其核心竞争力。从投资专业来讲,针对不同的信用评级设计部同的投资产品组合也是企业能走在行业前端的方法之一。目前,也有很多 P2P 平台推出各种投资产品,监管政策出台后行业内的理财产品创新也会迎来一个新的起点。所以,对企业自身发展来说,需要建立完善的风险模型对用户进行科学的全面风险评估并匹配正确的投资组合产品,除了第三方的风险承担,行业内也要逐步建立完善的征信机制以及风险控制标准。

P2P 行业属于互联网金融,本质上来讲还是金融业,通过互联网平台来发展。对于专注服务小微企业与个人用户的 P2P 来说营销也是不可或缺的一个环节。用户是企业的核心,尤其在高速发展的互联网企业中,抓住用户尤为重要,在平台交易模式设计上、用户个人信息保护上企业更应加以重视。目前,我国的监管政策原则以鼓励为主,市场上的金融创新是备受关注的,在符合市场经济规律、符合法律规定的前提下,P2P 行业本身其实也有着更大的发展空间,如何扩展用户抓住用户留存用户、建立完善的征信体制、完善的风险控制体制、加快创新才能使企业在行业竞争中走在前端。

参考文献

[1] 胡世良. 互联网金融模式与创新. 北京:人民邮电出版社,2015.

[2] 张宇哲,吴红毓然,王玲,李小晓. 互联网金融结束野蛮生长[J]. 财新周刊,2015(31).

[3] 董伟. 互联网金融面临四大风险. 中国青年报,2014.03.07.